TRAITÉ

DE

PHYSIOLOGIE

HUMAINE

TRAITÉ

DE

PHYSIOLOGIE

HUMAINE

PAR LE Dr GUSTAVE LE BON

PREMIÈRE PARTIE

Avec 127 Gravures sur Bois

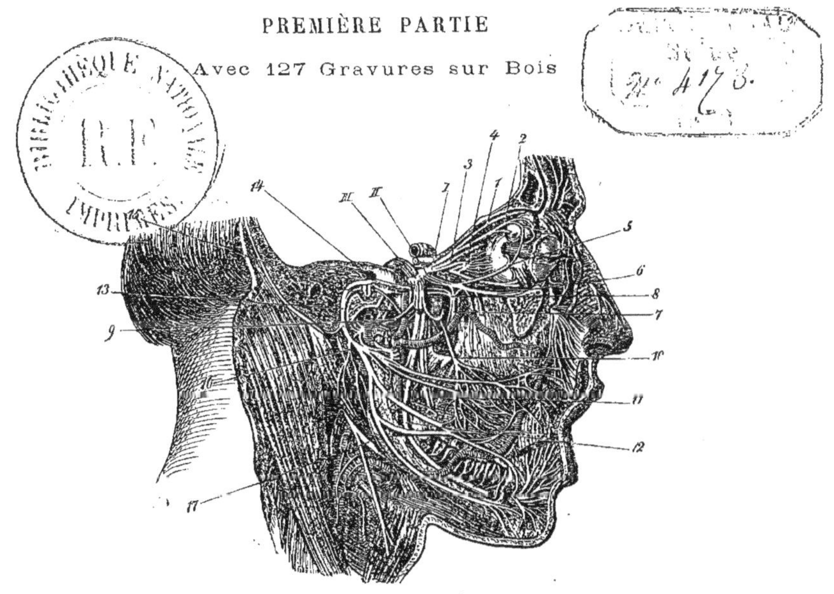

PARIS

J. ROTHSCHILD, ÉDITEUR

13, RUE DES SAINTS-PÈRES, 13

1873

BUT DE NOTRE LIVRE.

La Physiologie a pour objet l'étude des fonctions des êtres organisés, fonctions dont l'ensemble constitue la vie.

Les philosophes ont cru pendant longtemps qu'il est possible de comprendre l'homme sans connaître ses organes, et, n'ayant que l'hypothèse pour guide, ils ont imaginé ces nombreux systèmes que les siècles qui nous ont précédés ont vus naître et mourir.

La philosophie ancienne, composée de spéculations métaphysiques étrangères à l'étude réelle du monde, a fait place à la science moderne qui enseigne à l'homme que tous les phénomènes de la nature sont soumis à d'invariables lois, et que c'est seulement par des investigations patientes, et non par de chimériques conceptions, qu'il peut parvenir à connaître l'univers et se comprendre lui-même.

La physiologie est assurément une des sciences les plus intéressantes et les plus utiles, et cependant elle est peut-être la moins connue. Objet des vaines terreurs des uns, de l'ignorante indifférence des autres, elle ne fait pas encore partie de l'éducation de la jeunesse et n'a pour adeptes que ceux qui se destinent à l'art de guérir, ou quelques rares philosophes qui, convaincus de sa puissance, viennent lui demander des armes.

Le jeune homme sort du collége, persuadé qu'il y a tout appris; et ce qui de l'existence est utile à connaître, il croit le savoir.

On l'a nourri dix ans des héros de la Grèce et de Rome; dix ans il a vécu dans la contemplation du passé et dans l'étude de l'histoire telle que les livres l'écrivent. L'heure d'utiliser ses connaissances a sonné. Il va être magistrat, professeur, avocat, écrivain. Il voudra instruire les masses, guider les foules, et de la nature de l'homme, de ses instincts, de ses passions, il ne sait rien.

Personne ne lui a dit que pour juger les hommes, saisir les causes de leurs actions, comprendre l'histoire, il est indispensable d'avoir fait une étude profonde de l'organisation humaine. On lui a laissé croire que la nature morale des êtres est absolument indépendante de leur nature physique, et là où le physiologiste montre l'inévitable résultat d'inflexibles lois, il n'aperçoit que la Providence ou le hasard.

Celui qui n'a pas étudié la nature physique de l'homme ne saura jamais rien de sa nature morale, et de l'absence de ces connaissances essentielles souffrira toujours. C'est avec une sagesse profonde que la philosophie antique résumait ce que l'homme doit apprendre dans cette maxime gravée en lettres d'or sur la porte de ses temples : *Connais-toi toi-même.*

L'utilité des connaissances relatives à l'organisation humaine ne saurait être méconnue ; sur elles repose l'édifice de la médecine tout entier ; sur elles s'appuie également l'hygiène, qu'on pourrait appeler la plus nécessaire des sciences, car elle nous indique les moyens de conserver la santé et de nous préserver des maladies que trop souvent la médecine est impuissante à guérir.

La guerre funeste qui a ravagé la France pendant les désastreuses années de 1870-1871 et la terrible crise sociale qui l'a suivie ont prouvé aux esprits les plus aveugles les dangers de l'ignorance et la nécessité d'une instruction plus générale et plus complète. Ce n'est pas avec les déclamations vaines des orateurs sur la liberté, la fraternité, la justice, les droits des citoyens, qu'on apprendra aux foules que l'homme ne peut compter que sur sa persévérance, son instruction et son travail pour vivre et maintenir son rang, et qu'on lui donnera les moyens nécessaires pour y parvenir. Les guerres, qui se succèdent sans relâche depuis le jour où les premiers hommes connurent leurs premiers frères, les éternels triomphes de la force et les innombrables leçons du passé portent un enseignement au sujet duquel toute illusion serait dangereuse. Aux banales théories des rhéteurs, la science moderne a substitué des lois précises que nul ne doit ignorer. Corroborant les terribles leçons de l'histoire, elle nous montre à tous les degrés de l'échelle vivante, dans le perpétuel combat pour l'existence, les faibles toujours détruits au profit des forts, et dans cette destruction fatale la condition même du perfectionnement et du progrès. Une race animale inférieure à une race voisine, un peuple inférieur à un autre sont inévitablement destinés à périr. Plus heureux que l'animal qui est impuissant à modifier les conditions de son existence, l'homme peut s'améliorer sans cesse, mais sous peine d'être obligé de céder bientôt la place à d'autres plus parfaits, il est condamné à s'améliorer toujours. Avec l'état actuel des sciences, les plus savants sont les plus forts, et dans les sociétés modernes le plus dangereux des vices est l'ignorance.

Les esprits les plus autorisés le reconnaissent aujourd'hui. Il n'est pire instruction universitaire que la nôtre. Elle est non-seulement inutile, mais de plus nuisible. Dix ans consacrés à l'étude des langues, des institutions et des mœurs du passé ne laissent dans l'esprit qu'une admiration puérile pour les conquérants qui ont ravagé le monde, et une disposition aussi naturelle que dangereuse à appliquer à l'époque actuelle les institutions et les usages des temps éloignés.

Sans doute il est nécessaire d'étudier l'histoire, car les leçons du passé peuvent seules éclairer le présent, mais sous cette condition essentielle qu'on ne la transformera pas en une ennuyeuse liste de dates et de batailles propre seulement à exercer la mémoire et où l'historien impuissant à remonter aux causes ne sait qu'applaudir aux révolutions quand il les voit victorieuses et les flétrir quand elles sont vaincues. Il peut être agréable, quelquefois même utile, de lire, dans les langues où ils furent écrits, les exploits des guerriers de Virgile et d'Homère, mais combien est-il plus utile encore de connaître assez les langues modernes pour ne pas vivre à l'égard des autres peuples comme si un mur aussi élevé que la grande muraille de la Chine nous séparait d'eux, d'apprendre non théoriquement, mais d'une façon pratique, comme cela se fait ailleurs, ces sciences modernes qui ont transformé et transforment chaque jour les conditions d'existence de la majorité des hommes; enfin de s'étudier soi-même, car cette connaissance qui exige le concours de la plupart des autres est entre toutes la plus nécessaire.

Il y a donc bien des choses à modifier dans l'instruction telle qu'elle se donne aujourd'hui. Les institutions et les mœurs ont changé, les sciences ont marché à pas de géant, seul le fond de l'enseignement universitaire n'a pas varié; tel il était il y a un siècle, tel nous le retrouvons aujourd'hui. L'heure est cependant venue d'apprendre à l'homme à vivre dans le présent et non dans le passé, afin qu'après ces longues années d'études auxquelles a été consacrée sa jeunesse, aux prises avec les réalités des choses, il n'en soit plus réduit à recommencer une éducation nouvelle qui effacera péniblement une à une les illusions acquises dans la première.

La littérature scientifique ne manque pas d'excellents traités de physiologie. En écrivant ce livre, qui résume le travail de plusieurs années, je n'ai nullement eu l'intention de refaire ce qui a déjà été fait, mais je me suis placé à un autre point de vue que mes prédécesseurs. Tout en essayant de présenter le tableau des connaissances physiologiques modernes et de montrer le lien philosophique qui les rattache, j'ai eu principalement pour but d'en faire connaître les applications à l'hygiène et à la médecine, c'est-à-dire de donner l'explication des phénomènes que présentent les maladies et d'indiquer les conditions de milieu dans lesquelles les organes doivent être placés pour fonctionner régulièrement. L'application de la physiologie à la conception des phénomènes morbides a, depuis quelques années, fait entrer la médecine dans une voie tout à fait nouvelle. L'utilité d'un traité conçu dans cet esprit et écrit avec concision et clarté ne saurait être méconnue.

Les observations faites pendant les dernières guerres ont prouvé une fois de plus combien sont fréquentes les applications de la physiologie à l'hygiène et à la médecine. Des faits nombreux ont mis en évidence l'influence, sur le succès de la thérapeutique, de la constitution et des habitudes des malades, celle du régime alimentaire auquel ils sont soumis et surtout du milieu où ils vivent. Ce sont des éléments dont quelques-uns — tels par exemple que l'influence des habitudes alcooliques sur le sort des blessés — étaient à peine mentionnés dans les livres classiques et complétement négligés dans les statistiques médicales et chirurgicales. Chargé de la direction de divers services importants, nous avons pu, tant dans les hôpitaux que sur les champs de bataille, nous livrer à des observations que nous avons souvent utilisées pour la rédaction de différentes parties de cet ouvrage et qui nous ont confirmé, une fois de plus encore, dans cette doctrine : que l'application des lois de la physiologie et de l'hygiène peut, bien plus que celle des préceptes de la médecine et de la chirurgie elles-mêmes, exercer une influence considérable sur la santé des hommes.

Outre les applications de la physiologie à la médecine, cet ouvrage contient encore l'histoire des principales découvertes physiologiques, habituellement omise dans les livres du même genre. Il renferme, de plus, des résumés d'anatomie précédant l'étude des fonctions de chaque organe. Cette dernière méthode était suivie par les anciens auteurs : on tend avec raison à y revenir aujourd'hui. L'anatomie et la physiologie sont inséparables sur beaucoup de points, et il est souvent impossible de bien comprendre la seconde de ces sciences sans avoir présents à l'esprit les enseignements de la première.

Les belles gravures qui accompagnent ce traité ont été prodiguées avec un luxe fort rare dans les publications analogues. Un grand nombre ont été dessinées sous la direction d'un des plus savants anatomistes des Universités allemandes, M. le Professeur Luschka. Plusieurs nous ont été cédées par M. le docteur Fort, dont l'habileté anatomique est bien connue.

Il est facile de voir, en parcourant ce livre, qu'il n'est pas un simple travail d'érudition, mais bien une œuvre originale sur plusieurs points. Lorsque l'auteur a eu à exposer ses idées, il ne l'a fait qu'après les avoir contrôlées autant que possible à son laboratoire. La bienveillance avec laquelle ses précédentes publications ont été accueillies en France et à l'étranger lui faisait un devoir de ne reculer devant aucune recherche pour rendre cet ouvrage intéressant et utile. S'il n'a pas su réussir, la faute n'en est certainement pas au sujet, car rien n'est plus vrai, quelque sens qu'on y attache, que ces paroles mises par un poëte dans la bouche de l'un de ses personnages : « Il y a bien des choses merveilleuses en ce monde, mais nulle n'est plus merveilleuse que l'homme. »

PHYSIOLOGIE HUMAINE.

INTRODUCTION.

MARCHE ET PROGRÈS DE LA PHYSIOLOGIE

DEPUIS L'ANTIQUITÉ JUSQU'A NOS JOURS.

État des sciences dans l'antiquité grecque et romaine. — La physiologie et l'anatomie avant Galien. — Influence de cet anatomiste. — La science au moyen âge. — Culture des sciences chez les Arabes. — Vésale et les physiologistes de la Renaissance. — Harvey, Haller et les physiologistes modernes. — Secours fournis par les sciences expérimentales à la physiologie. — Influence de la physiologie sur les progrès de la médecine. — Application des connaissances scientifiques à l'étude de la marche exacte des maladies et de l'action réelle des remèdes. — Résultats produits par les applications d'un petit nombre de principes scientifiques. — Indestructibilité des forces et de la matière. — Conclusion.

I.

Pour bien apprécier les progrès d'une science, il est nécessaire de jeter les yeux en arrière et de comparer ce qu'elle était autrefois à ce qu'elle est aujourd'hui. Ce n'est qu'en étudiant les difficultés contre lesquelles le génie de l'homme s'est heurté pendant des siècles, qu'on peut comprendre la marche habituelle de l'esprit humain et saisir le principe des méthodes qui conduisent aux grandes découvertes.

A une époque que la géologie moderne fait remonter à des milliers de siècles, les êtres qui furent nos aïeux apparurent pour la première fois à la surface du globe. Loin de ressembler à ces poétiques images que nous tracent les fictions antiques, les premiers hommes furent d'ignorants sauvages, ne connaissant d'autre loi que la force, et disposés à toujours attribuer à des divinités méchantes, les phénomènes qu'ils ne pouvaient comprendre. Réfugiés au fond des bois, une caverne disputée aux hôtes des forêts leur servait de demeure; quelques fragments de silex grossièrement taillés, dont on retrouve aujourd'hui les débris, constituaient leurs armes.

Sous l'influence de ses besoins croissants, l'homme se perfectionna et l'industrie naquit; les arts la suivirent, les sciences vinrent ensuite.

Bornées pendant une longue série de siècles à de vaines hypothèses sur la nature des choses, les sciences ne furent d'abord que d'inutiles spéculations étrangères à la connaissance réelle des lois de l'univers.

Longtemps il en fut ainsi, et à l'époque la plus florissante de l'antiquité grecque et romaine, à cet âge où l'homme, maître du monde, pouvait croire que jamais une civilisation supérieure n'effacerait la sienne, les sciences expérimentales n'étaient pas nées.

Considérée comme indigne d'un esprit instruit, l'expérimentation faisait place aux hypothèses des philosophes, et jamais les plus illustres penseurs d'Athènes et de Rome ne soupçonnèrent que les applications de quelques expériences pourraient transformer complétement les conditions d'existence de la masse des hommes.

Personne ne songeait à rechercher les causes réelles des phénomènes de la nature, et, comme aux premiers âges de l'humanité, il semblait plus simple aux philosophes de tout expliquer par l'influence mystérieuse de volontés supérieures: Jupiter lançait la foudre, Cérès faisait mûrir les moissons, aux sources de chaque fleuve vivait une naïade. L'antiquité remplissait la nature de ses dieux.

Et cette tendance de l'esprit humain à vouloir tout rapporter à des causes mystérieuses est si naturelle, que sur bien des points elle subsiste encore. A Phœbus conduisant le soleil, le savant moderne a substitué l'attraction, guidant un globe de feu soumis à d'invariables lois. Il a ravi la foudre à Jupiter et chassé Neptune de son humide empire ; mais pour tous les phénomènes qu'il ne comprend pas, bien souvent encore il les explique par ces puissances mystérieuses : la nature, le hasard, dont cependant il ne sait rien.

Les savants de l'antiquité ne possédèrent que des notions peu étendues sur l'anatomie des animaux en général et en particulier sur celle de l'homme. Hippocrate ne connut guère que l'ostéologie et le siége des principaux viscères. Quant à la physiologie, elle était tout à fait dans l'enfance ; les fonctions des nerfs et des vaisseaux étaient complétement méconnues.

Aristote eut cependant des connaissances plus précises que celles de ses prédécesseurs ; il disséqua beaucoup d'animaux et fit même des expériences de physiologie.

300 ans avant Jésus-Christ, le Musée d'Alexandrie, fondé par les Ptolémées, possédait des collections d'os et de squelettes humains, et l'anatomie y était enseignée. Des savants de cette école il ne nous reste guère que les noms des médecins Érasistrate et Hérophile, qui firent des recherches remarquables sur le système nerveux. Ce dernier découvrit une partie du cerveau, à laquelle il a laissé son nom.

Il faut arriver à Galien pour voir l'anatomie et la physiologie commencer à devenir des sciences réelles. Galien naquit dans l'Asie-Mineure 130 ans après Jésus-Christ. Aussi physiologiste qu'anatomiste, il réalisa à lui seul plus de découvertes que tous ses prédécesseurs. S'il disséqua des cadavres humains, il dut en disséquer fort peu, mais il étudia des animaux voisins de l'homme et composa un traité d'anatomie *De usu partium*, qui, pendant plus de mille ans, resta sans rival.

II.

Lorsque l'Empire romain croula sous les coups répétés des Barbares, une nuit épaisse envahit l'Europe. Les nouveaux peuples établis sur les ruines de ce vaste Empire mirent dix siècles à se créer une civilisation et une langue nouvelles, avec les débris de la langue et de la civilisation détruites. Pendant ces dix siècles, l'ignorance la plus profonde régna en maître.

Repoussées par la religion nouvelle comme inutiles ou dangereuses, considérées comme un objet de luxe par les philosophes, les sciences ne trouvèrent, en ces âges barbares, que de bien rares adeptes.

Sous prétexte de détruire l'idolâtrie, l'empereur Justinien proscrivait les savants et fermait les écoles. Saint Grégoire regardait les études profanes comme contraires à la religion, et lorsqu'à l'âge de quarante ans Charlemagne voulut apprendre à lire, il eut peine à trouver un précepteur.

Le moyen âge vécut sur l'autorité des noms : Aristote pour les sciences physiques et naturelles, Hippocrate pour la médecine, Galien pour l'anatomie.

Le respect des noms et de l'autorité, le dédain de l'expérience suffisent à caractériser cette sombre époque. L'autorité des noms faisait loi absolue, et nul n'aurait osé contredire les assertions d'un maître. Dans les écoles de médecine on se bornait à répéter et à commenter Galien, et si quelques rares professeurs, après avoir eu par hasard l'occasion de disséquer un cadavre humain, reconnaissaient que Galien s'était trompé sur quelque point, ou ils se taisaient, ou, s'ils osaient parler, plutôt que d'accuser le maître d'erreur, ils assuraient que les organes de l'homme ont dû se modifier depuis l'époque à laquelle écrivait le célèbre anatomiste. Enseignées de cette sorte, l'anatomie et la physiologie firent bien peu de progrès pendant mille ans.

Durant les dix siècles d'ignorance que l'Europe traversa avant d'arriver à l'époque qu'on a nommée la Renaissance, le flambeau des sciences n'était pas éteint partout. En Orient il brillait d'un vif éclat. Une civilisation nouvelle, créée par les Arabes, étendait au loin son empire. Partout où les disciples du Coran plantaient leur bannière, en Perse, en Syrie, en Arabie, en Espagne, à une époque où les rois de France ne savaient pas lire, les Universités de Bagdad, Séville, Tolède, Grenade et Cordoue attiraient des milliers d'étudiants de tous les points de l'univers. Dans tous les lieux où passaient les Arabes, ils recueillaient les monuments des sciences et des arts. Malheureusement les guerres intestines, les croisades et enfin la conquête de l'Espagne par Ferdinand ruinèrent cette civilisation brillante, à laquelle peu d'historiens ont su rendre justice. Les Arabes ne furent pas de simples compilateurs, comme on l'a souvent répété : ils furent une nation éclairée bien supérieure aux autres nations contemporaines, et aucun peuple ne produisit plus de travaux dans un espace de temps si court.

Ce n'est qu'au quinzième siècle que les ténèbres du moyen âge commencent à se dissiper. Gutenberg découvre l'imprimerie, Christophe Colomb révèle un nouveau monde, Luther émancipe la pensée religieuse, et devant les découvertes scientifiques se multipliant chaque jour, l'autorité du nom, des doctrines et des croyances commence à disparaître.

L'astronomie montre que, loin d'être le centre de l'univers, la terre n'est qu'un imperceptible atome perdu dans des myriades de mondes qui lui sont supérieurs en étendue. La géologie enseigne que notre globe est le résultat d'innombrables transformations opérées pendant des milliers de siècles ; l'étude des débris cachés dans son sein prouve que ses habitants ne sont arrivés que par des perfectionnements successifs aux formes actuelles, et la physiologie fait connaître quelques-unes des lois auxquelles sont soumis le développement et les fonctions des êtres.

Ce fut un jeune homme de vingt-huit ans, André Vésale, qui, au milieu du seizième siècle, secoua le joug des traditions anatomiques et fit entrer cette science dans une voie nouvelle. Il osa, le premier, écrire que Galien avait commis en anatomie de nombreuses erreurs, que l'illustre médecin n'avait jamais disséqué de cadavres humains, et, le scalpel à la main, il composa un livre *De corporis humani fabrica*, qui est un admirable chef-d'œuvre. Vésale peut être considéré comme le fondateur de l'anatomie et de la physiologie modernes. Plusieurs de ses contemporains, Eustache, Fallope etc., furent d'illustres anatomistes.

Au commencement du dix-septième siècle, le médecin anglais Harvey découvrit la circulation du sang et fit faire ainsi un pas immense à la physiologie.

En 1760, Haller, tout à la fois savant et poëte, réunit les matériaux épars de la physiologie et écrivit un traité complet sur cette science. Ses successeurs, Blumenbach, Treviranus, Bichat, Magendie, Burdach, Tiedemann, Müller, Carus, Bischoff, Purkinje, Valentin etc., font partie de l'époque contemporaine.

III.

Notre intention étant de tracer dans cet ouvrage l'histoire des principales découvertes physiologiques, nous n'avons pas à nous en occuper ici. Nous croyons néanmoins utile d'indiquer en quelques lignes l'influence exercée par les découvertes des sciences sur les progrès de la physiologie et la marche imprimée par la physiologie elle-même à la médecine. Toutes les sciences se tiennent en réalité, et les progrès des unes sont intimement liés aux progrès des autres.

Avant les progrès de la chimie, l'explication des phénomènes de la digestion et de la respiration était impossible. On n'aurait pu comprendre le mécanisme de la vue et de l'audition sans une étude approfondie de l'acoustique et de l'optique. La mécanique nous a révélé les lois de la circulation et de la locomotion, et sans la découverte du microscope, la structure intime de nos tissus serait encore profondément inconnue.

Appuyée sur les découvertes des autres sciences, la physiologie progresse rapidement et ouvre à l'homme des horizons toujours nouveaux. Les instruments perfectionnés de la physique donnent aux recherches expérimentales la plus admirable précision. L'ophthalmoscope permet à l'observateur d'examiner ce qui se passe dans les parties de l'œil les plus cachées. Le cardiographe se charge d'écrire lui-même les plus secrets mouvements du cœur. Le sphygmographe trace les battements des artères, et l'influence de la plus légère impression morale sur la circulation, il la traduit. Le phonautographe répète en langage écrit les délicates variations de la voix humaine, et au moyen d'appareils fort simples on arrive à déterminer la vitesse de la volonté et de la sensation à travers les nerfs, vitesse qui ne dépasse pas 30 mètres par seconde, c'est-à-dire celle d'une locomotive. Mesurer au compas un phénomène aussi immatériel en apparence que la volonté et les sensations, quel bouleversement de toutes les vieilles idées métaphysiques !

La physiologie n'admet plus comme vrai que ce qui peut être rigoureusement démontré. Dédaignant les théories et les hypothèses, elle ne reconnaît que l'expérience et l'observation pour maîtres. Grâce à son concours, la médecine, qui fut pendant longtemps la plus incertaine des sciences, celle qui possédait le moins de faits dont on connût la loi, s'appuie maintenant sur des données de plus en plus précises.

L'étude approfondie de la physiologie a rendu intelligibles le mécanisme et la cause de phénomènes morbides complétement obscurs autrefois. On comprend pourquoi un organe ne fonctionne plus quand on connaît bien les conditions de son fonctionnement, de même que l'intelligence parfaite des diverses parties d'une machine fait immédiatement découvrir les causes de son dérangement. ·

N'eût-elle fait qu'emprunter à la physiologie ses méthodes d'investigation rigoureuses, la médecine lui devrait encore beaucoup. C'est en partie à son influence qu'est dû l'abandon de ces associations barbares de médicaments hétérogènes qui constituaient autrefois les principales ressources de l'art de guérir et faisaient écrire, il y a quelques années, à un illustre praticien : « La thérapeutique « classique n'est qu'un ramassis de ce que les théories de tous les « temps ont produit de plus absurde et de plus contradictoire. »

Comment se rendre compte, en effet, de l'action d'un mélange de substances différentes lorsqu'il est si difficile de connaître complétement les propriétés d'une seule, et quand nous voyons des médicaments, tels que l'opium, simples en apparence, composés en réalité de substances ayant des propriétés absolument contraires !

Sur tous les points, nombreux encore, où la physiologie n'est pas assez avancée pour servir de base à la médecine, cet art n'a que la routine la plus aveugle pour guide. « La médecine expéri- « mentale que je veux vous enseigner, disait récemment notre « illustre physiologiste Claude Bernard à ses auditeurs du Collége « de France, n'est pas encore définitivement constituée, mais on « la pressent et on la voit poindre à l'horizon scientifique. Aujour-

« d'hui, après **23** siècles de pratique et d'enseignement, la science
« médicale en est à se demander si réellement elle existe [*]. »

Dès le commencement de ce siècle, le physiologiste dont le
nom a jeté à cette époque le plus vif éclat, l'illustre Bichat, pro-
clamait l'incertitude des bases sur lesquelles repose la médecine,
dont il disait : « Incohérent assemblage d'idées incohérentes, elle
« est peut-être de toutes les sciences physiologiques celle où se
« peignent le mieux les travers de l'esprit humain. Que dis-je?
« Ce n'est point une science pour un esprit méthodique, c'est un
« ensemble d'idées inexactes, d'observations aussi bizarrement
« conçues que fastidieusement assemblées [**]. »

Depuis l'époque où écrivait Bichat, les progrès de la physiologie ont été tels que la tradition médicale battue en brèche de
toutes parts ne compte même plus pour défenseurs les savants
dont la mission semblerait être de la conserver.

« La foi dans le corps des doctrines est ébranlée, écrivait récem-
« ment un érudit professeur de la Faculté de Paris, M. le docteur
« Lorain; ce que l'on sait positivement paraît peu de chose auprès
« de ce que l'on avoue ignorer. Le passé n'est plus défendu ni
« défendable, l'art médical est ébranlé, soulevé par la science qui
« pointe. Jamais les dogmes n'ont été si peu, si mal soutenus; le
« doute rend la défense faible et la foi rend l'attaque violente et
« incessante. Quiconque croit dans la médecine scientifique déserte
« la tradition classique et cherche par des moyens nouveaux et ap-
« propriés à faire une nouvelle médecine, qui ne soit plus un art
« conjectural [***]. »

Que faire, en effet, contre les maladies quand la physiologie ne
vient pas nous éclairer sur leur mécanisme et leurs causes? Combattre des symptômes pour satisfaire la légitime impatience du
malade? Mais qui ne sent que c'est là une thérapeutique aussi
grossière que celle qui se bornerait à calmer la douleur produite
par la présence d'un corps étranger dans un membre sans cher-

[*] Claude Bernard, *La médecine d'observation et la médecine expérimentale*. *Revue
des cours*, année 1869, p. 99 et 101.

[**] Cité par Gubler : *Le passé et l'avenir de la thérapeutique*, p. 291.

[***] Lorain, *La médecine scientifique*. Leçons faites à l'hôpital Saint-Antoine et re-
produites dans la *Revue des cours*, avril 1870, p. 182.

cher à extraire ce corps? Si, au moins, en calmant la souffrance, on était certain d'être utile au malade, mais bien souvent il n'en est rien. La saignée soulage les individus atteints de pneumonie, mais elle augmente considérablement leurs chances de mort. Aussi voyons-nous les pathologistes les plus instruits reconnaître que dans un grand nombre de maladies l'abstention est moins dangereuse * qu'une thérapeutique où tout est obscurité et incertitude.

Le praticien comprend l'utilité de la méthode, et apprend à ne plus considérer comme des lois de chimériques hypothèses, quand il voit combien les progrès de la physiologie ont bouleversé en quelques années ses plus solides croyances. Il y a peu de temps encore, lorsqu'on voulait prouver l'utilité de l'intervention médicale, on citait volontiers la saignée dans la pneumonie, moyen héroïque sans doute, puisque en y ayant recours on ne perdait que 27 malades sur 100. Mais un jour quelques médecins physiologistes se demandèrent si affaiblir le malade est un moyen bien efficace de le guérir; ils essayèrent de laisser simplement agir la nature, et la mortalité descendit à 7 p. 100; d'autres, plus physiologistes encore, comprirent que pour permettre au malade de résister à la maladie, il faut soutenir ses forces : ils administrèrent des toniques, l'alcool notamment, et la mortalité se réduisit à 3 p. 100 **.

De même, hélas! dans un grand nombre de maladies, de même dans le traitement de la fièvre typhoïde par les innombrables médicaments préconisés contre elle, de même aussi des affections du cœur notamment, si uniformément traitées il y a quelques années, alors qu'elles réclament les traitements les plus opposés suivant

---

* « On doit se rappeler, écrit Niemeyer à propos de la pneumonie, qu'abandonnée
« à elle-même cette affection se termine presque toujours par la guérison si les individus atteints sont robustes et si la maladie n'est pas trop intense par elle-même.
« Il n'y a pas très-longtemps que l'on connaît ce fait, et c'est à la méthode expectante de Vienne que nous devons ce précepte essentiel, que la pneumonie exige
« par elle-même tout aussi peu une intervention active que l'érysipèle, la variole, la
« rougeole et *autres maladies à marche constante* quand elles frappent des individus
« sains auparavant, et suivent leur cours sans complication et avec une intensité modérée. Bien plus, il est démontré qu'une intervention violente exerce une influence
« défavorable sur la marche de la maladie » (*Pathologie interne*, 7e édit., t. I, p. 222).

** Ces chiffres sont le résumé d'un grand nombre d'observations. On en trouvera le détail dans les *Leçons de clinique médicale* de Jaccoud.

les cas, ainsi que l'a prouvé une étude approfondie des fonctions de cet organe. De même encore dans le traitement classique de la péritonite : « Tel fut le remède, dit au sujet de cette affection le « professeur Niemeyer, tel fut le remède, les patients mouraient et « personne n'est venu demander s'il y avait des guérisons. Si l'on « fait l'autopsie d'individus morts d'une péritonite traitée suivant la « routine, on trouve ordinairement le cœur et les vaisseaux telle- « ment exsangus, que l'on est tenté de mettre la mort bien plus sur « le compte du traitement que sur celui de la maladie elle-même.* » Que de malades, victimes de ces médications prétendues héroïques auxquelles on n'ose pas toucher encore faute de savoir par quoi les remplacer !

Mais, ainsi que nous l'avons dit, les progrès de la physiologie font entrer la médecine dans une voie nouvelle ; grâce aux secours fournis par les sciences expérimentales, les phénomènes morbides et l'action des médicaments sont enregistrés avec la plus rigou- reuse exactitude et la physiologie apprend à les interpréter.

Expliquer les phénomènes des maladies et l'action des remèdes, en prenant toujours la physiologie pour guide, tel sera le but que nous poursuivrons dans les diverses parties de cet ouvrage consa- crées aux applications médicales. Nous aurons surtout en vue la recherche des causes. Leur connaissance donne, en effet, les moyens non-seulement de traiter souvent les maladies avec succès, mais encore de s'en préserver.

Sans doute, même avec le concours de la physiologie, la théra- peutique est un art bien incertain encore. Mais ce n'est que d'hier que la médecine emprunte aux sciences positives leurs moyens d'investigation. Le médecin ne se contente plus des vagues indica- tions fournies par l'examen du pouls dans les maladies : il enregistre le mouvement des artères au moyen d'appareils spéciaux, étudie la température exacte du corps avec le thermomètre, analyse les mo- difications de composition qu'éprouvent les secrétions, recherche, par la percussion et l'auscultation, ce qui se passe dans les profon- deurs de l'organisme et arrive souvent ainsi à déterminer avec une entière exactitude la nature et le siége des maladies. Il ne se con-

*Niemeyer, *loc. cit.*, t. I, p. 755.

tente plus de savoir, comme autrefois, que l'oreille, l'œil, le poumon, le cœur sont malades; il faut qu'il sache quelles parties de ces organes sont atteintes, et quand, à l'aide de ces méthodes rigoureuses d'investigation, il veut étudier l'action des médicaments et la marche des maladies, il peut le faire souvent avec autant de précision que le physicien analysant, au moyen d'appareils mécaniques, la marche d'un phénomène. A l'époque où l'on ne possédait qu'une connaissance imparfaite des fonctions des organes et où les procédés de diagnostic empruntés aux sciences exactes n'existaient pas, l'art de guérir ne pouvait que rester dans l'enfance.

IV.

Nous avons répété plusieurs fois dans ce qui précède que l'expérience et l'observation doivent seules guider le physiologiste. En faut-il conclure que la science n'est qu'un amas de faits groupés au hasard? Nullement. Les faits sont simplement les matériaux avec lesquels l'architecte édifie un monument. Ils mènent à la connaissance de ces lois générales qui transforment les sciences et conduisent elles-mêmes aux plus brillants résultats. Il suffit de jeter les yeux sur l'histoire des découvertes scientifiques depuis un siècle pour en trouver de nombreuses preuves. Le principe de l'indestructibilité de la matière, par exemple, a renouvelé la chimie; celui de l'indestructibilité des forces a changé la face de la physique et transforme actuellement celle de la physiologie. Les forces sont, comme la matière, indestructibles; elles se transforment, mais ne sauraient périr. Brûlez un fragment de papier, puis recueillez les gaz qui se dégagent, les cendres qui restent comme résidu, et vous retrouverez exactement le poids du papier. La matière est absolument indestructible, et tous les agents dont l'homme dispose ne peuvent que la transformer sans en altérer l'essence. Ce sont les mêmes éléments qui ont formé les habitants du globe depuis leur origine; ils roulent dans l'espace en se transformant sans cesse, indestructibles sous leur périssable forme.

Il en est de même des forces : lumière, chaleur, mouvement, électricité etc. Elles changent continuellement de nature sans jamais rien perdre de leur énergie.

Laissez tomber d'une certaine hauteur un corps pesant, une balle de plomb par exemple. En touchant le sol, ce corps perd le mouvement dont il était animé, mais il s'échauffe aussitôt. Le mouvement perdu en apparence s'est, en réalité, transformé en chaleur. On pourrait même, en recueillant cette chaleur, s'en servir pour ramener le corps à une hauteur précisément égale à celle d'où il est tombé. La quantité de chaleur produite par le choc est donc exactement *équivalente* à la quantité du mouvement perdu. Si la terre s'arrêtait dans sa course, la chaleur engendrée par cet arrêt de mouvement serait suffisante pour la réduire en vapeur. Rien ne meurt dans la nature. Indestructibles comme la matière, les forces sont éternelles.

Sans doute, on n'arrive à la découverte de ces lois générales dont toutes les sciences découlent; que par l'observation des faits; mais, pour en faire jaillir la lumière, il faut savoir les interpréter. Le simple observateur ne voit rien au delà des faits, et le lien qui les rattache entre eux lui échappe; l'observateur philosophe recherche les lois générales dont les faits sont esclaves.

L'homme qui vit pour la première fois le soulèvement du couvercle d'une marmite remplie d'eau bouillante ne soupçonnait pas que l'étude approfondie de ce phénomène conduirait à l'invention de la machine à vapeur. L'observateur auquel le hasard révéla qu'un morceau d'ambre frotté attire les corps légers, ne pensait guère qu'il tenait entre ses mains cette puissance merveilleuse qui sous le nom d'*électricité*, devait un jour transmettre la pensée d'un monde à l'autre, avec la vitesse de la lumière.

Des milliers d'hommes avaient regardé, dans les églises, les lentes oscillations des lampes suspendues, et cette observation ne leur avait rien appris; vint un penseur, et de ce phénomène sans importance pour le vulgaire, il sut tirer une des plus admirables découvertes de la physique moderne, celle sur laquelle repose l'art de mesurer le temps, montrant ainsi toute la distance qui sépare l'observateur qui ne sait voir que les faits, du philosophe qui découvre la loi qui les régit.

LIVRE I.

Origine de la Vie. — Éléments des Organes.

CHAPITRE PREMIER.

ORIGINE DE LA VIE.

STRUCTURE DES ORGANES ET APERÇU DE LEURS FONCTIONS.

Matériaux qui composent les êtres vivants. — Origine de la vie. — Transformation d'une cellule en animal parfait. — Métamorphoses des espèces. — Principes élémentaires et immédiats du corps. — Structure intime des divers tissus. — Activité continuelle des éléments des organes. — Réparation des pertes qu'ils éprouvent. — Appareils digestif, circulatoire et respiratoire. — Transformations subies par les corps après la mort. — Passage de la matière organisée à l'état minéral. — Retour des substances minérales sous les lois de la vie.

I.

Les êtres organisés qui peuplent l'univers sont formés de matériaux identiques empruntés au milieu où ils vivent.

Les éléments qui constituent tous les organes sont en petit nombre; sur une soixantaine de corps simples que le chimiste est parvenu à isoler, une quinzaine seulement servent à former la trame de tous les tissus.

Il y a loin de la matière minérale à la matière organisée, et bien que dans ces dernières années le savant soit arrivé à fabriquer artificiellement quelques-uns des corps qu'on affirmait autrefois ne pouvoir être engendrés que sous les lois de la vie, la science est

impuissante à expliquer sous l'influence de quelles forces mystérieuses la substance minérale s'organisa pour la première fois.

Comment naquit le premier être et quel fut cet être? A combien
de milliers de siècles faudrait-il remonter pour voir les flancs de
l'éternelle matière s'ouvrir et lui donner naissance?

Sans doute, à l'époque où notre planète fut suffisamment refroidie
pour que la vie pût s'y manifester, la nature essaya de nombreuses ébauches avant d'engendrer des êtres capables de se perpétuer; mais de ces métamorphoses étranges, nous ne pouvons
rien dire. A notre horizon borné, la nature intime des choses
échappera toujours. Dans ce conflit de forces bienfaisantes et nuisibles, clairvoyantes et aveugles, qui mènent le monde, la science
ne parvient qu'à constater des effets, sans pouvoir remonter à leurs
causes. Des diverses hypothèses imaginées pour expliquer l'origine
de la vie, aucune n'a pu soutenir l'examen.

Nous ignorons par quels changements successifs la matière minérale s'est trouvée transformée un jour en matière vivante; mais
les progrès de l'embryologie nous permettent de mieux comprendre
comment les êtres inférieurs ont pu s'élever graduellement aux
formes actuelles. Des transformations semblables se passent journellement sous nos yeux. L'œuf et l'animal qui en dérive ne présentent aucune espèce d'analogie. Le premier est simplement constitué par une vésicule remplie d'un liquide granuleux. Lorsqu'il a
été fécondé, son contenu se fractionne en plusieurs cellules, qui.
en se multipliant et en se transformant, donneront naissance aux
organes. Très-simples au début de leur existence, ces organes de-
viendront plus compliqués ensuite, et en un temps très-court l'œuf
aura subi des métamorphoses qui le feront passer par une série de
formes de plus en plus élevées, jusqu'à l'état d'animal parfait. Ces
perfectionnements progressifs peuvent facilement s'observer chez
l'embryon humain. Son système nerveux, d'abord constitué par
une simple ligne dorsale comme celui des poissons, revêt success-
sivement la forme du système nerveux des reptiles et des oiseaux,
pour arriver enfin à la perfection qui caractérise le cerveau de
notre espèce, passant ainsi en quelques mois par tous les degrés
de la série des êtres.

Pendant les diverses phases de leur vie embryonnaire, tous les animaux présentent ainsi les analogies de structure les plus intimes avec les animaux inférieurs à l'état adulte. D'après les belles recherches de Serres, de Coste et d'Agassiz, les êtres inférieurs ne sont que les embryons immobilisés des êtres placés au-dessus d'eux. L'homme lui-même, dernier anneau d'une chaîne dont l'origine se perd dans la nuit des temps, revêt successivement pendant les neuf mois qui précèdent sa naissance les formes des races animales qu'il dominera un jour. De l'état de simple cellule, où la vitalité ne se manifeste que par d'incertaines lueurs, il s'élève par une suite continue de métamorphoses à l'état d'animal parfait, mais n'acquiert le privilége de la supériorité hiérarchique qu'après avoir passé par tous les degrés de la série des êtres.

Les découvertes de l'embryologie et l'étude récente de l'influence de l'hérédité et du milieu sur les races vivantes n'ont pu éclaircir le mystère de l'origine de la vie, mais elles ont jeté une vive lueur sur les lois qui président à la succession des races. On croyait autrefois que l'espèce animale est immuable et ne varie jamais. La terre, dans cette hypothèse, aurait éprouvé plusieurs bouleversements successifs, à la suite desquels des animaux nouveaux auraient été créés pour remplacer ceux disparus, et l'homme serait venu le dernier d'entre eux.

La théorie nouvelle est bien plus scientifique et plus philosophique. Les formes des animaux, dit-elle, se modifient lentement sous l'influence du milieu. Aucun cataclysme n'a désolé le monde entier et jamais la terre n'a été complétement bouleversée. Les changements qui se sont opérés à sa surface se sont accomplis graduellement, et graduellement aussi se sont transformés les animaux qui l'habitent. L'homme descend des êtres inférieurs qui l'ont précédé.

Rien ne prouve, dit un de nos plus savants géologues, M. d'Archiac, que l'homme soit la fin ou le dernier mot de la création, qu'il en soit, comme on dit, le couronnement.

Rien ne le prouve, en effet, et même si les lois du passé restent celles de l'avenir, nous pouvons prédire avec certitude qu'aucun être vivant ne transmettra sa ressemblance inaltérée aux âges futurs. La plupart des espèces actuelles disparaîtront, ainsi qu'ont disparu celles qui les ont précédées, et l'homme disparaîtra aussi pour faire place à des êtres sans doute plus parfaits.

Car tout change et se transforme dans la nature. Ce que l'être vivant est aujourd'hui il ne le sera plus demain, et dans un temps très-court il ne contiendra aucun des éléments qui le constituaient d'abord. Si les formes extérieures persistent, c'est que les conditions de la vie ne varient pas. Lorsqu'elles viennent à changer, l'animal change aussi et ses organes se modifient au gré des besoins qu'ils éprouvent. Les ailes de l'oiseau qui ne vole plus deviennent rudimentaires, l'œil du poisson s'atrophie dans l'obscurité. L'organe qui s'exerce se perfectionne, au contraire, et les modifications qu'il subit étant héréditaires, l'animal finit à la longue par acquérir des attributs nouveaux.

Et si, parcourant une collection d'animaux fossiles et contemplant ces êtres aux formes étranges, si différents de ceux que nous voyons aujourd'hui, vous vous demandez comment il se peut faire qu'il y ait parenté entre des espèces si dissemblables, rappelez-vous que les transformations ont été bien lentes et que ce ne sont pas les termes extrêmes de cette échelle qu'il faut comparer entre eux, mais bien les termes intermédiaires.

Sans doute, depuis le commencement des périodes historiques, on n'a jamais vu se former une espèce animale par la transformation d'une espèce voisine, mais que sont les quelques milliers d'années qui nous séparent des temps dont la tradition a gardé la mémoire, auprès des milliers de siècles qui se sont écoulés depuis le jour où la terre fut habitée pour la première fois? La nature ne procède que lentement. Les petites différences s'accumulent graduellement, et ce n'est qu'après de longues séries de siècles que la transformation est complète.

La vie s'était depuis longtemps montrée sur la surface du globe et bien des races vivantes s'y étaient succédé quand l'homme parut pour la première fois. L'époque de cette apparition se perd dans l'océan des siècles. Les découvertes de la géologie moderne nous montrent nos premiers pères contemporains de ces races disparues dont nous ne connaissons l'existence que par leurs débris. Ils ont vécu pendant la période où le mammouth habitait nos forêts, où l'hippopotame se baignait dans nos fleuves, où l'ours et l'hyène se cachaient dans nos cavernes. Suivant M. de Quatrefages, l'espèce humaine aurait existé vers la fin de la période tertiaire, il y a certainement plus de cent mille ans.

Il y a loin, sans doute, des Européens de nos jours aux hommes de ces lointaines époques. Une cabane construite dans l'eau, sur pilotis comme celle des castors, et dont on retrouve encore des débris, telles étaient leurs demeures; des silex taillés et emmanchés d'un bâton, telles étaient leurs armes.

Déjà, cependant, il cherchait à occuper ses loisirs, l'homme des premiers temps. Des dessins grossiers récemment trouvés sur des ossements de mammouth, qui témoignent de leur antiquité, témoignent aussi du goût qu'eurent pour les arts les sauvages qui sont nos aïeux.

Pendant longtemps peut-être, l'homme fut obligé de disputer sa proie aux hôtes des forêts; mais roi par l'intelligence, il devint bientôt le maître absolu de toute la création. Il appliqua alors la loi du plus fort, et tua tout ce qu'il ne put dompter. Tuer pour vivre, loi terrible que l'insensible nature enseigne à tout être auquel elle donne l'existence. L'oiseau dont le chant harmonieux nous fait rêver, l'insecte qui se cache sous l'herbe embaumée, sous peine de mort ils doivent détruire jusqu'à ce qu'ils soient détruits à leur tour. La nature ne connaît pas la pitié. Elle fait périr le faible au profit du fort, et l'univers n'est en réalité qu'un éternel champ de bataille *.

II.

Les substances minérales telles que l'oxygène, le carbone etc., auxquelles tous les êtres peuvent être ramenés par des décomposi-

---

*Les premières pages de ce chapitre sont le résumé de recherches que nous avons publiées ailleurs. Le lecteur qui voudra approfondir ces intéressantes questions pourra consulter entre autres ouvrages: Darwin, *De l'origine des Espèces.* — Agassiz, *Lectures on comparative Embryology; Principles of geology; Recherches sur les ossements fossiles.* — Serres, *Principes d'Embryogénie; Recherches d'anatomie transcendante.* — Coste, *Histoire du développement des corps organisés.* — Gustave Le Bon, *Physiologie de la génération* etc.

tions chimiques, constituent les *principes élémentaires* des corps. Les composés, tels que la fibrine, le sucre, l'albumine, qu'ils engendrent par leurs combinaisons, forment les *principes immédiats*. En s'associant entre eux, ces derniers donnent naissance à des corps de structure variable, fibres, tubes etc., qu'on a désignés sous le nom d'*éléments anatomiques* et dont la réunion constitue les *tissus* qui forment la trame de nos organes.

Ces tissus sont en très-petit nombre. Les anatomistes les distinguent généralement en *tissus cellulaire, graisseux, fibreux, élastique, cartilagineux, osseux, musculaire, nerveux, épithélial* et *glandulaire*. Nous allons les passer rapidement en revue.

Le *tissu cellulaire*, appelé aussi *tissu conjonctif, connectif, lamineux, aréolaire*, est très-répandu dans l'organisme. Il comble les

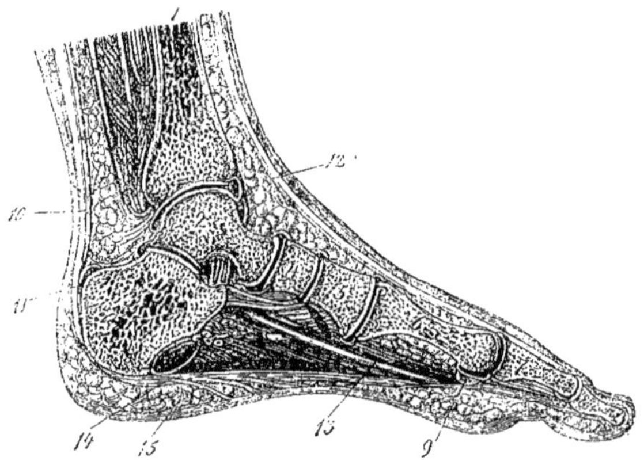

Fig. 1. — *Coupe verticale du pied d'avant en arrière, destinée à montrer comment les tissus cellulaire et graisseux comblent les vides existant entre les organes *.*

vides entre les organes et contribue à donner au corps sa régularité et sa forme. Il sert de réservoir à la graisse qui se trouve en excès dans le sang. C'est dans les mailles de ce tissu que se forment les phlegmons, les abcès, les infiltrations liquides ou gazeuses qu'on observe dans diverses maladies.

* Les tissus cellulaire et graisseux se voient à l'extrémité des lignes 12 et 13, et sur les points traversés par les lignes 9 et 14. — Les lignes 1 à 9 indiquent les divers os du pied; les lignes 8 à 11 les muscles de cet organe.

Examiné au microscope, le tissu cellulaire se présente sous l'aspect de lamelles limitant des cavités qui peuvent facilement s'observer chez les animaux de boucherie qu'on vient d'insuffler pour les écorcher. Ces lamelles se composent elles-mêmes de fibres, nommées *lamineuses*, entre lesquelles se trouvent des cellules étoilées et des vaisseaux capillaires très-abondants.

Les fibres lamineuses forment le *tissu fibreux* dont se composent

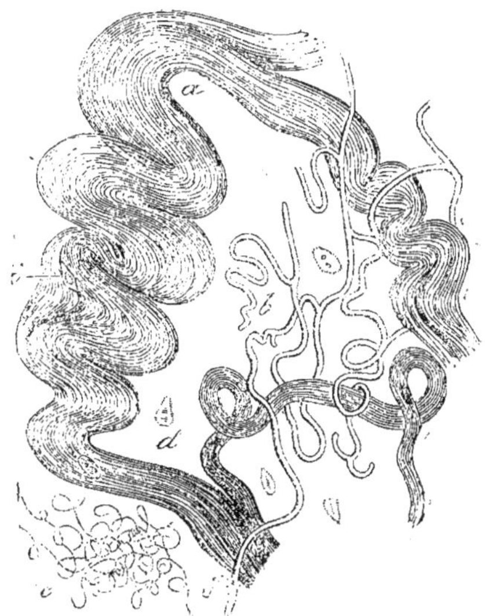

Fig. 2. — *Tissu cellulaire ou conjonctif*.

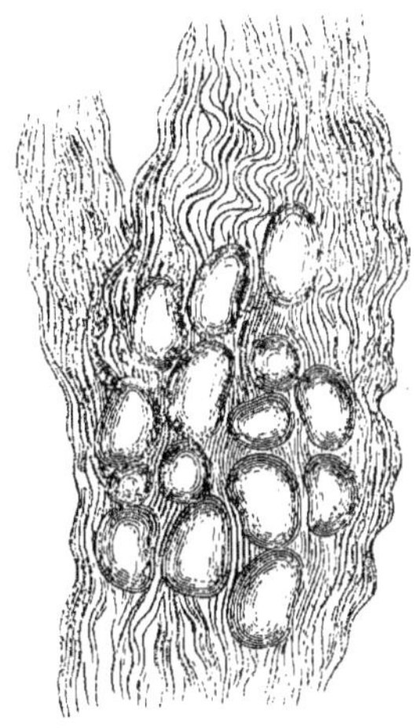

Fig. 3. — *Amas de cellules adipeuses au milieu de fibres de tissu conjonctif, vues à un grossissement de 300 fois.*

les ligaments réunissant les os et les aponévroses qui enveloppent les muscles. Elles contribuent aussi à former le *tissu élastique* qui protége les artères et se trouve interposé entre les vertèbres.

Le *tissu graisseux* est emprisonné entre les mailles du tissu cellulaire; il est formé de petits lobules jaunâtres, du volume d'un grain de millet, dont chacun résulte d'un amas de petites vésicules contenant un liquide huileux transparent.

Le tissu graisseux constitue une sorte de provision mise en ré-

* *a*) Faisceau de fibres du tissu conjonctif. — *b, c*) Fibres élastiques mélangées au tissu conjonctif. — *i, d*) Corpuscules du tissu conjonctif.

serve par l'économie pour être utilisée au besoin. Si cette provision est insuffisante, l'amaigrissement en est le résultat. L'obésité se produit quand, au contraire, elle est en excès.

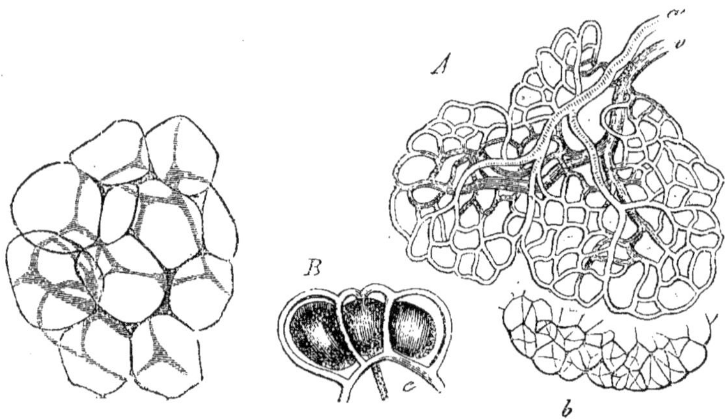

Fig. 4. *Amas de vésicules graisseuses superposées, grossies 300 fois.*

Fig. 5. — *Vaisseaux du tissu adipeux, grossis 300 fois* *.

Le *tissu cartilagineux* se trouve à l'extrémité de certains os tels que les côtes, ou entre les surfaces articulaires osseuses. Il est blanc, élastique et formé d'une substance amorphe, homogène, creusée de petites cavités contenant des cellules plus ou moins nombreuses.

Le *tissu osseux* constitue les os. En divisant un os quelconque, on reconnaît qu'il est formé à sa surface par une substance compacte, recouverte d'une membrane riche en vaisseaux et en nerfs nommée le *périoste*. Son intérieur est, au contraire, constitué par une substance spongieuse formée de lamelles entre-croisées. La substance compacte et la substance spongieuse ont la même structure; elles sont composées d'une matière homogène amorphe combinée avec des sels calcaires qui lui donnent de la rigidité. Elle est parcourue par des canaux abritant des vaisseaux et creusée d'un nombre considérable de petites cavités munies de prolongements étoilés, auxquels on donne le nom de *corpuscules osseux* ou *ostéoplastes*.

---

* A. Lobule graisseux dont on n'a représenté que les vaisseaux. — *a*) Artère — *v*) Veine. — *b*) Vésicules graisseuses du bord d'un lobule, vues séparément. — B. Disposition des capillaires à l'extérieur des lobules.

Le périoste, qui enveloppe les os, se compose de fibres élastiques et lamineuses. Il est parcouru par un grand nombre de vaisseaux et de nerfs et sécrète un liquide qui sert à l'accroissement de l'os et au besoin à sa régénération, ainsi que l'ont démontré les expériences faites dans ces dernières années. On a pu enlever le tibia

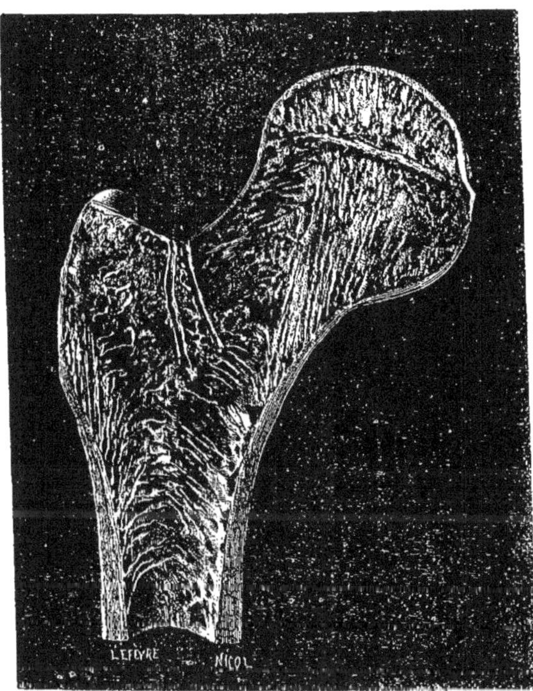

Fig. 6. — *Coupe verticale du col du femur, destinée à montrer la structure des os.*

d'un animal en n'en conservant que le périoste, et au bout de quelques mois un nouvel os était formé. On est même parvenu à produire artificiellement des os dans des parties du corps où il n'en existait pas, en y transportant des fragments de périoste.

Le périoste n'a pas seul cette propriété : tous les tissus du corps peuvent également sécréter des liquides aptes à reproduire les tissus d'où ils émanent. Un muscle ou un nerf coupé sécrète un liquide qui peut s'organiser en muscle ou en nerf.

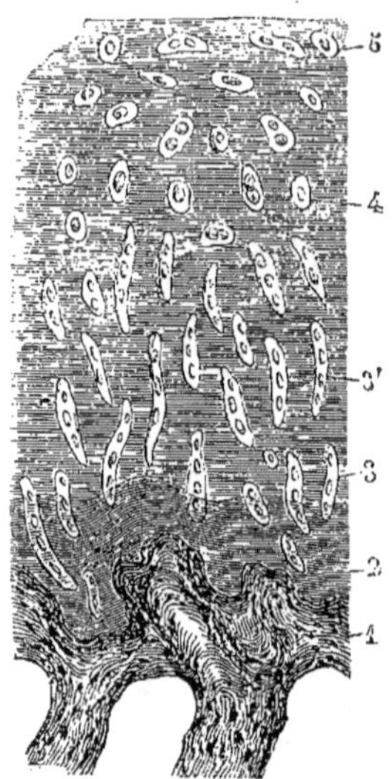

Fig. 7.
Tissu cartilagineux, vu au microscope *.

Fig. 8.
Tissu osseux et tissu cartilagineux **.
(Coupe verticale d'une phalange du petit doigt, grossie 120 fois.)

Le *tissu musculaire* forme les muscles qui constituent la chair des animaux ; il est composé de petites fibrilles parallèles réunies en faisceaux enveloppés chacun d'une mince membrane. Ces faisceaux forment les fibres qu'on aperçoit à l'œil nu. La réunion d'un certain nombre de faisceaux constitue le muscle, qui est lui-même revêtu d'une enveloppe.

Les fibres musculaires sont susceptibles de se contracter, c'est-à-dire de se raccourcir. En se raccourcissant, elles agissent sur les os auxquels elles sont fixées et permettent à l'animal d'exécuter des mouvements.

Le *tissu nerveux* forme le cerveau, la moelle épinière et les nerfs. Il est composé de tubes et de cellules. Les tubes sont constitués par

* 1) Tissu osseux. — 2) Couche intermédiaire au cartilage et à l'os. — 3, 3', 4, 5) Cavités creusées dans le tissu du cartilage.

** 1) Cartilage de l'articulation. — 2) Couche intermédiaire au cartilage et à l'os. — 3) Couche osseuse.

un filament central (*cylinder axis*) enveloppé d'un liquide graisseux recouvert par une membrane. Comme les fibrilles musculaires, ces tubes sont réunis en faisceaux abrités eux-mêmes par une enveloppe.

Fig. 9. — *Formes diverses de cellules nerveuses.*
(Grossies 300 fois.)

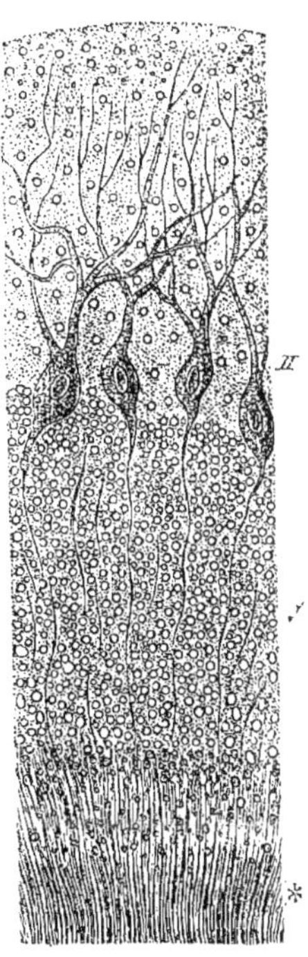

Fig. 10. *Cellules nerveuses de la couche corticale du cervelet.*
(Grossies 120 fois.)

Les cellules nerveuses ont des formes très-variées : elles sont constituées par des masses granuleuses dans l'épaisseur desquelles se trouvent des noyaux. Elles se continuent avec les tubes nerveux, ou envoient des prolongements qui les réunissent entre elles.

Le *tissu épithélial* est constitué par des cellules à noyau auxquelles on a donné des noms très-variables suivant leur forme. C'est ainsi qu'on distingue : l'*épithélium pavimenteux*, composé de cellules anguleuses dont l'aspect rappelle celui d'une mosaïque, la

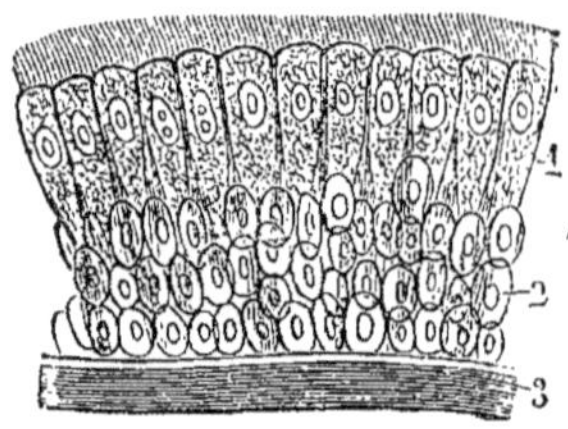

Fig. 11.
*Épithélium conique à cils vibratiles
stratifié de la trachée artère *.*

peau est recouverte d'un épithélium de cette nature; l'*épithélium conique*, dont les cellules sont disposées en cônes; l'*épithélium vibratile*, formé de cellules terminées par de petits filaments doués de mouvements rapides; l'*épithélium stratifié*, composé de cellules superposées.

Les ongles, les cheveux et les poils dérivent du tissu épithélial.

Le *tissu glandulaire* constitue les glandes, organes destinés à extraire du sang certains principes invariables pour chaque glande. Ainsi le rein élimine du sang les matériaux de l'urine; la glande mammaire en retire le lait; la glande salivaire, la salive, sans que jamais ces diverses glandes, dont la structure microscopique est cependant semblable, puissent en extraire autre chose.

Le tissu glandulaire est constitué par une membrane recouverte, sur une de ses faces, d'une couche épithéliale qui représente la partie sécrétante de la glande, et sur l'autre face, d'un réseau de vaisseaux capillaires qui lui portent le sang auquel elle doit emprunter les matériaux de sa sécrétion.

Les glandes ont des formes diverses, qui leur ont fait donner des noms différents. On les divise en *glandes en grappe, glandes en tube* et *glandes folliculeuses*.

Les *glandes en grappe* sont formées de petits sacs terminés par un canal excréteur, à l'extrémité duquel ils se trouvent placés de la même manière que les grains de raisin sont disposés aux extrémités des ramifications de la grappe. Elles sont *simples* ou *composées*, suivant qu'il y a un ou plusieurs grains à l'extrémité des petits canaux. Chaque grain, nommé *acinus*, est lui-même formé par la réunion de plusieurs culs-de-sac microscopiques. Les glandes salivaires sont un exemple des glandes en grappe.

Les *glandes en tube* sont formées de tubes fermés à une extrémité, plus ou moins longs et plus ou moins contournés sur eux-

---

* 1) Couche de cellules complétement développées et pourvues de cils vibratiles. — 2) Cellules profondes arrondies, qui prendront la forme conique après la chute des cellules précédentes. — 3) Derme de la muqueuse.

mêmes. Les reins et les glandes sudoripares sont des glandes de cette espèce.

Les *glandes folliculeuses* diffèrent des précédentes par ce qu'elles n'ont pas de canal excréteur. Elles sont formées par une vésicule fermée de tout côté. Les amygdales présentent cette structure.

Nous aurons occasion, dans le cours de cet ouvrage, d'étudier en détail plusieurs des tissus que nous venons d'énumérer.'

III.

Lorsque les éléments des tissus sont placés dans les milieux qui conviennent à leur existence, ils vivent, c'est-à-dire qu'ils empruntent constamment à ce milieu des matériaux nouveaux et rejettent ceux usés par leur activité incessante. Ce mouvement continuel d'assimilation et de désassimilation, commencé avec la vie, ne s'éteint qu'à la mort. C'est une propriété fondamentale des êtres organisés de changer sans cesse et de ne pouvoir continuer à vivre qu'à la condition de se renouveler toujours.

C'est par l'alimentation que les éléments des corps réparent leurs pertes continuelles. Les êtres placés aux limites les plus inférieures de l'échelle vivante sont constitués par une simple cellule qui absorbe constamment les matériaux nécessaires à son entretien et rejette ceux devenus inutiles. La vie, chez elle, se borne à ce simple mouvement d'assimilation et de désassimilation.

A mesure qu'on s'élève dans la série des êtres, de nouveaux organes apparaissent, et avec eux de nouveaux besoins. Le même organe qui, chez l'animal inférieur, remplissait plusieurs fonctions différentes, ainsi que cela s'observe, par exemple, pour le polype, dont l'organisation se réduit à un sac qui digère, respire et sécrète les œufs destinés à le reproduire, n'en remplit plus qu'une seule. Un appareil digestif spécial rend assimilables les matériaux nutritifs. Un appareil circulatoire conduit à tous les organes les produits de cette assimilation, en même temps qu'il leur reprend les matières usées, pour les porter, sous forme de gaz ou de liquide, aux poumons, aux reins et à la peau, chargés de les expulser au dehors.

C'est dans le tube qui s'étend de la bouche au rectum que les aliments subissent les modifications qui les rendent susceptibles d'assimilation. A la surface de ce tube se ramifient les extrémités de nombreux canaux qui absorbent le produit de la digestion et le conduisent au cœur, dont les contractions le lancent dans les vaisseaux destinés à le distribuer aux divers tissus.

Les matériaux nutritifs doivent servir à la rénovation des organes et en même temps produire les forces nécessaires au jeu régulier de leurs fonctions. Sous l'influence de l'oxygène de l'air, incessamment absorbé par l'appareil respiratoire, une partie de ces matériaux subit une véritable combustion, dont les résidus sont, comme les résidus des matières brûlées dans nos foyers, de l'acide carbonique et différents gaz. Le sang les entraîne aux poumons, qui les rejettent au dehors, et il absorbe en échange une nouvelle quantité d'oxygène.

Les appareils digestif, circulatoire et respiratoire sont placés sous la dépendance d'un système régulateur, le système nerveux, qui régit leur action et sert en même temps à mettre les êtres en relation avec le monde extérieur. Enfin, un appareil reproducteur permet à l'animal de transmettre la vie et de perpétuer ainsi son espèce.

IV.

Les éléments constitutifs des tissus meurent sans cesse; mais, comme ils se renouvellent également sans cesse, les organes ne subissent pas en apparence de modifications sensibles. Lorsque les mouvements d'assimilation et de désassimilation ne se font plus équilibre, la mort définitive arrive. Pour les éléments de l'être dont la personnalité disparaît, la mort n'est que le prélude d'une vie nouvelle; les tissus passent par une série de métamorphoses destinées à rendre au monde minéral les matériaux qu'ils lui avaient momentanément empruntés. Répandus dans le sol et dans l'atmosphère, ces matériaux seront bientôt absorbés par les végétaux et serviront à la formation de nouveaux êtres. La mort transforme, mais n'anéantit pas. Le moindre atome de matière ne saurait se perdre. Les molécules qui formèrent jadis le cerveau de César ou d'Hélène font peut-être, aujourd'hui, partie intégrante du corps d'un mollusque; sûrement elles existent quelque part.

Ainsi, le monde minéral et le monde organique, c'est-à-dire la matière morte et la matière vivante, sont liés par des rapports incessants. Toujours immuable dans son essence, mais toujours changeante dans sa forme, la matière roule perpétuellement de l'un à l'autre. La plante emprunte au sol et à l'atmosphère les éléments de ses organes; l'animal les emprunte à la plante, et après sa mort il rend à l'atmosphère et au sol les éléments que le végétal absorbera de nouveau. C'est avec les débris de l'être d'aujourd'hui que se forme l'être de demain.

Les diverses fonctions qu'accomplit l'animal depuis sa naissance jusqu'à sa mort seront successivement étudiées dans cet ouvrage. Nous commencerons par les fonctions de nutrition, c'est-à-dire par celles qui servent à entretenir la vie.

LIVRE II.

Recettes et Dépenses des Organes.

CHAPITRE PREMIER.

ORGANES DE LA DIGESTION.

Divisions du tube digestif. — Bouche. — Lèvres. — Voûte palatine. — Voile du palais. — Amygdales. — Langue. — Dents. — Pharynx. — Œsophage. — Estomac. — Intestin grêle. — Gros intestin. — Péritoine. — Organes annexés au tube digestif. — Glandes salivaires. — Foie. — Vésicule biliaire. — Pancréas.

Les pertes incessantes que subissent les organes par suite de leur fonctionnement sont réparées, ainsi que nous l'avons dit précédemment, par l'alimentation. La digestion a pour but de transformer en liquides assimilables les matériaux nutritifs que, sous des formes diverses, l'être vivant puise au dehors.

Les animaux possèdent dans l'intérieur de leur corps une cavité où se fait le travail de la digestion. Chez l'animal supérieur, l'appareil digestif se compose d'un long tube, qui s'étend de la bouche à l'anus. L'aliment introduit dans ce canal est soumis, dans son trajet, à l'action de divers liquides qui le dissolvent et le rendent apte à être absorbé par l'appareil circulatoire, chargé de le transporter aux tissus.

Avant d'étudier le mécanisme de la digestion, nous allons passer brièvement en revue les organes à l'aide desquels cette fonction s'opère. Ils se composent du *canal alimentaire* ou *tube digestif*, et de diverses annexes : *glandes salivaires*, *foie*, *rate* et *pancréas*.

I.

Le *tube digestif* ou *canal alimentaire* est un conduit qui s'étend de la bouche à l'anus. Il comprend la *bouche*, le *pharynx*, l'*œso-*

phage, l'*estomac* et l'*intestin*. Il est formé de trois tuniques concentriques, une muqueuse qui le tapisse intérieurement, une fibreuse placée au-dessus et une musculaire qui recouvre les deux premières. L'estomac et l'intestin sont recouverts en outre d'une membrane nommée le *péritoine*.

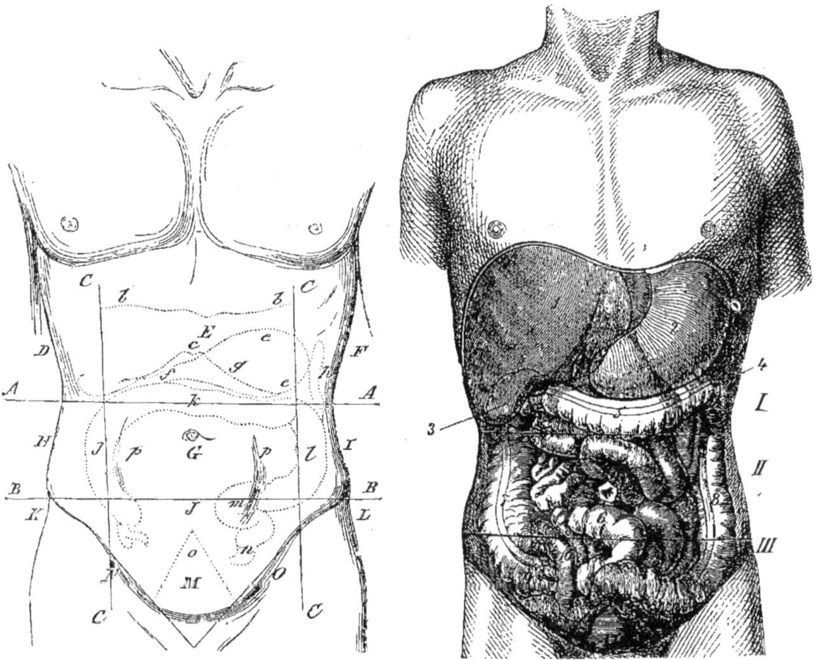

Fig. 12. — Abdomen *.

Fig. 13. — *Vue de face de la portion de l'appareil digestif contenue dans l'abdomen* **.

* A, A. Lignes s'étendant d'un côté à l'autre de la poitrine à la hauteur des fausses côtes. — B, B. Ligne s'étendant de l'une à l'autre crête iliaque. — C, C, C, C. Lignes partant des crêtes iliaques antérieures et coupant à angle droit les lignes précédentes. — E. Région supérieure moyenne du ventre ou région épigastrique — D, F. Régions supérieures latérales ou hypochondres. — G. Région ombilicale. — H, I. Flancs. — J. Région inférieure moyenne du ventre ou hypogastre. — K, L. Régions iliaques. — M. Pubis. — N, O. Régions inguinales ou aines. — *b*, *b*) Limite entre la poitrine et l'abdomen. — *c*) Place de l'appendice du sternum. — *g*) Ligne où viennent aboutir les cartilages des côtes inférieures. — *e*, *e*) Estomac. — *f*) Pylore. — *h*) Rate. — *j*) Colon ascendant. — *k*) Colon transverse. — *l*) Colon descendant. — *m*) S iliaque. — *n*) Rectum. — *o*) Place de la vessie. — *p*, *p*) Portion de l'abdomen où sont situées les circonvolutions de l'intestin grêle.

** I. Région épigastrique. — II. Région ombilicale. — III. Région hypogastrique. — 1) Foie. — 2) Estomac. — 3, 4, 5) Colon transverse. — 6) Intestin grêle. — 7) Colon ascendant. — 8) Colon descendant. — 9) Cæcum. — 10) Intestin grêle. — 11) Fin du gros intestin. — 12) Vessie.

3

La *bouche* est une cavité qui forme la partie supérieure du canal alimentaire. Elle est limitée en avant par les *lèvres;* en arrière par le *voile du palais* et le *pharynx;* en haut par une surface osseuse, la *voûte palatine;* en bas par la *langue;* sur les côtés par les *joues.*

Toute la cavité buccale est recouverte d'une membrane muqueuse hérissée de nombreuses papilles. On sait que le nom de *muqueuses* est donné à des membranes qui tapissent la face interne de tous les organes, et sont l'équivalent de la peau qui recouvre la surface du corps. Au niveau des alvéoles la muqueuse buccale s'épaissit considérablement pour former les gencives.

Les *lèvres* sont constituées par une couche de muscles, que recouvrent, d'un côté, la peau, et de l'autre, la muqueuse buccale.

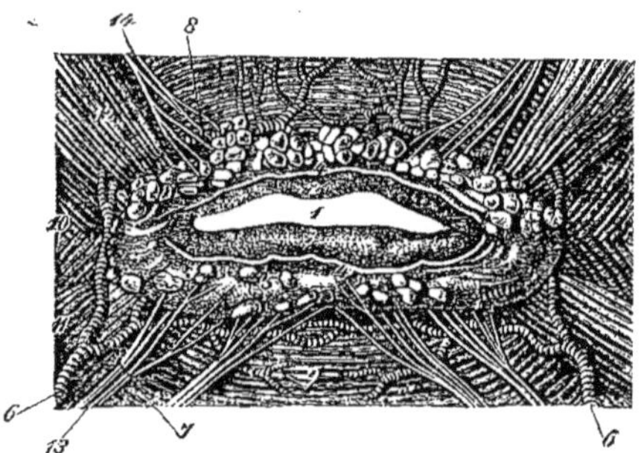

Fig. 14. — *Lèvres vues par leur face postérieure* *.

Ces muscles s'insèrent à la peau par une de leurs extrémités et lui adhèrent intimement, ce qui explique la difficulté avec laquelle les abcès de cette région font issue au dehors. Sous la couche muqueuse se trouvent un nombre considérable de petites glandes qui concourent à la sécrétion de la salive.

Les lèvres servent à la préhension des aliments et à l'articulation des sons.

* 1) Fente de la bouche. — 2) Lèvre supérieure. — 3) Lèvre inférieure. — 4) Muqueuse en partie ôtée pour montrer les glandules qu'elle recouvre. — 5) Glandes labiales. — 6) Artère faciale. — 7, 8) Artères coronaires labiales, branches de la faciale. — 9) Muscle orbiculaire. — 10) Buccinateur. — 11) Muscle carré du menton. — 12) Élévateur des lèvres. — 13) Branches du nerf mentonnier. — 14) Branches du nerf sous-orbitaire.

La *voûte palatine* constitue la paroi supérieure de la cavité buccale; elle est formée par une surface osseuse recouverte d'une
muqueuse présentant de nombreuses saillies. Elle est limitée en

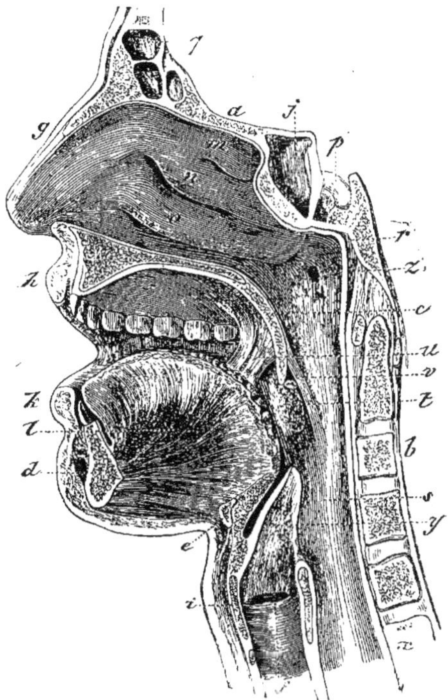

Fig. 15. — *Coupe verticale de la bouche d'avant en arrière* *.

avant et latéralement par les dents, et se continue en arrière par
un prolongement musculo-membraneux nommé *voile du palais.*

Les os qui constituent la voûte palatine sont fort minces et,
sous des influences morbides diverses, peuvent se perforer. Il en

* *a*) Voûte des fosses nasales. — *b*) Vertèbres cervicales. — *c*) Voile du palais. — *d*) Section de la mâchoire inférieure sur laquelle on voit s'insérer le muscle génio-glosse. — *e*) Section de l'os hyoïde. — *f*) Coupe
du larynx. — *g*) Nez. — *h*) Lèvre supérieure. — *i*) Coupe du cartilage thyroïde ou pomme d'Adam. — *j*) Sinus
sphénoïdal. — *k*) Lèvre inférieure. — *l*) Muscle génio-glosse formant une grande partie de la langue. — *m, n, o*)
Cornets de la fosse nasale droite. — *p*) Artère vertébrale. — *q*) Sinus frontaux. — *r, s*) Pharynx. — *t*) Amygdale droite entre les piliers antérieur *u* et postérieur *v* de ce côté du voile du palais ; au-dessus de l'amygdale
on voit la luette. — *x*) Vertèbres cervicales. — *y*) Épiglotte redressée contre la base de la langue; elle couvre
l'orifice supérieur du larynx pendant la déglutition. — *z*) Orifice de la trompe d'Eustache.

résulte une communication directe entre les fosses nasales et la
bouche, qui amène pour le malade, entre autres inconvénients,

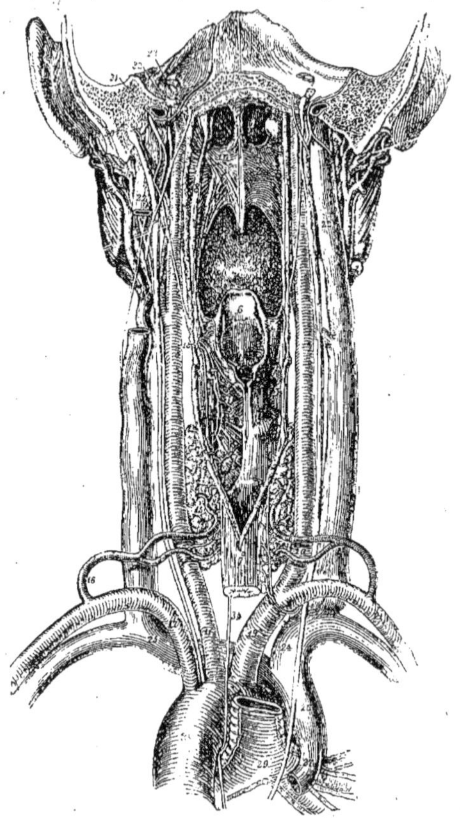

Fig. 16. — *Orifice postérieur de la bouche vu en arrière. Le pharynx est ouvert et les organes avec
lesquels il est en rapport ont été conservés *.*
(A gauche, la muqueuse a été enlevée pour laisser voir les muscles, nerfs et vaisseaux qu'elle recouvre.)

* 1) Orifice postérieur des fosses nasales. — 2) Voile du palais. — 3) Langue. — 4, 5) Larynx. — 6) Épiglotte. — 7) OEsophage. — 8, 9) Muscle pharyngo-staphylin. — 10) Muscle péristaphylin interne. — 11)
Muscles aryténoïdiens. — 12) Muscle crico-aryténoïdien postérieur. — 13) Nerf laryngé supérieur. — 14) Nerf
laryngé inférieur. — 15) Corps thyroïde. — 16) Carotide primitive gauche. — 17) Artère sous-clavière gauche
— 18) Artère thyroïdienne inférieure. — 19) Tronc brachio-céphalique artériel. — 20) Artère carotide primitive
droite. — 21) Artère sous-clavière droite. — 22) Veine jugulaire interne gauche. — 23) Extrémité du sinus pétreux inférieur. — 24) Tronc brachio-céphalique veineux du côté droit — 25) Tronc brachio-céphalique veineux
gauche. — 26) Veine cave supérieure. — 27) Veine azygos. — 28) Artère aorte. — 29) Trachée-artère au niveau
de sa bifurcation. — 30) Nerf pneumogastrique. — 31) Nerf spinal. — 32) Nerf glosso-pharyngien. — 33) Nerf
hypoglosse. — 34, 35) Nerfs laryngés inférieurs droit et gauche ou nerfs récurrents.

celui d'avoir une parole tout à fait inintelligible. Une simple perforation de la voûte palatine de quelques millimètres de diamètre suffit pour rendre l'articulation des sons difficile.

Le *voile du palais* continue la voûte palatine; il est constitué par douze muscles, six de chaque côté de la ligne médiane. Ces muscles s'attachent, par une de leurs extrémités, à une lame fibreuse qui s'insère au bord postérieur de la voûte palatine. Par l'autre extrémité, ils s'attachent aux os du crâne ou au pharynx. Ils sont recouverts d'une membrane muqueuse sur toute leur étendue.

Le bord postérieur du voile du palais est libre et présente en son milieu une petite saillie, la *luette*. Sur ses côtés, il se termine par deux prolongements, *piliers du voile du palais*, dont l'un se porte sur les parois latérales de la langue, l'autre sur le pharynx. Entre ces piliers, c'est-à-dire de chaque côté du fond de la bouche, se trouve une glande nommée *amygdale* ou *tonsille*, de la grosseur d'une amande. Elle est revêtue par la muqueuse pharyngienne et paraît avoir pour fonction de sécréter un liquide destiné à faciliter le passage des aliments.

Les amygdales sont souvent le sujet d'une inflammation à laquelle on a donné le nom d'*amygdalite* ou *angine tonsillaire*. La glande se tuméfie, la déglutition et la respiration deviennent difficiles, et quelquefois il se forme dans le tissu glandulaire des abcès très-douloureux. On est souvent obligé d'enlever complétement les amygdales pour remédier à l'hypertrophie considérable qui résulte parfois de leur inflammation. Ces glandes n'ayant pas de fonctions bien essentielles, leur ablation est sans danger.

Le voile du palais sert à fermer l'orifice postérieur des fosses nasales pendant la déglutition et l'articulation des mots, de façon à empêcher le passage de l'air et des aliments dans le nez. Pendant la succion, il s'abaisse sur la base de la langue et ferme complétement la cavité buccale en arrière, jusqu'à ce qu'elle soit suffisamment pleine de liquide.

La *langue* forme en grande partie la paroi inférieure de la bouche. Elle est constituée par seize muscles qu'enveloppe une membrane muqueuse, mince sur la face inférieure de l'organe et épaisse sur sa face supérieure, où elle est recouverte d'un grand nombre de petites éminences nommées *papilles*. Les muscles de la langue s'insèrent, par une de leurs extrémités, à la face profonde

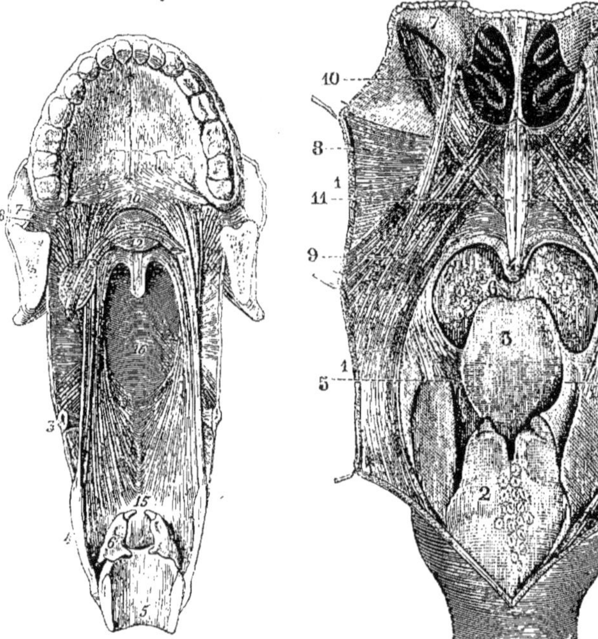

Fig. 17. — *Ouverture postérieure de la bouche et muscles du voile du palais, vus en avant* *.

(La mâchoire supérieure a été relevée; la mâchoire inférieure et la langue ont été enlevées.)

Fig. 18. — *Ouverture postérieure de la bouche et muscles du voile du palais, vus en arrière.* **.

(Les parois du pharynx ont été écartées avec des érignes.)

* 1) Voûte palatine. — 2) Coupe verticale de la mâchoire inférieure. — 3) Corne de l'os hyoïde coupé. — 4) Cartilage thyroïde. — 5) Cartilage cricoïde. — 6) Cartilage aryténoïde. — 7) Muscle buccinateur. — 8) Muscle ptérygoïdien. — 9) Péristaphylin externe. — 10, 11) Pharyngo-staphylin. — 12) Péristaphylin interne. — 13 Muscle glosso-pharyngien formé par des fibres du constricteur supérieur du pharynx. — 14) Amygdale. — 15) Membrane fibreuse où s'insèrent une partie des fibres musculaires du pharyngo-staphylin; les autres se réunissent sur la ligne médiane avec celles du côté opposé.

** 1, 1, 1, 1) Parties latérales du pharynx écartées avec des crochets. — 2) Larynx. — 3) Épiglotte. — 4) Luette. — 5, 5) Bords de l'épiglotte. — 6) Ouverture postérieure de la bouche. — 7, 7) Portions cartilagineuses de la trompe d'Eustache. On voit entre elles l'orifice postérieur des fosses nasales. — 8, 8) Muscle constricteur supérieur du pharynx. — 9, 9) Muscle pharyngo-staphylin. — 10, 10) Muscle péristaphylin interne. — 11, 11) Muscle palato-staphylin.

de la muqueuse linguale, et par l'autre extrémité, au maxillaire inférieur et à divers organes. Ils ont pour fonctions de porter la langue en tout sens.

La langue reçoit une artère importante, l'*artère linguale*, branche de la carotide externe, qui se ramifie dans toutes ses parties, et des nerfs très-nombreux, branches de l'*hypoglosse*, du *glosso-pharyngien* et du *lingual*.

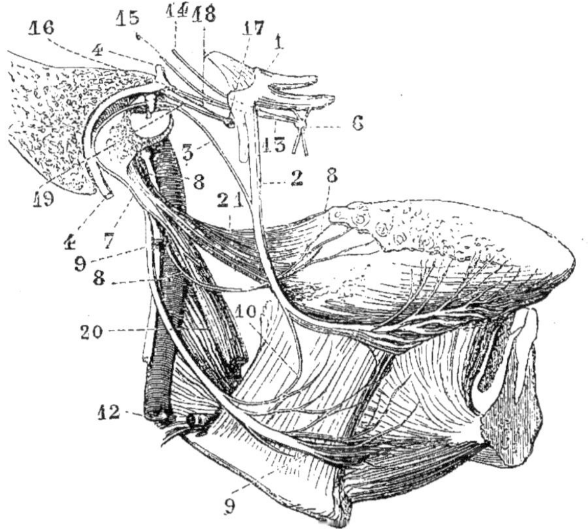

Fig. 19. — *Nerfs de la langue et des régions voisines* *.

La coloration de la langue est très-variable; le matin, elle est blanchâtre par suite de l'accumulation à sa surface des lamelles épithéliales de la muquéuse. Après le repas, elle est rose, parce que la couche épithéliale a été entraînée par la mastication. On a dit avec raison que la langue est le miroir de l'estomac; son inspection fournit d'utiles renseignements dans les maladies.

* 1) Nerf trijumeau. — 2) Nerf lingual. — 3) Corde du tympan. — 4) Nerf facial. — 6) Ganglion sphéno-palatin. — 7) Rameau du facial. — 8, 8) Nerf glosso-pharyngien. — 9, 9) Nerf grand hypoglosse. — 10) Anastomose du nerf lingual et du grand hypoglosse. — 12) Artère carotide interne. — 13) Grand nerf pétreux superficiel. — 14) Rameau du grand sympathique. — 15) Nerf petit pétreux profond interne. — 16) Ganglion du facial. — 17) Ganglion otique. — 18) Petit pétreux profond externe. — 19) Petit pétreux superficiel. — 20) Muscle stylo-hyoïdien. — 21 Muscle stylo-glosse.

La muqueuse buccale, ainsi que celle qui protége la langue, est très-fréquemment recouverte de végétation et d'animalcules.

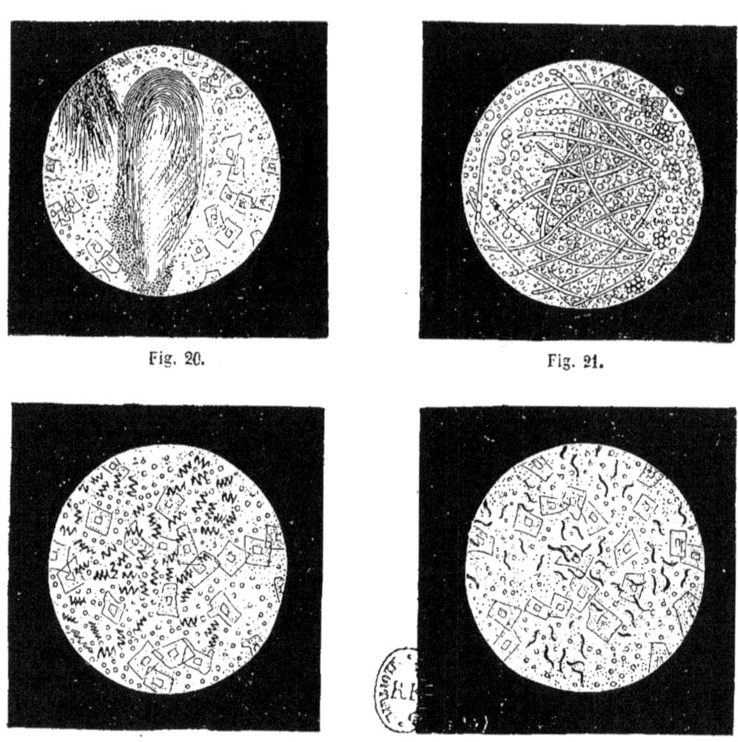

Fig. 20.   Fig. 21.

Fig. 22.   Fig. 23.

*Parasites de la bouche humaine *.*

parasites. La bouche humaine est quelquefois un véritable marécage. Le *leptothrix buccalis*, sorte d'algue microscopique, y croît en

Fig. 20. — *Leptothrix buccalis.* Espèce d'algue très-commune sur la surface de la langue et dans la cavité des dents cariées. On voit à côté des touffes de ce parasite, ainsi que dans les figures suivantes, des cellules épithéliales de la muqueuse buccale.

Fig. 21. — *Oïdium albicans.* Champignon qu'on trouve dans les plaques qui caractérisent l'inflammation de la muqueuse buccale nommée *muguet.*

Fig. 22. — *Vibrio spirillum* ou *vibrion tournoyant.* Cet infusoire a la forme d'une hélice; on le rencontre, ainsi que les suivants, dans la bouche des personnes qui se nettoient rarement les dents.

Fig. 23. — *Vibrio Lineola* (d'après A. Préterre).

touffes serrées; les *monades*, les *vibrions* y vivent en foule. C'est surtout dans la bouche des personnes dont les dents sont rarement nettoyées ou atteintes de carie qu'on rencontre ces parasites. L'air expiré par les personnes atteintes de carie dentaire en contient souvent des germes.

Dans l'intérieur de la bouche, et garnissant le bord des mâchoires, se trouvent les *dents*, organes résistants destinés à broyer les aliments.

Chaque dent est composée de trois parties : la *couronne*, qui fait saillie au dehors; la *racine*, qui est implantée dans une cavité du maxillaire désignée sous le nom d'*alvéole*, et une partie rétrécie, le *collet*, qui réunit la racine et la couronne.

Les dents sont constituées par une substance nommée *ivoire*, composée en grande partie de phosphate et de carbonate de chaux. Dans la portion qui représente la couronne, cette substance est recouverte d'une couche très-mince appelée *émail*, dont la composition est analogue à celle de l'ivoire, mais moins riche en matières minérales. Dans la partie représentant la racine, l'ivoire est enveloppé d'une membrane, le *périoste alvéolo-dentaire*, riche en vaisseaux et en nerfs.

L'ivoire est creusé d'une multitude de petits canaux parallèles, dirigés de la cavité dentaire vers la face profonde de l'émail. Ce dernier est composé de prismes microscopiques coudés entre eux, qui s'élèvent perpendiculairement à la surface de la dent. Sur une dent coupée horizontalement, ils simulent une mosaïque.

Les dents possèdent dans leur intérieur une cavité contenant une matière molle pulpeuse, nommée *bulbe dentaire*, qui reçoit les ramifications des nerfs et des vaisseaux par un trou dont est percé le sommet de la racine.

Les artères que reçoivent les dents viennent de la maxillaire inférieure, branche de l'artère carotide. Les nerfs sont fournis par le nerf trijumeau, qui se distribue également à différentes parties de la face, ce qui explique comment une carie dentaire peut déterminer de la douleur dans tous les points où ce nerf s'irradie. Des névralgies fort douloureuses, provenant d'une dent cariée qu'on n'avait pas aperçue, disparaissent aussitôt que la carie a été détruite ou la dent extraite.

On a divisé les dents en trois classes : les *incisives*, les *canines* et les *molaires*.

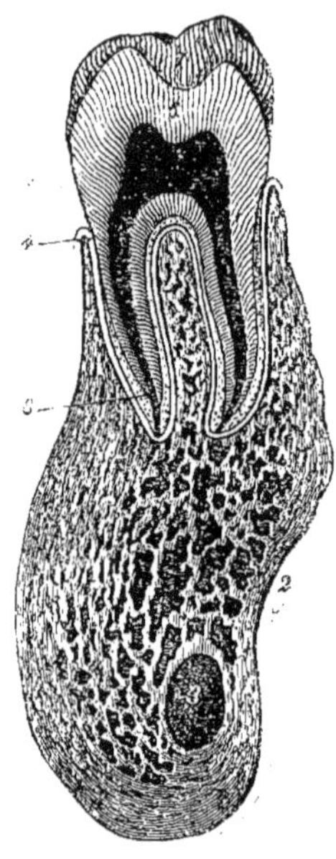

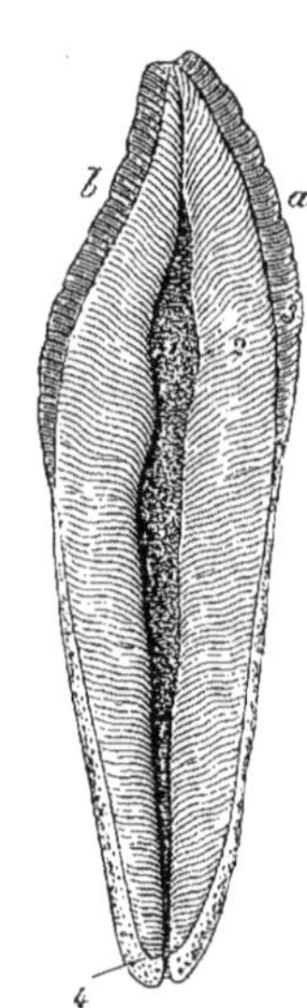

Fig.-24.
Coupe verticale d'une dent molaire
*et de son alvéole *.*

Fig. 25.
Coupe verticale d'une dent incisive
*de la mâchoire inférieure **.*

Les *incisives*, placées en avant de la mâchoire, sont au nombre de huit, quatre en haut et quatre en bas; leur extrémité tranchante coupe facilement les aliments.

Les *canines*, au nombre de quatre, deux en haut et deux en bas, sont placées à côté des incisives. Elles servent à déchirer les aliments.

Les *molaires* se trouvent en arrière des canines. Elles sont au

* 1, 2) Coupe du maxillaire. — 3) Canal de l'alvéole. — 4) Périoste alvéolo-dentaire. — 5) Cavité de la dent. — 6) Ivoire. — 7) Émail. — 8) Cément de la racine.

** a) Face antérieure de la couronne. — b) Face postérieure. — 1) Cavité de la dent. — 2) Ivoire (les lignes noires représentent les canalicules dentaires). — 3) Émail. — 4) Cément.

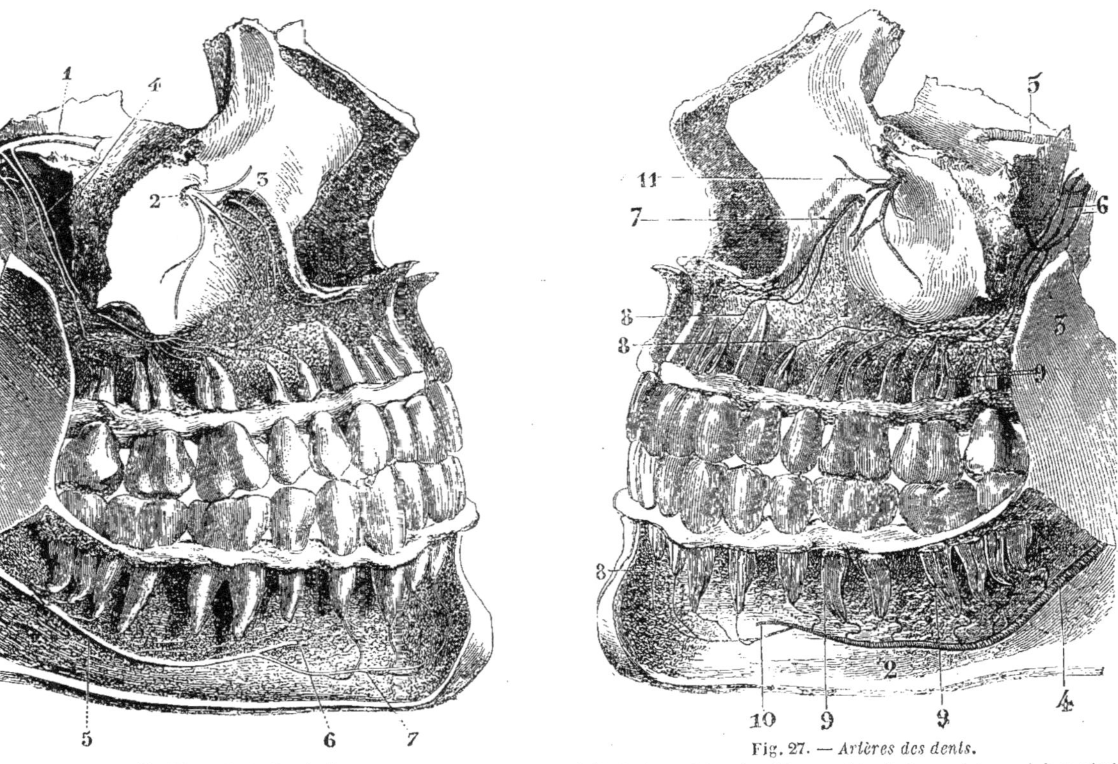

Fig. 26. — *Nerfs des dents.*

(L'écorce osseuse des deux maxillaires a été enlevée pour laisser voir les racines des dents.)

1) Nerf maxillaire supérieur, branche du trijumeau. — 2) Nerf sous-orbitaire, continuation du précédent. — 3) Nerf dentaire antérieur. — 4) Nerfs dentaires postérieurs. — 5) Nerf dentaire inférieur, division du maxillaire inférieur, branche du trijumeau. — 6) Rameau mentonnier coupé. — 7) Terminaison du nerf dentaire inférieur dans la canine et les incisives.

Fig. 27. — *Artères des dents.*

1) Maxillaire supérieur dont l'écorce a été enlevée pour laisser voir la terminaison des vaisseaux dans les racines des dents. — 2, 3) Maxillaire inférieur, qui a subi en partie la même opération. — 4) Artère dentaire inférieure. — 5) Artère sous-orbitaire. — 6) Rameaux de l'artère alvéolaire se rendant aux molaires. — 7) Rameau de l'artère sous-orbitaire se rendant aux incisives et à la canine. — 8, 8, 8, 9, 9, 9) Terminaison des artères dans les racines des dents. — 10) Rameau mentonnier coupé. — 11) Terminaison de l'artère sous-orbitaire. — Toutes les artères précédentes viennent de la maxillaire interne, une des deux branches terminales de la carotide externe.

nombre de vingt, dix pour chaque mâchoire. C'est sur leur surface aplatie que les aliments sont broyés.

Les premières dents apparaissent six à huit mois seulement après la naissance. Les incisives se montrent généralement d'abord, puis viennent les canines et les molaires. Vers l'âge de deux à trois ans, la première dentition est complète. L'enfant possède alors vingt dents, nommées *dents de lait*.

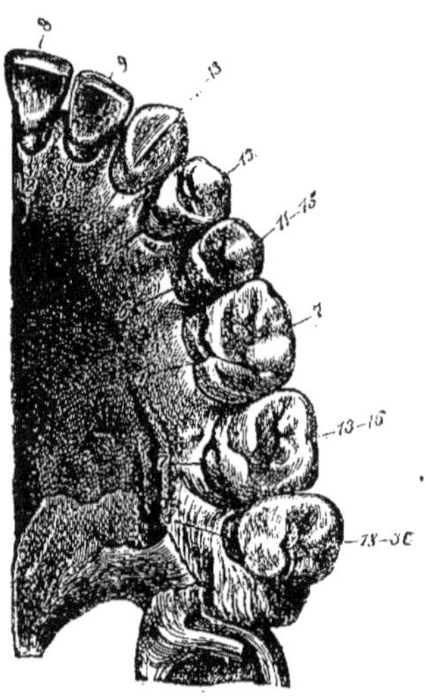

Fig. 28. — *Dents permanentes de la mâchoire supérieure* *.

Vers l'âge de sept ans, les dents de lait tombent et sont remplacées par les dents permanentes. Les premières grosses molaires sont celles qui se développent d'abord. Les incisives, les petites molaires, les canines, les deuxièmes grosses molaires viennent ensuite. Ce n'est que vers la vingtième année qu'apparaissent les quatre dernières grosses molaires dites *dents de sagesse*. L'adulte possède alors trente-deux dents.

* Les numéros placés à droite des dents indiquent l'époque de leur apparition ; ceux placés à gauche font connaître l'ordre de cette apparition.

La bouche se continue par le *pharynx*, tube de 13 à 14 centimètres de longueur, qui se termine lui-même par l'œsophage. Il est fixé à l'os occipital par un prolongement fibreux. Ses parois latérales sont en rapport avec l'artère carotide. Il est séparé de la colonne vertébrale par un tissu cellulaire lâche, dans lequel se développent quelquefois des abcès nommés *rétro-pharyngiens*. La compression que ces abcès exercent sur le larynx peut déterminer l'asphyxie si on ne s'empresse pas de les ouvrir.

Le pharynx est en rapport en avant avec la partie postérieure des fosses nasales, le larynx et le voile du palais. Ce dernier ferme sa communication avec les fosses nasales pendant le passage des aliments, et par suite, les empêche de s'engager dans le nez.

Comme les organes précédemment décrits, le pharynx est formé de trois couches, une muqueuse, une fibreuse et une musculaire. La muqueuse est recouverte par un nombre considérable de petites glandes qui peuvent s'hypertrophier et produire l'affection désignée sous le nom d'*angine granuleuse* ou *pharyngite chronique*, caractérisée par de la douleur à la gorge, de la sécheresse, de l'enrouement et des accès de toux suivis de l'expectoration de petites mucosités. Elle est commune chez les chanteurs, les orateurs et les fumeurs de profession.

La couche musculaire du pharynx est composée de dix muscles, cinq de chaque côté de la ligne médiane. Les uns déterminent son élévation dans l'acte de la déglutition ; les autres rétrécissent son orifice et compriment le bol alimentaire.

Le pharynx n'a d'autres fonctions que de livrer passage aux aliments qui se rendent à l'estomac et à l'air qui se dirige vers le larynx.

La continuation du pharynx se nomme l'*œsophage ;* ce conduit s'étend jusqu'à l'estomac. Sa longueur est d'environ 25 centimètres ; son diamètre de 2 centimètres 1/2. Il commence à peu près au niveau de la sixième vertèbre cervicale pour se terminer au niveau de la onzième dorsale. Dans le cou, il est en contact avec la trachée en avant, les carotides sur les côtés, la colonne vertébrale en arrière. Dans le thorax, il est en rapport en avant avec la trachée et la membrane qui enveloppe le poumon, en arrière avec l'aorte et la colonne vertébrale.

L'œsophage se compose, comme les parties précédemment dé-

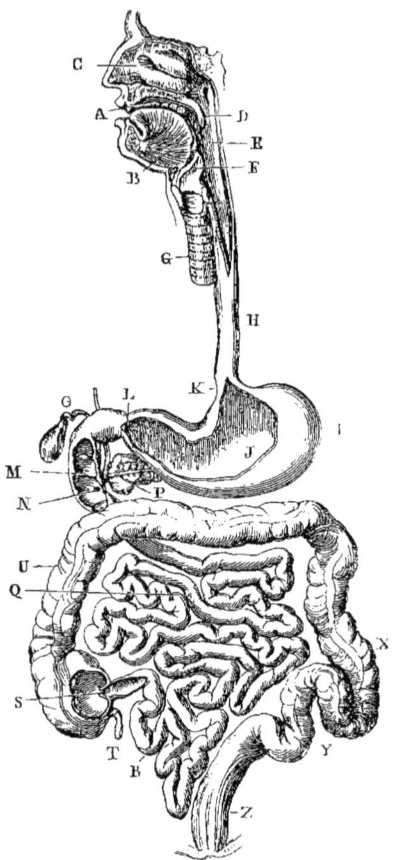

Fig. 29. — *Ensemble du tube digestif* *.

* A. Bouche. — B. Langue. — C. Fosses nasales. — D. Voile du palais. — E. Pharynx. — F. Épiglotte. — G. Trachée artère. — H. OEsophage. — I. Estomac. — J. Cavité de l'estomac. — K. Ouverture de l'œsophage dans l'estomac. — L. Ouverture pylorique de l'estomac. — M. Duodénum. — N. Ouverture du canal qui conduit la bile à l'intestin. — O. Vésicule biliaire. — P. Pancréas. — Q, R. Circonvolutions de l'intestin grêle. — S. Cæcum. — T. Appendice cæcal. — U, V, X, Y. Gros intestin : U est le colon ascendant, V le colon transverse, X le colon descendant, Y l'*S* iliaque. — Z. Rectum.

crites du tube digestif, de trois tuniques concentriques. La couche musculaire est formée de fibres circulaires et de fibres longitudinales.

L'*estomac* n'est qu'une dilatation du tube digestif; c'est un sac musculo-membraneux qui forme le prolongement de l'œsophage. Il est placé dans l'abdomen au-dessous du foie et au-dessus de la

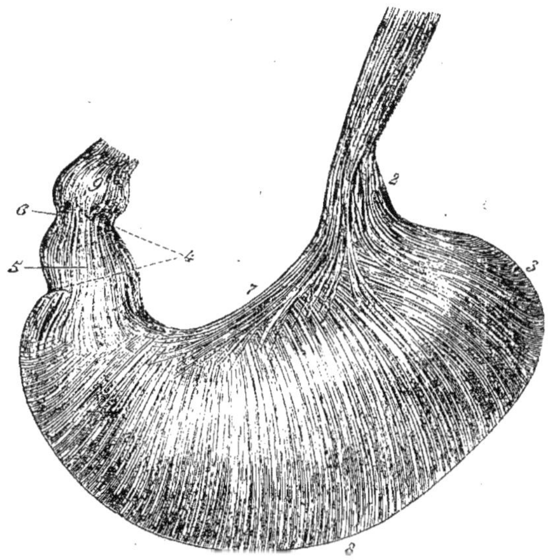

Fig. 30. — *Estomac de l'homme* *.

portion transverse du gros intestin, en arrière des fausses côtes, dont il est séparé par le diaphragme. Son volume est variable. Vide, il est très-petit; plein d'aliments, il peut acquérir des dimensions considérables. Généralement il a 25 centimètres de diamètre transversal et 8 à 9 centimètres de hauteur. Il est maintenu en place par l'œsophage, dont il est la continuation, par l'intestin grêle, qui forme son prolongement et par des replis du péritoine.

* 1) OEsophage. — 2) Cardia. — 3) Grosse tubérosité. — 4, 5) Petite tubérosité. — 6) Pylore. — 7) Petite courbure. — 8) Grande courbure. — 9) Duodénum.

L'orifice supérieur de l'estomac, c'est-à-dire l'ouverture qui le fait communiquer avec l'œsophage, est nommé *cardia*. L'orifice inférieur, qui se continue avec l'intestin, a été désigné sous le nom de *pylore*. Ce dernier est bordé par un anneau musculaire qui, en se contractant, empêche le passage des aliments dans l'intestin pendant la digestion stomacale.

L'estomac est formé, comme la partie supérieure du tube digestif, d'une tunique muqueuse, d'une fibreuse et d'une musculaire; mais

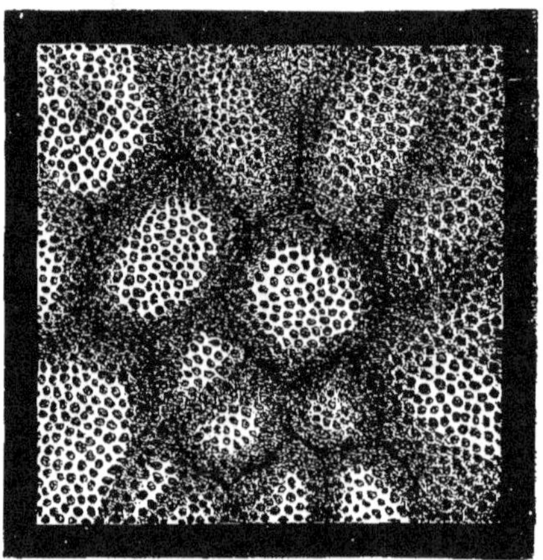

Fig. 31.
Surface de la muqueuse de l'estomac montrant l'orifice des glandes de cet organe.
(Grossissement de 15 diamètres.)

il est recouvert en plus d'une quatrième membrane, le *péritoine*, que nous décrirons plus loin.

La couche musculaire est formée de plusieurs plans superposés de fibres longitudinales, circulaires et obliques.

La couche fibreuse donne insertion aux muscles de l'estomac.

La muqueuse tapisse la surface interne de l'organe; elle contient, dans son épaisseur, un nombre considérable de petites glandes en tube, destinées à la sécrétion du suc gastrique.

L'inflammation de la muqueuse stomacale constitue l'affection désignée sous le nom de *gastrite*. La surface de l'organe est d'abord rouge et enflammée; plus tard elle devient ardoisée et quelquefois se recouvre de petites ulcérations. L'usage des mauvais aliments, l'abus des spiritueux, l'ingestion de substances toxiques peuvent déterminer cette affection.

Quelques observations faites sur des individus atteints de fistules

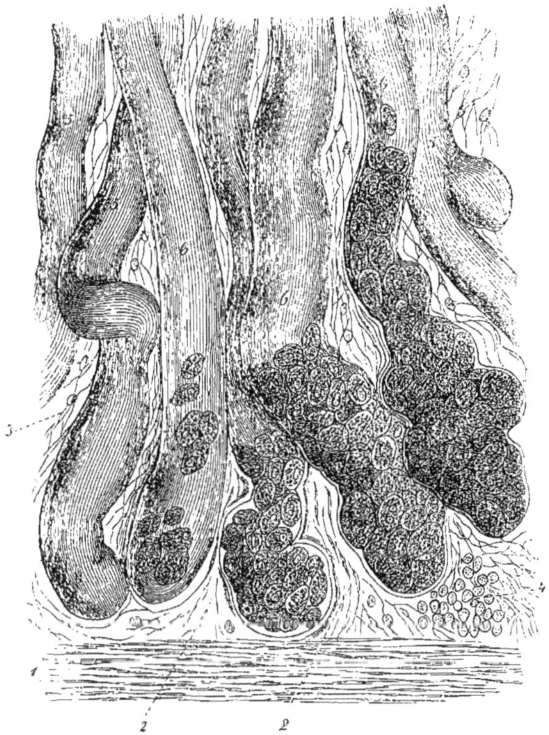

Fig. 32. — *Glandes de l'estomac* (grossies 300 fois) *.

qui permettaient d'examiner l'intérieur de leur estomac prouvent que l'état de la muqueuse stomacale est habituellement en rapport avec celui de la langue. L'examen de cette dernière peut donc donner des indications utiles sur l'état de l'estomac.

* 1) Couche cellulo-fibreuse de l'estomac. — 2, 2) Fibres contractiles montant entre les tubes des glandes — 3, 3) Tissu interstitiel. — 4) Cellules ressemblant à des globules lymphatiques disséminées dans le tissu précédent. — 5, 5, 5)Glandes de l'estomac ou follicules gastriques vides. — 6, 6, 6) Mêmes glandes contenant des cellules.

L'estomac reçoit plusieurs artères venues du tronc cœliaque qui naît de l'aorte. Ses nerfs proviennent du pneumogastrique et du grand sympathique.

Lorsque l'estomac est plein, sa grande courbure est en rapport avec une glande nommée *rate*, de 4 centimètres de hauteur sur 12 centimètres de longueur. La rate est séparée des côtes par le

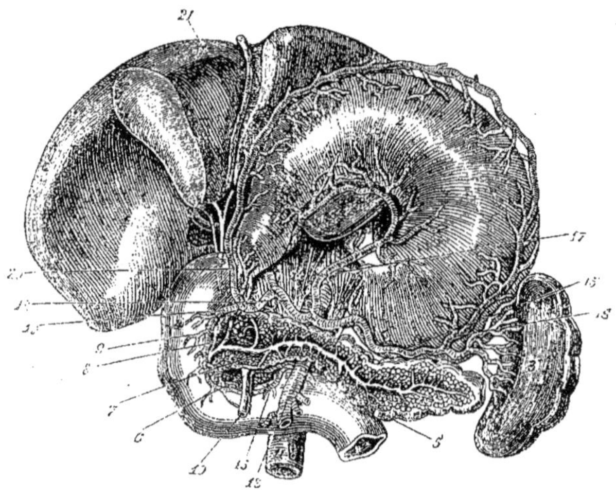

Fig. 33. — *Vaisseaux de l'estomac, du foie et de la rate* *.

(Le foie et l'estomac ont été relevés pour laisser voir les organes placés au-dessous d'eux.)

diaphragme, auquel elle est fixée par un repli du péritoine. Ses usages sont mal connus; on sait seulement qu'elle augmente de volume après l'ingestion des boissons et des aliments et dans certaines maladies, notamment la fièvre intermittente, ainsi que l'a démontré notre savant maître et ami le professeur Piorry.

* 1) Foie. On voit sur sa surface la vésicule biliaire en forme de poire. — 2) Estomac. — 3) Rate. — 4) Duodénum. — 5) Pancréas. — 6) Veine mésentérique supérieure. — 7) Canal pancréatique. — 8) Petit canal pancréatique. — 9) Canal cholédoque. — 10) Veine mésentérique supérieure. — 11) Aorte. — 12) Artère mésentérique supérieure. — 13) Rameau pancréatico-duodénal de la mésentérique. — 14) Tronc cœliaque. — 15) Artère splénique. — 16) Artère gastro-épiploïque gauche. — 17) Artère coronaire stomachique. — 18) Artère hépatique. — 19) Rameau pancréatico-duodénal de la gastro-épiploïque. — 20) Artère gastro-épiploïque droite. — 21) Continuation de l'artère coronaire stomachique.

L'estomac se continue par un tube de 7 à 8 mètres de longueur, nommé *intestin*, et qu'on divise en deux portions, l'*intestin grêle* et le *gros intestin*.

L'*intestin grêle* s'étend de l'estomac au gros intestin ; il se dirige alternativement de gauche à droite. Sa partie supérieure, qui suc-

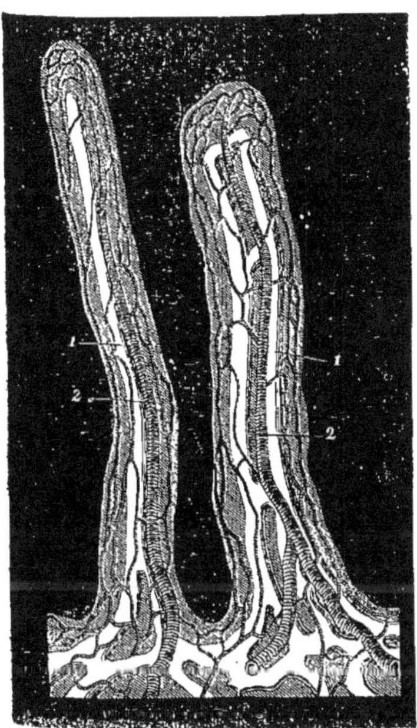

Fig. 34.
*Villosités de l'intestin de l'homme *.*
(Grossies 100 fois.)

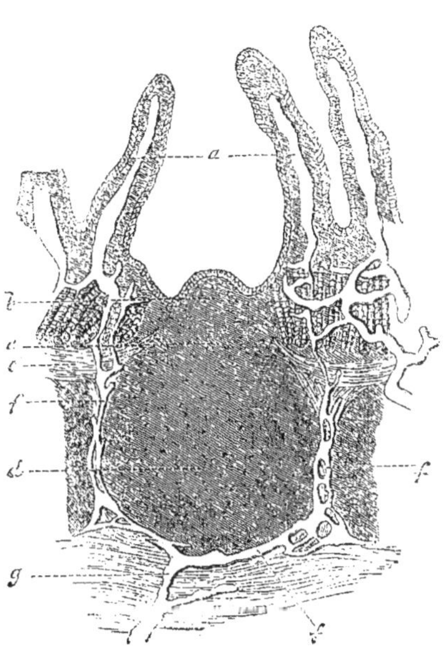

Fig. 35.
*Follicules, villosités et vaisseaux chylifères do l'intestin **.*
(Coupe verticale, grossie 30 fois.)

cède à l'estomac, a été nommée *duodénum*, parce qu'on lui donnait une dimension égale à douze largeurs de doigt.

L'intestin grêle est fixé à la colonne vertébrale par un repli du péritoine nommé *mésentère*. Il est séparé de l'abdomen par une

* 1, 1) Vaisseaux chylifères. — 2, 2) Vaisseaux sanguins.

** a) Villosités avec vaisseaux chylifères. — b, c, d) Follicule clos de l'intestin. — e) Couche musculaire de la muqueuse. — f, f) Vaisseaux chylifères entourant le follicule. — g) Vaisseau lymphatique de la sous-muqueuse sorte de tablier que forme également le péritoine et qu'on nomme *grand épiploon.*

La surface interne de l'intestin présente une quantité considérable de petites saillies de quelques dixièmes de millimètre de hauteur, désignées sous le nom de *villosités intestinales.* Elles contiennent chacune des ramifications artérielles, veineuses et lymphatiques. C'est par leur intermédiaire que se fait l'absorption des produits de la digestion.

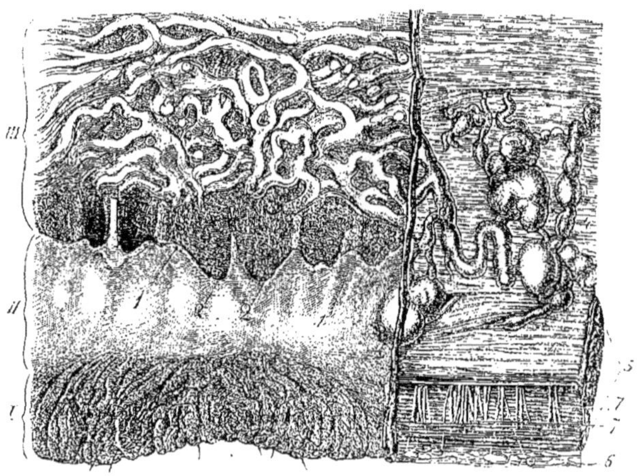

Fig. 36. — *Partie inférieure du rectum et de l'anus, incisée longitudinalement* *.
(La muqueuse a été enlevée à droite; à gauche elle a été conservée.)

La muqueuse intestinale recouvre un certain nombre de glandes simples et composées (follicules, glandes de Lieberkühn, de Brunner, de Peyer), dont nous étudierons plus loin les fonctions.

La surface de la muqueuse intestinale est recouverte de nombreux replis qu'on a nommés *valvules conniventes,* dont les fonctions sont de ralentir la masse alimentaire dans sa marche.

L'artère mésentérique supérieure, branche de l'aorte, fournit à

* I. Peau de l'anus. — II. Muqueuse de l'anus. — III. Muqueuse du rectum. — 1, 1) Colonnes du rectum. — 2, 2, 3) Valvules et lacunes de Morgagni. — 4, 4) Sphincter interne de l'anus. — 5) Sphincter externe. — 6) Tissu cellulaire sous-cutané du pourtour de l'anus. — 7, 7) Fibres musculaires longitudinales du rectum. — 8, 8) Plexus veineux hémorrhoïdal.

l'intestin grêle de nombreux vaisseaux artériels qui vont se ramifier dans les villosités. C'est également dans les villosités que naissent les veines qui absorbent le produit de la digestion et vont se jeter dans la veine porte, chargée de le conduire au foie. .

L'intestin grêle se continue par le *gros intestin*, qui a été ainsi appelé en raison de sa grosseur relative. Il se termine à l'anus. Après s'être élevé verticalement jusqu'au foie, il se dirige transversalement d'un côté à l'autre de l'abdomen jusqu'à la rate, redescend ensuite jusqu'à la crête de l'os iliaque, décrit quelques flexosités et se dirige vers l'anus. A 20 centimètres de distance de cet orifice, il prend le nom de *rectum*.

Le rectum est en rapport en arrière avec le sacrum, en avant avec la vessie chez l'homme, l'utérus et le vagin chez la femme. Il est enveloppé, à son extrémité inférieure, d'anneaux constricteurs, *sphincters* de l'anus, qui empêchent la sortie des matières fécales. Cette dernière partie du tube digestif reçoit un grand nombre de veines qui, parfois, s'engorgent de sang et forment des tumeurs nommées *hémorrhoïdes*.

Le gros intestin est constitué, à son origine, par une sorte de cul-de-sac nommé *cæcum*, dans lequel débouche l'intestin grêle. En ce point, existe une espèce de soupape appelée *valvule iléo-cœcale* formée par deux replis membraneux, constitués par un adossement de l'intestin grêle à lui-même et qui, en s'appliquant l'un contre l'autre, empêchent les aliments de remonter dans ce canal. Cette valvule s'oppose également au passage, dans l'intestin grêle, des liquides introduits par le rec-

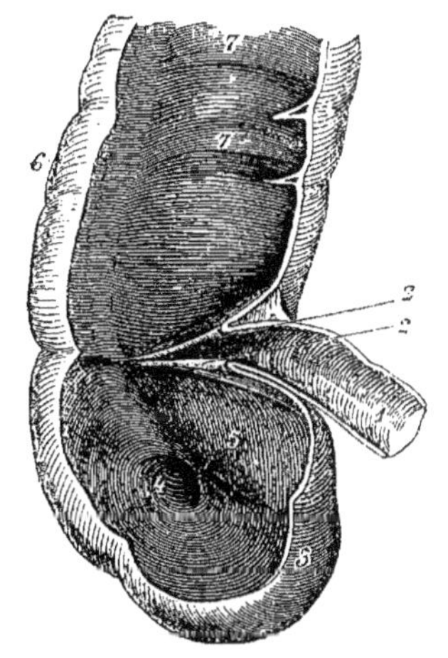

Fig. 37. — *Embouchure de l'intestin grêle dans le gros intestin* *.

* 1) Intestin grêle. — 2, 2) Valvule de Bauhin ou iléo-cœcale, dite *barrière des apothicaires*. — 3) Cæcum. — 4) Orifice de l'appendice cæcal. — 5) Plis de la muqueuse au bord de cette embouchure. — 6) Gros intestin (colon ascendant). — 7, 7) Replis de la muqueuse intestinale.

tum, d'où lui vient le nom de *barrière des apothicaires* qu'on lui donne vulgairement.

Une excitation en un point quelconque de la muqueuse du gros intestin provoque la contraction du reste de l'organe et l'évacuation des matières fécales qu'il contient. C'est en se basant sur ce fait qu'on combat la constipation par l'introduction dans le rectum de suppositoires ou de mèches graissées, moyen souvent préférable à l'emploi des purgatifs.

L'intestin est souvent habité par divers parasites dont la présence n'est pas sans inconvénients. Les plus communs sont les *ascarides lombricoïdes*, les *oxyures* et les *tænias*.

Les *ascarides lombricoïdes* ont une longueur de 20 centimètres environ ; leur aspect rappelle celui du ver de terre. Ils existent fréquemment dans l'intestin grêle des individus qui se nourrissent habituellement de végétaux et de fruits, et déterminent quelquefois par leur présence de la diarrhée, des coliques, des vomissements, de la fièvre et divers accidents capables de simuler une fièvre typhoïde muqueuse.

Les *ascarides vermiculaires* ou *oxyures* sont de petits vers blancs de quelques millimètres de longueur qui habitent le rectum. On les rencontre fréquemment chez les enfants. Ils produisent habituellement à l'anus et souvent aux parties génitales des démangeaisons très-vives.

Les *tænias* ou *vers solitaires* sont des vers plats de plusieurs mètres de longueur composés d'anneaux. Ils sont terminés, à leur partie supérieure, par une tête munie de quatre suçoirs, au-dessus desquels se trouve un renflement garni de crochets rétractiles. On les rencontre dans l'intestin des personnes qui font usage de viande de cochons atteints de ladrerie, affection caractérisée par la présence, dans la chair de ces animaux, de petits vers vésiculeux munis de crochets nommés *cysticerques*. Aussitôt que ces cysticerques arrivent dans l'intestin de l'individu qui a mangé la chair qui les contenait, ils se transforment en tænias. Les expériences faites, il y a quelques années, en Allemagne, par le docteur Küchenmeister sur des condamnés à mort, ne laissent aucun doute sur ce point.

Parmi les parasites qui peuvent se rencontrer dans l'intestin, nous ne mentionnerons pas les trichines. Ces animaux ne séjournent pas en effet dans le tube intestinal. Aussitôt qu'ils y arrivent, ils percent ses parois et pénètrent dans les muscles.

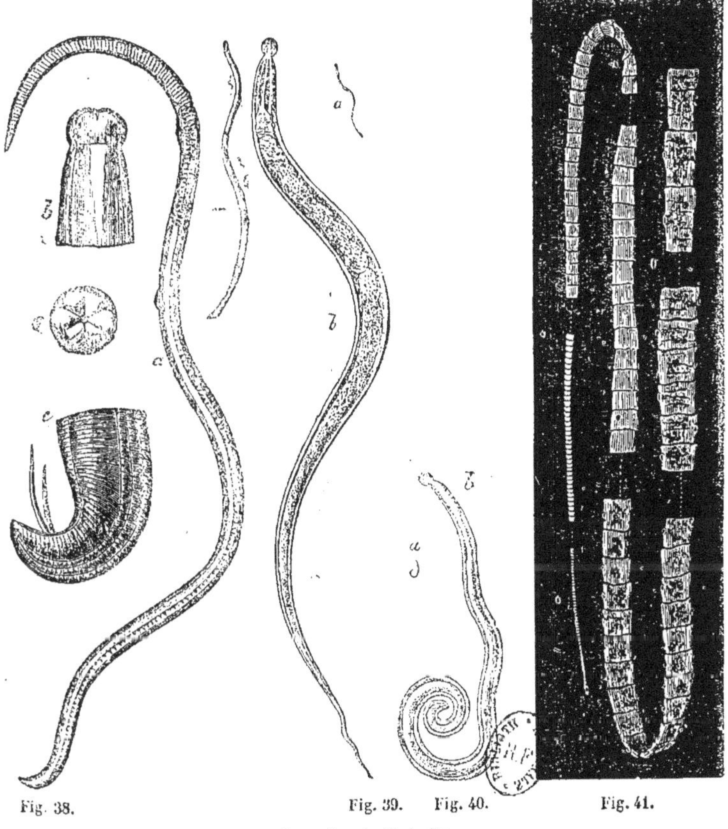

Fig. 38.   Fig. 39.   Fig. 40.   Fig. 41.

Parasites de l'intestin.

Fig. 38. *Ascaride lombricoïde mâle* *. — Fig. 39. *Ascaride vermiculaire ou oxyure femelle* **. — Fig. 40 *Ascaride vermiculaire ou oxyure mâle* ***. — Fig. 41. *Tænia ordinaire de l'homme.*

* *b*) Extrémité antérieure grossie, vue de profil. — *c*) Même extrémité vue de face, montrant la bouche au centre. — *e*) Extrémité postérieure grossie. — *d*) Ascaride femelle, grandeur naturelle.

** *a*) L'animal, grandeur naturelle. — *b*) Le même, grossi.

*** *a*) L'animal de grandeur naturelle. — *b*) Le même, grossi. Sa queue, au lieu d'être effilée comme celle de la femelle, est obtuse à son extrémité.

L'estomac et les intestins sont complétement recouverts par une membrane séreuse, le *péritoine*, composée, comme toutes les séreuses, d'un sac sans ouverture, dont les parois internes, constamment humectées de sérosité, frottent entre elles. Il facilite les mou-

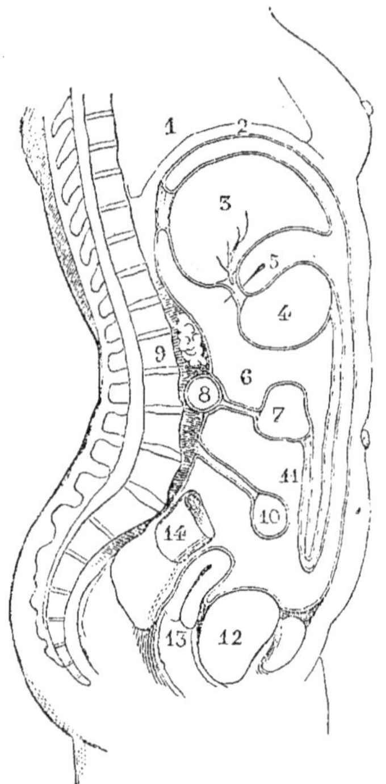

Fig. 42. — *Coupe du péritoine et des viscères abdominaux situés sur la ligne médiane* *.

vements de l'intestin absolument comme pourrait le faire une vessie pleine d'huile appliquée entre cet organe et l'abdomen.

Lorsque la sérosité qui existe entre les feuillets du péritoine est trop abondante, elle forme dans cette cavité une accumulation de liquide à laquelle on a donné le nom d'*hydropisie* ou *ascite* et qui

* 1) Diaphragme. — 2) Péritoine sous le diaphragme. — 3) Foie. — 4) Estomac. — 5) Petit épiploon. — 6) Cavité en arrière des épiploons. — 7) Coupe du gros intestin. — 8) Coupe du duodénum. — 9) Pancréas. — 10) Intestin grêle. — 11) Grand épiploon. — 12) Vessie. — 13) Vagin. — 14) Rectum.

s'observe dans les affections où la circulation est troublée, telles que les maladies du cœur, du foie et des reins.

Le péritoine enveloppe les organes de la cavité abdominale et maintient leurs rapports respectifs par des prolongements qu'on a nommés *ligaments*. Les diverses portions du péritoine prennent, du reste, des noms qui varient suivant les fonctions qu'elles remplissent; celle qui s'insère sur toute la longueur de l'intestin grêle et le fixe à la colonne vertébrale s'appelle le *mésentère;* les bouchers le vendent sous le nom de *fraise;* celle qui descend sur les circonvolutions de l'intestin grêle, qu'elle recouvre comme le ferait un tablier, a reçu le nom d'*épiploon.*

II.

Les organes annexés au tube digestif sont, ainsi que nous l'avons dit plus haut, les *glandes salivaires,* le *foie* et le *pancréas.*

De chaque côté de la mâchoire inférieure se trouvent trois glandes destinées à la sécrétion de la salive et auxquelles on a donné les noms de *glandes parotide, sous-maxillaire* et *sublinguale.* Elles ont pour fonctions de transformer en salive le sang que leur amènent les artères.

Leur structure est celle des glandes en grappe, c'est-à-dire qu'elles sont formées, ainsi que nous l'avons dit dans le chapitre précédent, de petits grains terminés par des conduits qui se réunissent en un canal excréteur commun.

Les *glandes sublinguales* sont de la grosseur d'un haricot. Elles sont placées sous la partie antérieure de la langue de chaque côté de la face postérieure du maxillaire inférieur. Leurs conduits excréteurs, au nombre de cinq ou six, s'ouvrent sur les côtés du frein de la langue, et sur différents points de la muqueuse buccale.

Les *glandes sous-maxillaires* sont placées sur la partie interne du maxillaire inférieur en avant de l'artère carotide. Leur canal excréteur, ou *conduit de Wharton,* s'ouvre sur le côté du frein de la langue, derrière les incisives.

Les *parotides* sont les plus volumineuses des glandes salivaires. Leur poids s'élève à 25 grammes; elles sont placées sur les côtés de la face, entre le bord postérieur de la mâchoire inférieure, d'une part, le conduit auditif externe et l'apophyse mastoïde, d'autre part. Elles s'étendent, en hauteur, de l'arcade zygomatique à l'angle de la mâchoire. Elles sont traversées par l'artère carotide externe, la jugulaire externe et le nerf facial. Elles recouvrent en partie le muscle

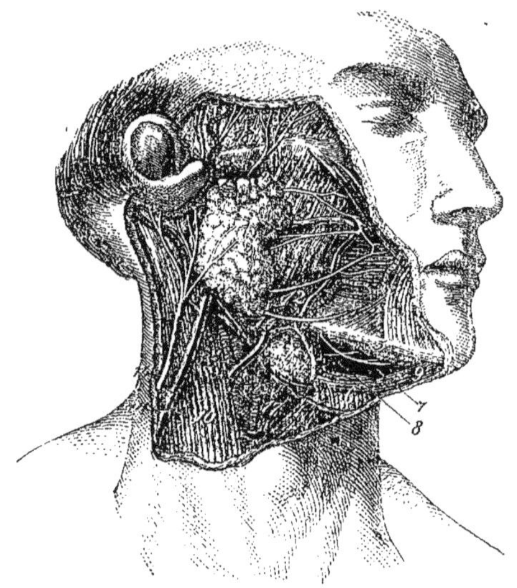

Fig. 43.

*Régions de la face et du cou, préparées de façon à montrer les glandes salivaires *.*

masséter. Leur canal excréteur, nommé *canal de Sténon,* passe sur ce dernier muscle et va s'ouvrir sur la muqueuse buccale au niveau du collet de la deuxième grosse molaire supérieure.

Les *glandes salivaires* ont pour fonction de sécréter la salive, liquide dont nous étudierons les propriétés et les usages dans un prochain chapitre.

Le *foie* est une glande servant à la sécrétion de la bile et à la formation du sucre. Il est placé dans l'abdomen du côté droit, au-

* 1, 2) Glande parotide. — 3) Canal de Sténon. — 4) Glande sous-maxillaire. — 5) Glande sublinguale. — 6) Muscle mylo-hyoïdien, dont une partie est enlevée pour montrer les organes qu'il cachait. — 7) Nerf lingual. — 8) Conduit de Wharton. — 9) Muscle digastrique. — 10) Sterno-mastoïdien. — 11) Jugulaire externe. — 12) Veine faciale. — 13) Veine temporale. — 14, 15) Jugulaire interne. — 16) Branche du plexus cervical — 17) Nerf grand hypoglosse.

dessus de l'estomac et sous le diaphragme, auquel il est fixé par un repli du péritoine, le *ligament suspenseur du foie*, et repose sur la masse intestinale, qui le soutient. Son diamètre vertical est de 12 à 14 centimètres, son diamètre transversal de 27 à 32 centimètres; son poids d'environ 2 kilogrammes. A l'état normal, il ne dépasse pas le bord inférieur des fausses côtes.

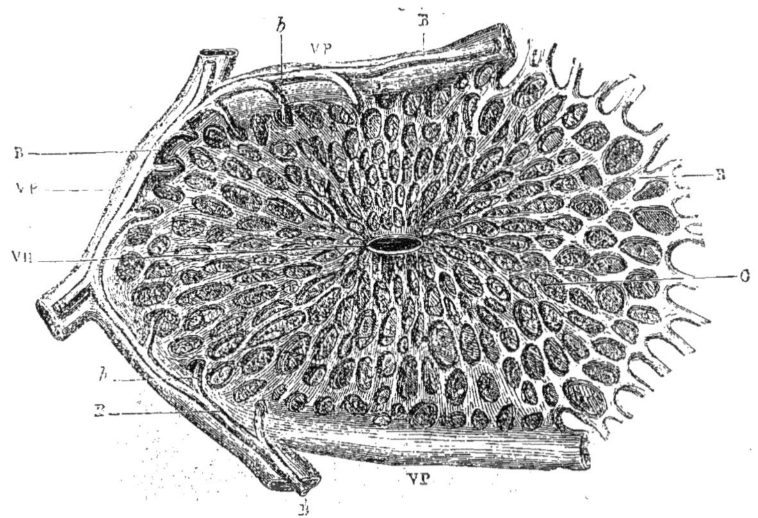

Fig. 44. — *Coupe d'un lobule du foie*.*

La circonférence du foie est en rapport en avant avec la vésicule biliaire et la paroi abdominale; en arrière, avec la colonne vertébrale, l'artère aorte, l'œsophage et la veine cave inférieure; sur le côté droit, avec les côtes; sur le côté gauche, avec l'estomac, dont elle recouvre une portion. Elle déborde le diaphragme en avant et se trouve en contact sur ce point avec les parois de l'abdomen.

La face inférieure du foie est en rapport avec l'estomac, l'intestin et la vésicule biliaire. Elle reçoit l'artère hépatique et le tronc de la veine porte formée par la réunion des vaisseaux qui naissent à la surface de l'intestin. La veine porte peut être comparée à un arbre

* VH. Branche de la veine hépatique. — VP. Branche de la veine porte. — R. Mailles du réseau capillaire du lobule. — c) Cellules hépatiques. — B, b) Canalicules biliaires.

dont les racines, nées du tube digestif, se réuniraient pour former un tronc qui pénètrerait dans le foie et s'y diviserait en de nombreuses branches.

Le tissu du foie est formé d'un nombre infini de petites granulations de la grosseur d'un grain de millet, nommées *lobules*; compo-

Fig. 45. — *Divisions des vaisseaux hépatiques dans le foie* *.
(Grossies 30 fois.)

sées chacune de nombreuses cellules, entre lesquelles se ramifient les racines de la veine porte et de l'artère hépatique, et d'où partent les radicules des veines hépatiques et des conduits biliaires.

Dans l'affection nommée *cirrhose*, le tissu du foie durcit, s'infiltre d'une matière granuleuse, et les vaisseaux capillaires s'atrophient. L'organe, considérablement augmenté de volume au début de la maladie, diminue beaucoup ensuite. Les canaux traversés par le sang se trouvant comprimés, ce liquide s'accumule dans la veine porte, qu'il distend, et la sérosité filtre dans la cavité péritonéale, où

* 1, 1, 1) Branches formées par la réunion des capillaires des lobules. — 2, 3, 4) Ramifications de la veine dans l'intérieur d'un lobule.

elle forme une hydropisie plus ou moins abondante. Cette accumulation de liquide gêne la circulation dans la veine cave et il en résulte une infiltration des membres inférieurs. En même temps, le diaphragme refoulé ne peut plus fonctionner, la respiration devient très-difficile, et le malade meurt souvent asphyxié. Toutes les causes qui produisent la congestion et l'inflammation du foie, notamment

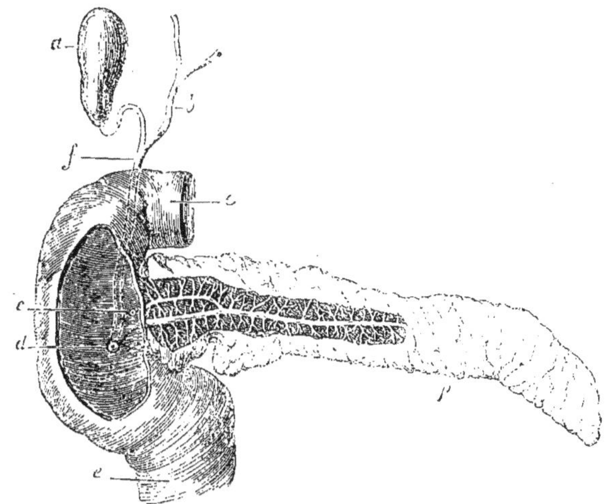

Fig. 46. — *Vésicule biliaire, canal cholédoque et pancréas* *.

les excès alcooliques et les maladies du cœur, peuvent amener cette redoutable affection. La cirrhose et l'hydropisie, qui en est la suite, sont si souvent la conséquence de l'ivrognerie, qu'on a pu dire avec raison que ceux qui vivent dans le vin meurent dans l'eau.

Les conduits biliaires, nés des innombrables lobules du foie, se réunissent en un canal, le *canal hépatique*, dont la continuation, nommée *canal cholédoque*, porte la bile dans un petit réservoir de 7 à 8 centimètres de longueur en forme de poire, appelé *vésicule biliaire*, placé sur la face inférieure du foie, au-dessus de la portion transverse du gros intestin, derrière la paroi abdominale, où on peut le sentir par la percussion.

* *a)* Vésicule biliaire. — *b)* Canal hépatique. — *c)* Ouverture dans l'intestin d'une branche libre du conduit pancréatique. — *d)* Ouverture dans l'intestin du canal cholédoque uni à l'autre branche du conduit pancréatique. — *e, e)* Duodénum. — *f)* Canal cholédoque. — *p)* Pancréas.

Sous l'influence de causes mal connues, il se forme quelquefois dans la vésicule biliaire des concrétions plus ou moins volumineuses qui franchissent difficilement le canal par lequel la bile se rend à l'intestin. Il en résulte des douleurs intolérables qui constituent les *coliques hépatiques*. Elles s'accompagnent d'une coloration jaunâtre de la peau due à la résorption de la bile, qui, ne pouvant plus s'écouler dans l'intestin, est retenue dans le foie.

Le *pancréas* est une glande en grappe d'une structure analogue à celle des glandes salivaires et destinée à la sécrétion d'un liquide nommé *suc pancréatique*, dont nous étudierons plus loin les usages. Il est placé dans l'abdomen, en avant de la colonne vertébrale, derrière l'estomac, entre les courbures du duodénum. Ses canaux excréteurs se réunissent en un conduit commun, le *canal pancréatique*, qui s'ouvre dans l'intestin grêle, à côté du canal cholédoque.

CHAPITRE II.

LA FAIM ET LA SOIF.

Causes et siége de la faim et de la soif. — Énergie de ces besoins. — Relation existant entre la fréquence des crimes et la cherté des céréales. — Effets produits sur l'homme par la privation d'aliments. — Observations faites en Belgique pendant la famine de 1846. — Influence de l'alimentation insuffisante sur la mortalité dans l'armée et dans les classes pauvres. — Faits observés pendant le siége de Paris en 1871. — Diminution graduelle du poids du corps par l'alimentation insuffisante. — Pertes éprouvées par les divers tissus. — Expériences de Chossat. — Phénomènes observés sur les animaux soumis à un jeûne prolongé. — Temps pendant lequel les êtres vivants supportent la privation d'aliments. — Influence fâcheuse de la diète dans les maladies. — Animaux hibernants. — Faits singuliers de privation prolongée d'aliments observés chez l'homme. — Expériences de Claude Bernard sur les crapauds, et de l'auteur, sur les reptiles.

I.

Lorsque la provision de matériaux nutritifs contenus dans le sang commence à s'épuiser, l'animal éprouve des sensations particulières qui constituent la faim et la soif.

Les éléments des organes fonctionnant sans relâche, les pertes qu'ils éprouvent doivent être continuellement réparées. Si l'animal n'est pas obligé de manger sans cesse, cela tient à ce que le sang est un réservoir nourricier dans lequel les tissus puisent constamment et que les aliments renouvellent à des intervalles peu éloignés.

La fréquence du besoin d'aliments est en rapport avec la dépense d'activité des organes. L'enfant, qui doit, non-seulement réparer ses pertes journalières, mais encore accumuler des matériaux pour croître, éprouve fréquemment le sentiment de la faim. Il en est de même des convalescents, qui ont à regagner ce qu'ils ont perdu pendant la maladie. Tout ce qui accélère le travail de la nutrition, l'exercice par exemple, développe la faim. Tout ce qui le ralentit, l'existence sédentaire notamment, la diminue. Les animaux tels que les oiseaux dont la vie est très-active, supportent difficilement le jeûne, tandis que ceux chez lesquels la circulation est lente, les sécrétions peu considérables, tels que les reptiles, restent fort longtemps sans en être incommodés.

L'estomac est le siége apparent, mais non réel, de la faim. Des animaux auxquels on a enlevé cet organe ressentent en effet parfaitement ce besoin. Certaines lésions qui détruisent une grande partie de son tissu ne l'éteignent pas. La faim est l'expression d'un besoin général qui existe dans tout l'organisme, mais que nous ne percevons que dans l'estomac, absolument comme le besoin de dormir se manifeste par une sensation spéciale dans les yeux, sans qu'on puisse cependant localiser le sommeil dans ces organes. Son siége réel, comme du reste celui de tous les besoins, est dans le cerveau. Les substances qui agissent sur les centres nerveux, l'opium, le tabac, le chloroforme, par exemple, suspendent plus ou moins son action. Diverses affections cérébrales produisent le même effet. Les cas d'aliénés se refusant à prendre toute espèce d'aliments jusqu'à la mort ne sont pas rares.

On ignore si le sentiment de la faim est lié à une modification quelconque de l'estomac. Quelques physiologistes ont admis que cet organe, lorsqu'il est vide, sécrète un liquide qui irrite les papilles de la muqueuse et provoque le besoin d'aliments. L'observation a prouvé que cette sécrétion supposée n'existe pas. D'autres ont admis que la bile reflue dans l'estomac quand il ne contient pas de substances alimentaires et éveille, par son contact avec la muqueuse, la sensation de la faim : explication erronée, car la présence de ce liquide supprime, au contraire, l'appétit et détermine des nausées. On a supposé enfin que cette sensation est due aux contractions de l'estomac pendant sa vacuité; mais nous savons aujourd'hui que cet organe ne se contracte d'une façon sensible que lorsqu'il contient des aliments, alors précisément que la faim n'existe plus.

On ignore également par quelle voie cette sensation se transmet au cerveau. Il est peu probable que ce soit par les nerfs pneumo-gastriques qui se rendent à l'estomac, car leur section n'empêche pas toujours les animaux d'accepter les aliments qu'on met à leur portée.

II.

La soif est, comme la faim, l'expression d'un besoin général; elle annonce la nécessité de réparer les pertes aqueuses subies par le sang. Lorsque la quantité d'eau contenue dans ce liquide diminue, les sécrétions se ralentissent et les muqueuses tendent à se dessécher. C'est sur la muqueuse de l'arrière-bouche, qui est plus sensible et se dessèche plus facilement que les autres parties du tube digestif, que la soif se fait ressentir. On ne peut cependant la localiser dans cette région. La sensation de la soif, comme celle de la faim, a son siége dans le cerveau; mais nous ignorons comment cet organe est informé du besoin que le sang éprouve de réparer ses pertes; on ne peut indiquer avec certitude les nerfs chargés de cette transmission.

La soif peut être calmée sans qu'aucun liquide soit mis en contact avec l'arrière-bouche. Des naufragés, privés d'eau douce, ont pu apaiser leur soif et prolonger leur vie en se plongeant plusieurs fois par jour dans la mer. Dupuytren a réussi à éteindre la soif d'animaux soumis à l'ardeur du soleil en injectant de l'eau dans leurs veines.

Toutes les causes qui contribuent à diminuer la proportion d'eau contenue dans le sang déterminent la soif. C'est ainsi qu'agissent la chaleur et les exercices violents qui activent la transpiration et enlèvent au sang une partie de ses matériaux liquides. L'ingestion d'aliments secs, tels que les farineux, produit le même effet. Un animal qui mange 4 kilogrammes de foin emprunte au sang 16 kilogrammes de liquide pour humecter ce fourrage; aussi est-il obligé de boire beaucoup après son repas pour réparer cette perte. Les hémorrhagies abondantes, les diarrhées séreuses, les évacuations d'urine considérables qu'on observe dans le diabète, occasionnent également une soif très-vive.

5

III.

La première période de la faim est cette sensation agréable que l'on nomme l'*appétit*. Elle fait bientôt place à des tiraillements d'estomac qui deviennent de plus en plus violents et auxquels succède un état de souffrance dont les manifestations varient suivant les tempéraments : abattement et prostration complète chez les uns, délire furieux chez les autres.

De tous les besoins que les êtres vivants peuvent éprouver, le plus impérieux est certainement la faim. Pour la satisfaire, ils usent de toute leur énergie et emploient la plus grande partie de leur existence. L'homme, aiguillonné par elle, ne connaît ni la pitié ni l'amour, et l'histoire, en nous montrant, aux époques de famine, les mères dévorant leurs enfants, nous révèle son irrésistible force.

Il faut croire, écrit le professeur Longet, que chez l'homme privé d'aliments un état pathologique survient. Un délire particulier, celui de la faim, le délire famélique apparaît; sinon on se refuserait à admettre que le sentiment de l'égoïsme pût atteindre au degré où nous le voyons porté chez l'homme affamé. Pour lui, en vain les lois morales commandent, en vain les lois sociales menacent et répriment, la faim parle plus haut que les lois, que la raison, que les sentiments; devant ses ordres impérieux tout se tait. Aussi est-il reconnu que, dans les années de disette, les crimes contre les propriétés augmentent d'une manière sensible; que dans les pays incultes, où la chasse est à peu près la seule ressource alimentaire des indigènes, le cannibalisme s'est développé pour apporter son complément nécessaire au gibier qui se trouvait insuffisant. C'est ainsi que de l'un des tableaux publiés par Mêlier il résulte que la justice a plus de vols à punir pendant les années de cherté du blé que dans les années où il est à bas prix. Les exemples de cannibalisme occasionnellement produits ne sont malheureusement pas excessivement rares, et les relations de différents siéges, de plusieurs naufrages, dans leur horrible vérité, n'ont plus rien laissé à inventer à l'imagination des poëtes, puisqu'elles nous montrent des mères arrachant la vie à leurs propres enfants pour se nourrir de leurs cadavres. Où meurt le sentiment de la maternité, quel sentiment pourrait vivre encore[*]?

* Longet, *Physiologie*, t. I.

Sans doute l'existence de troubles intellectuels, coïncidant avec la privation prolongée d'aliments, a été souvent constatée. Les relations du naufrage de la *Méduse* nous montrent une partie des naufragés voulant briser le radeau qui les portait, bien que cette destruction fût la mort ; mais les faits de ce genre sont rares. Les actes désespérés qu'accomplit l'animal sous l'empire de la faim n'ont généralement d'autre but que la satisfaction de ce besoin. Il est l'esclave de la nécessité et non de la folie, et si sa volonté est impuissante à réprimer les impulsions qui le dominent, c'est que de tous les instincts auxquels les êtres vivants obéissent, celui de la conservation est le plus puissant.

Les phénomènes qu'on observe sur l'animal soumis aux angoisses de la faim sont les suivants : après une période de calme plus ou moins longue, il devient très-agité et la température de son corps baisse graduellement. Le dernier jour de la vie, l'agitation fait place à un affaiblissement croissant. L'animal vacille sur ses jambes ; sa tête est brûlante, ses extrémités froides. Bientôt il tombe sur le côté et y reste sans pouvoir se relever. La respiration se ralentit, la sensibilité diminue, la pupille se dilate, la chaleur baisse de plus en plus, descend à 24 degrés environ pour les espèces à sang chaud, et l'animal succombe sans agitation ou après quelques convulsions, avec tous les symptômes de la mort par le froid.

Les effets produits par la faim varient du reste suivant que la privation d'aliments est absolue ou qu'il y a seulement alimentation insuffisante. Les phénomènes qui se manifestent dans ce dernier cas ont été plusieurs fois observés sur l'homme, notamment pendant la famine qui a sévi en Belgique en 1846, et dont Meersman a tracé un saisissant tableau.

« Le premier degré de la maladie, dit cet auteur, était caractérisé par tous les signes qui sont propres à l'appauvrissement du sang : la pâleur, l'amaigrissement, la tristesse, le découragement, la difficulté de la digestion, l'existence de flatuosités, l'irrégularité des déjections, la distension du ventre, l'enflure des extrémités inférieures, la suppression ou l'abondance insolite du flux menstruel chez les femmes, la stérilité, l'affaissement du système musculaire et, par suite, la douleur dans les membres, les mouvements pénibles, le travail difficile. Dans cet état, l'homme végète et traîne une existence misérable, bientôt traversée par des épreuves plus cruelles encore, car à mesure que sa détresse se prolonge, et en raison directe de son affaiblissement, chaque individu voit se développer en lui les affections chroniques propres à sa constitution ou à sa profession. Les maladies spécifiques, qui étaient restées stationnaires à l'état de germe ou même de simple prédisposition, se réveillent avec violence.

« Ce qui frappait d'abord, c'était l'extrême maigreur du corps, la livide pâleur du visage, les joues creuses, et surtout l'expression du regard, dont on ne pouvait perdre le souvenir quand on l'avait subi une fois. Il y avait, en effet, une étrange fascination dans cet œil où toute la vitalité de l'individu semble s'être retirée, qui brille d'un éclat fébrile, dont la pupille, énormément dilatée, se fixe sur vous sans clignotement et avec un étonnement interrogatif où la bienveillance se mêle à la crainte. Les mouvements du corps sont lents, la marche chancelante; la main tremble; la voix, presque éteinte, chevrotte. L'intelligence est profondément altérée; les réponses sont pénibles; la mémoire, chez la plupart, est à peu près abolie. Interrogés sur les souffrances qu'ils endurent, ces infortunés répondent qu'ils ne souffrent pas, mais qu'ils ont faim !

« La peau était sèche, jaune, semblable à du parchemin; l'exhalation, qui dans l'état ordinaire se fait sur toute la surface d'une manière insensible, s'opérait dans ce cas par voie sèche. Les pores du derme rejetaient une poussière visqueuse qui, s'accumulant et se concrétant, recouvrait le corps d'une croûte noirâtre, pulvérulente et d'une fétidité horrible. Il n'est pas un seul praticien qui n'ait eu l'occasion d'observer ce fait. Souvent on attribuait cet état de la peau à la malpropreté, au défaut de soin; mais en y faisant plus d'attention, on était bientôt convaincu que c'était le résultat d'une altération profonde des fonctions de l'enveloppe cutanée; car, dans les localités dont les ressources permettaient d'envoyer les indigents épuisés à l'hôpital, on mettait ceux-ci vainement aux bains : à peine les lotions avaient-elles purifié la surface du corps, que quelques heures suffisaient pour qu'elle fût de nouveau recouverte par le produit de cette sécrétion anomale. Dans ces conditions, la peau laissait à la main qui la touchait une impression âcre, mordicante et prolongée, et l'imprégnait pour longtemps d'une odeur repoussante.

« Les malheureuses victimes du fléau ne mouraient pas toutes de la même manière. Chez les uns, c'était dans la poitrine que se concentraient les symptômes qui déterminaient la mort; la toux et les glaires les étouffaient, ou ils suffoquaient par suite d'une collection séreuse dans le péricarde. Chez les autres, c'était sur les intestins que la maladie exerçait ses derniers ravages : une diarrhée colliquative les emportait. Il y en avait qui, après quelques heures d'un sommeil léthargique, expiraient sans agonie. Plusieurs succombaient au premier accès d'une fièvre intermittente qui devait revêtir le caractère pernicieux chez des sujets déjà en grande partie anéantis. L'anasarque et l'ascite en enlevaient un bon nombre.

« Parmi les victimes de la disette, il s'en rencontrait que les affections accidentelles épargnaient comme pour leur faire traverser toutes les épreuves de l'épuisement et de la dissolution organique. Dans ce cas, les symptômes d'anéantissement devenaient successivement plus intenses. La décrépitude avait envahi tous ces malheureux ; les enfants, les jeunes gens, les adultes, les hommes parvenus à la maturité de l'âge, portaient sur tout le corps des rides, le desséchement, l'exténuation de la vieillesse : c'étaient de véritables squelettes vivants, incapables de soulever leurs membres décharnés, gisant lourdement, sans voix, avec un œil sans regard, enfoncé dans l'orbite et à moitié voilé par des paupières presque transparentes et chassieuses. Parfois ils étaient horriblement secoués par une toux sèche et convulsive. Enfin on voyait apparaître les derniers indices de l'extrême appauvrissement du sang : la peau se couvrait de vastes ecchymoses ou de taches pourprées qui devenaient confluentes quelquefois, et ces tristes victimes de la faim rendaient le dernier soupir au milieu de l'agitation, de la carphologie ou de la fatigante loquacité du délire famélique. »

C'est à l'alimentation insuffisante qu'il faut attribuer la mortalité considérable qui sévit dans les classes inférieures de la société. Sur 1000 individus élevés dans l'aisance, 911, d'après Casper, atteignent l'âge de 15 ans, tandis que sur 1000, nés dans la pauvreté, 584 seulement y parviennent. On comprend facilement qu'il en soit ainsi quand on sait que dans plusieurs pays, en France notamment, non-seulement la majorité de la population est très-mal nourrie, mais, de plus, que la production annuelle des substances alimentaires est complétement insuffisante pour l'entretien normal de tous les habitants, ainsi que nous le verrons dans un prochain chapitre.

C'est également à l'alimentation insuffisante qu'il faut attribuer, d'après le professeur Michel Lévy, la mortalité des soldats français, mortalité qui s'élève à un chiffre très-supérieur à celui qu'elle atteint chez les soldats anglais. Les seconds sont bien nourris, tandis que les premiers le sont fort mal. Dans les grades supérieurs, la mortalité diminue : elle se règle en quelque sorte sur le tarif de la solde.

L'influence qu'une alimentation insuffisante peut avoir sur la mortalité a été récemment mise en relief, d'une façon éclatante, par les recherches statistiques du docteur Chenu, ancien médecin principal de l'armée de Crimée. Pendant le premier hiver de la campagne de 1855, l'armée anglaise et l'armée française, également mal nourries et placées dans de mauvaises conditions hygiéniques, perdirent en blessés : la première, 5,79 p. 100 de son effectif; la seconde, 2,31 p. 100. Mais en Angleterre le service médical est placé sous la direction absolue des médecins, au lieu d'être complétement subordonné, comme en France, à des administrateurs généralement incompétents. Aussi, le régime alimentaire des soldats anglais fut-il profondément modifié, tandis que celui des soldats français resta le même. Il en résulta que, l'hiver suivant, l'armée anglaise, qui primitivement avait été la plus frappée, ne perdit, pour cause de maladies, que 441 soldats sur un effectif de 50,000 hommes, tandis que l'armée française, sur 130,000 hommes, eut 106,000 malades et en perdit 20,000. Jamais peut-être plus mémorable exemple ne fut donné des conséquences désastreuses que peut avoir l'ignorance des lois de l'hygiène sur l'existence des hommes.

L'alimentation insuffisante place l'individu qui y est soumis dans un état de faiblesse qui le rend apte à contracter facilement un grand nombre de maladies. Les affections épidémiques, le choléra notamment, sévissent surtout sur les individus affaiblis par une mauvaise nourriture*. Les auteurs qui se sont occupés de cette question ont constaté que toutes les fois que le prix du blé augmente, le chiffre de la mortalité s'accroît également.

Les effets de l'alimentation insuffisante ont été mis en évidence sur une large échelle pendant le siége de Paris. Chez les personnes peu vigoureuses, les enfants et les vieillards notamment, la mortalité a été terrible. En dehors des soldats tués par l'ennemi, la population parisienne a perdu pendant le siége 42,000** individus

*Voy., à ce sujet, nos *Recherches sur le mode de contagion et la nature du choléra*, in-8°. Paris 1868.

**MORTALITÉ pendant le siége de Paris et pendant l'armistice.	ANNÉE 1870-1871.	SEMAINES correspondantes de l'année précédente.
Du 18 au 24 septembre 1870.	1,272	820
Du 25 septembre au 1er octobre	1,344	713
Du 2 au 8 octobre.	1,483	747
Du 9 au 15 octobre	1,610	752
Du 16 au 22 octobre.	1,746	825
Du 23 au 29 octobre.	1,878	880
Du 30 octobre au 5 novembre	1,762	921
Du 6 au 12 novembre	1,885	877
Du 13 au 19 novembre.	2,064	900
Du 20 au 26 novembre.	1,927	933
Du 27 novembre au 3 décembre.	2,093	846
Du 4 au 10 décembre	2,455	882
Du 11 au 17 décembre.	2,728	955
Du 18 au 24 décembre.	2,728	980
Du 25 au 31 décembre.	3,280	921
Du 1er au 6 janvier 1871	3,680	1,106
Du 7 au 13 janvier	3,982	998
Du 14 au 20 janvier.	4,465	980
Du 21 au 27 janvier.	4,376	1,044
Du 28 janvier au 3 février	4,671	1,105
Du 3 au 10 février	4,451	1,139
Du 11 au 17 février.	4,103	1,292
Du 18 au 24 février.	3,941	1,362
Total des décès à Paris du 18 septembre 1870 au 24 février 1871.		64,154
Total des décès pendant la période correspondante.		21,978
Augmentation.		42,176

de plus que pendant la période correspondante de l'année précédente. Parmi les affections qui ont le plus contribué à cette immense hécatombe, la dysenterie, les maladies de poitrine et la fièvre typhoïde tiennent le premier rang.

Le phénomène le plus constant de la privation complète ou partielle d'aliments est la diminution du poids du corps. Les recherches de Chossat ont prouvé que lorsque cette perte s'élève aux 4/10 environ du poids primitif de l'animal, la mort en est le résultat.

Que l'animal soit insuffisamment nourri ou qu'il ne le soit pas du tout, le résultat est finalement le même. La mort arrive aussitôt qu'il a éprouvé la perte de poids que nous venons d'indiquer.

La diminution de poids constatée chez l'animal qu'on soumet à l'abstinence provient de ce qu'il se nourrit aux dépens de sa propre substance. Il continue ainsi à se dévorer lui-même jusqu'à ce que ses organes aient subi des altérations incompatibles avec la vie.

Tous les tissus ne concourent pas dans une égale proportion aux pertes supportées par les organes pendant la privation d'aliments. Dans ses expériences sur les animaux, Chossat a constaté que la graisse se réduisait au dixième de son poids primitif et que le tissu musculaire diminuait de moitié. Les os et les nerfs, au contraire, ne subissaient que des variations très-légères, ce qui semble prouver que c'est dans les tissus graisseux et musculaire, ainsi que dans le sang, que les phénomènes de nutrition sont le plus actifs. Il nous paraît cependant probable que si le poids du tissu nerveux ne varie pas, c'est que son activité est telle qu'il se nourrit aux dépens des autres tissus.

IV.

Le temps pendant lequel les animaux peuvent supporter la privation d'aliments varie suivant leur espèce et leur âge. La vie dure davantage chez l'animal à sang froid que chez l'animal à sang chaud. Elle persiste également plus longtemps chez les individus âgés que chez les individus très-jeunes. En expérimentant sur des chiens âgés de quatre jours, Magendie vit la mort survenir après quarante-huit heures d'abstinence, tandis que des animaux âgés de quelques années résistaient quelquefois à plus de trente jours de diète absolue. Le Dante, en nous décrivant dans son *Enfer* le supplice d'Ugolin, a eu raison de nous montrer les fils de cet infortuné succombant aux tortures de la faim avant que leur père en fût lui-même victime.

La résistance des sujets âgés à l'inanition ne provient pas de ce qu'ils peuvent supporter des pertes plus considérables que les jeunes, mais seulement de ce que leurs organes, fonctionnant moins activement, éprouvent des déperditions moindres. C'est pour la même raison que les animaux à sang chaud, chez lesquels la nutrition est très-active, ne supportent pas longtemps la privation d'aliments, tandis que les espèces à sang froid, chez lesquelles l'activité des organes est lente, la tolèrent sans peine. En évitant tout travail musculaire afin de ralentir l'usure des tissus et en maintenant artificiellement le corps à sa température normale, on se placerait dans les meilleures conditions pour résister le plus longtemps possible aux effets d'une diète prolongée.

Les observations faites sur l'homme prouvent que dans l'état de santé il ne peut vivre plus de huit à quinze jours sans aliments. Pendant la maladie, il peut supporter un jeûne beaucoup plus long, parce que l'activité de ses organes est considérablement ralentie. Mais la privation prolongée d'aliments n'en a pas moins des effets funestes, et à l'époque où, faute de notions physiologiques précises, le danger d'une diète trop longue n'était pas compris des médecins, cette méthode de traitement a fait de nombreuses victimes. La privation d'aliments est une cause de mort qui accompagne silencieusement toute maladie dans laquelle l'alimentation n'est pas suffisante, et peut, si elle est continuée trop longtemps, amener la cessation de la vie avant la maladie elle-même.

Quelques animaux à sang chaud, tels que la marmotte par exemple, passent plusieurs mois de l'hiver engourdis et sans manger. Cependant les phénomènes de nutrition ne sont pas suspendus chez eux, ils sont seulement très-ralentis, et ces animaux se nourrissent en réalité aux dépens de leurs tissus. Les expériences de Valentin ont prouvé que pendant leur sommeil hivernal les marmottes perdaient environ un tiers de leur poids, perte portant presque exclusivement sur la graisse et les muscles.

Chez l'homme, on a observé quelques exemples d'un sommeil prolongé ainsi pendant plusieurs mois. M. Blandet a communiqué à l'Académie des sciences l'histoire d'une jeune femme de 24 ans qui s'endormit le jour de Pâques 1862 pour se réveiller en mars 1863. Pendant ce temps, la respiration était à peine perceptible, la sensibilité nulle. Dès l'âge de 18 ans, cette femme avait eu un accès de sommeil léthargique qui avait duré quarante jours. Des faits de cette nature ont été constatés plusieurs fois. En 1868, le docteur Legrand du Saulle en a observé un dans son service de Bicêtre. Les individus ainsi endormis sont dans le cas des animaux hibernants; leurs fonctions étant excessivement ralenties, ils consomment fort peu et vivent aux dépens de leur propre substance.

Chez les animaux à sang froid, la résistance à la diète est vraiment prodigieuse. Des crapauds enfermés dans des blocs de plâtre y ont vécu plusieurs années sans paraître souffrir de cette privation absolue d'aliments. En 1862, Claude Bernard enferma un de ces batraciens dans un vase poreux entouré de terre saturée d'humidité et placé à une certaine profondeur dans le sol. Au bout d'une année, le crapaud était en vie. On l'enterra de nouveau, et un an après il vivait encore. A la troisième exhumation, répétée à un an d'intervalle, c'est-à-dire en 1864, il était mort. D'après le savant physiologiste, la mort pourrait fort bien n'avoir été que le résultat du froid rigoureux qui régnait cette année et qui permit à la gelée de pénétrer plus avant dans la terre que les années précédentes.

Les crapauds ne sont pas, du reste, les seuls animaux qui puissent supporter des jeûnes prolongés. En 1866, j'ai pris, dans la forêt de Fontainebleau, une magnifique vipère que j'ai conservée quinze mois vivante, bien qu'elle n'ait voulu accepter d'autre aliment que de l'eau, j'ai voulu répéter la même expérience sur un orvet, mais au bout de trois mois il était mort.

L'homme et les autres animaux résistent moins longtemps à la privation de boissons qu'à celle d'aliments solides, et le sentiment de douleur déterminé par la soif est plus vif que celui que provoque la faim. La bouche est d'abord pâteuse, la gorge desséchée, puis la peau devient brûlante et il se manifeste une fièvre intense accompagnée d'une accélération marquée des mouvements respiratoires et de conceptions délirantes relatives au besoin de boissons que le malade éprouve. La mort termine ces souffrances au bout d'un temps qui ne dépasse guère quatre ou cinq jours pour l'homme. A l'autopsie, on trouve les tissus desséchés, le sang épaissi et les divers viscères considérablement enflammés.

Nous voyons, par tout ce qui précède, que la faim et la soif constituent les plus impérieux des besoins dont les êtres vivants sont esclaves. Expressions de la nécessité où se trouvent les organes, usés par leur activité même, de se renouveler sans cesse sous peine de ne plus fonctionner, elles sont les aiguillons puissants que la nature a mis en nous afin que les plus indispensables des conditions de l'existence ne puissent être oubliées jamais.

CHAPITRE III.

I.

Les aliments constituent les matériaux destinés à fournir aux êtres vivants les éléments de leur croissance et à réparer leurs pertes. Ils produisent également, par leur transformation, la chaleur, l'électricité et les diverses forces que l'organisme met en jeu. On a pu même, ainsi que nous le verrons plus loin, mesurer d'une façon précise la chaleur et la force engendrées par chacun d'eux.

Empruntés aux trois règnes de la nature, les aliments doivent contenir dans leur composition tous les éléments qui entrent dans la structure des parties qu'ils sont destinés à régénérer ou à former.

La plupart des substances alimentaires proviennent des végétaux et des animaux, c'est-à-dire de corps ayant déjà vécu. Détruire est pour les animaux la loi fatale de l'existence. Seuls, les végétaux peuvent emprunter au monde minéral les matériaux de leurs organes.

La chimie moderne a prouvé que le végétal et l'animal sont

composés de substances identiques, mais associées dans des proportions diverses. L'être qui se nourrit exclusivement de végétaux et celui qui ne fait sa nourriture habituelle que de tissus animaux assimilent exactement les mêmes principes. On pourrait, du reste, nourrir parfaitement un herbivore avec de la chair, et réciproquement un carnivore avec des végétaux, en ayant seulement soin de modifier la quantité des aliments qu'on leur distribue, la plante contenant, sous un même volume, moins de principes nutritifs que la substance animale.

Tous les aliments, quelle qu'en soit la nature, sont composés d'un petit nombre de principes immédiats, compris dans les trois groupes suivants : *Matières organiques azotées*, *matières organiques non azotées*, *matières minérales*.

Les *matières organiques azotées* sont celles qui contiennent une forte proportion d'azote, telles que la chair musculaire, la fibrine, l'albumine, la caséine etc. On leur donne souvent le nom de *matières albuminoïdes*, en raison de leur analogie avec l'albumine.

Les *matières organiques non azotées* sont celles dans la constitution desquelles l'azote n'entre pas comme élément. Elles comprennent : les *matières grasses*, telles que l'huile, les graisses, le beurre ; les *matières amylacées*, telles que l'amidon, les gommes, et enfin les *substances sucrées*. Elles sont composées de carbone, d'oxygène et d'hydrogène.

Les *matières minérales* sont l'eau et les différents sels, tels que le chlorure de sodium, le phosphate de chaux etc.

D'après Liebig, les aliments azotés (chair musculaire, albumine etc.) serviraient à la formation des tissus, d'où le nom d'*aliments plastiques* qu'il leur a donné. Les aliments non azotés (graisse, fécule etc.), en se combinant avec l'oxygène absorbé par la respiration, serviraient à entretenir la chaleur dans l'animal, d'où le nom d'*aliments de combustion* ou *respiratoires*, sous lequel il a désigné ces derniers.

Cette distinction, reproduite encore dans presque tous les traités de physiologie, est loin d'être aussi absolue qu'on le croit généralement. Les aliments plastiques, en effet, engendrent de la chaleur, puisqu'ils se combinent avec l'oxygène pour former de la vapeur d'eau, de l'acide urique, de l'acide carbonique et les divers produits de la désassimilation des organes. Si l'on devait, du reste, qualifier d'aliments plastiques tous les aliments qui concourent à la formation des tissus, il faudrait ranger parmi eux les diverses substances minérales, et notamment l'eau, qui forme la plus grande partie du poids total du corps.

Quant aux aliments respiratoires, ce ne sont pas de simples matériaux de combustion, car plusieurs d'entre eux, la graisse notamment, entrent dans la structure de divers tissus.

Nous allons maintenant examiner séparément chacun des principes immédiats qui entrent dans la composition des aliments : *albumine, fibrine, caséine, graisses, substances amylacées et sucrées, et matières minérales.*

L'*albumine* est un liquide incolore, filant, qui forme la presque totalité du blanc d'œuf. Elle jouit de la propriété de se coaguler sous l'influence de la chaleur. On la rencontre dans le règne animal comme dans le règne végétal, dans le suc des plantes comme dans le sérum du sang.

La *fibrine* est une substance qui se présente sous forme liquide et sous forme solide. Dans le sang, elle se trouve à l'état liquide ; mais elle se prend en masse lorsqu'il est extrait des vaisseaux où il circule. Dans la viande, où elle constitue l'élément fondamental des muscles, elle est à l'état solide. Quelques chimistes admettent que la fibrine des muscles, à laquelle ils donnent le nom de *musculine*, diffère beaucoup de celle du sang.

La *caséine* est une substance ordinairement liquide qu'on rencontre dans le lait, et qui sert à la fabrication du fromage lorsqu'elle est coagulée sous l'influence des acides. On la trouve aussi dans les végétaux ; les Chinois fabriquent une sorte de fromage très-estimé et tout-à-fait analogue à celui préparé avec du lait, en chauffant ensemble de l'eau et certaines variétés de pois et ajoutant ensuite du plâtre au mélange pour le faire cailler.

L'*albumine*, la *caséine* et la *fibrine* sont composées de carbone, d'oxygène, d'azote et d'hydrogène, associés à du soufre et à du phosphore. Leur composition et leurs réactions chimiques sont presque identiques.

L'albumine peut se transformer en fibrine et en caséine, et il paraît probable que ces trois substances sont susceptibles de se transformer en matières grasses, bien que la chimie n'ait pas encore réalisé cette transformation. Ce n'est guère que de cette façon, en effet, qu'on peut expliquer l'engraissement d'animaux dont les tissus contiennent beaucoup plus de graisse que n'en renfermait la somme des rations alimentaires qu'ils ont absorbées pendant leur existence.

Les substances azotées, albumine, fibrine, caséine etc., servent à la construction et à l'entretien des tissus. Elles contribuent, dans une certaine proportion, ainsi que nous l'avons dit précédemment, à la production de la chaleur.

Les *corps gras* sont des substances solides ou liquides tachant le papier, insolubles dans l'eau, solubles dans l'éther et susceptibles de se décomposer, sous l'influence des alcalis, en un corps neutre, la glycérine, et divers acides, acides margarique, oléique etc., qui se combinent avec l'alcali pour donner naissance à des corps désignés sous le nom de *savons* et dont les usages industriels sont bien connus. Dans les corps gras, les acides sont combinés avec la glycérine pour former la margarine, l'oléine, la stéarine etc. C'est avec le dernier de ces composés que se fabriquent les bougies.

Les corps gras se rencontrent dans le règne animal et dans le règne végétal. Ils existent à l'état liquide dans les graines et la partie charnue de divers fruits, et à l'état solide dans les tissus des animaux, où ils constituent la graisse proprement dite. On les trouve en forte proportion dans le lait et dans le beurre.

Les corps gras se combinent facilement avec l'oxygène pour former de l'acide carbonique et de la vapeur d'eau. Cette combinaison engendre une quantité de chaleur considérable, ce qui leur a fait donner le nom d'*aliments combustibles*, ainsi que nous le disions plus haut. Un gramme de graisse, en se combinant avec l'oxygène, développe assez de chaleur pour augmenter d'un degré la température de 9 litres d'eau, ou pour élever près de 4000 kilogr. à la hauteur de 1 mètre. Les corps gras contribuent donc, non-seulement à la production de la chaleur, mais encore à l'entretien de la force mécanique. Ils paraissent, en outre, faciliter la digestion de certains aliments. D'après Lehmann, les animaux digèrent moins facilement les substances albuminoïdes non mélangées de graisse que celles qui en contiennent. Les matières grasses aident également à la formation de divers éléments du corps, la bile et le tissu nerveux notamment.

L'utilité des corps gras, pour entretenir la chaleur, est instinctivement comprise par les habitants des pays froids. Les Esquimaux, qui ont à lutter contre les températures très-basses des pôles, n'y résistent qu'en faisant entrer des quantités considérables d'huile dans leur alimentation ; sous l'équateur, un pareil régime serait rapidement mortel.

Les *substances sucrées* sont composées de carbone associé à de l'oxygène et à de l'hydrogène dans la proportion nécessaire pour former de l'eau, d'où le nom d'*hydrates de carbone*, qu'on leur donne quelquefois, ainsi qu'à l'amidon et aux gommes, qui présentent les plus grandes analogies avec elles. Soumises à l'influence de la fermentation, elles se décomposent en alcool et en acide carbonique, réaction sur laquelle est basée la fabrication des liquides spiritueux.

Le sucre se rencontre dans un grand nombre de plantes, notamment dans les tiges de canne, de maïs, les racines de betteraves, les ananas, la séve des palmiers etc.; on le trouve aussi dans plusieurs produits d'origine animale, tels que le lait et le miel.

Comme les corps gras, les matières sucrées sont des aliments combustibles; mais elles produisent moitié moins de chaleur que l'oxydation des premiers.

Les *matières amylacées*, c'est-à-dire les matières de la nature de l'amidon, sont très-répandues dans le règne végétal. Elles ont la même composition que le sucre et se transforment facilement en cette substance.

L'amidon ou fécule, type des matières amylacées, se rencontre dans les graines, tiges ou racines d'un grand nombre de végétaux: froment, avoine, orge, maïs, riz, fèves, pois, haricots, lentilles, pommes de terre, châtaignes etc.

L'amidon contenu dans les graines constitue une provision d'aliments destinée à entretenir la plante jusqu'à ce qu'elle puisse emprunter à l'atmosphère et au sol les éléments de son existence. Quand le végétal germe, il contient un principe nommé *diastase*, qui tranforme successivement les matières féculentes en dextrine et en une variété de sucre nommée *glycose*. Pendant le travail de la digestion, les substances féculentes éprouvent des transformations analogues.

L'amidon et les diverses fécules peuvent également se tranformer en graisse. Un animal nourri exclusivement de maïs, substance pauvre en matière grasse, engraisse cependant rapidement. Le même phénomène a été observé sur des cochons nourris de pois et de pommes de terre.

On peut rapprocher des matières amylacées la *cellulose*, substance qui forme la partie fondamentale des cellules des végétaux. Sa composition est celle de l'amidon ; elle peut être transformée en dextrine et en glycose sous l'influence de plusieurs acides.

On peut encore rapprocher des mêmes substances les *gommes* et la *pectose*. Les gommes sont des matières qui exsudent de certains arbres, sous forme d'un liquide épais translucide durcissant à l'air. Elles ont la même composition que l'amidon, mais en diffèrent par leur solubilité dans l'eau et leurs réactions chimiques. Elles paraissent n'éprouver aucune modification en traversant le tube digestif. La pectose est une substance insoluble qui existe dans les fruits verts. Pendant la maturation, elle se transforme en une substance soluble, la *pectine*, susceptible elle-même de se transformer en dextrine comme l'amidon. C'est à l'insolubilité de la pectose qu'est dû en partie le peu de digestibilité des fruits verts.

Les *matières minérales* employées comme aliments se trouvent généralement associées aux différentes substances que nous venons de mentionner. Les plus indispensables à l'alimentation sont le phosphate et le carbonate de chaux, qui constituent la partie solide des os ; le fer, le chlorure de sodium et le carbonate de soude, qui entrent dans la composition du sang ; le soufre, qui fait partie de divers tissus, notamment des ongles, et enfin l'eau, qui se trouve en proportion considérable dans le corps humain, puisqu'elle forme les trois quarts de son poids; c'est elle qui donne au sang la fluidité dont il a besoin pour circuler dans les vaisseaux.

De nombreuses expériences ont démontré l'utilité des matières minérales dans l'alimentation. Ainsi les animaux de la nourriture desquels on a soin d'exclure le phosphate* et le carbonate de chaux finissent par succomber, et, à l'autopsie, on constate que leurs os sont devenus très-friables. Lorsqu'on empêche les poules d'avaler les petits fragments de terre dans lesquels elles trouvent les sels calcaires nécessaires pour former les matières de la coque de l'œuf, elles ne pondent plus ou ne pondent que des œufs privés de coquille.

Le sel a également une valeur alimentaire incontestable. Le corps de l'homme en contient plus de 200 grammes et il forme la moitié du poids total des matières solides du sang. Les animaux auxquels on l'administre engraissent assez rapidement. Il paraît agir non-seulement en stimulant la faim et la soif, mais encore en favorisant la dissolution et l'absorption des matières azotées. Ses fonctions ne sont pas, du reste, bien connues; ce qui est certain, c'est que la privation du sel a une influence fâcheuse sur la santé des animaux : ceux qui n'en reçoivent pas une quantité suffisante s'affaiblissent promptement. Lorsque, dans un but d'expérimentation physiologique, on dépouille de toute trace de sel leurs aliments, ils ne tardent pas à succomber.

Le fer paraît avoir également une utilité considérable. Sa proportion, dans le sang, ne peut diminuer sans que la santé en éprouve une certaine altération.

II.

Les divers principes que nous venons d'examiner : fibrine, albumine, corps gras, matières minérales etc., constituent les éléments dont les substances alimentaires sont formées. Nous allons main-

---

* Suivant divers auteurs, les phosphates, outre le rôle qu'ils jouent dans la formation des os, seraient l'aliment spécial du système nerveux. D'après les recherches récentes du docteur J. Andrews, l'acide phosphorique, à la dose de 1 à 10 grammes, exercerait une action stimulante toute spéciale sur le cerveau et permettrait de soutenir sans fatigue un travail intellectuel prolongé.

tenant, en étudiant séparément les aliments les plus répandus, indiquer la composition et la valeur nutritive de chacun d'eux.

Chair des animaux. La viande est un produit comestible excessivement précieux. Les matières azotées et les composés minéraux qu'elle contient en font une substance très-nutritive sous un petit volume. Malheureusement sa production n'est pas suffisante pour que tout le monde puisse en faire usage. La généralité des Français ne consomme pas le quart de la viande nécessaire pour constituer une alimentation normale. L'Angleterre nous est bien supérieure sous ce rapport, car tandis que chaque habitant de la France ne consomme, en moyenne, que 57 grammes de viande par jour, l'Anglais en absorbe 224 grammes *.

Paris est à peu près la seule ville de France où la viande entre en proportion suffisante dans l'alimentation. En divisant le chiffre total de la consommation de la chair animale par le nombre des habitants, on arrive à ce résultat, que chaque Parisien mange 273 grammes de viande par jour. Bien que Paris ne représente que le vingtième de la population, la grande ville retient pour elle le quart de la production annuelle de viande de boucherie en France. Si chaque Français adoptait, pendant trois mois, le régime alimentaire d'un Parisien, une disette complète de viande s'ensuivrait immédiatement.

La viande et les poissons présentent de très grandes analogies dans leur composition. Ces derniers contiennent seulement une plus forte proportion d'eau et moins de graisse que les premiers. C'est, du reste, principalement par la richesse en graisse que diffèrent les diverses espèces de viande. Les tissus qui renferment très-peu de matières grasses, tels que ceux du lapin, sont privés d'une partie de leurs principes nutritifs. Ceux qui en contiennent beaucoup, la chair d'oie et de canard par exemple, sont très-nourrissants, mais d'une digestion un peu difficile.

---

* Ces moyennes, comme du reste toutes les moyennes en général, n'ont rien de précis. On les a obtenues en divisant entre toutes les têtes la totalité de la viande consommée; or il est bien évident que ce n'est pas ainsi que la consommation se répartit; les uns mangent une quantité suffisante de cet aliment, les autres en mangent peu ou pas du tout.

La chair des crustacés (écrevisses, homards etc.), ainsi que celle des mollusques (huîtres, escargots etc.), se rapproche beaucoup de la viande par sa composition. Seulement ces derniers renferment une proportion d'eau plus élevée. La chair des mollusques est très-nourrissante, contrairement au préjugé qui règne à cet égard. Une douzaine d'huîtres contient 100 grammes environ de chair comestible, et si l'on voit beaucoup de personnes en absorber des quantités considérables sans perdre leur appétit, c'est que probablement ces animaux, quand ils sont crûs, traversent l'estomac sans être digérés. Lorsqu'on mange les huîtres cuites, on en est vite rassasié.

La chair des animaux sert de base à diverses matières comestibles, dont une des plus importantes est le bouillon. Chacun connaît la composition de ce liquide *; mais ce qu'on ignore généralement, c'est qu'il est loin d'avoir les propriétés nutritives qu'on lui attribue. Un litre de bouillon ne représente, en effet, que 12 grammes de matières alimentaires constituées par de la graisse, de la gélatine et diverses substances organiques. Une assiette à soupe, complétement pleine de bouillon, en contient 500 grammes, renfermant 6 grammes seulement de substances nutritives. On ne peut donc attribuer des propriétés alimentaires sérieuses à ce liquide. Son action stimulante incontestable est due, probablement, à sa température et surtout à quelques-uns des sels et des matières organiques qu'il tient en dissolution, notamment la créatine, substance très-analogue à la caféine par sa composition. Le bouillon est, suivant

---

* Dans les hôpitaux de Paris on obtient le bouillon en introduisant dans 100 litres d'eau froide 41 kilogr. de viande, 8 kilogr. de plantes potagères, 1 kilogr. de sel, 30 gr. d'oignons brûlés, et faisant bouillir lentement le mélange pendant 7 heures. On peut, suivant Liebig, faire du bouillon très-rapidement en mettant dans un litre d'eau avec une quantité suffisante de sel 1 kilogr. de viande hachée sans graisse. On chauffe lentement le mélange et, après quelques minutes d'ébullition, l'opération est terminée. On a ainsi un bouillon excellent, mais en revanche un bouilli détestable. Pour obtenir le contraire, c'est-à-dire un bouillon médiocre et un bouilli parfait, il faut que la viande soit plongée en morceaux volumineux dans l'eau bouillante, on ne maintient l'ébullition que pendant quelques minutes et on laisse l'opération s'achever à une température de 70 degrés environ. Sous l'influence de l'ébullition, l'albumine de la viande se coagule et forme à sa surface une sorte de vernis protecteur, qui empêche les matières sapides et odoriférantes de s'échapper. Ces principes sapides, que la viande retient, le bouillon en sera naturellement dépourvu.

nous, beaucoup plus comparable au thé et au café qu'à un aliment proprement dit.

A une époque où les connaissances chimiques et physiologiques n'étaient pas aussi avancées qu'aujourd'hui, on a cru que la gélatine représente la partie nutritive du bouillon et on en a fabriqué des tablettes qu'il suffisait de dissoudre dans l'eau pour avoir, prétendait-on, un liquide analogue au bouillon. Le chimiste Darcet ayant préconisé, pour les hôpitaux, l'usage de soupes faites avec de la gélatine extraite des os de boucherie par ébullition à haute pression, une Commission, dont faisait partie Magendie, fut nommée pour étudier cette substance. Il fut reconnu que la gélatine isolée n'est pas nutritive, et les bouillons à la gélatine furent abandonnés. Plus tard, divers expérimentateurs, Williams Edward notamment, prouvèrent qu'associée à d'autres aliments, cette substance joue un rôle utile dans l'alimentation. Quand on nourrit un chien de pain et de gélatine, son poids augmente; il diminue, au contraire, lorsqu'on ne lui donne que du pain.

Pendant le siége de Paris, la question de l'alimentation par la gélatine a pris une importance toute spéciale. Les belles recherches d'un savant illustre dont nous nous honorons d'avoir été l'élève, M. le professeur Frémy, sont venues éclairer d'un jour nouveau les propriétés de cette substance. L'habile chimiste a prouvé que les divers composés organiques qu'on peut extraire des os sont de nature fort variable et ne doivent pas être confondus sous le nom de gélatine, comme on le fait généralement. Quand on traite les os à froid par de l'acide chlorhydrique étendu, toute leur partie calcaire est dissoute, et il reste, après neutralisation par un alcali* et des lavages suffisants, une substance insoluble constituant le parenchyme organique des os, à laquelle a été donné le nom d'*osséine*. Gonflée par un séjour peu prolongé dans l'eau froide, puis soumise à une cuisson d'une heure environ dans l'eau bouillante, cette substance peut être utilement mélangée à divers ali-

---

* La plupart des fabricants qui se sont livrés, pendant le siége de Paris, à la fabrication de l'osséine employaient comme matière neutralisante la chaux, substance dangereuse dont il est difficile de débarrasser le produit par des lavages. Le carbonate de soude doit toujours lui être préféré.

m'ents, et pendant l'investissement de Paris sa consommation a été importante. Si on soumet des os ou l'osséine elle-même à l'action prolongée de la vapeur d'eau, on les transforme en gélatine, matière soluble et inorganisée qui semble douée de propriétés nutritives très-inférieures à celles de l'osséine. Parmi les raisons qui semblent militer en faveur de cette dernière hypothèse, une des plus probantes, suivant nous, c'est que les animaux digèrent parfaitement les matières organiques des os et ne rejettent au dehors que les sels calcaires que ces derniers contiennent, tandis qu'ils éprouvent une répulsion très-vive pour la gélatine.

A propos du bouillon et de la gélatine, je dirai quelques mots d'un composé qui en dérive et dont l'usage commence à se répandre. Je veux parler de l'extrait de viande. Il y a quelques années, cette substance était parfaitement inconnue en France. Ayant eu occasion de l'examiner en Allemagne, j'en parlai dans un journal français très-répandu et appelai l'attention du public sur ses propriétés nutritives. Quelques jours après la publication de mes articles, je reçus la visite d'un individu qui voulait absolument créer, sous ma direction, une fabrique d'extrait de viande dans la Russie méridionale, où, sur tout le littoral de la mer Caspienne, dans une étendue plus vaste que la France entière, les bœufs sont en quantité considérable et tués uniquement pour le suif et la peau. Je crus alors utile d'étudier d'une manière plus complète l'extrait de viande, et je reconnus bientôt qu'il est loin d'avoir toute la valeur nutritive que je lui avais attribuée sur l'autorité du savant qui le patronait.

Ce composé ne représente en aucune façon, en effet, les propriétés alimentaires de la viande; il ne représente même pas celles du bouillon, car il contient en moins que ce dernier la gélatine et les corps gras. Dissous dans l'eau, il possède une action stimulante due probablement, comme celle du bouillon lui-même, à divers composés organiques encore mal connus. Associé à d'autres aliments, il peut être d'un usage utile, notamment pour les voyageurs, les convalescents et les armées en campagne; mais on ne saurait, en aucune façon, le considérer comme un aliment appelé à remplacer la viande.

Pour comprendre combien sont peu réelles les propriétés nutritives de l'extrait de viande, il suffit de savoir comment il est fabriqué. La chair des animaux, d'abord hachée, est ensuite soumise à l'ébullition avec un égal volume d'eau, puis on en sépare — et là est le vice capital de cette fabrication — la gélatine, l'albumine, la fibrine, la graisse, les phosphates, c'est-à-dire à peu près tous les principes nutritifs de la viande, et on évapore le résidu jusqu'à consistance solide. 200 kilogr. de viande fournissent ainsi 5 kilogr. d'extrait. Ce n'est que lorsqu'on aura trouvé le moyen de conserver, dans ce produit, les matières nutritives dont on le dépouille, qu'il pourra être considéré comme une substance alimentaire.

Diverses méthodes (dessiccation, compression, traitement par l'acide sulfureux, l'oxyde de carbone etc.) ont été proposées pour conserver la viande ; mais, par suite des inconvénients divers qu'ils présentent, leur emploi ne s'est pas généralisé. Les seules actuellement usitées sont le procédé Appert et le salage.

La question de la conservation facile de la viande et de divers aliments est d'une importance capitale pour l'entretien des troupes. Malheureusement, son étude a été très-négligée chez nous, et cette négligence a eu sa part dans les désastres de nos armées. Dans les armées allemandes, tout ce qui concerne la nourriture du soldat est l'objet des soins les plus attentifs. A la place de la soupe au biscuit et au lard, aliment médiocrement substantiel, dont la longue préparation présente les plus sérieux inconvénients, les troupes ennemies recevaient la *Erbswurst* (littéralement saucisson aux pois *), substance nutritive d'un transport facile, d'une conservation presque indéfinie, pouvant fournir instantanément une soupe ou une purée très-agréable au goût, et qui constitue, sous le moindre volume possible, l'aliment artificiel le plus complet que je connaisse.

---

* Ce saucisson se compose d'un mélange de farines de diverses légumineuses et de corps gras. Délayé avec un peu d'eau bouillante, il forme presque instantanément une pâte plus ou moins épaisse, suivant la quantité de liquide ajoutée. Chaque saucisson est enveloppé de l'étiquette suivante, que nous reproduisons textuellement :

BEREITUNG DER ERBSWURST. *Zehn Loth oder den dritten Theil einer Erbswurst, vom Darm befreien, in 3/4 Quart kaltes Wasser legen, unter Umrühren auf und dann noch fünf Minuten weiter kochen lassen.*

Kgl. Preuss. Fabrik für Armee-Präserven in Berlin.

Au lieu du lard salé, à la longue si indigeste, elles recevaient des conserves de viande préparées de telle façon qu'en plongeant dans l'eau bouillante le vase qui les contient, on obtient une sorte de ragout tout assaisonné et mélangé de légumes *. On conçoit qu'avec de semblables aliments, on évite les nombreuses difficultés qu'entraînent l'entretien et le transport des immenses troupeaux que nécessite l'alimentation des armées en campagne. Nous croyons utile d'insister en passant sur ce sujet parce que, malgré son importance, il ne nous semble pas préoccuper suffisamment l'attention. Des troupes mal nourries sont des troupes fatalement destinées à être décimées par les maladies.

Œufs et Lait. Les œufs constituent un aliment d'un usage général et qui mérite de fixer notre attention. Ils contiennent évidemment tous les principes nutritifs nécessaires à l'entretien des animaux, puisqu'ils suffisent à transformer le germe en un animal complet.

L'œuf se compose de deux parties : le blanc, constitué en presque totalité par de l'albumine, et le jaune, qui contient 52 p. 100 d'eau, 16 p. 100 de matières azotées, 29 p. 100 de matières grasses et 3 p. 100 de sels (chlorures, phosphates etc.). Le poids d'un œuf de poule varie de 50 à 60 gr.; la coquille pèse environ 6 gr., le jaune 18 gr. et le blanc 36 gr. **

Le lait a beaucoup d'analogie avec le jaune d'œuf; sa composition n'en diffère pas essentiellement, et, comme lui, il constitue

---

* Les troupes allemandes campées à Versailles pendant l'investissement recevaient, outre l'aliment mentionné plus haut, deux sortes de conserves de viande. Voici la copie textuelle de l'instruction collée sur les boîtes de chacune d'elles :

(1re espèce de conserve.) *Armee-Präserven-Fabrik in Berlin.* 5 PORTIONEN RINDFLEISCH IN BOUILLON. *Der Inhalt dieser Büchse in 3/4 Quart Wasser geschüttet, aufgekocht, giebt eine Suppe à la Julienne mit Fleisch für 5 Personen.*

(2e espèce de conserve.) 2 3/4 Pfund = 7 Portionen GYULASCH VON RINDFLEISCH. *Die Büchse wird in kochendem Wasser eine Viertelstunde erwärmt, ist dann zur Verspeisung fertig. Kann auch durch doppelte Auffüllung von Wasser als Fleischsuppe verwandt werden.* Von der kgl. Preuss. Feldschlächterei u. Fleisch-Conserven-Fabrik zu Frankfurt a/M.

** On peut conserver très-facilement les œufs pendant plusieurs mois en les plongeant dans de l'eau de chaux. Ceux qui ne gagnent pas le fond du liquide sont les seuls qui ne se conservent pas. J'ai vu, pendant le siége de Paris, des œufs conservés depuis cinq mois par ce procédé, dont le goût n'avait rien de désagréable. Malgré leur âge avancé, vers la fin de janvier 1871, ils se vendaient jusqu'à 3 fr. pièce!

un aliment complet destiné à la nourriture exclusive d'un grand nombre d'animaux pendant un certain temps après leur naissance.

La composition du lait varie, non-seulement chez les différentes espèces de mammifères, mais encore chez les mêmes individus, suivant la nourriture et le régime. Voici, d'après Doyère, la composition moyenne du lait de divers animaux :

	FEMME.	VACHE.	CHÈVRE.	BREBIS.	ANESSE.	JUMENT.
Eau	87,38	87,70	87,30	81,60	89,63	91,37
Beurre	3,80	3,20	4,40	7,50	1,50	0,55
Caséine	0,34	3,00	3,50	4,00	0,60	0,78
Albumine.	1,30	1,20	1,35	1,70	1,55	1,40
Sucre de lait.	7,00	4,20	3,10	4,30	6,40	5,50
Sels	0,18	0,70	0,35	0,90	0,32	0,40

On voit, par ce tableau, que le lait contient des matières azotées, la caséine et l'albumine ; une matière grasse, le beurre ; une matière sucrée, le sucre de lait, et des sels minéraux. Il y a dans ce mélange tous les éléments nécessaires pour former les tissus des êtres vivants *.

La caséine paraît être tenue en dissolution dans le lait par des sels alcalins. Sous l'influence de la fermentation, le sucre de lait se décompose en acide lactique, qui se combine avec les alcalis, et la caséine se précipite sous forme de grumeaux, qui constituent ce qu'on nomme vulgairement *le caillé* ; le liquide surnageant est désigné sous le nom de *petit-lait*. On peut prévenir cette transformation en saturant, au moyen d'un alcali, l'acide qui détermine la coagulation de la caséine. C'est précisément ce que font les laitiers quand ils ajoutent au lait 5 ou 6 décigrammes de bicarbonate de soude par litre pour l'empêcher de *tourner*. Cette addition ne présente rien de dangereux.

* Faire du lait artificiel possédant toutes les propriétés du lait naturel est, dans l'état actuel de la science, tout à fait impossible. Pendant l'investissement, M. Dubrunfaut avait proposé de remplacer ce liquide, alors fort rare, en faisant dissoudre dans 500 gr. d'eau 50 gr. de sucre, 25 gr. d'albumine sèche, 1 gr. de carbonate de soude, puis émulsionner dans le mélange 50 gr. d'huile d'olive ou de tout autre corps gras. Le liquide ainsi obtenu était ensuite étendu de la moitié environ de son poids d'eau. Il n'avait guère du lait que l'apparence.

En examinant le lait au microscope, on voit qu'il contient une multitude de globules sphériques tenus en suspension dans un liquide légèrement jaunâtre analogue au sérum du sang. Ces globules sont en grande partie formés de beurre. En raison de leur pesanteur spécifique, ils viennent flotter à la surface du lait et y forment, lorsqu'on le laisse reposer, une couche nommée *crème*, d'une épaisseur d'autant plus considérable que le lait est lui-même plus riche en beurre.

La crème est composée de petit-lait, de caséum et de beurre, ce dernier dans la proportion de 20 p. 100. En la battant fortement, opération qui, dans l'industrie, a reçu le nom de *barattage*, on en sépare le beurre.

Les aliments exercent une influence considérable sur la composition du lait. Le lait des nourrices mal nourries contient deux fois moins de beurre que le lait de celles dont l'alimentation est suffisante. Les affections morales elles-mêmes altèrent la qualité de ce liquide. Parmentier cite l'exemple d'une femme extrêmement irascible qui perdit les dix enfants qu'elle avait nourris. Le onzième, élevé par une nourrice, vécut parfaitement.

Les substances toxiques ingérées par les animaux se retrouvent dans le lait. En 1861, une douzaine d'officiers du vaisseau anglais *le Malborough*, en station à Malte, furent empoisonnés par du lait de chèvres qui avaient brouté une grande quantité d'une sorte d'euphorbe (*Euphorbia helioscopia*) dont elles sont très-friandes et dont les habitants ont beaucoup de peine à les empêcher de faire usage.

Le pouvoir qu'ont certaines substances de passer dans le lait a été utilisé pour donner à ce liquide des propriétés médicamenteuses. En mélangeant aux aliments des animaux de l'arsenic, du mercure, de l'antimoine, du fer, de l'iode, du bicarbonate de soude, le docteur Labourdette a réussi à obtenir du lait contenant ces divers principes.

L'usage du lait est aussi répandu que celui du pain et beaucoup plus que celui de la viande. Depuis une trentaine d'années environ, la consommation de cet aliment ne fait que s'accroître. Avant 1830, le lait était apporté à Paris par les éleveurs des environs ; mais

bientôt ces derniers ne purent suffire aux exigences de la consommation, et il se fonda des laiteries en gros qui vont le recueillir
dans un rayon très-étendu. Ce liquide est récolté dans les fermes
et les villages par des industriels nommés *ramasseurs*, placés sous
les ordres d'un chef de dépôt, qui réunit le produit de la récolte
dans des récipients en tôle plongés dans des réservoirs pleins d'eau
froide. Il est introduit dans des vases de fer-blanc, qui sont ficelés,
cachetés et expédiés sur Paris, où ils arrivent vers trois heures du
matin.

Avant d'être livré au consommateur parisien, le lait passe au
moins par six intermédiaires différents : 1° les nourrisseurs et leurs
employés ; 2° les ramasseurs ; 3° le chef de dépôt ; 4° le récepteur
à Paris ; 5° les voituriers qui portent le lait en ville ; 6° les crémiers. Les nourrisseurs et les crémiers sont à peu près les seuls
qui falsifient le lait ; les premiers le dépouillent d'une partie de sa
crème ; les seconds y ajoutent de l'eau. Sur un grand nombre
d'échantillons de lait vendu à Paris, examinés récemment à mon
laboratoire, quelques-uns seulement contenaient une proportion de
beurre normale.

Les fraudes pratiquées sur le lait sont beaucoup plus simples
qu'on ne se l'imagine généralement. Elles ne consistent guère que
dans l'écrémage et l'addition d'eau, et quelquefois dans le mélange
de matières colorantes, telles que le caramel, destinées à masquer
la teinte bleuâtre que le lait étendu d'eau possède.

L'imperfection des procédés d'analyse est peut-être la cause qui
fait que les altérations de ce liquide sont si fréquentes et si peu ré-
primées. L'appareil le plus employé pour apprécier la pureté du
lait, le lacto-densimètre ou pèse-lait, ne fait connaître que sa densité, et de cette densité on ne peut tirer aucune indication précise.
Du lait très-riche en beurre pourrait, en effet, en raison de la lé-
gèreté de ses globules graisseux, marquer au lacto-densimètre le
même degré que du lait auquel on aurait ajouté de l'eau, tandis
qu'au contraire du lait écrémé additionné d'eau marquerait le
degré du lait pur.

Nous n'avons pas à examiner ici les procédés d'analyse du lait.
Nous les exposerons dans un autre ouvrage auquel nous travaillons

actuellement*. Nous dirons seulement que l'analyse du lait, faite au point de vue pratique, n'est complète que quand on a dosé le sucre, le beurre et les sels que ce liquide peut contenir, opérations qui ne demandent du reste que quelques minutes. En ne dosant qu'une substance déterminée, le sucre par exemple, comme on l'a proposé récemment, on arriverait à déclarer comme pur du lait écrémé et additionné d'eau, auquel des falsificateurs instruits auraient ajouté du sucre.

L'analyse du lait de femme a une importance plus considérable encore que celle du lait de vache. Les discussions récentes de l'Académie de médecine ont prouvé que la mortalité considérable qui sévit sur les enfants du premier âge est souvent le résultat de la mauvaise qualité du lait des nourrices. Il est donc indispensable de rechercher, par l'analyse, la valeur de ce liquide, opération qu'on peut exécuter avec une dizaine de grammes seulement. Nous ferons remarquer que, d'après nos observations, le lait qui sort d'abord du mamelon diffère beaucoup, par sa composition, de celui qu'on obtient après quelques minutes d'extraction ; c'est donc sur ce dernier qu'il faut toujours opérer, il est infiniment plus riche en beurre que le premier. Le lait de femme, pour être de bonne qualité, doit contenir au moins 36 grammes de beurre par litre.

Sous l'influence de certaines maladies, la proportion d'eau contenue dans le lait des animaux s'accroît, tandis que celle du beurre, de la caséine et des autres principes diminue. C'est ce qui arrive chez les vaches auxquelles les nourrisseurs font absorber une quantité d'eau considérable pour augmenter leur rendement en lait. La sécrétion de ce liquide est plus abondante, en effet ; mais le produit ainsi obtenu est pauvre en crème, et les vaches soumises à ce régime deviennent rapidement phthisiques.

Les belles recherches de M. Villemin sur la contagion de la phthisie pulmonaire prouvent qu'on communique cette affection à des animaux en leur faisant absorber des substances imbibées de sécrétions provenant d'individus qui en sont atteints. Sans affirmer positivement que le lait des mammifères phthisiques possède des

---

* *Leçons de chimie et d'analyse chimique appliquées à la physiologie et à la médecine.*

propriétés contagieuses, on ne peut s'empêcher de le considérer comme un aliment fort malsain*.

Beurre. Fromages et corps gras. Les corps gras consommés comme aliments sont le beurre, le fromage, la graisse et diverses espèces d'huiles.

On extrait le *beurre* du lait en soumettant la crème à un battage prolongé. Il est formé par le mélange de divers corps gras, oléine, stéarine, butyrine etc. A Paris, sa consommation dépasse 25 millions de kilogr. par an.

Le *fromage* est composé de la partie coagulable du lait, la caséine, mélangée avec une proportion variable de crème. C'est un aliment très-nourrissant, riche en matières grasses et en matières azotées.

La saveur du fromage varie suivant son mode de préparation et de dessiccation. Quelques-uns, le fromage de Roquefort par exemple, sont soumis à une fabrication spéciale qui a pour résultat le développement de petits végétaux cryptogamiques qu'on aperçoit à leur surface sous forme de moisissures verdâtres.

Les autres corps gras employés comme aliments sont les graisses qu'on retire du corps des animaux, et les huiles qui proviennent des plantes. Les huiles les plus usitées sont : l'huile d'olives, qu'on extrait des fruits de l'olivier ; l'huile d'œillettes, obtenue des graines du pavot, et l'huile de noix, fournie par les fruits du noyer. Dans certains pays on fabrique de l'huile de navette, de faîne, de noisette etc.

Les corps gras sont, comme nous l'avons dit au commencement de ce chapitre, des aliments de combustion. Leurs métamorphoses produisent de la chaleur et de la force.

Aliments sucrés. Les différentes variétés de sucres consommés comme aliments sont : le sucre de canne et le sucre de betteraves, substances d'une composition identique, le sucre de fécule ou glycose, qu'on obtient en traitant les fécules, notamment celle

---

* M. le professeur Villemin, à qui nous avons demandé son opinion sur cette question, nous a répondu qu'il serait très-disposé à considérer comme doué de propriétés contagieuses le lait des vaches phthisiques, lorsqu'il est consommé sans avoir été soumis à une cuisson préalable.

de pomme de terre, par de l'acide sulfurique, et le miel, qui est produit par les abeilles.

La consommation des sucres de canne et de betterave en France s'élève, par an, à 300 millions de kilogr., c'est-à-dire à un chiffre à peu près égal à celui de la consommation annuelle du sel marin. Elle était presque nulle il y a un demi-siècle.

Le sucre de fécule n'a pas pénétré dans la consommation usuelle. Ayant eu récemment besoin de ce produit pour quelques expériences saccharimétriques, nous n'avons pas pu en trouver chez les épiciers les mieux achalandés de Paris, mais seulement chez les droguistes, et encore ces derniers ne le vendent qu'en gros.

Cette substance n'a guère, du reste, pour acheteurs que les brasseurs et les fabricants de sirops et de liqueurs, qui s'en servent pour falsifier sur une large échelle les produits qu'ils livrent à la consommation. La presque totalité des liqueurs et sirops vendus à Paris a le glycose pour base. Au point de vue hygiénique, cette substitution frauduleuse serait sans danger, si le sucre de fécule était pur, mais le plus souvent il retient un peu de l'acide sulfurique qui a servi à le fabriquer, et comme les vases métalliques dans lesquels il est préparé sont attaqués par cet acide, il s'ensuit que le glycose du commerce est généralement un produit fort malsain.

Céréales. Les graines du blé et des diverses céréales sont constituées par un mélange d'amidon, de corps gras, de matières azotées et de principes minéraux dans des proportions variables indiquées par le tableau suivant, qui fait connaître la composition de ces substances à l'état normal, c'est-à-dire non desséchées.

	AMIDON.	MATIÈRES azotées.	DEXTRINE et MATIÈRE sucrée	MATIÈRES grasses.	CELLULOSE ou TISSU végétal.	MATIÈRES minérales.	EAU. (principalement constituée par des phosphates.)
Riz	77,44	6,43	—	0,47	0,50	0,68	14,48
Blé (moyenne).	59,70	14,60	7,20	1,20	1,70	1,60	14,00
Maïs.	58,40	12,80	1,00	7,00	1,50	1,10	17,70
Seigle	57,50	9,00	10,00	2,00	3,00	1,90	16,60
Orge.	54,90	13,40	8,80	2,80	2,60	4,50	13,00
Avoine	53,60	11,90	7,90	5,50	4,10	3,00	14,00
Sarrazin	64,90	13,10	—	3,00	3,50	2,500	13,00

On sépare facilement l'amidon des autres parties de la farine en pétrissant cette dernière sous un mince filet d'eau ; l'amidon est entraîné par le liquide et il reste une masse molle, élastique, composée de matières azotées nommées *gluten*. C'est avec cette substance qu'on fabrique le pain destiné aux diabétiques, dans l'alimentation desquels il ne doit pas entrer d'amidon.

Le gluten est un produit fort nutritif dont la composition est très-analogue à celle de la fibrine contenue dans la viande. Des chiens nourris exclusivement avec du gluten pendant trois mois continuent à se porter parfaitement. Bouilli avec de l'eau salée, séché et réduit en poudre, il se conserve très-bien. Il est fâcheux qu'on le laisse perdre généralement dans les fabriques où on traite les farines pour en extraire l'amidon.

Le blé ordinaire contient de 86 à 88 parties environ de farine blanche. Par la mouture, on en retire de 70 à 80 p. 100, suivant les procédés employés. Le reste se trouve mélangé avec des débris ligneux et constitue le son. On le soumet à un nouveau blutage pour en obtenir encore de la farine et on donne le résidu aux animaux. Ce mode d'opérer est aussi défectueux que possible. La séparation du son diminue la valeur nutritive de la farine, et sur une substance alimentaire d'un usage aussi général, on devrait avant tout viser à l'économie. Le son est une matière très-nutritive. Il contient 52 p. 100 d'amidon, 11 p. 100 de gluten et 3 p. 100 de matières grasses. Magendie a vu mourir, au bout de cinquante jours, un chien nourri exclusivement de pain blanc de froment, tandis qu'un autre animal uniquement nourri de pain bis vécut parfaitement. Dans l'antiquité, du reste, le pain bluté était inconnu.

La farine du blé sert à fabriquer le pain. Il suffit de la mélanger avec moitié environ de son poids d'eau, d'y ajouter un ferment, qui est ordinairement de la levure de bière, et de soumettre pendant quelque temps la pâte ainsi obtenue à une température convenable.

La levure provoque dans la masse un commencement de fermentation d'où résulte un dégagement de gaz acide carbonique qui la fait boursoufller et la rend légère. Le pain et les pâtisseries qui n'ont pas subi cette opération sont d'une digestion beaucoup plus difficile que le pain ordinaire.

La pâte retient, après la cuisson, une assez forte proportion de l'eau avec laquelle elle a été mélangée. A Paris, avec 100 kilogr. de farine, on obtient 130 kilogr. de pain qui retient environ 40 p. 100 d'eau.

Le blé n'est pas la seule substance avec laquelle on puisse fabriquer du pain. Le seigle, le maïs, le riz, l'orge et diverses céréales peuvent le remplacer. Le pain fait avec de la farine de seigle possède un goût qui n'a rien de désagréable. Celui obtenu avec du maïs est riche en azote et en matières grasses. Il constitue un aliment excellent très-usité dans les campagnes du Midi de la France et qui mériterait d'être plus répandu. Le pain fabriqué avec le riz est blanc et d'un goût agréable, mais il est peu nourrissant à cause de la pauvreté de cette substance en principes azotés.

Pommes de terre. La pomme de terre est la racine tuberculeuse du *solanum tuberosum*, plante de la famille des Solanées qui fut introduite en Europe à la fin du seizième siècle et s'y répandit fort lentement, car ce n'est que grâce à la protection que son vulgarisateur Parmentier reçut de Louis XVI qu'elle réussit à s'acclimater.

C'est un aliment riche en fécule, mais très-pauvre en azote; elle contient, en effet, 74 p. 100 d'eau, 21 p. 100 de fécule et 3 p. 100 seulement environ de matières azotées. Elle ne peut entrer utilement dans l'alimentation qu'associée à la viande ou à d'autres substances azotées.

Graines de légumineuses. Les graines des plantes de la famille des légumineuses : fèves, pois, haricots, lentilles, sont plus riches en matières grasses et azotées que les pommes de terre et le blé. Aucune substance végétale ne constitue d'aliment plus complet.

Les haricots blancs secs contiennent en effet 60 p. 100 d'amidon et 27 p. 100 de matières azotées. Il suffit, du reste, de rapprocher l'analyse de cette substance de celles du blé et des pommes de terre pour reconnaître les différences profondes qui les séparent.

	AMIDON et SUCRE.	MATIÈRES azotées.	MATIÈRES grasses.	CELLULOSE.	SELS.	EAU.
Pois secs	58,7	25,8	2,1	3,5	2,1	8,3
Haricots secs	60,0	27,0	2,6	2,0	3,3	5,1
Blé	66,9	14,6	1,2	1,7	1,6	14,0
Pommes de terre	21,1	2,5	0,1	1,1	1,2	74,0

On voit par ce tableau que les haricots sont plus riches en azote que le blé et contiennent presque autant de fécule que ce dernier. Il en est de même des pois et des lentilles. Ces diverses substances ont une valeur nutritive supérieure à celle du froment. Nous avons vu précédemment qu'elles constituaient la base d'un des aliments les plus répandus dans les armées allemandes.

Fruits sucrés et oléagineux. Les fruits charnus : pommes, prunes, cerises, pêches etc., renferment des matières sucrées et gommeuses, et une petite quantité d'amidon et de matières azotées. Mais, relativement à leur masse totale, ces principes ne s'y trouvent qu'en proportion minime. Pour s'en nourrir exclusivement, il faudrait en consommer énormément, ce qui ne serait pas sans inconvénients, à cause des acides qu'ils contiennent. M. Payen rapporte que, dans plusieurs localités de la Côte-d'Or, on avait autrefois l'habitude de limiter la nourriture des vendangeurs à un peu de soupe et de pain, supposant qu'ils trouveraient un ample complément dans le raisin qu'ils consommaient à discrétion, mais on s'aperçut bientôt que ce régime alimentaire était insuffisant pour soutenir leurs forces. On y ajouta une ration convenable de viande, et leur travail devint beaucoup plus productif, ce qui constitua en réalité une très-notable économie. Les fruits sucrés ne doivent donc entrer que comme accessoires dans l'alimentation.

Les fruits oléagineux, tels que ceux du noyer, du noisetier, de l'amandier, renferment des matières grasses et des matières azotées en proportion assez élevée. Les noix fraîches, par exemple, contiennent 9,70 de matières azotées et 3,5 de matières grasses. Dans les amandes, les principes azotés s'élèvent à 17 p. 100, et les matières grasses à 24 p. 100. Ce sont des aliments très-nourrissants, mais que beaucoup de personnes digèrent difficilement.

Légumes herbacés, champignons et Truffes. Les feuilles d'un grand nombre de végétaux : laitues, épinards, choux, oseille, etc., sont comestibles. Elles sont peu riches en matières nutritives, mais elles varient la saveur des aliments et possèdent une action légèrement laxative propre à combattre l'effet contraire qui résulte souvent d'une alimentation exclusivement animale. A bord des vaisseaux, elles sont très-utiles pour prévenir le scorbut.

On peut rapprocher des aliments précédents les champignons. Ces cryptogames ont des propriétés nutritives assez marquées. Ils contiennent 90 p. 100 d'eau en moyenne et des substances azotées dans la proportion de 4 p. 100. Ils sont assez nourrissants, mais comme on n'a aucun moyen de distinguer avec certitude les champignons vénéneux de ceux qui ne le sont pas, ils constituent un aliment dangereux. Beaucoup de personnes les digèrent, du reste, difficilement.

Les *truffes* forment une variété de champignons fort recherchée. C'est un aliment assez nourrissant, car elles contiennent 9 p. 100 de matières azotées. Mais, à raison de leur prix élevé, on n'en fait usage qu'en les associant à d'autres substances alimentaires, auxquelles elles communiquent leur parfum.

Chocolat. L'amande du fruit du cacaotier, arbre des forêts de l'Amérique du Sud et du Mexique, pulvérisée et desséchée par une légère torréfaction, puis mélangée avec moitié environ de son poids de sucre et chauffée à une température convenable pour liquéfier le corps gras qu'elle contient et la transformer en pâte, constitue le chocolat.

C'est de tous les aliments connus un des plus nourrissants sous le moindre volume. Il suffit, pour s'en convaincre, d'examiner l'analyse suivante du cacao, due à Mitscherlich :

Matières grasses (beurre de cacao) 50
Albumine et autres matières azotées 20
Amidon 10
Cellulose. 2
Théobromine (principe cristallisable analogue à la caféine) . . . 2
Matière colorante, essence, sucre et glycose . . . , ... traces.
Substances minérales 4
Eau 12
                                                          ‾‾‾
                                                          100

Outre ses propriétés nutritives, le chocolat possède une action
stimulante spéciale qui nous semble due à la théobromine qu'il
contient, alcaloïde analogue à la caféine.

Une grande partie des chocolats du commerce sont falsifiés par
une addition de corps gras, de fécule de pomme de terre ou plus
simplement de farine. Quant au cacao pulvérisé, que quelques
personnes consomment avec du lait en place de chocolat, surtout
en Angleterre, il est à peu près impossible d'en rencontrer de pur.
A Londres, sur 50 échantillons saisis, 48 étaient additionnés de
fécule ou de farine; 39 sur 70 étaient colorés avec de l'ocre rouge.

Café. Le café est l'infusion des grains du caféier, arbrisseau
de la familles des Rubiacées. Son usage fut introduit en Arabie
vers le milieu du quatorzième siècle et se répandit en Égypte, en
Turquie, puis en Italie. L'ambassadeur ottoman, Soliman Aga,
le mit à la mode en 1669, et, malgré la prédiction de Mme de Sé-
vigné, son succès, loin d'être éphémère, s'étendit rapidement.

Le premier café public de Paris fut créé en 1672, à la foire de Saint-
Germain, par un Arménien nommé Pascal, mais il était mal tenu
et n'eut aucun succès. Quelques années plus tard, Procope ouvrit,
dans la rue qui porte aujourd'hui le nom de rue de l'*Ancienne-
Comédie*, un café qui commença la vogue des établissements du
même genre et fut l'origine d'un changement considérable dans les
mœurs françaises.

La consommation du café a fait des progrès considérables depuis
quelques années. En 1830, elle était de 9 millions de kilogr. par
an pour la France; actuellement elle s'élève à plus de 38 millions.

Un litre d'infusion de café contient, d'après Payen, 20 gr. de
matière alimentaire. Cet éminent chimiste en conclut, et tous les

physiologistes ont répété après lui, que le café est une substance très-nutritive.

Pour comprendre le peu de fondement de cette assertion, il suffit de remarquer qu'une tasse ordinaire de 100 gr. ne contient, d'après le chiffre précédent, que 2 gr. de matière alimentaire. En admettant qu'on prenne à un repas deux tasses de café, ce qui est évidemment le double de la consommation habituelle, on aurait absorbé seulement 4 gr. de substances nutritives. Évidemment il n'est pas soutenable qu'une aussi minime quantité puisse jouer un rôle quelconque dans l'alimentation.

L'action du café sur l'économie est très-mal connue. Quand on voit combien sont contradictoires les opinions émises par les médecins les plus instruits sur une substance d'un usage aussi répandu, on comprend combien il est difficile de bien connaître l'action des remèdes et à quel point la thérapeutique est encore dans l'enfance.

Il faut avouer que le café, ainsi, du reste, que la presque totalité des substances médicamenteuses, n'a pas encore été étudié avec toute la précision scientifique nécessaire en pareil cas. On administre le café ou un remède quelconque à des personnes d'âge, de sexe, de constitution et de genre de vie différents; on observe naturellement des effets très-variés, et chaque observateur, procédant du particulier au général, veut étendre à tous les cas les résultats fournis par des expériences isolées. Ce ne sont pas ordinairement les observations qui sont inexactes; les contradictions qu'elles présentent disparaîtraient si les expérimentateurs se plaçaient toujours dans des circonstances identiques. D'après Trousseau, le café augmente le nombre des pulsations des artères; selon Jomard et d'autres médecins, il les ralentit au contraire. Sur un fait d'observation aussi facile, l'erreur n'est évidemment pas possible. Ces savants ne se sont certainement pas trompés, mais ils ont observé des sujets d'âge, de constitution et de sexe dissemblables et ont probablement opéré avec des doses différentes.

Ce qu'on sait d'incontestable sur le café, c'est qu'il accroît la puissance de l'imagination et de la pensée et rend les perceptions et l'impressionnabilité plus vives. Son action n'a rien de comparable à celle de l'alcool; il excite l'activité cérébrale sans produire les sombres cauchemars de l'ivresse. Il fallait l'influence du café à l'immortel auteur de la *Comédie humaine* pour créer ces personnages si réels qu'on croirait les avoir connus. Ce n'est, au contraire, que sous l'influence de l'alcool que Edgard Poë et Hoffmann enfantaient ces élucubrations fantastiques, conceptions de cerveaux à l'aurore de la folie.

D'après Gasparin, les mineurs de Charleroy peuvent se contenter d'une nourriture moitié moins riche en principes nutritifs que ne doit l'être une ration normale, en y ajoutant du café. On en a conclu que ce composé agit en ralentissant le mouvement de désassimilation des tissus, leur usure en un mot, mais c'est là une hypothèse que rien ne justifie. Un physiologiste ne saurait admettre, du reste, que le mouvement de désassimilation des éléments du corps puisse être ralenti sans que la chaleur, la puissance musculaire et les diverses forces engendrées par ces métamorphoses éprouvent elles-mêmes un affaiblissement sensible. Il est incontestable que le café soutient les forces, mais nous ignorons absolument le mécanisme de son action *.

Il suffit d'observations superficielles pour reconnaître que l'action du café varie suivant la constitution des individus qui en font usage. Il agite beaucoup les personnes nerveuses et paraît sans influence marquée sur les constitutions dites lymphatiques. Quant à ses propriétés anaphrodisiaques suivant les uns, aphrodisiaques suivant les autres, elles sont fort contestables.

L'excitation intellectuelle produite par le café sur le cerveau de beaucoup de personnes est suivie d'une période de dépression des forces et de l'intelligence qui semble avoir échappé à la plupart des observateurs. Nous avons bien des fois constaté cet effet sur nous-même quand, obligé de nous livrer à un travail intellectuel prolongé et difficile, nous prenons de hautes doses de cette substance.

---

* Dans un ouvrage récemment paru sur l'alcool, le thé et le café, M. Marvaux, professeur au Val-de-Grâce, qualifie ces substances d'*aliments d'épargne*. Nous ne pouvons admettre les idées de ce savant sur ce point, mais nous n'en considérons pas moins son travail comme un des meilleurs et des plus complets qu'on puisse consulter sur ces substances.

Le lendemain, la tête est lourde, les conceptions lentes, et un état de torpeur, que le travail musculaire seul peut dissiper, se produit toujours. Nous sommes porté à croire que l'abus du café doit conduire à des affections nerveuses redoutables, notamment à la paralysie générale, et nous serions disposé à attribuer en partie à l'accroissement considérable de sa consommation la progression vraiment inquiétante des affections de cette nature depuis quelques années.

La seule manière d'étudier scientifiquement l'action du café, ainsi que celle de tous les médicaments, serait de constater, par l'analyse, les variations éprouvées par les sécrétions normales sous leur influence. Quelques expériences commencées à ce sujet à notre laboratoire nous semblent démontrer que l'ingestion du café augmente la quantité d'acide urique éliminée par les reins, diminue l'urée et modifie considérablement la proportion d'acide phosphorique contenue dans l'urine.

Pour l'acide urique, le fait ne nous paraît pas douteux. Dans des expériences faites sur nous-même, nous avons vu que l'ingestion du café, *non suivie de travail musculaire,* avait toujours pour résultat d'augmenter la proportion d'urates, l'urate de soude notamment, contenue dans l'urine. Lorsque l'ingestion du café est suivie d'exercice, la proportion de ces substances reste normale et tend plutôt à diminuer qu'à augmenter.

Quant à l'acide phosphorique, nous croyons nécessaire de répéter nos analyses avant de nous prononcer définitivement sur ce point. Il ne faut pas se hâter, en effet, de tirer des conclusions des modifications constatées dans l'élimination de cette substance, car rien n'est plus variable que sa proportion. En consultant nos cahiers d'analyses, nous voyons des exemples d'urine qui contenait $1^{gr},9$ d'acide phosphorique par litre avant le repas, $2^{gr},93$ immédiatement après, et $4^{gr},3$ quelques heures plus tard à la suite d'un travail intellectuel prolongé.

On ignore encore à quelle partie constituante du café est due l'action stimulante de cette substance. La plupart des observateurs l'attribuent à la caféine, qu'ils considèrent comme un poison redoutable tuant les animaux à petites doses en produisant de la paralysie. Quelques-uns, au contraire, ne lui reconnaissent aucune action physiologique. La caféine n'est certainement pas un poison bien énergique, puisque nous avons pu en absorber 75 centigr. sans éprouver d'effets fâcheux. Elle n'est pas non plus sans action sur le cerveau, du moins chez les sujets sensibles à l'influence du café, car nous avons constaté qu'elle produisait, en les exagérant, quelques-uns des effets de cette substance, notamment l'accroissement de l'activité cérébrale et de l'impressionnabilité, l'augmentation de la tension artérielle et la modification de la proportion d'acide phosphorique contenue dans l'urine. Je crois cependant que l'huile essentielle du café a sur le système nerveux une action au moins aussi énergique que la caféine. C'est un point que j'étudie en ce moment.

Le café est une des substances qu'on falsifie le plus. Lorsque le consommateur est assez confiant pour l'acheter torréfié et moulu, il peut être certain de n'avoir qu'un mélange de café et de chicorée en proportion plus ou moins variable, et comme la chicorée elle-même est falsifiée avec du tan épuisé, de la sciure de bois, diverses racines, il achète en réalité un mélange fort complexe. Généralement, du reste, on se procure le café en grains; mais si on ne l'examine pas attentivement, on est encore exposé à être trompé. Le Conseil d'hygiène du département de la Seine a reconnu qu'on vend fréquemment des grains de café formés d'un mélange de 85 p. 100 de farine de seigle, d'orge etc., et de 15 p. 100 seulement de café. De pareilles falsifications cesseraient bien vite si les acheteurs prenaient l'habitude de faire analyser les produits qu'ils consomment par des chimistes familiarisés avec ce genre d'opération. Du moment que les commerçants ne seraient plus certains, comme aujourd'hui, d'une impunité à peu près absolue, ils n'oseraient plus se livrer à une fraude aussi générale que celle qui s'opère actuellement sur toutes les substances alimentaires au grand détriment de la santé publique.

Thé. La boisson qui porte ce nom est l'infusion des feuilles d'un arbuste de la famille des Théacées. En usage de temps immémorial en Chine et au Japon, elle s'est introduite en Europe vers le milieu du dix-septième siècle et s'est rapidement propagée, principalement en Angleterre. La consommation annuelle de la Grande-

Bretagne est de 30 millions de kilogrammes de thé, tandis qu'en France elle ne dépasse pas 300,000 kilogr., c'est-à-dire un chiffre cent fois moindre.

La composition du thé se rapproche de celle du café; il contient, comme ce dernier, un alcaloïde, la théine, qui paraît identique à la caféine, une huile essentielle, des substances azotées et des matières minérales diverses. En plus que le café, il renferme du tannin dans la proportion de 12 à 18 p. 100.

L'action du thé porte, comme celle du café, sur le système nerveux, dont il excite les fonctions. Ses effets varient suivant les espèces dont on fait usage. Le thé vert est bien plus stimulant que le thé noir : beaucoup de personnes ne peuvent en faire usage sans éprouver des troubles nerveux divers : irritabilité exagérée, étourdissements, palpitations etc. On n'est pas beaucoup plus fixé, du reste, sur les propriétés du thé que sur celles du café; ce qui paraît vraisemblable, c'est qu'il constitue une boisson fort utile pour les personnes lymphatiques vivant dans un climat humide.

« On attribue, non sans raison, dit M. Payen, à l'usage du thé la résistance aux effluves insalubres et aux fièvres paludéennes sous les climats humides et dans les contrées marécageuses. »

Il est vrai que les Chinois qui habitent les pays marécageux se préservent de la fièvre intermittente en ne consommant que des infusions de thé pour boisson; mais nous croyons que ce n'est pas dans les propriétés spéciales de cette substance qu'il faut en chercher la cause : en la remplaçant par de l'eau simplement bouillie, on obtiendrait le même résultat. L'eau est, en effet, le principal véhicule des miasmes paludéens, et en la soumettant à l'ébullition, on détruit ces derniers. Nous avons conseillé à plusieurs personnes habitant des contrées marécageuses où la fièvre intermittente est endémique, de substituer des infusions de plantes aromatiques quelconques à l'eau dont elles faisaient usage comme boisson, et celles qui ont suivi nos conseils ont toujours été préservées de cette affection. Si nous n'avons pas indiqué l'usage de l'eau simplement bouillie, c'est qu'elle est désagréable au goût et indigeste.

Le thé est soumis à de nombreuses falsifications. Les Chinois colorent avec du bleu de Prusse et du curcuma les feuilles qu'ils exportent, mais se gardent bien de faire subir une pareille opération à celles qu'ils conservent pour leur usage. A Paris et à Londres, on le mélange avec des feuilles diverses. Plusieurs industriels rachètent dans les cafés des thés épuisés pour les revendre comme thés neufs, après les avoir imbibés de gomme et séchés. Les résidus de ces nouvelles infusions servent eux-mêmes, paraît-il, plusieurs fois. Dans une grande capitale, rien ne se perd.

Eaux potables. L'eau est le plus utile des aliments et le seul peut-être qui ne puisse être remplacé par un produit équivalent. Elle tient en dissolution tous les matériaux solubles du sang et constitue la plus grande partie de tous les tissus. Par les portions salines qu'elle contient, elle agit comme aliment et contribue à l'entretien des organes. Sans elle, la vie serait impossible à la surface du globe.

La pureté d'un liquide dont l'usage est aussi général a une importance énorme, et tous les efforts des nations civilisées doivent tendre à l'amener en quantité suffisante et d'aussi bonne qualité que possible dans l'intérieur des villes.

L'eau ne se rencontre jamais dans un état de pureté absolue dans la nature. Elle dissout et entraîne avec elle des particules des terrains qu'elle traverse. L'eau de la Seine, par exemple, contient par litre 25 gr. environ de substance étrangère, sur lesquels se trouvent 16 gr. de carbonate de chaux. L'eau de la Marne renferme, sous un même volume, 51 gr. de matières solides, sur lesquels 30 gr. du même sel.

Les substances que l'eau contient ont une influence marquée sur ses propriétés. Les eaux trop chargées de principes calcaires cuisent mal les légumes et sont indigestes. Mais ce qui influe de la façon la plus fâcheuse sur les propriétés hygiéniques de ce liquide, ce sont les matières organiques qu'il tient en dissolution. Malgré les démonstrations les plus précises, on laisse encore écouler dans les rivières le contenu des égouts, ce qui est tout à la fois une perte immense pour l'agriculture et un danger sérieux pour la santé publique.

L'eau sert de véhicule aux germes de diverses maladies. Pour la fièvre intermittente et le choléra, le fait a été démontré. Il le sera probablement un jour pour d'autres affections. Pendant l'épidémie de 1866, les quartiers de Paris où le choléra a fait le plus de victimes sont ceux de Montmartre et des Batignolles, où l'eau servant à l'alimentation était puisée dans la Seine, au-dessous de l'égout collecteur. La mortalité fut également considérable dans les communes de Clichy, Saint-Denis, Puteaux, dont les habitants buvaient de l'eau souillée par les déjections des cholériques. Dans les localités riveraines situées en amont de Paris, telles que Alfort, Charenton et Choisy, par exemple, le fléau fit au contraire très-peu de victimes. Des faits absolument semblables ont été officiellement constatés à Londres à la même époque. Dans le quartier alimenté par le réservoir de Old-Ford, où s'infiltrait l'eau de la rivière Lea, véritable égout à ciel ouvert, la mortalité atteignit de 60 à 110 par 10,000 habitants, tandis que dans les autres parties de la ville elle ne s'éleva qu'à 10 ou 12 pour le même chiffre de population.

L'eau de la Seine, après sa sortie de Paris, est impure à ce point qu'en 1864 M. Péligot a pu y constater la présence de l'urée, un des principes constituants de l'urine.

Les Romains, qui comprenaient beaucoup mieux que les peuples modernes l'importance de ces questions, rejetaient l'eau des rivières de leur alimentation. Sachant combien les eaux de sources lui sont supérieures par leur pureté et l'uniformité de leur température, ils les amenaient au moyen d'aqueducs dans l'intérieur des villes. Jamais cité moderne ne fut aussi bien alimentée d'eau que Rome à l'époque des Césars.

Paris, sous Louis XIV, ne possédait que 3 litres d'eau par jour et par habitant ; actuellement ce chiffre s'élève à 139 litres ; mais il est encore bien minime si l'on songe qu'il faut en défalquer l'eau nécessaire pour l'arrosage, les bains et les lavoirs. Rome fournissait autrefois 1500 litres d'eau par jour à chacun de ses habitants.

L'eau bue à Paris provient de la Seine, du canal de l'Ourcq, de la Dhuys et de divers puits. Celle que fournit la Seine est de qualité détestable ; prise en partie en aval de Paris par les pompes de Chaillot, elle contient une portion des déjections de près de

2 millions d'habitants. Celle de la Dhuys est excellente ; malheu-reusement elle n'arrive pas en quantité suffisante pour faire face à tous les besoins de la capitale. Celle des puits a filtré à travers les cimetières qui entourent la grande ville, et ne vaut guère mieux que celle de la Seine.

Boissons fermentées (Vin et Bière). Les boissons fermen-tées les plus usitées sont le vin et la bière.

Le vin est le jus fermenté du raisin. Il constitue la boisson la plus répandue en France. C'est un mélange d'eau, d'alcool, de tannin, de sels, de matières colorantes et de principes aromatiques qui lui donnent son parfum.

La proportion d'alcool contenue dans le vin est excessivement variable. Les vins de Mâcon et de Chablis en contiennent 7 p. 100 environ. Ceux de Bordeaux (rouges) 8 à 11 p. 100. Ceux de Cham-pagne 12 p. 100. Ceux de Lunel 14 p. 100. Ceux de Porto et de Madère 20 p. 100. Ceux de Marsala 24 p. 100.

Les vins rouges diffèrent des vins blancs par une plus forte pro-portion de matières colorantes et de tannin.

Les vins mousseux contiennent une certaine quantité de sucre et d'acide carbonique.

Le vin possède les propriétés de l'alcool, mais mitigées par la grande quantité d'eau qu'il renferme, et modifiées par divers prin-cipes. Du vin dont on a augmenté la force par de l'alcool, ne res-semble en rien à du vin possédant naturellement la même richesse alcoolique que celle artificiellement obtenue. La chimie n'est pas assez avancée pour préciser les causes de ces différences.

Pris à petites doses, le vin stimule les sécrétions intestinales, facilite la digestion et relève les forces. A hautes doses, il produit l'ivresse et tous les accidents que l'abus des liquides alcooliques engendre.

Parmi les liquides fermentés les plus répandus, on peut encore citer la *bière*, boisson qu'on obtient en soumettant une décoction d'orge germée à la fermentation. L'orge contient de l'amidon ; la germination y développe un principe nommé *diastase*, qui trans-forme l'amidon en dextrine et en sucre. Le liquide obtenu par le mélange de l'orge germée avec de l'eau est additionné de houblon, qui lui communique un goût aromatique, puis soumis à la fermentation, qui transforme le sucre en alcool et en acide carbonique.

La bière contient par litre près de 50 grammes de matières nutritives, qui se composent de 6 gr. environ de substances azotées, 42 gr. de glycose et de dextrine, et 2 gr. de sels minéraux. Elle peut donc être considérée comme jouant un rôle très-utile dans l'alimentation, surtout dans les pays où l'on en consomme habituellement plusieurs litres par jour.

La richesse de la bière en alcool est très-variable. L'ale en contient 6 à 8 p. 100, le porter 4 p. 100, la bière de Strasbourg 3 à 4 p. 100, celle de Paris 2 à 3 p. 100 seulement.

La bière bien préparée, et celle fabriquée à Paris n'est que très-rarement dans ce cas, est une excellente boisson, moins stimulante que le vin et qui convient parfaitement aux tempéraments bilieux et nerveux.

La bière de Vienne et celle de Strasbourg, dont il se fait depuis quelques années une consommation considérable à Paris, sont très-hygiéniques. C'est peut-être autant à l'impureté de l'eau qu'ils emploient qu'à la température des caves et au mauvais choix des matières premières qu'il faut attribuer l'impossibilité dans laquelle paraissent se trouver les brasseurs de Paris de livrer des bières acceptables pour la consommation. Leur industrie dépérit chaque jour.

. Depuis quelques années, plusieurs brasseurs anglais ont pris l'habitude de remplacer le houblon par de la noix vomique, de l'acide picrique ou de la coque du Levant, substances excessivement vénéneuses qui, à petites doses, possèdent la propriété de donner à la bière une amertume analogue à celle que lui communique le houblon. On soupçonne fort cette falsification de commencer à se répandre en France; s'il en était ainsi, elle devrait être énergiquement réprimée, car une pareille boisson ne peut que produire sur la santé les plus pernicieux effets. En présence des falsifications sans nombre qui se pratiquent chaque jour sur les produits destinés à la consommation, on pourrait plus que jamais répéter aujourd'hui ce que Pline disait il y a déjà 1800 ans : Les mœurs en sont venues à ce point que l'homme périt surtout par les aliments.

Alcool. L'alcool est un liquide inflammable qu'on retire par distillation des boissons fermentées. Mélangé à un volume d'eau à peu près égal, il constitue l'eau-de-vie.

L'usage de ce liquide fait des progrès rapides chez toutes les nations du globe. En 1788, la consommation annuelle de l'eau-de-vie en France ne dépassait pas 200,000 hectolitres. En 1840, elle s'élevait à 1 million d'hectolitres et atteignait 3 millions en 1864.

L'action de l'alcool sur l'organisme est encore mal connue, et nous pourrions répéter ici ce que nous disions plus haut à propos du café relativement à la difficulté extrême de bien étudier les propriétés physiologiques d'une substance quelconque.

On croyait encore, il y a quelques années à peine, que l'alcool se décompose dans les organes en acide carbonique et en vapeur d'eau en produisant de la chaleur, et on le rangeait parmi les éléments dits de combustion ou respiratoires. Mais s'il en était ainsi, la quantité d'acide carbonique exhalée après l'ingestion de l'alcool devrait augmenter, tandis que des expériences nombreuses ont prouvé, au contraire, qu'elle diminue d'un façon sensible. Il paraît, du reste, établi maintenant qu'une partie de l'alcool ingéré sort du corps sans modification. Lorsque ce liquide a été introduit dans l'estomac, il pénètre dans le sang, qui le conduit à divers organes, tels que le foie et le cerveau, où il s'accumule et exerce son action jusqu'à ce qu'il soit éliminé par les reins, les poumons et la peau.

Il est facile de démontrer qu'une partie de l'alcool ingéré séjourne sans décomposition dans les organes. La distillation de 700 gr. de sang artériel enlevé par M. Perrin à deux chiens une heure après l'ingestion de boissons alcooliques a fourni à cet expérimentateur 5 gr. d'alcool; 440 gr. de matière cérébrale prise sur des animaux en état d'ivresse lui ont donné 3^{gr},25 du même liquide.

Après l'ingestion de 6 à 700 gr. de vin, les urines contiennent assez d'alcool pour en fournir par la distillation. L'élimination s'opère en même temps par les poumons, et en condensant les produits de la respiration, on y retrouve de l'alcool.

L'alcool retiré par distillation des organes ne représente qu'une très-faible partie du liquide ingéré, et il semble très-probable que l'autre portion doit être décomposée ; mais sur la nature des produits de cette décomposition, la science est loin d'être fixée encore.

L'alcool exerce sur les organes une action stimulante de peu de durée, à laquelle succède une dépression des forces plus ou moins prolongée. A hautes doses, la période d'excitation, ordinairement très-courte, est suivie d'un état d'anesthésie souvent profond. On a pu couper des membres à des individus enivrés sans qu'ils aient ressenti aucune douleur. J'ai entendu raconter par un chirurgien de l'Hôtel-Dieu qu'il y avait autrefois aux environs de Paris des rebouteurs qui parvenaient à réduire des luxations ayant résisté aux efforts des médecins les plus habiles. Tout leur secret consistait à enivrer leurs malades. Ils produisaient ainsi la cessation des contractions musculaires qu'on obtient maintenant au moyen du chloroforme.

Quand on met à nu le cerveau d'un lapin, de façon à pouvoir observer facilement la circulation cérébrale, on constate que l'ingestion de l'alcool produit une congestion considérable de cet organe, à laquelle succède bientôt un état anémique qui persiste jusqu'à la mort.

Sous l'influence de l'absorption d'une petite quantité d'alcool, la tension artérielle diminue et le nombre des pulsations augmente ; en même temps, la température du corps s'abaisse, et cet abaissement, qui ne dépasse guère 1 degré pour de petites doses de substance, ainsi que l'a constaté le docteur Marvaux dans des expériences faites sur lui-même, peut cependant atteindre 10 degrés chez l'homme quand l'absorption du liquide a été très-considérable.

L'alcool semble jouer un rôle important dans l'alimentation. Liebig rapporte qu'à l'époque de l'établissement des Sociétés de tempérance en Angleterre et en Allemagne, beaucoup de personnes ayant remplacé par de l'argent le vin et la bière qu'elles donnaient auparavant à leurs domestiques, remarquèrent que la consommation en pain et autres aliments augmentait d'une façon notable, de telle sorte qu'en réalité le vin était payé deux fois : en argent d'abord, et en supplément d'aliments ensuite.

Les faits de cette nature ont été trop fréquemment observés pour qu'il soit possible de les contester. Faut-il admettre, comme on le répète généralement, que l'alcool possède le pouvoir de ralentir le travail de désassimilation qui s'opère dans les tissus et, par suite, de diminuer les pertes de l'organisme, de façon que, tout en n'augmentant pas les recettes, il réduirait les dépenses? Nous avons déjà dit, à propos du café, ce que nous pensons de semblables hypothèses. Ce n'est précisément que par suite d'une usure plus considérable des matériaux de l'organisme que peut se manifester un accroissement des forces qui y prennent naissance. Toute substance qui diminuerait cette usure, loin d'augmenter la production de ces forces, ne pourrait évidemment que la ralentir. Pour nous, si l'alcool diminue la vitalité des tissus en les transformant en composés graisseux, comme nous le verrons plus loin, c'est parce qu'il provoque chez eux un surcroît d'activité qui hâte la dégénérescence à laquelle tous les éléments vivants sont fatalement condamnés.

Divers expérimentateurs, Hammond notamment, ont constaté, il est vrai, que l'ingestion d'une certaine quantité d'alcool arrête les pertes de poids que le corps éprouve par suite d'une nourriture insuffisante. Mais il est bien difficile de dire quel est, dans ce cas, le mode d'action réel de l'alcool. S'il fallait hasarder une hypothèse, nous dirions que ce liquide n'agit qu'en augmentant les sécrétions intestinales, et en rendant assimilable une plus grande partie des principes nutritifs introduits dans l'appareil digestif. En réalité, on n'assimile habituellement qu'une portion des aliments ingérés; le reste est rejeté au dehors, avec les excréments. Un accroissement de la sécrétion intestinale, et cet accroissement, sous l'influence de petites quantités d'alcool, a été prouvé par Claude Bernard, doit avoir pour résultat de rendre plus complète la digestion des substances alimentaires et, par suite, d'augmenter leur puissance nutritive.

Pris à petites doses, l'alcool, de même que les liquides qui en contiennent, est donc un aliment utile. Il est, de plus, un médicament précieux. On commence, en effet, ou plutôt on recommence à l'employer en chirurgie et en médecine. Depuis quelque temps un grand nombre de praticiens remplacent par de l'alcool les cataplasmes et les corps gras autrefois en usage pour le pansement des plaies, et obtiennent ainsi de fort beaux résultats. Ce liquide prévient l'infection purulente, dessèche les tissus, favorise leur réunion immédiate et produit finalement une cicatrisation rapide.

En Angleterre, le docteur Bentley Todd a préconisé, il y a quelques années, l'alcool à l'intérieur contre toutes les maladies aiguës, et en particulier contre la fluxion de poitrine. Suivant ce médecin, combattre les affections aiguës en déprimant les forces par la diète, les saignées et les différents moyens habituellement employés, est une méthode fort mauvaise; il faut, au contraire, soutenir les forces pour mettre l'organisme en état de résister à la maladie. Les idées de Todd sont maintenant généralement adoptées en France. Au lieu d'affaiblir les malades par la diète et la saignée, comme on le faisait il y a quelques années à peine, on relève leurs forces par une alimentation convenable et des boissons alcooliques. Sous l'influence de cette médication, le délire cesse, le pouls tombe et la respiration se ralentit. C'est principalement chez les vieillards qu'on obtient de bons effets de l'alcool dans le traitement de la pneumonie.

L'alcool a été également administré avec succès contre les fièvres intermittentes, la fièvre continue, la phthisie pulmonaire et plusieurs affections du cœur. Donné à haute dose dans de l'eau très-chaude, il guérit souvent presque instantanément les accès d'asthme. Il constitue aussi le médicament le plus puissant que nous possédions contre le choléra.

On a attribué à l'alcool qu'ils contiennent les propriétés toxiques de certains liquides tels que l'absinthe. Tous les médecins ont eu à observer les pernicieux effets de l'abus de cette boisson : diminution de l'intelligence, tremblement des mains, hallucinations diverses et, finalement, épilepsie ou folie. Pour nous, l'action de cette liqueur n'est pas due à l'alcool qui lui sert de base, ni à l'absinthe elle-même, puisque cette plante n'entre que fort rarement dans le composé qui porte son nom, mais bien aux essences d'anis et de badiane qu'elle tient en dissolution.

On pourrait presque dire de l'alcool ce qu'Ésope disait de la langue, que c'est la meilleure et la pire des choses. A doses modérées, c'est un aliment utile et un médicament précieux ; à doses élevées ou même à petites doses trop fréquemment répétées, c'est un des plus pernicieux breuvages que l'homme ait inventés. C'est à son usage progressif en même temps qu'à celui du tabac * qu'il faut, d'après divers observateurs, attribuer l'accroissement considérable des maladies mentales et de la paralysie générale depuis quelques années. En 1830, il y avait 10,000 aliénés en France ; il y en a 80,000 aujourd'hui, et ce chiffre s'accroît chaque jour, en même temps que le mouvement progressif de la population se ralentit.

Les effets désastreux de l'abus des boissons spiritueuses sont bien connus et l'explication en est facile, quand on se rappelle ce que nous avons dit plus haut du séjour de l'alcool dans le foie, le cerveau et les divers organes. Des dyspepsies opiniâtres, la dégénérescence graisseuse du foie, la diminution des forces, des vertiges, le tremblement des membres, des hallucinations, la paralysie, une vieillesse prématurée sont le partage de ceux qui font un usage trop fréquent de l'alcool.

Le caractère des buveurs change rapidement, ils deviennent moroses, égoïstes, inhumains ; leur moralité s'altère et bientôt ils sont incapables de résister aux impulsions qui les sollicitent. La vie de famille leur paraît insupportable, leur aptitude à procréer diminue, et leurs enfants, quand ils en ont, sont imbéciles ou idiots. Ce n'est pas sans raison qu'une loi carthaginoise défendait toute autre boisson que l'eau le jour du mariage.

Les effets que nous venons d'énumérer sont d'une observation

---

*Le tabac, surtout quand on en respire la fumée, ce qui arrive toutes les fois qu'on fume autrement qu'en plein air, a une action presque aussi nuisible que celle de l'alcool. Son influence sur le cerveau est prouvée par l'affaiblissement de la mémoire qu'on observe si fréquemment chez les grands fumeurs. Nous avons interrogé, à ce sujet, des ouvriers travaillant dans les manufactures de tabac, notamment dans les salles de fermentation. Plusieurs nous ont dit qu'il leur arrive quelquefois, principalement l'été, de perdre momentanément la mémoire d'une façon presque absolue. Il est singulier qu'un fait aussi curieux ait échappé à l'attention des observateurs. Le lecteur trouvera cette question développée dans le mémoire que nous avons récemment présenté à l'Institut sous ce titre : *Recherches expérimentales sur la nature et la quantité des principes actifs de la fumée du tabac absorbée par les fumeurs.*

facile, et il n'est guère de médecins qui ne les aient plusieurs fois constatés. Mais ce qui échappe souvent à l'attention, c'est la dépression des facultés intellectuelles chez les buveurs. En peu d'années, on voit les intelligences les plus brillantes s'affaisser. Quelquefois le malheureux qui obéit à son impérieuse passion comprend qu'il s'enfonce dans un abîme; mais l'habitude est prise, il est trop tard pour lutter, et, fatalement, il est perdu.

S'il fallait définir d'un seul mot l'influence de l'alcool sur l'organisme, nous dirions simplement : *Il vieillit*. Sous son action prolongée, les éléments des organes se transforment partiellement en composés graisseux, qui semblent constituer le terme ultime de la vie des tissus. L'âge, les privations, une alimentation insuffisante agissent de même. Comme le vieillard arrivé aux périodes extrêmes de l'existence, le buveur s'éteint par dégénérescence graisseuse de ses organes. Impuissant à ralentir la marche rapide des années, l'homme ne peut que trop facilement en accélérer le cours.

Pendant les deux siéges de Paris, la désastreuse influence de l'alcool sur la vitalité des organes a été mise en évidence par des faits nombreux. Chez les buveurs la plupart des blessures et des opérations étaient mortelles. Altérés dans leur essence, les tissus étaient impuissants à réparer leurs pertes. Les blessures les plus légères devenaient fréquemment chez eux l'origine de phlegmons, dont la terminaison habituelle était la mort.

On serait injuste cependant en jetant la pierre à tous les buveurs; souvent ils ont cherché dans les hallucinations de l'ivresse l'oubli de maux trop réels. Souvent aussi, c'est par nécessité qu'ils boivent. Lorsque l'ouvrier, écrit Liebig, ne gagne pas de quoi se procurer la quantité d'aliments nécessaire à son entretien, il est forcé de recourir à l'eau-de-vie pour réparer ses forces. Il ne les répare, il est vrai, qu'aux dépens de son corps; c'est une lettre de change qu'il tire sur sa santé et qu'il lui faut toujours renouveler. Consommant le capital au lieu des intérêts, il arrive bientôt à la banqueroute.

Ce n'est pas, en effet, en physiologiste seulement, mais en philosophe aussi, qu'il faut étudier ces intéressantes questions. L'homme, bien qu'il l'ignore souvent, est fatalement l'esclave de sa constitution et du milieu où il vit. Plaignons le buveur, mais ne l'accusons pas. Ils sont en majorité ceux auxquels toutes les jouissances de la vie sont pour toujours interdites et qui, par un travail persévérant, ne peuvent même pas gagner le nécessaire. Sous l'influence des fumées de l'ivresse, le misérable oublie une heure sa dure destinée et peuple d'illusions les horizons bornés que la fatalité lui a faits. L'eau-de-vie est l'opium de la misère.

CHAPITRE IV.

ALIMENTATION ET RÉGIME.

Force dépensée par les organes pour entretenir leur activité. — Variation des pertes journalières et nécessité de les réparer. — Quantité d'aliments nécessaire pour entretenir la vie. — l'oids de viande et de pain qui doivent entrer dans l'alimentation. — Nécessité de varier le régime suivant le climat, le genre de vie etc. — Calcul de la valeur nutritive des divers aliments. — Moyen de composer des rations équivalentes. — Force mécanique et chaleur engendrées par les divers aliments. — Égalité entre les recettes et les dépenses dans une alimentation suffisante. — Effets produits par un excédant d'aliments. — Théorie de l'engraissement. — Influence exercée par le régime sur la production du travail et sur la santé. — Comparaison entre les ouvriers anglais et français. — Mortalité énorme dans l'armée française sous l'influence d'une nourriture insuffisante. — Faits observés en Crimée, en Italie et pendant le siége de Paris. — Influence du régime sur les idées et les mœurs.

I.

Les organes des êtres vivants ne peuvent fonctionner qu'à la condition de trouver dans les aliments de quoi entretenir leur activité incessante. Sources de la chaleur, du mouvement et des puissances diverses que l'animal met en jeu, les matériaux nutritifs doivent être renouvelés sans cesse.

La force que les organes dépensent uniquement pour continuer à fonctionner est considérable. D'après les expériences de Fick et de Helmholtz, le travail accompli par le cœur pendant vingt-quatre heures représente une force suffisante pour élever 69,000 kilogr. à la hauteur de 1 mètre; celui des poumons, dans le même temps, élèverait 11,000 kilogr. à la même hauteur. Lorsque l'homme travaille toute la journée, il dépense une somme de forces assez considérable pour élever 109,000 kilogr. à la hauteur de 1 mètre; cette nouvelle dépense vient alors s'ajouter à celle qui précède.

Les pertes du corps variant avec le degré d'activité des organes, la quantité des aliments ingérés doit varier également. La physiologie enseigne dans quelles proportions doivent être combinés les divers aliments pour fournir aux dépenses de l'organisme. Ses prescriptions sont rigoureuses et ce n'est pas en vain qu'on les méconnaît. Nous avons dit précédemment, et plus loin nous répéterons encore, quelles conséquences désastreuses peuvent résulter de leur ignorance.

Pour évaluer la quantité d'aliments nécessaire à l'entretien des organes, il faut nécessairement connaître les pertes que ces derniers subissent. Si l'on sait, par exemple, que par les diverses sécrétions, la respiration et les déjections, il est journellement perdu 20 grammes d'azote et 300 grammes de carbone, il est évident que les aliments devront contenir exactement la même somme d'azote et de carbone. Ces déperditions sont excessivement variables * et ne sauraient se résumer par une moyenne, comme on le fait généralement. Le régime d'un homme qui se livre à un travail fatigant ne doit, en aucune façon, être comparé à celui d'un individu en repos.

Pour montrer comment peut se calculer une ration, nous supposerons qu'il faille établir le régime alimentaire d'un homme qui perd journellement, par sa respiration, ses déjections et ses sécrétions, 20 grammes d'azote, c'est-à-dire 130 grammes de matières azotées, et 310 grammes de carbone. Ce sont les chiffres donnés par M. Payen et reproduits par divers physiologistes comme la moyenne des déperditions de chaque jour. Ils diffèrent sensiblement de ceux obtenus par d'autres expérimentateurs étrangers, ce qui se comprend facilement quand on sait combien sont étendues les limites dans lesquelles les pertes journalières varient**.

*Dans ses expériences sur lui-même, Smith a reconnu que l'acide carbonique exhalé par la respiration s'élève à 19 grammes par heure pendant le sommeil, à 29 grammes, le jour, pendant le repos, à 100 grammes pendant une marche très-rapide et à 189 grammes pendant un travail fatigant. L'élimination de l'azote présente des différences analogues. Dans une série d'observations, également faites sur lui-même, le docteur Byasson a vu que l'excrétion de l'urée, un des principes les plus azotés de l'économie, peut varier de 19 à 41 grammes par jour.

** D'après Letheby, la ration alimentaire journellement nécessaire doit contenir :

	Carbone.	Azote.
Pour l'état de désœuvrement	250 gr.	12 gr.
Pour l'état de travail ordinaire.	370 »	20 »
Pour l'état de travail actif	380 »	26 »

Le simple énoncé qui précède indique que les aliments doivent contenir du carbone et de l'azote. Le fait a été fréquemment prouvé par l'expérience. En nourrissant des animaux exclusivement avec du sucre, de l'amidon, de la gomme et de l'eau, toutes substances non azotées, on les voit succomber rapidement. Ils meurent également, mais moins vite que dans le cas précédent, si leur nourriture ne se compose que d'aliments azotés ne renfermant pas de carbone, tels que la chair musculaire privée de graisse, le blanc d'œuf etc.

Prenons maintenant des aliments contenant du carbone et de l'azote, tels que la viande et le pain, et voyons quelles doses de ces matières nutritives, prises isolément ou réunies, seraient nécessaires pour former la ration d'un individu subissant les pertes journalières précédemment mentionnées, c'est-à-dire 130 grammes de matières azotées et 310 grammes de carbone.

100 grammes de pain contenant 7 grammes environ de matières azotées et 30 grammes de carbone, on trouve, par un calcul fort simple, qu'un individu exclusivement nourri de pain devrait, pour réparer la perte de 130 grammes de matières azotées, consommer journellement 1857 grammes de cette substance. Mais en plus de 130 grammes de matières azotées, il faut 310 grammes de carbone, et comme il suffit de 1033 grammes de pain pour fournir cette quantité, il s'ensuit que le sujet que nous prenons pour exemple aura consommé sans nécessité tout le carbone contenu dans les 824 grammes formant la différence entre 1033 grammes et 1857 grammes. L'assimilation de cet excès inutile d'aliments oblige l'appareil digestif à un travail qui absorbe une partie de la force que pourraient utiliser les organes.

Supposons actuellement que le même individu veuille se nourrir exclusivement de viande, et cherchons quelle quantité il devra en absorber. 100 grammes de viande contenant 11 grammes de carbone et 20 grammes de matières azotées, pour trouver dans cet aliment les 310 grammes de carbone dont il a besoin, il faudra qu'il en consomme journellement 2818 grammes; mais, comme les 130 grammes de matières azotées qui lui sont nécessaires sont contenus dans 650 grammes de viande seulement, il s'ensuit que relativement à l'azote il en aura ingéré un excès représenté par la différence entre 2818 grammes et 650 grammes, c'est-à-dire 2168 grammes. Il y aura donc, comme dans le cas précédent, absorption inutile de matières nutritives et fatigue pour l'appareil digestif.

Si nous cherchons maintenant à combiner ensemble le pain et la viande de façon à n'employer aucun d'eux en excès, nous voyons que la ration suivante :

	Poids.	Substances azotées.	Carbone.
Pain	1000	70	300
Viande désossée	300	60	33
	1300	130	333

renferme la quantité de carbone et de substance azotée nécessaire pour réparer les pertes journalières sans dépense inutile, et si à ces 1300 grammes de matières solides absorbées nous ajoutons 1 kilogr. environ de boissons, nous aurons une alimentation complète.

On pourrait répéter pour les différents aliments le calcul que nous venons de faire pour le pain et la viande, et toujours apparaîtrait la nécessité de les combiner ensemble suivant les indications qui précèdent pour en tirer tout le parti possible. Cette combinaison peut être variée à l'infini, à la condition qu'on y trouve toujours la quantité de matériaux journellement perdus. La proportion de 310 grammes de carbone et de 130 grammes de matières azotées nous semble un minimum au-desssous duquel une ration d'adulte ne doit jamais descendre sous nos climats. Quant à la façon dont l'alimentation doit être modifiée suivant les circonstances, on peut s'en rendre compte en examinant, ainsi que nous le ferons plus loin, les effets produits par des rations différentes; mais donner à cet égard des indications précises est impossible. L'alimentation doit varier suivant la température, le genre de vie, la constitution, le travail et diverses conditions dont l'énumération serait trop longue. L'habitant du pôle est obligé d'absorber une quantité de graisse et d'huile considérable pour pouvoir maintenir son corps à une température suffisante. L'anglais combat l'influence du climat humide en se nourrissant de viandes saignantes mangées presque sans pain, de thé et de boissons fortement alcooliques. L'habitant des pays chauds, au contraire, bannit de son alimentation les corps gras et l'alcool et fait presque exclusivement usage de substances féculentes, de fruits et de légumes, matières qui développent très-peu de chaleur. Mahomet a défendu avec raison à ses disciples l'usage du vin et de la chair de porc, la plus adipeuse de toutes, mais sous des latitudes froides ou tempérées une prohibition semblable n'eût pas été possible.

La valeur nutritive des aliments peut se calculer approximativement d'après la quantité d'azote et de carbone qu'ils contiennent. Quand on connaît cette proportion, on peut facilement composer avec des aliments divers des rations équivalentes. Le tableau que nous donnons plus loin, dû aux recherches de M. Payen, fournit à ce sujet des renseignements utiles. Il ne faudrait pas considérer cependant, ainsi qu'on le fait généralement, les indications de cette nature comme absolues. Ce n'est pas en réalité à l'azote et au carbone, mais uniquement à quelques-uns des principes formés par la combinaison de ces corps avec l'oxygène et l'hydrogène, que les matériaux alimentaires doivent leur puissance nutritive. Une substance très-azotée, comme l'urée par exemple, peut être dépourvue de tout pouvoir alimentaire ; il en est de même de divers composés riches en carbone. En outre, les matières minérales (phosphates, chlorures etc.) dont on ne fait pas mention, ont, ainsi que nous l'avons vu, une influence considérable. Ce n'est donc que faute de connaissances scientifiques plus approfondies qu'on est obligé de baser la valeur des aliments sur la proportion d'azote et de carbone qu'ils renferment.

A la suite du tableau présentant la richesse des aliments en azote et en carbone, nous en donnons un second dû aux recherches récentes du docteur Franckland, qui fait connaître la quantité de chaleur et de travail que peut développer chacun d'eux. Ces indications nouvelles en physiologie et qu'on ne pouvait prévoir à l'époque si récente encore où la théorie mécanique de la chaleur et de la transformation des forces était inconnue, ont une utilité pratique évidente.

Quantité d'azote, de carbone, de graisse et d'eau, contenue dans 100 parties
de divers aliments.

ALIMENTS.	AZOTE *.	CARBONE.	GRAISSE.	EAU.
Viande de bœuf, sans os.	3,0	11,0	2,0**	78,0
Bœuf rôti	3,5	11,7	5,2	69,9
Foie de veau	3,1	15,7	6,6	72,3
Poumons de veau	3,4	14,5	2,5	73,5
Raie, sans arêtes.	3,8	12,5	0,5	75,5
Morue salée, sans arêtes.	5,1	16,0	0,4	47,0
Harengs salés, id.	3,1	23,0	12,7	49,0
Harengs frais, id.	1,8	21,0	10,1	70,0
Maquereau, id.	3,7	19,0	6,7	68,2
Sole, id.	1,9	12,2	0,2	86,1
Carpe, id.	3,5	12,1	1,1	76,9
Goujons, id.	2,7	13,5	2,6	76,9
Anguilles, id.	2,0	30,1	23,9	62,1
Œuf de poule (blanc et jaune).	1,9	13,5	7,0	80,0
Lait de vache.	0,6	8,0	3,7	88,5
Escargots cuits	2,5	9,2	0,9	76,1
Fromage de Brie.	2,9	35,0	25,7	45,2
Fromage de Gruyère	5,0	38,0	24,0	40,0
Fèves.	4,5	42,0	2,5	15,0
Haricots flageolets séchés	4,1	48,5	2,6	5,1
Lentilles.	3,8	43,0	2,6	11,5
Pois secs ordinaires	3,7	44,0	2,1	8,3
Farine blanche de Paris	1,7	38,5	1,8	14,0
Farine de seigle	1,8	41,0	2,3	15,0
Farine de maïs	1,7	44,0	8,8	12,0
Farine de riz	1,8	41,0	0,8	13,0
Pain blanc de Paris.	1,1	29,5	1,2	35,0
Pain de munition	1,2	30,0	1,5	35,0
Pain de farine de blé dur	2,2	31,0	1,7	37,0
Carottes.	0,3	5,5	0,2	88,0
Champignons de couche.	0,7	4,5	0,4	91,0
Châtaignes sèches	1,1	48,0	6,0	10,0
Pruneaux	0,7	28,0	—	26,0
Noix fraîches.	1,4	10,6	3,6	85,5
Chocolat.	1,5	58,0	26,0	8,0
Lard	1,1	71,0	71,0	20,0
Beurre	0,6	83,0	82,0	14,0
Huile d'olive	—	98,0	96,0	2,0
Bière forte.	0,1	4,5	—	90,0

* Les nombres de cette colonne, multipliés par 6,5, donnent le poids de la matière azotée.

** La graisse varie de 2 à 20 p. 100.

Force et chaleur développées par l'oxydation de divers aliments *.

NOMS DES ALIMENTS.	UNITÉS DE CHALEUR		KILOGRAMMÈTRES DE FORCE **.	
	aliment sec.	aliment à l'état naturel.	aliment sec.	aliment à l'état naturel
Fromage (cheshire)	6114	4647	2589	1969
Pommes de terre.	3752	1013	1589	429
Gruau d'avoine	—	4004	—	1696
Farine	—	3941	—	1669
Farine de pois	—	3936	—	1667
Farine de riz	—	3813	—	1615
Arrow-root	—	3912	—	1657
Pain (mie)	3984	2231	1687	945
Pain (croûte)	—	4459	—	1888
Bœuf (maigre).	5313	1567	2250	664
Veau (maigre).	4514	1314	1912	556
Jambon (maigre).	4343	1980	1839	839
Maquereau	6064	1789	2568	758
Merlan	4520	904	1914	383
Blanc d'œuf	4896	671	2074	284
Œuf dur.	6321	2383	2677	1009
Jaune d'œuf	6460	3423	2737	1449
Gélatine.	4520	—	1914	—
Lait	5093	662	2157	280
Carottes	3767	527	1595	223
Choux.	3776	434	1599	184
Cacao.	—	6873	—	2911
Gras de bœuf	9069	—	3841	—
Beurre	—	7264	—	3077
Huile de foie de morue	—	9107	—	3857
Sucre blanc	—	3348	—	1418

II.

Quand les pertes que l'animal éprouve sont compensées par des rations d'aliments équivalentes, son poids reste invariable et la quantité de nourriture qu'il consomme, ajoutée à l'oxygène inspiré, représente exactement la somme de ses déperditions journalières.

* Quand les aliments sont oxydés dans le corps, ils produisent un peu moins de force que quand on les brûle dans l'oxygène, parce que leur azote, au lieu d'être réduit sous sa forme élémentaire, comme dans la combustion dans l'oxygène, sort du corps à l'état d'urée, qui conserve une somme notable d'énergie disponible.

** Le kilogrammètre représente la force suffisante pour élever 1 kilogramme à la hauteur de 1 mètre.

Dans une expérience faite sur un cheval, M. Boussingault a obtenu les résultats suivants :

Aliments consommés par l'animal en 24 heures, et oxygène absorbé par la   kil.
  respiration 25,770
Produits rendus par l'animal en 24 heures :
Urine et excréments. . . . . 15,480 } 25,770
Eau, acide carbonique et azote de l'exhalation pulmonaire et cutanée . 10,290 }

Des expériences semblables, répétées sur l'homme, ont conduit aux mêmes résultats. Pour 100 parties d'aliments et d'oxygène absorbés (75 d'aliments et 25 d'oxygène), il y a exactemant 100 parties de produits rendus (35 d'urine et d'excréments, 30 d'acide carbonique exhalé par les poumons et la peau, 35 d'eau éliminée par la même voie).

Lorsque le poids des pertes est supérieur à celui des recettes, l'animal vit aux dépens de ses propres tissus et maigrit; il devient anémique et traîne une existence languissante jusqu'à ce que ses organes aient éprouvé des altérations incompatibles avec la vie. Nous avons déjà fait connaître les phénomènes que l'alimentation insuffisante peut produire.

Quand le poids des recettes journalières est supérieur à celui des pertes, l'animal accumule sous forme de graisse dans ses tissus une partie de cet excès de matériaux réserve qu'il utilisera lorsque son alimentation sera insuffisante, afin que l'équilibre entre la recette et la dépense soit toujours maintenu. Les marmottes, quand elles se réveillent à la fin de l'hiver, ont complétement perdu la graisse qu'elles avaient accumulée dans leurs organes avant de se livrer au sommeil.

Tout ce qui ralentit la dépense des matériaux nutritifs favorise l'accumulation de la graisse dans les tissus. Chacun sait qu'on fait engraisser rapidement les animaux en les maintenant au repos et en leur fournissant une alimentation abondante, riche surtout en matières grasses, sucrées ou farineuses. Au contraire, l'exercice combiné à un régime animal fait maigrir. C'est sur ces principes que repose l'entraînement des boxeurs et des jockeys anglais.

L'influence exercée par l'alimentation sur les fonctions des organes est considérable. Il nous suffira, pour le démontrer, de comparer les effets produits par des régimes différents, tels que ceux de l'ouvrier anglais, de l'ouvrier irlandais et du soldat français, par exemple:

Régime des ouvriers anglais qui travaillaient en 1841 au chemin de fer de Rouen (GASPARIN).

Viande.	660		carbone 500
Pain.	750	équivalant à	matières azotées . . 208
Pommes de terre	1000		
Bière	2000		
	4410		

Régime des ouvriers irlandais.
(*Revue britannique*, citée par Payen.)

Pommes de terre	6250		carbone. 669
Lait.	500	équivalant à	matières azotées . . 120
Eau ou petite bière	2000		
	8750		

Régime des soldats français en campagne.

Pain.	750		carbone. 330
(ou 500 gr. biscuit).			matières azotées . . 120
Viande fraîche non désossée . .	250		
(ou bœuf salé, 250; ou lard, 200).			
Riz	30		
(ou légumes secs, 60).		équivalant à	
Sel	16		
Café.	16		
Sucre	21		
Vin (très-exceptionnellement), 1/4 de litre			
(ou eau-de-vie, 1/16e de litre).			

Le premier de ces régimes, celui de l'ouvrier anglais, est infiniment supérieur aux deux autres; sa valeur comparative a été démontrée d'une façon fort évidente. En 1841, la Compagnie adjudicataire du chemin de fer de Paris à Rouen chargea de la construction de la voie des ingénieurs anglais qui amenèrent avec eux des ouvriers de leur pays. Ces derniers ayant été employés concurremment avec des ouvriers indigènes, on remarqua que deux Anglais faisaient autant de travail que trois Français. En recherchant les causes de cette différence, on reconnut que les ouvriers venus d'Angleterre consommaient des quantités considérables de viande, tandis

]ue les ouvriers français faisaient principalement usage de soupe et de légumes. On mit ces derniers au régime des premiers, et à partir de ce moment l'inégalité de travail disparut.

Cette expérience concluante a été renouvelée bien des fois par les entrepreneurs anglais. Quand ils occupent sur leurs chantiers des ouvriers français et surtout des ouvriers irlandais, dont nous avons fait connaître le mauvais régime, ils exigent d'eux que leur alimentation soit la même que celle des Anglais.

Quant au régime des soldats français, il est aussi défectueux que possible. La ration que nous avons indiquée plus haut serait insuffisante en temps de paix*; en temps de guerre, elle produit des résultats désastreux. Les chiffres relevés par le docteur Chenu dans sa statistique des campagnes de Crimée et d'Italie ne laissent aucun doute sur ce point.

Nous avons vu, dans un chapitre précédent, que pendant le second hiver de la campagne de Crimée, c'est-à-dire à l'époque de la cessation des hostilités régulières, l'armée française avait perdu par suite de maladies résultant d'une alimentation insuffisante et de mauvaises conditions hygiéniques 20,868 hommes sur un effectif de 130,000, tandis que l'armée anglaise n'en avait perdu que 441 sur un effectif moyen de 50,000 hommes, et ce qui rend ce fait encore plus probant, c'est que, pendant la première année de la campagne, les soldats anglais, fort mal nourris, présentèrent une mortalité plus considérable que les Français. « On vit ainsi, dit le docteur Shimpton, un fait unique dans son espèce, une armée d'abord menacée d'être détruite par les maladies passer presque sans transition à l'état sanitaire le plus florissant, et cela toujours dans les mêmes circonstances de guerre, de climat, de saison. »

Ces enseignements ont porté leurs fruits en Angleterre et en Amérique ; mais chez nous ils ont été stériles. Pendant la campagne d'Italie, en 1859, sous l'influence des mêmes causes, les mêmes

---

* La quantité de 250 grammes de viande, qui figure dans la ration du soldat, est celle qui est prescrite par les règlements administratifs pour les enfants de 12 à 15 ans dans les lycées. Un soldat en campagne dépensant autant de force qu'un ouvrier sur un chantier, sa ration devrait être égale à celle de ce dernier, et le régime de l'ouvrier anglais, précédemment cité, pourrait servir de type.

effets se sont de nouveau produits, et le docteur Chenu, résumant l'opinion des médecins de l'armée d'Italie, attribue « *surtout à l'insuffisance de la nourriture* » la mortalité de nos troupes. Pendant la guerre de 1870-1871, dès le début de la campagne, les effets d'une alimentation insuffisante se faisaient encore sentir.

Nous avons vu comment les Anglais avaient compris l'importance de cette question ; les Américains et les Allemands l'ont comprise également. Dans leurs dernières guerres, la nourriture du soldat était l'objet de leurs soins attentifs, et son régime alimentaire était celui de l'officier chez nous. Persuadés qu'une bonne nourriture double la résistance d'une armée aux maladies, ils considéraient cette apparente profusion comme une économie considérable ; aussi le scorbut et le typhus, ces deux fléaux des armées en campagne, les ont à peine atteints. En temps de guerre, la mortalité des troupes américaines sous l'influence de ces maladies a été de moitié inférieure à ce qu'elle est en France dans nos casernes en temps de paix.

L'utilité des connaissances physiologiques et de leur application à l'hygiène est démontrée sans réplique par tout ce qui précède. On peut méconnaître les lois de la nature ; mais une dérogation à ces lois s'expie toujours.

Malheureusement l'indifférence du public français pour les choses scientifiques est telle que des faits de la nature de ceux qui viennent d'être exposés n'excitent aucun intérêt. On accueille avec empressement l'invention d'une arme meurtrière, mais on se soucie peu de réclamer l'application des moyens qui permettraient de conserver l'existence à des milliers d'êtres. La gloire, hélas ! ne consiste pas à préserver la vie des hommes, mais bien à les exterminer.

Nous avons montré, dans ce qui précède, l'influence du régime sur la santé, la durée de la vie, la résistance aux maladies et la production du travail. Nous terminerons en disant quelques mots de son influence sur l'énergie morale, le caractère et la production des idées. Chez les animaux, cette influence a été bien souvent constatée. Les carnivores qu'on nourrit exclusivement de végétaux perdent leur humeur féroce, pour la reprendre dès que leur alimentation redevient animale. En creusant le sujet, on pourrait démon-

trer combien varient les mœurs et les idées des peuples avec leur
nourriture. A la bière est dû en partie le génie contemplatif de
l'Allemand, au vin l'esprit du Français, et, sous une forme paradoxale peut-être, Liebig émet une vérité profonde quand il dit :
« Il est certain que trois personnes dont l'une s'est rassasiée de bœuf
et de pain, l'autre de pain et de fromage, la troisième de pommes
de terre, considèrent chacune à des points de vue bien différents
une difficulté qui vient se présenter à elles. L'action des différents
aliments sur le cerveau et sur les nerfs varie évidemment suivant
certains principes particuliers qu'ils renferment. »

Il est bien évident, du reste, et chacun a pu l'expérimenter sur
soi, qu'après un repas abondant ou à la suite de l'ingestion d'une
certaine quantité de substances excitantes, telles que l'alcool et le
café, les idées sont toutes différentes de celles qui naissent quand
on se trouve à jeun.

Les philosophes, qui croient que les facultés des êtres sont indépendantes de leur organisation, comprennent difficilement ces
vérités élémentaires pour le physiologiste; c'est cependant dans
des explications de cet ordre qu'il faut chercher le secret de bien
des événements. Dans ses lettres sur les substances alimentaires,
I. Geoffroy Saint-Hilaire a montré combien un régime trop exclusivement végétal affaiblit l'intelligence et déprime l'énergie morale.
« Que de grands faits dans la vie des nations, dit-il, auxquels les
historiens assignent des causes diverses et complexes et dont le
secret est au foyer des familles ! Voyez l'Irlande et voyez l'Inde !
L'Angleterre règnerait-elle paisiblement sur un peuple en détresse,
si la pomme de terre, presque seule, n'aidait celui-ci à prolonger
sa lamentable agonie ? Et par-delà les mers, cent quarante millions
d'Hindous obéiraient-ils à quelques millions d'Anglais, s'ils se
nourrissaient comme eux ? Les Brames, comme autrefois Pythagore,
avaient voulu adoucir les mœurs; ils y ont réussi, mais en énervant
les hommes. »

CHAPITRE V.

DIGESTION DES ALIMENTS.

Division du chapitre. — § 1er. *Connaissances des anciens relatives à la digestion.* — Théories des médecins de l'antiquité sur cette fonction. — Expériences de Réaumur, de Spallanzani etc. — § 2. *Marche des aliments dans le tube digestif.* — Préhension des aliments. — Succion. — Mastication. — Nécessité de mâcher les aliments pour les digérer. — Déglutition ou action d'avaler. — Séjour des aliments dans l'estomac. — Contractions de cet organe. — Vomissement. — Éructation. — Rumination. — Séjour des aliments dans l'intestin. — Contractions de cet organe. — Expulsion du résidu des aliments au dehors. — Utilité des gaz intestinaux et danger de leur accumulation trop considérable. — § 3. *Transformation des aliments dans le tube digestif.* — Salive. — Action de ce liquide sur les aliments. — Suc gastrique. — Action sur les aliments. — Utilité du suc gastrique artificiel dans les affections de l'estomac. — Temps que les aliments mettent pour être digérés dans l'estomac. — Bile. — Action de ce liqide sur les aliments. — Suc pancréatique et suc intestinal. — § 4. *Absorption du produit de la digestion.* — Rôle des veines et des vaisseaux chylifères. — Découverte des chylifères et des lymphatiques. — Absorption dans les différentes parties du tube digestif. — Alimentation par l'introduction de matières nutritives dans le rectum. — Absorption des médicaments. — § 5. *Résumé des phénomènes de la digestion.*

Pour passer à l'état de matière nutritive assimilable, les substances alimentaires doivent éprouver des transformations variées. Saisis par l'animal, puis soumis à la mastication, qui les divise, les aliments pénètrent ensuite dans l'estomac et l'intestin, où ils sont transformés. Leurs parties assimilables sont absorbées par les vaisseaux qui se trouvent à la surface du tube digestif, et leurs parties non assimilées sont rejetées au dehors.

Pour mettre de l'ordre dans l'exposé de notre sujet, nous serons obligé d'examiner séparément les phénomènes qui concourent à la digestion, bien que plusieurs se passent simultanément. Nous dirons d'abord quelques mots des connaissances des anciens relatives à cette fonction, puis nous étudierons successivement la marche des aliments dans le tube digestif, les modifications qu'ils subissent sous l'influence des liquides qu'ils y rencontrent, et enfin l'absorption du produit de la digestion.

§ 1er.

CONNAISSANCES DES ANCIENS PHYSIOLOGISTES SUR LA DIGESTION.

Les connaissances des médecins de l'antiquité sur la digestion étaient fort inexactes. Les uns la comparaient à une sorte de cuisson effectuée par la chaleur de l'estomac. Les autres n'y voyaient qu'un phénomène mécanique, une sorte de trituration; quelques-uns la considéraient comme une fermentation.

Les premières recherches expérimentales sur cette importante fonction furent faites au dix-septième siècle par les membres de la célèbre Académie *del Cimento*. Ayant introduit des balles de plomb dans l'estomac de certains oiseaux, tels que les autruches, et les ayant retirées aplaties, ils en conclurent que la digestion n'est qu'une trituration. Mais comme les anatomistes savaient que l'estomac de l'homme est membraneux et incapable d'efforts musculaires énergiques, cette opinion trouva de nombreux contradicteurs.

Pour trancher la question, Réaumur entreprit, en 1750, une série d'expériences fort nombreuses. Afin de soustraire les aliments à l'action des parois de l'estomac, il les enveloppa de tubes métalliques fermés par un grillage. Les oiseaux sur lesquels il expérimentait appartenaient à des espèces se nourrissant de graines. Dans ces conditions, les aliments ne furent pas digérés.

Un expérimentateur ordinaire se serait contenté de cette observation en apparence concluante et aurait affirmé que l'action mécanique de l'estomac est indispensable à la digestion. Il eût été cependant dans l'erreur; car, en variant les conditions de ses expériences, Réaumur reconnut que les oiseaux à estomac membraneux, dont la nourriture se compose de substances animales, digèrent les aliments qu'on leur fait avaler dans des tubes fermés. Malheureusement l'illustre physiologiste s'arrêta là. Considérant la question comme élucidée, il crut pouvoir affirmer que le travail digestif ne s'opère pas d'une façon identique chez tous les animaux, conclusion absolument erronée.

Un ingénieux expérimentateur, l'abbé Spallanzani, répéta en 1777 les expériences de Réaumur, mais il alla beaucoup plus loin que ce dernier. Voyant que les graines introduites dans des tubes fermés n'étaient pas digérées, il les réduisit en fragments et observa alors qu'elles n'échappaient plus à l'action des sucs digestifs. L'agent de la digestion était donc bien le liquide contenu dans l'estomac. Pour le prouver d'une façon plus évidente encore, il opéra des digestions artificielles en soumettant des aliments, dans des vases quelconques, à l'action du suc gastrique. La viande et les graines furent également digérées; mais ces dernières n'étaient attaquées que lorsqu'on avait pris la précaution de détruire leur enveloppe.

Ces observations prouvèrent que chez tous les animaux la digestion s'opère par l'intermédiaire du suc gastrique et d'une façon identique, à condition que les aliments recouverts d'une enveloppe inattaquable par le liquide digestif, comme les graines par exemple, soient préalablement broyés. Cette dernière opération est remplie, chez les mammifères, par les dents; chez les oiseaux carnivores, par les muscles puissants dont leur estomac est muni; chez les oiseaux se nourrissant exclusivement de chair, elle est inutile *.

Telles furent les mémorables expériences qui servirent de base aux recherches des physiologistes modernes sur la digestion. L'analyse des observations au moyen desquelles on est parvenu à constater ce fait si simple que les aliments introduits dans l'estomac sont transformés par l'action du liquide qui s'y trouve contenu, et non sous l'influence de la température ou des contractions de cet organe, prouve à quelles erreurs on peut s'exposer quand on tire des conclusions générales d'expériences isolées, quelle qu'en soit l'exactitude.

Un grand nombre de physiologistes modernes s'engagèrent dans

---

* La mastication est inutile pour la même raison chez les mammifères dont la nourriture se compose exclusivement de chair. Aussi les dents leur servent beaucoup plus à saisir et à déchirer leurs aliments qu'à les mâcher. Elles remplacent le bec crochu et puissant des oiseaux de proie.

la voie ouverte par Spallanzani, et les découvertes se succédèrent rapidement. On étudia l'action du suc gastrique sur les aliments, et on vit qu'il en attaque quelques-uns, tels que la viande, mais qu'il reste inactif sur d'autres, tels que l'amidon et les corps gras.

On rechercha alors dans quelle partie du tube digestif s'opère la transformation de ces dernières substances et l'on reconnut que les divers liquides de l'intestin : la bile, le suc pancréatique et le suc intestinal, jouissent de propriétés spéciales que nous étudierons plus loin. L'histoire détaillée des découvertes des fonctions des divers liquides digestifs nous entraînerait trop loin.

§ 2.

MARCHE DES ALIMENTS DANS LE TUBE DIGESTIF.

Préhension des aliments. Chez l'homme et chez beaucoup d'animaux, tels que le singe et le castor, la préhension des aliments solides se fait à l'aide des membres supérieurs ; chez d'autres, elle s'opère par des moyens très-variés. Les carnassiers saisissent leur proie avec leurs mâchoires ; les oiseaux, avec leur bec ; les caméléons, avec leur langue, qui peut, en raison de sa longueur, être projetée à une petite distance ; les éléphants, avec leur trompe ; certains polypes, au moyen de leur estomac, qu'ils font sortir de leur corps et rentrer ensuite avec les aliments qui y restent attachés.

Les substances liquides peuvent également être saisies de différentes façons. Pour extraire le lait du sein de leur mère, les jeunes mammifères attirent le liquide dans leur bouche en y faisant le vide. La cavité buccale joue alors le rôle d'une pompe aspirante dont la langue serait le piston. Pendant la succion, la bouche est close de toute part : en avant, par les lèvres moulées sur le mamelon ; en arrière, par le voile du palais, qui s'applique contre la base de la langue et empêche toute communication avec le pharynx et les fosses nasales. Le lait y pénètre et y séjourne jusqu'à ce que l'animal fasse un mouvement de déglutition qui l'amène dans l'œsophage et l'estomac. La respiration ne se faisant alors que par le nez, il importe que la circulation de l'air dans ce canal ne

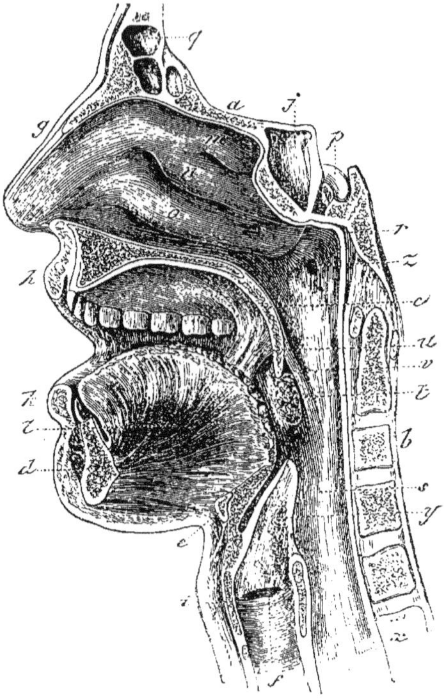

Fig. 47. — *Coupe verticale de la bouche d'avant en arrière* *.

soit gênée par aucun obstacle. Un simple rhume de cerveau, chez les enfants à la mamelle, est quelquefois fort grave, parce que les mucosités qui bouchent les fosses nasales ne permettant pas la respiration par cette voie, les empêchent de téter.

* *a*) Voûte des fosses nasales. — *b*) Vertèbres cervicales. — *c*) Voile du palais. — *d*) Section de la mâchoire inférieure, sur laquelle on voit s'insérer le muscle génio-glosse. — *e*) Section de l'os hyoïde. — *f*) Coupe du larynx. — *g*) Nez. — *h*) Lèvre supérieure. — *i*) Coupe du cartilage thyroïde ou pomme d'Adam. — *j*) Sinus sphénoïdal. — *k*) Lèvre inférieure. — *l*) Muscle génio-glosse formant une grande partie de la langue. — *m, n, o*) Cornets de la fosse nasale droite. — *p*) Artère vertébrale. — *q*) Sinus frontaux. — *r, s*) Pharynx. — *t*) Amygdale droite entre les piliers antérieur *u* et postérieur *v* de ce côté du voile du palais; au-dessus de l'amygdale on voit la luette. — *x*) Vertèbres cervicales. — *y*) Épiglotte redressée contre la base de la langue; elle couvre l'orifice supérieur du larynx pendant la déglutition. — *z*, Orifice de la trompe d'Eustache.

Lorsqu'on boit en plongeant complétement les lèvres dans le liquide, l'introduction de la boisson se fait par un mécanisme analogue à celui que nous venons de décrire. Si les lèvres n'y plongent qu'en partie, elle n'est entraînée dans l'estomac que par le courant d'air produit par les mouvements d'inspiration du thorax.

Chez les oiseaux, la préhension des aliments liquides s'opère d'une façon différente: la plupart puisent l'eau dans leur bec inférieur, qui remplit l'office de cuiller, et la font pénétrer dans leur gosier en renversant la tête en arrière. D'autres animaux, le chien par exemple, boivent en puisant l'eau avec la langue qu'ils recourbent, façon d'ingérer les liquides qu'on nomme vulgairement *laper*.

Mastication. Les aliments solides introduits dans la bouche sont soumis à l'action des dents, qui les broient et les rendent plus facilement attaquables par les sucs digestifs. L'expérience a démontré que la digestion des aliments en gros fragments est plus lente que celle des matières bien divisées. Certaines substances, les haricots et les grains de raisin par exemple, ne sont même pas digérées du tout, lorsqu'elles n'ont pas été mâchées. Beaucoup de maladies de l'estomac ont pour origine, très-souvent méconnue, une mastication insuffisante résultant du mauvais état des dents. Un individu qui mâche mal finit toujours par mal digérer. La simple application d'un dentier ou, si les dents sont bonnes, le conseil de mâcher plus lentement, amène, dans des cas semblables, des guérisons qu'aucun médicament ne pourrait évidemment produire.

La mastication ne s'observe pas chez tous les animaux. Elle est inutile chez ceux qui se nourrissent d'aliments de digestion facile, mais elle est indispensable lorsque l'alimentation se compose de substances végétales à enveloppes résistantes, telles que les graines.

Les oiseaux granivores, il est vrai, n'ont pas de dents, mais, en échange, ils possèdent un estomac musculeux nommé *gésier*, dont les contractions énergiques broient les matières les plus résistantes. Les noisettes qu'on fait avaler à des dindons sont immédiatement brisées dans leur estomac. Les oiseaux rendent le broiement de leurs aliments encore plus complet en avalant de petits

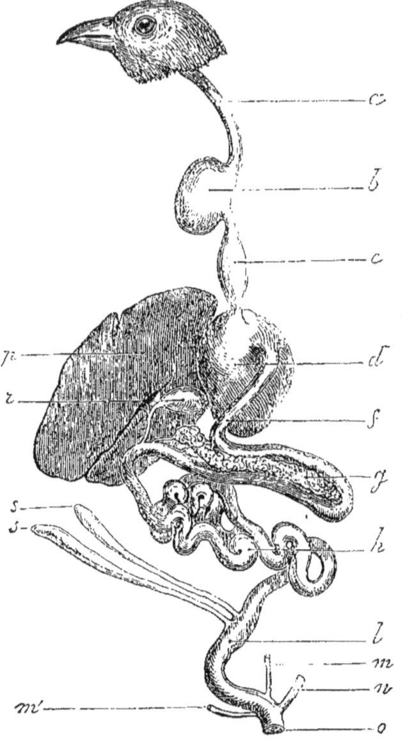

Fig. 48. — *Tube digestif des oiseaux granivores* *.

graviers qui, comprimés avec les graines dans le gésier, agissent sur elles comme une meule.

Chez l'homme et chez les animaux qui mâchent leurs aliments, la mastication se fait au moyen des dents, organes résistants im-

* *a*) Œsophage. — *b*) Premier estomac ou jabot dans lequel les aliments s'accumulent en dépôt. — *c*) Ventricule succenturié où se fait la sécrétion du suc gastrique. — *d*) Gésier, estomac garni d'une tunique musculaire très-épaisse, dont les contractions broient les aliments. — *f*) Intestin grêle. — *g*) Pancréas. — *h*) Continuation de l'intestin grêle. — *l*) Gros intestin. — *m*, *m'*) Uretères, canaux qui conduisent l'urine dans l'intestin. — *n*) Oviducte, canal qui conduit les œufs de l'ovaire dans l'intestin. — *o*) Cloaque, réservoir commun de l'urine et des matières fécales. — *p*) Foie. — *r*) Vésicule biliaire. — *s*, *s*) Cæcums.

plantés dans les alvéoles où, en raison de leur forme conique, ils ne peuvent s'enfoncer lorsque les mâchoires se rapprochent avec force.

La forme des dents varie suivant le régime des animaux, et en examinant les dents d'un animal, il est facile de dire de quels aliments il se nourrit. Pointues et recourbées chez les carnassiers, elles sont aplaties chez les herbivores.

La mâchoire supérieure est soudée au crâne et complétement

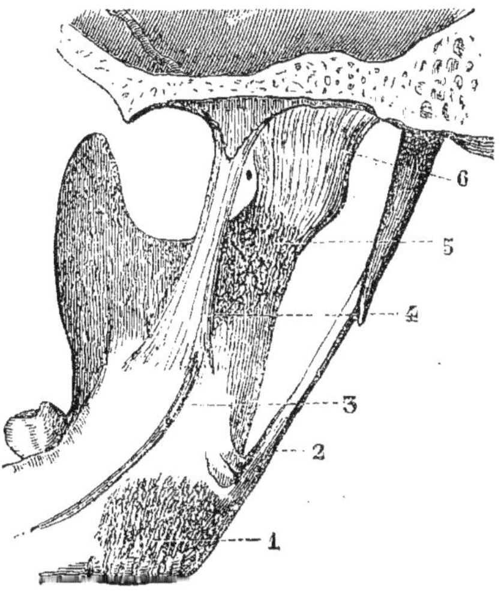

Fig. 49. — *Articulation de la mâchoire supérieure avec le temporal, vue par sa face interne* *.

immobile. La mâchoire inférieure est, au contraire, très-mobile. Pendant la mastication, l'extrémité convexe par laquelle elle s'articule avec l'os temporal sort de lá cavité où elle se trouve pendant le repos et se porte en avant, ainsi qu'on peut le sentir facilement en plaçant le doigt au devant de l'ouverture de l'oreille.

*) 1) Lieu d'insertion du ptérygoïdien interne. — 2) Ligament stylo-maxillaire étendu de l'apophyse styloïde à l'angle de la mâchoire. — 3) Gouttière mylo-hyoïdienne où s'insère le muscle mylo-hyoïdien. — 4) Ligament latéral interne qui s'insère à l'épine du sphénoïde et à l'orifice du canal dentaire. — 5) Lieu d'insertion du ptérygoïdien externe. — 6) Ligament latéral externe s'insérant au condyle de la mâchoire et au tubercule externe de l'apophyse zygomatique.

Les mouvements de la mâchoire s'exécutent au moyen de mus-

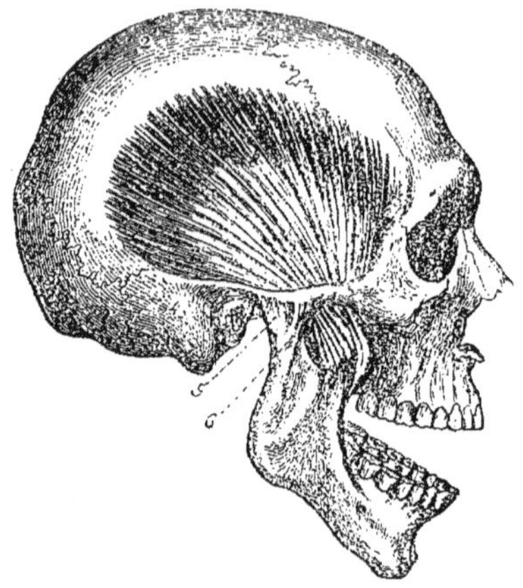

Fig. 50. — *Mâchoires pendant la mastication* *.

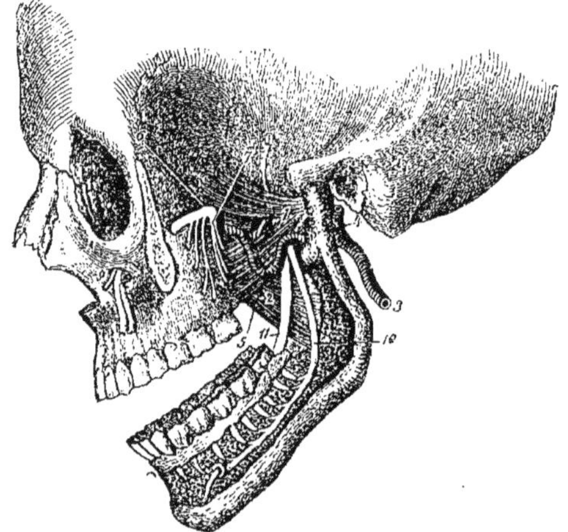

Fig. 51. — *Région temporale.* **
(L'arcade zygomatique a été enlevée pour laisser voir les organes placés derrière elle.)

* 1) Os frontal. — 2) Os pariétal. — 3) Os occipital. — 4) Os temporal. — 5) Articulation de la mâchoire. — 6) Ligament latéral externe de cette articulation. — 7) Apophyse coronoïde de la mâchoire inférieure. — 8) Muscle temporal.

** 1) Muscle ptérygoïdien externe. — 2) Ptérygoïdien interne. — 3) Carotide externe. — 4) Artère temporale superficielle. — 5) Artère maxillaire interne. — 6) Nerf maxillaire supérieur. — 7) Nerfs palatins. — 8) Nerfs dentaires postérieurs. — 9) Nerf sous-orbitaire et nerf dentaire antérieur. — 10) Nerf dentaire inférieur. — 11) Nerf lingual.

cles abaisseurs * et de muscles élévateurs**. Les premiers n'ayant

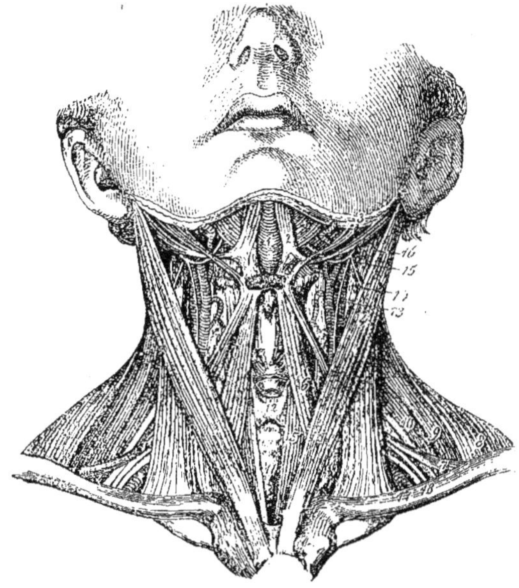

Fig. 52. — *Région antérieure du cou* *.
(La tête a été rejetée en arrière, de façon à laisser voir les muscles abaisseurs de la mâchoire qui se trouvent sous le menton.)

* Les muscles abaisseurs sont : le *géni-hyoïdien*, qui s'insère derrière le menton aux apophyses géni et à l'os hyoïde; le *mylo-hyoïdien*, qui s'insère derrière le menton à la ligne mylo-hyoïdienne et à l'os hyoïde; le *ptérygoïdien* externe, qui s'insère à l'apophyse ptérygoïde, à la face latérale du sphénoïde et au condyle du maxillaire inférieur; et le *digastrique*, qui s'insère à l'apophyse mastoïde et à la face postérieure du menton; il est séparé en deux portions par un tendon qui va s'insérer à l'os hyoïde.

** Les muscles élévateurs de la mâchoire sont: le *masseter*, qui s'insère en haut au bord inférieur de l'os de la pommette et à la face interne de l'apophyse zygomatique, en bas à la face externe du maxillaire inférieur; le *temporal*, qui s'insère dans toute l'étendue de la fosse temporale et sur l'apophyse coronoïde du maxillaire inférieur; le *ptérygoïdien interne*, qui s'insère dans la fosse ptérygoïde et à la partie interne de l'angle de la mâchoire. Les deux premiers élèvent la mâchoire; le dernier sert, avec le ptérygoïdien externe, à lui communiquer les mouvements de latéralité qui produisent la trituration.

* 1) Mylo-hyoïdien. — 2) Digastrique. — 3) Stylo-hyoïdien. — 4) Sterno-mastoïdien. — 5) Sterno-thyroïdien. — 6) Sterno-hyoïdien. — 7) Omo-hyoïdien. — 8) Trapèze. — 9) Angulaire de l'omoplate. — 10) Scalène. — 11) Trachée. — 12) Corps thyroïde. — 13 et 14) Artère carotide. — 15) Nerf spinal. — 16) Nerf hypoglosse. — 17 et 18) Clavicule.

pas de résistance à vaincre, puisque leurs fonctions se bornent à abaisser la mâchoire qui a déjà une tendance naturelle à ce mouvement, sont peu puissants. Les seconds devant surmonter, au contraire, des résistances considérables, puisqu'ils servent à broyer les aliments, sont volumineux et possèdent une force très-grande.

Il n'existe qu'un petit nombre d'animaux, les reptiles par exemple, chez lesquels les deux mâchoires soient mobiles. Il en résulte que leur bouche peut se dilater considérablement, ce qui leur permet de saisir très-facilement leur proie. Chez quelques-uns, cer

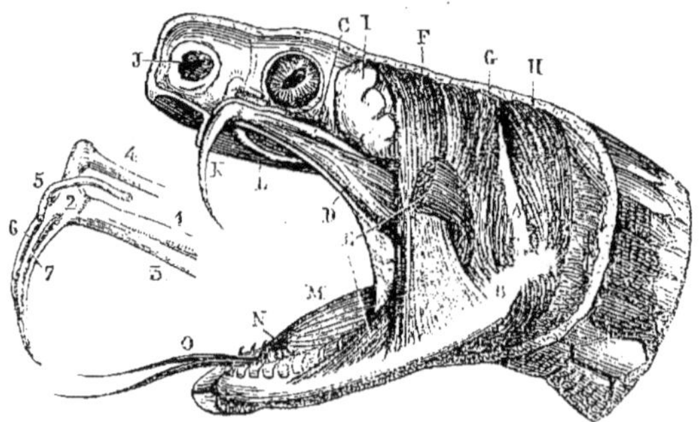

Fig. 53. — *Mâchoire d'un reptile* (la vipère) *.

taines dents sont percées d'un canal dans lequel s'écoule un liquide vénéneux fourni par une glande placée de chaque côté de la tête sous le muscle temporal. C'est avec ce liquide que l'animal tue sa victime avant de la dévorer.

Déglutition. Les aliments convenablement réduits en pâte par la mastication sont d'abord placés par les mouvements des diverses parties de la bouche sur le dos de la langue, qui les comprime contre la voûte palatine et les force de se diriger vers l'entrée du gosier. Pendant cette opération, le voile du palais est tendu par les muscles

* A. Os tympanal. — B. Mâchoire inférieure. — C. Os ptérygoïdien. — D. Muscle ptérygoïdien interne. — E. Muscle ptérygoïdien externe. — F. Muscle temporal antérieur. — G. Muscle temporal postérieur. — H. Muscle abaisseur de la mâchoire inférieure. — I. Glande lacrymale (la glande à venin située au-dessous a été enlevée). — J. Narine. — K. Dent venimeuse ou crochet (elle est couchée pendant le repos). — L. Dents de remplacement. — M. Langue. — N. Son ouverture laryngée. — O. Sa bifurcation.

1) Os ptérygoïdien. — 2) Os maxillaire. — 3) Tendon du ptérygoïdien interne. — 4) Tendon du ptérygoïdien externe s'insérant, comme le précédent, sur l'os maxillaire; en se contractant, il relève le crochet. — 5) Canal excréteur de la glande à venin. — 6 et 7) Conduits de la dent à venin.

auxquels il s'attache, afin d'offrir à la masse alimentaire un plan résistant. Ces mouvements constituent le premier temps de la déglution ou action d'avaler, le seul soumis à l'empire de la volonté. Chez les individus atteints de paralysie de la langue et chez ceux dont la voûte palatine est perforée, il s'exécute très-imparfaite-

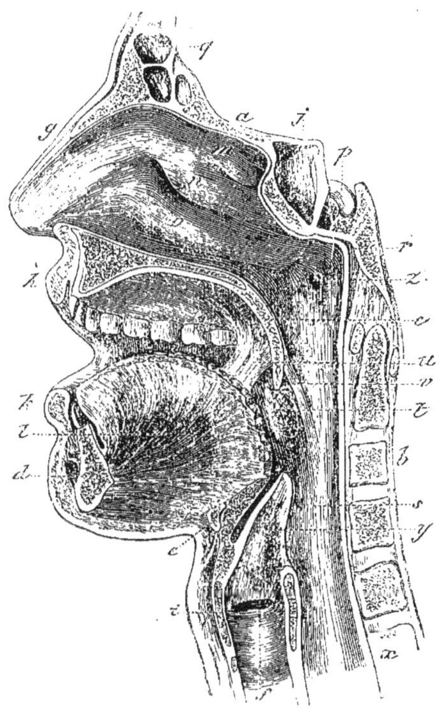

Fig. 54. — *Coupe verticale de la bouche d'avant en arrière*.*

ment. Chez les premiers, en effet, le bol alimentaire n'arrive que difficilement à l'entrée du gosier; chez les seconds, il passe en par-

* *a*) Voûte des fosses nasales. — *b*) Vertèbres cervicales. — *c*) Voile du palais. — *d*) Section de la mâchoire inférieure, sur laquelle on voit s'insérer le muscle génio-glosse. — *e*) Section de l'os hyoïde. — *f*) Coupe du larynx. — *g*) Nez. — *h*) Lèvre supérieure. — *i*) Coupe du cartilage thyroïde ou pomme d'Adam. — *j*) Sinus sphénoïdal. — *k*) Lèvre inférieure. — *l*) Muscle génio-glosse formant une grande partie de la langue. — *m, n, o*) Cornets de la fosse nasale droite. — *p*) Artère vertébrale. — *q*) Sinus frontaux. — *r, s*) Pharynx. — *t*) Amygdale droite entre les piliers antérieur *u* et postérieur *v* de ce côté du voile du palais; au-dessus de l'amygdale on voit la luette. — *x*) Vertèbres cervicales. — *y*) Épiglotte redressée contre la base de la langue; elle couvre l'orifice supérieur du larynx pendant la déglutition. — *z*) Orifice de la trompe d'Eustache.

tie par les fosses nasales. Les individus atteints de perforation palatine ne peuvent manger qu'en fermant cette ouverture au moyen d'un obturateur.

Arrivé à l'entrée du gosier, le bol alimentaire comprimé par la base de la langue et par les muscles du plan inférieur de la bouche pénètre dans le pharynx, qui se soulève pour venir au devant de lui. Quand le pharynx retombe ensuite, les aliments se trouvent dans l'œsophage.

On peut facilement constater le mouvement d'élévation du pha-

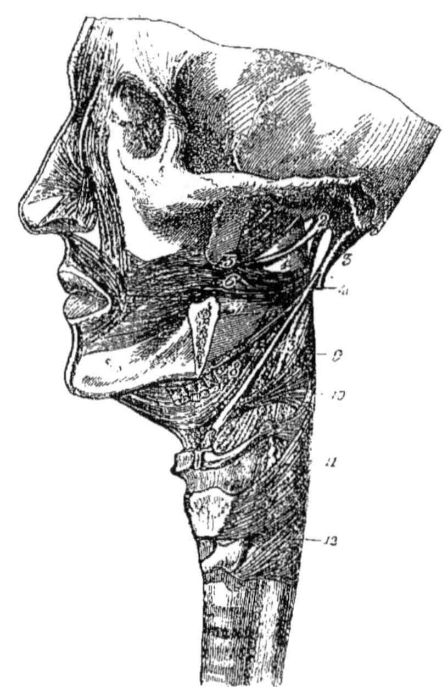

Fig. 55. — *Muscles constricteurs et élévateurs du pharynx**.

rynx en plaçant le doigt sur le bord saillant du cartilage thyroïde (pomme d'Adam), pendant que l'on avale les aliments. Cet organe, étant soudé au pharynx, le suit dans ses mouvements.

* 1) Partie supérieure du pharynx. — 2) Rocher. — 3) Apophyse styloïde. — 4) Ligament stylo-hyoïdien. — 5 à 8) Constricteur supérieur. — 9 et 10) Constricteur moyen. — 11 et 12) Constricteur inférieur. — 13) Stylo-pharyngien.

La salive joue un rôle très-utile dans la déglutition, en facilitant le passage des aliments; lorsque cette sécrétion est supprimée, les animaux ne peuvent plus avaler.

En traversant le pharynx, les aliments pourraient pénétrer dans les fosses nasales ou dans le larynx, si l'orifice de ces cavités n'était pas exactement fermé. L'occlusion de l'ouverture des fosses nasales est opérée par le voile du palais, qui se tend horizontalement devant elle, sans cependant s'y appliquer comme le croyait Bichat. Celle du larynx est produite par le rapprochement des lèvres de la glotte et surtout par l'épiglotte, qui, repoussée contre la base de la langue par le soulèvement du pharynx, bascule et s'abaisse sur l'ouverture du larynx, qu'elle ferme comme le ferait une soupape.

Lorsqu'on fait une inspiration en avalant, l'épiglotte se relève, et quelques parcelles d'aliments arrivent au contact du larynx, d'où elles sont expulsées par des efforts violents de toux. L'expression *avaler de travers*, employée vulgairement pour désigner ce phénomène, est, comme on le voit, parfaitement justifiée. Les individus privés d'épiglotte par une blessure ne peuvent que très-difficilement avaler.

Arrivés dans l'œsophage, les aliments sont entraînés par la contraction des fibres de ce canal et le parcourent lentement. Les fibres longitudinales raccourcissent sa longueur et le portent au devant de la masse alimentaire; les fibres circulaires rétrecissent son diamètre et repoussent les aliments de haut en bas.

La pesanteur ne joue dans la marche des aliments qu'un rôle très-accessoire. Un grand nombre d'animaux, les herbivores notamment, ont la tête au-dessous du niveau de l'estomac lorsqu'ils mangent, et on voit fréquemment des bateleurs avaler les aliments en se mettant la tête en bas.

Séjour des aliments dans l'estomac. Pendant que les aliments arrivent dans l'estomac, l'ouverture inférieure de ce dernier est fermée par la contraction de l'anneau musculaire qui l'entoure, de sorte que les matières alimentaires ne peuvent pénétrer dans l'intestin. Quand le repas est terminé, l'orifice supérieur de l'estomac se ferme également. De cette façon, les aliments se trouvent emprisonnés dans cet organe et ne peuvent en être chassés par la pression du diaphragme et des muscles abdominaux. L'estomac d'un animal peut être énergiquement comprimé après le repas sans laisser échapper son contenu.

Le séjour des aliments dans l'estomac n'est nécessaire que pour les substances solides. Les liquides, qui n'ont pas besoin d'être digérés, ne font que le traverser. On trouve de l'eau dans le gros intestin d'un cheval, cinq minutes après son ingestion.

Pendant que les matières alimentaires se trouvent dans l'estomac, cet organe éprouve une série de contractions qui leur impriment un mouvement de rotation continuel et mettent toutes les parties de leur masse en contact avec le suc gastrique. Lorsque ces

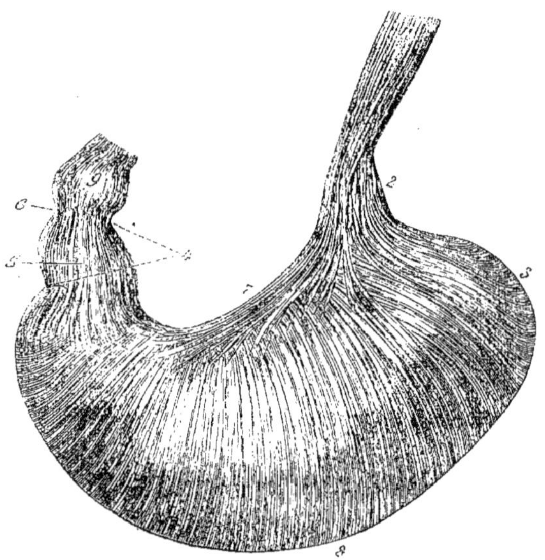

Fig. 56. — *Estomac de l'homme* *.

contractions n'ont pas lieu, ce qui arrive quand on paralyse l'estomac par la section des nerfs pneumo-gastriques, la masse alimen-

* 1) OEsophage. — 2) Cardia. — 3) Grosse tubérosité. — 4, 5, 6) Pylore. — 7) Petite courbure. — 8) Grande courbure. — 9) Partie se continuant avec le duodénum.

taire ne se trouve plus mélangée au suc digestif, et sa partie superficielle est seule attaquée.

Les mouvements de l'estomac s'opèrent sous l'action des fibres musculaires de cet organe; ils ne se produisent pas sur tous ses points en même temps, mais de place en place; la masse alimentaire se trouve de cette façon promenée sur toutes les parties du réservoir qui la contient.

On peut facilement constater l'existence des contractions de l'estomac, en ouvrant ce dernier; chez un animal auquel on a fait boire du lait un quart d'heure auparavant, on trouve sur le liquide coagulé les sillons produits par l'impression des fibres musculaires.

Sous l'influence de causes diverses, telles qu'une accumulation trop considérable de matières alimentaires, la présence de substances toxiques etc., l'estomac rejette son contenu au dehors par la bouche. Ce phénomène a reçu le nom de *vomissement*. Il est produit, non pas par la contraction des muscles de l'estomac, qui seraient trop faibles pour cela, mais par celle des muscles abdominaux et du diaphragme, qui agissent en diminuant le volume de la cavité abdominale et en comprimant la poche stomacale; c'est par celle de ses extrémités qui est la moins résistante, c'est-à-dire par son extrémité supérieure, que les aliments sont expulsés.

Une expérience ingénieuse de Magendie prouve que c'est bien la contraction des muscles abdominaux et du diaphragme qui produit le vomissement. Ce physiologiste enlevait l'estomac à un chien et le remplaçait par une vessie de cochon pleine d'eau dont l'orifice communiquait avec le bout inférieur de l'œsophage. En injectant ensuite de l'émétique dans les veines, après avoir refermé les parois de l'abdomen avec une suture, il voyait cet estomac artificiel se vider presque complétement sous l'influence des efforts de vomissement.

Pendant les mouvements de vomissement, le voile du palais se lève devant l'orifice postérieur des fosses nasales et empêche les matières expulsées de pénétrer dans le nez. Quelquefois, cependant, le vomissement est tellement brusque, que le voile du palais n'est pas encore relevé et les matières alimentaires sortent en même temps par le nez et la bouche.

Pour que les causes qui provoquent le vomissement puissent le produire, il faut qu'elles agissent d'abord sur le système nerveux. L'introduction de l'émétique dans l'estomac ne détermine le vomissement que lorsque cette substance pénètre dans le sang et se trouve en relation avec les nerfs.

Chez certains animaux, le cheval par exemple, le vomissement est presque impossible parce que les fibres musculaires de l'estomac s'enroulent autour de l'œsophage et, en se contractant, ferment l'orifice inférieur de ce conduit. Chez eux, les indigestions sont fort dangereuses. Le docteur Auzoux rapporte que, dans la campa-

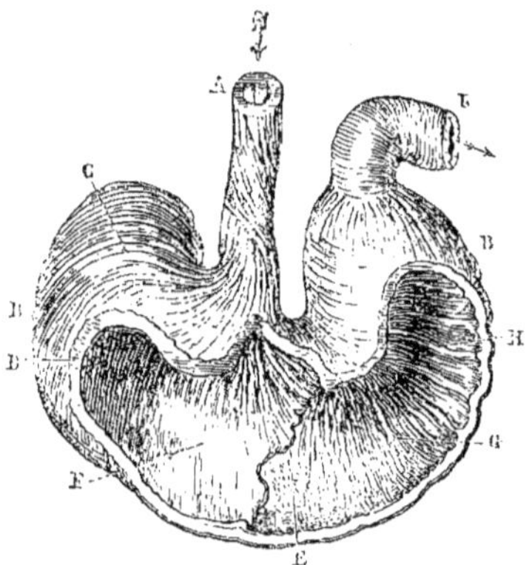

Fig. 57. — *Estomac du cheval* *.

gne de 1812, des quatre-vingt mille chevaux qui passèrent le Niemen avec l'armée française, plus de la moitié moururent en quelques jours pour s'être nourris avec excès de blés verts et d'autres fourrages sur pied. Ces aliments introduits dans l'estomac en trop grande quantité ne purent être convertis en chyme et, ne pouvant ni passer dans l'intestin ni être expulsés au dehors, déterminèrent la mort. Si l'on avait donné à ces animaux les fourrages verts par petites portions, ils auraient pu facilement les digérer.

* A. Œsophage autour duquel s'enroulent des fibres musculaires. — B, C. Fibres musculaires. — D) Coupe des parois. — E, F, G; H. Intérieur de l'estomac. — J. Intestin.

Le vomissement constitue une fonction régulière chez un certain nombre d'animaux. Beaucoup d'oiseaux, après avoir absorbé leur nourriture, la vomissent au bout de quelques instants, pour la donner, à demi digérée, à leurs petits. Les abeilles agissent de même pour nourrir leurs larves.

La rumination, qu'on observe chez divers herbivores, tels que le bœuf, le mouton, la chèvre, le chameau, est un phénomène très-analogue au vomissement. Ces animaux possèdent plusieurs estomacs communiquant entre eux. Le premier est un vaste réservoir dans lequel s'accumulent les aliments à peine mâchés. Quand il est suffisamment plein, ses contractions font remonter par portions la masse alimentaire dans la bouche, où elle est soumise à une nouvelle mastication, après laquelle elle redescend dans le tube digestif pour subir l'action du suc gastrique.

Les matières expulsées par l'estomac ne sont pas toujours solides et liquides: ce sont souvent des gaz accumulés dans cet organe. Leur émission a reçu le nom d'*éructation*. C'est un vomissement gazeux produit, comme le vomissement ordinaire, par les contractions des muscles abdominaux et du diaphragme. Au moment de leur expulsion, ces gaz déterminent un bruit spécial résultant des vibrations de l'ouverture supérieure de l'œsophage sous l'influence de leur passage.

Séjour des aliments dans l'intestin. Lorsque les aliments sont réduits en bouillie dans l'estomac, ils franchissent le détroit pylorique, qui ne s'oppose qu'à la sortie des aliments solides. Ce passage n'a lieu que graduellement, à mesure que les substances sont transformées en pâte. Les liquides seuls, ainsi que nous l'avons dit plus haut, traversent l'estomac sans y séjourner.

Les aliments cheminent dans l'intestin sous l'influence des contractions des fibres musculaires de cet organe*. Ces contractions se

*Les fibres longitudinales raccourcissent la portion d'intestin dans laquelle va s'engager la masse alimentaire et la portent devant elle. Les fibres circulaires placées derrière le bol alimentaire le poussent en avant en rétrécissant le diamètre du tube intestinal. Ce double mouvement se propage sur toute la longueur de l'intestin, qui se trouve sans cesse alternativement resserré dans un point et dilaté dans un autre.

produisent régulièrement et lentement, de façon à laisser aux fluides digestifs le temps d'agir sur les aliments et aux villosités celui d'absorber les principes assimilables. Quand, sous l'influence d'une

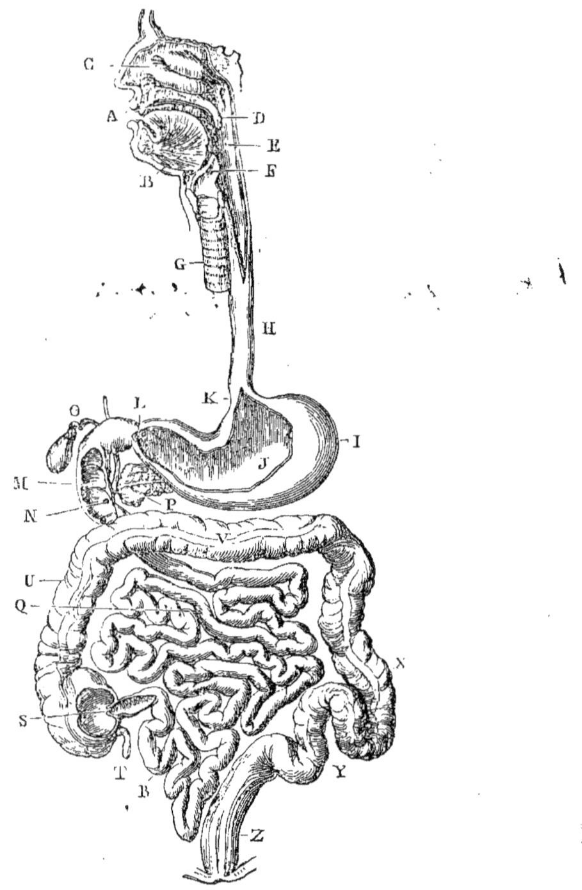

Fig. 58. — *Tube digestif**.

*A. Bouche. — B. Langue. — C. Fosses nasales. — D. Voile du palais. — E. Pharynx. — F. Épiglotte. — G. Trachée artère. — H. Œsophage. — I. Estomac. — J. Cavité de l'estomac. — K. Ouverture de l'œsophage dans l'estomac. — L. Ouverture pylorique de l'estomac. — M. Duodénum. — N. Ouverture du canal qui conduit la bile à l'intestin. — O. Vésicule biliaire — P. Pancréas. — Q, R. Circonvolutions de l'intestin grêle. — S. Cæcum. — T. Appendice cæcal. — U, V, X, Y. Gros intestin : U est le colon ascendant, V le colon transverse, X l colon descendant, Y l'S iliaque. — Z. Rectum.

excitation trop vive, ces mouvements se produisent avec une rapidité anomale, les fonctions de l'intestin sont troublées et son contenu est rendu sans être digéré. C'est là un des effets bien connus de la peur et des émotions morales chez les sujets impressionnables.

Dans le trajet à travers l'intestin grêle, les aliments se dépouillent presque complétement de leurs diverses parties assimilables. Ils pénètrent ensuite dans le gros intestin, séparé du précédent, ainsi que nous l'avons vu, par la valvule de Bauhin, disposée de façon à permettre l'introduction de la masse alimentaire, mais à en empêcher le retour. Ils le parcourent lentement et s'accumulent dans sa portion inférieure, c'est-à-dire dans le rectum.

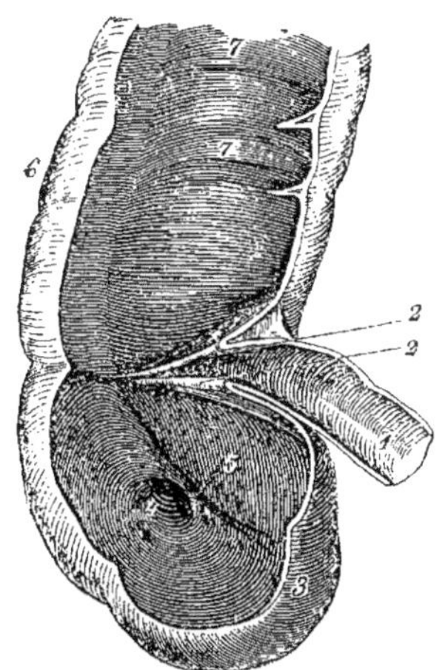

Les mouvements du tube digestif sont complétement indépendants de la volonté. Ils sont placés sous l'influence du nerf grand sympathique. Dans les maladies du cerveau et de la moelle

Fig. 59. — *Embouchure de l'intestin grêle dans le gros intestin* *.

épinière, l'intestin est plus ou moins paralysé, et il en résulte des constipations très-opiniâtres.

Expulsion du résidu des aliments au dehors. Lorsque le résidu de la digestion est accumulé en une certaine quantité dans la partie inférieure du rectum, le besoin de le rejeter au dehors se fait sentir; son expulsion a reçu le nom de *défécation*.

Le mécanisme de la défécation est le même que celui du vomissement; elle se produit sous l'influence des contractions des muscles abdominaux et du diaphragme et est favorisée par la contraction des fibres musculaires du rectum.

Pendant la défécation, tous les organes situés dans l'abdomen

* 1) Intestin grêle. — 2, 2) Valvule de Bauhin ou iléo-cæcale, dite *barrière des apothicaires*. — 3) Cæcum. — 4) Orifice de l'appendice cæcal. — 5) Plis de la muqueuse au bord de cette embouchure. — 6) Gros intestin (colon ascendant). — 7, 7) Replis de la muqueuse intestinale.

sont comprimés et tendent à laisser échapper leur contenu ; mais la contraction de l'orifice cardiaque de l'estomac empêche les aliments de remonter vers la bouche et celle du sphincter de la vessie s'oppose à l'émission de l'urine. Ce liquide n'est, en effet, chassé hors de son réservoir, pendant les selles, que lorsque les efforts de défécation sont très-violents.

Pendant l'expulsion du résidu de la digestion, l'anus tend à être repoussé au dehors, mais il est retenu par un muscle puissant, le *releveur de l'anus* dont les fibres insérées au pourtour du bassin le relèvent en se contractant.

La sortie des matières fécales est dépendante de la volonté ;

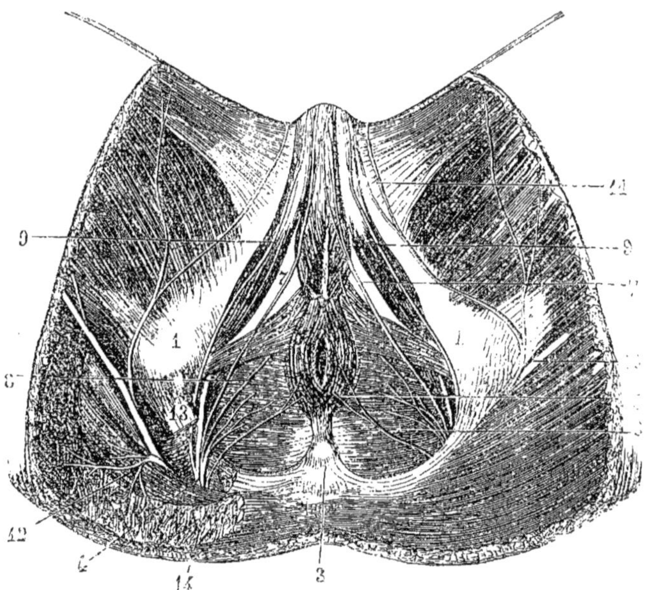

Fig. 60. — *Région du périnée chez l'homme, préparée de façon à montrer le sphincter et le releveur de l'anus* *.

dans l'intervalle des garde-robes, elles sont retenues par la contraction des sphincters, muscles épais qui entourent la partie infé-

1, 1) Ischion — 3) Coccyx ; on voit en avant l'anus entouré de son sphincter. — 4) Nerf honteux interne. — 5) Sphincter de l'anus. — 6) Muscle releveur de l'anus. — 7) Nerf périnéal. — 8) Branche du nerf honteux interne. — 9, 9, Muscle ischio-caverneux. 10) Nerf petit sciatique. — 11) Insertion du droit interne. — 12) Rameaux du nerf petit sciatique. — 13) Coupe du ligament sacro-sciatique. — 14) Coupe du grand fessier.

rieure du rectum comme un anneau et en ferment complétement l'orifice.

Quand le besoin d'aller à la selle n'est pas très-impérieux, on peut y résister par les contractions des sphincters ; mais leur puissance a des limites au delà desquelles la contraction de l'intestin l'emporte et détermine l'expulsion des matières fécales malgré la volonté.

Après la cessation de la vie, les muscles ne se contractent plus, les sphincters se relâchent et laissent échapper le contenu de l'intestin. Cette évacuation constitue un des signes les plus certains de la mort.

Les gaz qui se forment dans le tube digestif (azote, hydrogène, acide carbonique, hydrogène proto-carboné, hydrogène sulfuré) sont rejetés au dehors par un mécanisme analogue à celui que nous venons de décrire. Ils jouent dans la digestion un rôle fort utile, en maintenant béantes les cavités du tube digestif, que les matières alimentaires parcourent alors sans difficulté. Ils adoucissent, en outre, la pression des muscles abdominaux sur les intestins et amortissent par leur élasticité les ébranlements de la course et du saut.

Lorsque ces gaz sont accumulés en grande quantité dans l'intestin sans pouvoir être expulsés, le ventre enfle démesurément et les mouvements du diaphragme peuvent être gênés au point de produire l'asphyxie. On est alors obligé de ponctionner l'intestin pour leur donner issue. Cette opération, faite avec un trocart capillaire, est peu dangereuse, même chez l'homme.

Le ballonnement du ventre sous l'influence d'un développement de gaz considérable s'observe fréquemment chez les vaches qui ont mangé beaucoup de fourrages verts. Quand les gaz qui se forment sont constitués par de l'acide carbonique, on peut les saturer en faisant prendre à l'animal une solution étendue d'ammoniaque. Mais quand ils sont d'une autre nature, ce qu'on reconnaît à l'inefficacité de l'ammoniaque, on est obligé de recourir à la ponction.

§ 3.

TRANSFORMATION DES ALIMENTS DANS LE TUBE DIGESTIF.

En traversant le tube digestif, les aliments y rencontrent divers liquides, *salive*, *suc gastrique*, *bile*, *suc pancréatique* et *suc intestinal*, qui les dissolvent et les rendent assimilables. Nous allons examiner successivement chacun de ces liquides et faire connaître les modifications qu'ils font subir aux substances alimentaires.

Action de la salive sur les aliments. La salive est sécrétée par les glandes salivaires. Elle sert à imbiber les aliments pour faciliter la déglutition et exerce aussi sur eux une action chimique.

L'intensité de la sécrétion salivaire varie avec la nature des aliments. Dans l'intervalle des repas, elle est peu abondante.

Les diverses glandes salivaires ne fournissent pas la même salive. Celle qui provient des glandes parotides est très-liquide. Celle que sécrètent les glandes sous-maxillaires et sublinguales est, au contraire, très-visqueuse. Le liquide qui existe dans la bouche résulte de leur mélange.

Les glandes salivaires entrent en fonction sous l'influence du système nerveux. La vue de certains aliments provoque souvent une sécrétion abondante de salive, phénomène qu'on désigne vulgairement en disant que l'eau vient à la bouche.

Considérée au point de vue de sa composition chimique, la salive est un liquide habituellement alcalin, formé d'eau tenant en dissolution des substances minérales (carbonates, chlorures, phosphates, sulfocyanure de potassium etc.) et une matière organique spéciale, la *ptyaline*, à laquelle elle doit ses propriétés. Cette dernière substance est un corps coagulable comme l'albumine; elle paraît très-analogue à la diastase et, comme elle, peut convertir la fécule en glycose. En mâchant du pain pendant quelques minutes et le crachant sur un filtre, on constate, par les réactifs ordinaires, la présence du glycose dans le liquide filtré. L'action saccharifiante de la salive sur les aliments féculents se continue dans l'estomac, ainsi qu'on a pu l'observer sur des individus atteints de fistule gastrique.

Les substances féculentes sont les seules qui soient attaquées par la salive. Les corps gras et les substances azotées ne le sont pas. Dès lors on pourrait croire que chez les animaux qui ne mangent pas d'aliments féculents, les carnassiers par exemple, la salive est inutile; mais il ne faut pas perdre de vue que ce liquide, outre son action chimique, exerce une action mécanique, qui consiste à faciliter la déglutition.

Les sels dissous dans la salive se déposent quelquefois autour des dents, où ils constituent le *tartre dentaire*. Cette substance est principalement composée de phosphate de chaux, de carbonate de chaux et de mucus; en s'interposant entre les dents et les gencives, elle les déchausse et les ébranle.

Mélangée de mucus buccal et de débris d'aliments, la salive forme des dépôts finement granuleux qui s'attachent sur les dents après les repas. Si leur séjour dans la cavité buccale est trop prolongé, les parcelles alimentaires se décomposent et donnent naissance à des acides qui attaquent les dents et finissent par en déterminer la carie. En même temps apparaissent dans la bouche divers parasites, vibrions, leptothrix etc., qui paraissent jouer un rôle dans la production de cette affection. Le nettoyage journalier des dents, considéré par beaucoup de personnes comme une opération de luxe, est, au contraire, absolument nécessaire pour assurer la conservation de ces précieux organes.

Action du suc gastrique sur les aliments. Pendant leur séjour dans l'estomac, les aliments sont soumis à l'action d'un liquide auquel on a donné le nom de *suc gastrique*. Il est sécrété par des glandes en tube contenues dans l'épaisseur de la muqueuse de l'estomac. Leur nombre dépasse plusieurs millions; elles sont mélangées d'autres glandes destinées à sécréter un mucus qui lubrifie les parois de l'organe.

Des expériences faites sur des animaux à l'estomac desquels on avait pratiqué une fistule ont prouvé que la sécrétion du suc gastrique ne commence que lorsque les aliments arrivent dans l'estomac. La muqueuse stomacale, qui est pâle dans l'intervalle des repas, rougit aussitôt que la masse alimentaire arrive au contact de ses parois, se gonfle, et le suc gastrique apparaît à sa surface sous forme de petites gouttelettes transparentes.

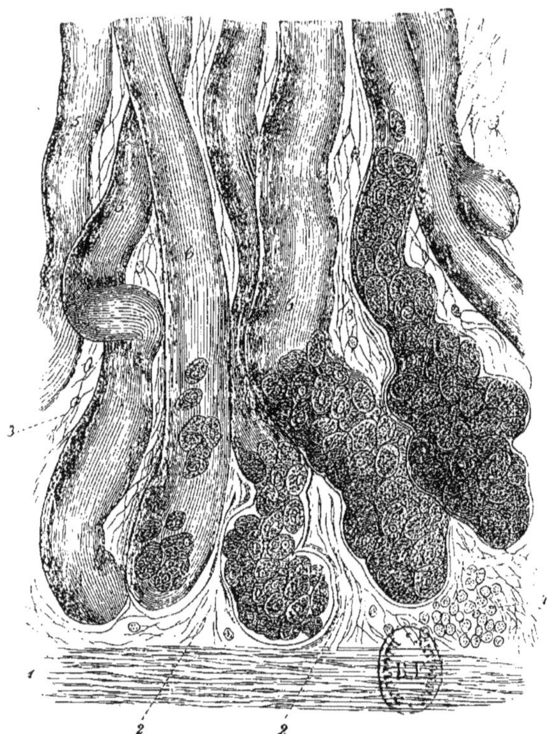

Fig. 61. — *Glandes de l'estomac* (grossies 300 fois) *.

L'aliment est donc l'excitant normal de la sécrétion gastrique ; mais cette action ne lui est pas spéciale, car la présence de tout corps étranger dans l'estomac suffit pour la produire.

Diverses substances, telles que l'alcool à petite dose, les liquides aromatiques, la glace en faible quantité, le poivre en poudre, le café noir, les boissons alcalines, augmentent la sécrétion du suc gas-

* 1) Couche cellulo-fibreuse de l'estomac. — 2, 2) Fibres contractiles montant entre les tubes des glandes — 3, 3) Tissu interstitiel. — 4) Cellules ressemblant à des globules lymphatiques disséminées dans le tissu précédent. — 5, 5, 5) Glandes de l'estomac ou follicules gastriques vides. — 6, 6, 6) Mêmes glandes contenant des cellules à pepsine.

trique et, par suite, facilitent la digestion. D'autres, telles que les fruits, les liquides acides, la glace en abondance, la ralentissent.

La sécrétion du suc gastrique paraît être très-abondante; dans des observations faites sur une femme atteinte d'une fistule gastrique, Schmidt l'a évaluée à 500 grammes par heure pendant que l'estomac fonctionnait.

Le suc gastrique, lorsqu'il est pur, se présente sous la forme d'un liquide limpide, incolore, à réaction légèrement acide. Il contient 90 °/₀ d'eau, des sels divers (phosphates, chlorures etc.), une substance particulière à laquelle on a donné le nom de *pepsine* et un acide qu'on croyait être autrefois l'acide chlorhydrique, mais qui paraît être en réalité l'acide lactique. Chauffé jusqu'à l'ébullition, il perd complétement ses facultés digestives. Exposé à une température inférieure à 0°, il les perd également, mais les reprend quand on le ramène à 38°; à l'air libre, il se conserve fort longtemps sans altération.

La *pepsine* * est le véritable principe actif du suc gastrique: c'est une substance azotée dont la composition n'est pas encore bien connue. Elle est soluble dans l'eau, insoluble dans l'alcool, et perd son pouvoir digestif quand on la chauffe à 70° environ. Après dessiccation, elle se présente sous la forme d'une poudre grisâtre. Dissoute dans de l'eau additionnée de 1 à 2 millièmes d'un acide quelconque, l'acide chlorhydrique par exemple, et maintenue à la température de 40° environ, elle possède le pouvoir de digérer les matières azotées (viande, blanc d'œuf etc.), absolument comme le suc gastrique lui-même. Cette digestion artificielle est tout à fait analogue à celle qui s'opère dans l'intérieur de l'estomac. Aussi administre-t-on avec succès de la pepsine aux individus dont les digestions

---

* On peut préparer facilement de la pepsine, suffisamment pure pour les expériences physiologiques et les usages médicaux, en grattant avec un couteau de bois la surface interne de l'estomac d'un cochon, préalablement lavé à grande eau. Le liquide qui s'écoule des glandes est recueilli dans des capsules de verre et desséché au bain-marie. Deux à trois décigrammes de pepsine ajoutés à un litre d'eau acidulée avec quelques millièmes d'acide chlorhydrique suffisent pour constituer un mélange doué de propriétés digestives énergiques. Si l'on voulait seulement obtenir une solution de pepsine, il suffirait de faire macérer pendant vingt-quatre heures dans de l'eau acidulée le quatrième estomac d'un veau (caillette).

se font mal, par suite d'une sécrétion insuffisante du suc gastrique.

La composition du suc gastrique paraît être la même chez tous les animaux, quelle que soit leur alimentation ; seulement la proportion de ses éléments constituants varie.

Le suc gastrique et les solutions acidifiées de pepsine sont sans influence sur les corps gras et la fécule ; elles n'agissent que sur le sucre, qu'elles transforment en glycose *, et sur les substances albuminoïdes, qu'elles ramollissent, suivant certains physiologistes, et dissolvent complétement, suivant d'autres, en les transformant en une matière coagulable analogue à l'albumine, nommée *albuminose* ou *peptone*. La pâte demi-liquide résultant du mélange des aliments dissous par le suc gastrique avec ceux qui ont échappé à son action est habituellement désignée sous le nom de *chyme*.

Chez les animaux qui se nourrissent exclusivement de chair, dont le suc gastrique est l'agent digestif, les aliments séjournent très-longtemps dans l'estomac et peu de temps dans l'intestin, qui, du reste, est très-court. On retrouve encore de la viande dans l'estomac du chien, six à huit heures après son ingestion. Chez les herbivores, au contraire, dont la nourriture contient de fortes proportions de substances amylacées qui échappent à l'action du suc gastrique, les aliments séjournent très-peu dans l'estomac, mais restent, au contraire, fort longtemps dans l'intestin, dont la longueur est considérable. Les animaux dont l'alimentation est mixte, tels que l'homme, ont un intestin d'une longueur intermédiaire.

Le physiologiste Beaumont a fait sur un Canadien atteint d'une fistule qui permettait d'examiner l'intérieur de son estomac, des expériences ayant pour but de faire connaître le temps pendant lequel les divers aliments séjournent dans cet organe. Nous reproduisons une partie du tableau qu'il a publié, tout en faisant remarquer qu'il ne faut pas accepter comme absolues les indications

---

* La transformation du sucre en glycose n'est due qu'à l'acide que le suc gastrique contient. De l'eau ordinaire, additionnée d'acide chlorhydrique, produit le même effet, c'est précisément ce dernier liquide qu'on emploie pour transformer le sucre de canne en glycose dans les essais saccharimétriques.

qu'il mentionne. On ne peut, en effet, apprécier la digestibilité d'un aliment par le temps de son séjour dans l'estomac, attendu que les substances qui échappent à l'action du suc gastrique, les végétaux par exemple, le traversent assez rapidement, tandis que d'autres, sur lesquelles il n'agit pas davantage, telles que les corps gras, y séjournent longtemps et entravent la digestion. De plus, personne n'ignore qu'un aliment facilement digéré par un individu l'est souvent très-mal par un autre. Un simple examen des chiffres donnés par Beaumont prouve que le sujet qu'il observait digérait très-vite des aliments d'une digestion difficile pour beaucoup de personnes.

Tableau de la digestibilité des aliments, basée sur la durée de leur séjour dans l'estomac.

NOMS DES ALIMENTS.	Durée de leur séjour dans l'estomac.	NOMS DES ALIMENTS.	Durée de leur séjour dans l'estomac.
	h. m.		h. m.
Riz	1 —	Boudin aux pommes	3 —
Pieds de cochons marinés	1 —	Côtelette de porc grillée	3 15
Truites et saumons frais frits	1 30	Pain de froment cuit au four	3 15
Cervelle bouillie	1 45	Carottes rouges bouillies	3 15
Lait bouilli	2 —	Saucisse fraîche grillée	3 20
Œufs frais rôtis	2 15	Beurre fondu	3 30
Oie sauvage rôtie	2 30	Fromage vieux et fort	3 30
Agneau frais bouilli	2 30	Pain blanc frais cuit au four	3 30
Navets bouillis	2 30	Œufs frais cuits durs	3 30
Pommes de terre frites	2 30	Veau frais bouilli	4 —
Haricots en cosse bouillis	2 30	Canard rôti	4 —
Poulet fricassé	2 45	Porc salé bouilli	4 15
Bœuf bouilli	2 45	Tendons bouillis	5 30
Porc salé cuit à l'étuvée	3 —	Graisse de bœuf fraîche	5 30

Le suc gastrique, qui attaque si énergiquement les tissus animaux est sans action sur les parois de l'estomac qui le contient. Il ne faudrait pas supposer cependant que cette résistance soit due à une propriété particulière à cet organe, car après la mort il est parfaitement attaqué par ce liquide, à la condition, bien entendu, que le corps soit maintenu à la température qu'il avait pendant la vie, c'est-à-dire à 37° environ. Si l'estomac des animaux vivants résiste à l'action du suc gastrique, c'est que la muqueuse qui le tapisse est protégée par un épithélium sur lequel ce liquide est sans action. Pendant la vie, cette sorte d'épiderme se détruit et se renouvelle incessamment comme tous les tissus du même genre ; après la mort, il se détruit, mais ne se renouvelle plus, et les parois de l'estomac, se trouvant mises à nu, sont immédiatement attaquées.

Action de la bile sur les aliments. Nous avons vu dans un précédent chapitre que la bile sécrétée par le foie s'amasse dans

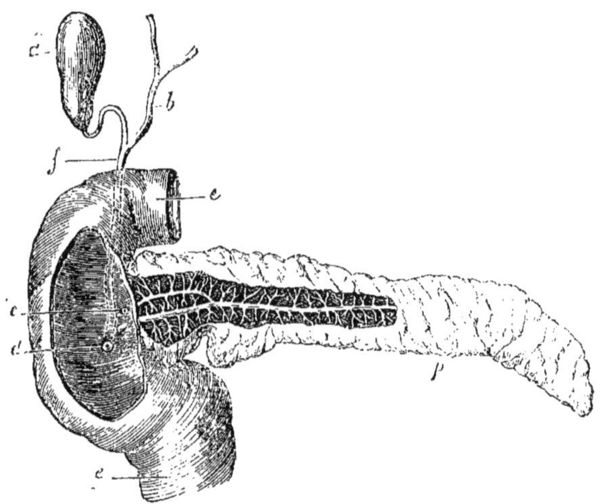

Fig. 62. — *Vésicule biliaire, canal cholédoque et pancréas**.

la vésicule biliaire, d'où elle est expulsée pendant le travail de la digestion. La sécrétion de ce liquide est assez abondante. En se basant sur des expériences faites sur des animaux dont on recueillait la bile au moyen d'une fistule biliaire, on suppose que la quantité journellement sécrétée par l'homme dépasse un kilogramme.

La bile est un liquide alcalin, visqueux, verdâtre, d'une saveur très-amère et d'une odeur spéciale. Elle jouit de la propriété d'émulsionner les corps gras, ce qui la fait souvent employer pour nettoyer les étoffes.

---

* *a*) Vésicule biliaire. — *b*) Canal hépatique. — *c*) Ouverture dans l'intestin d'une branche libre du conduit pancréatique. — *d*) Ouverture dans l'intestin du canal cholédoque uni à l'autre branche du conduit pancréatique. — *e, e*) Duodénum. — *f*) Canal cholédoque. — *p*) Pancréas.

Au point de vue de sa composition chimique , la bile est constituée par de l'eau tenant en dissolution des sels (chlorure de sodium, phosphates etc.), une forte proportion (5 à 10 %.) d'une combinaison d'un acide particulier avec la soude (*taurocholate ou choléate de soude*), une matière colorante verte, la *biliverdine**, et une matière grasse nommée *cholestérine***. Cette dernière substance paraît n'être , d'après les recherches récentes de Flint, qu'un produit de la désassimilation du cerveau et des nerfs, séparé du sang par le foie.

De même que la rétention de l'urée dans le sang est suivie d'accidents spéciaux , la rétention d'un excès de cholestérine dans ce liquide déterminerait, suivant cet auteur, des accidents particuliers (paralysie du cœur, stupeur etc.) ; on l'observerait dans diverses maladies, telles que l'ictère grave , la cirrhose etc.

Les différents principes qui constituent la bile n'existent pas tout formés dans le sang ; la plupart prennent naissance dans le foie aux dépens du sang que lui fournissent la veine porte et l'artère hépatique. Moleschott a extirpé le foie à des grenouilles qui ont survécu plusieurs jours à cette opération et dans le sang desquelles on ne trouvait pas de trace de bile.

Le rôle de la bile dans la digestion n'est pas encore parfaitement connu. Plusieurs physiologistes pensent qu'elle sert à émulsionner les corps gras , c'est-à-dire à les diviser en particules infiniment petites , propres à être facilement absorbées.

D'autres admettent avec Claude Bernard que , mélangée au suc pancréatique , elle active la digestion des substances albuminoïdes commencée dans l'estomac. Elle paraît, de plus, empêcher la putréfaction des matières alimentaires.

La bile n'agit que sur les corps gras et azotés ; elle est sans action sur les aliments féculents et sucrés.

---

* La biliverdine donne à la bile sa couleur ; c'est elle qui, dans la jaunisse, se trouve en excès dans le sérum du sang et communique à la peau une teinte jaune caractéristique.

** La cholestérine et la biliverdine forment habituellement la matière des calculs biliaires, dont la présence dans le canal cholédoque détermine les coliques hépatiques.

Toute la bile sécrétée par le foie n'agit pas sur les aliments; une partie rentre par résorption dans l'économie ; l'autre est rejetée avec les excréments auxquels elle communique sa couleur spéciale.

Action du suc pancréatique sur les aliments. Le suc pancréatique est versé dans l'intestin par le pancréas, glande d'une

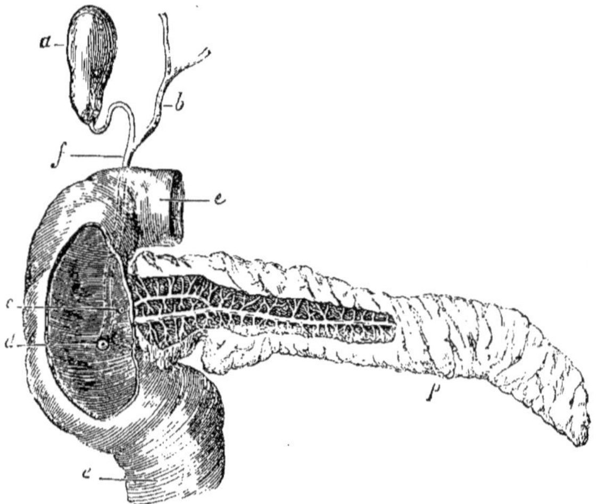

Fig. 63. — *Ouverture des canaux excréteurs du pancréas dans l'intestin*.*

structure analogue à celle des glandes salivaires. Ses canaux excréteurs, au nombre de deux, s'ouvrent dans l'intestin : l'un est libre, l'autre est réuni au canal cholédoque, de façon qu'au moment de leur arrivée la bile et le suc pancréatique se trouvent mélangés.

On peut recueillir le suc pancréatique sur un animal vivant, en lui pratiquant une fistule sur la branche isolée du canal pancréatique ; mais le liquide qu'on obtient en broyant un pancréas dans de l'eau jouit des mêmes propriétés.

La sécrétion du suc pancréatique est presque nulle dans l'intervalle des repas ; elle n'est abondante que pendant la digestion. On

---

* *a)* Vésicule biliaire. — *b)* Canal hépatique. — *c)* Ouverture dans l'intestin d'une branche libre du conduit pancréatique. — *d)* Ouverture dans l'intestin du canal cholédoque uni à l'autre branche du conduit pancréatique. — *e, e)* Duodénum. — *f)* Canal cholédoque. — *p)* Pancréas.

a même observé que le liquide sécrété en dehors de cette période était sans action sur les aliments.

Le suc pancréatique, tel qu'il s'écoule pendant la digestion, est un liquide alcalin, incolore, filant et visqueux, se décomposant rapidement. Quand on le chauffe, il se prend en masse et se coagule comme l'albumine. Les acides énergiques le coagulent également.

La composition du suc pancréatique est mal connue; on sait seulement qu'il contient 90 % d'eau environ et 10 parties de matières solides : chlorures, phosphates, carbonates et un principe particulier, la *pancréatine*, coagulable comme l'albumine, très-analogue à la ptyaline.

Le suc pancréatique émulsionne les matières grasses, c'est-à-dire les divise en particules excessivement fines, propres à être absorbées, transforme les aliments féculents en glycose, comme le fait la salive, et achève de liquéfier les substances azotées attaquées par le suc gastrique. Il n'agit bien que sur les aliments qui ont subi l'action des autres sucs digestifs.

Le pancréas joue un rôle considérable dans la digestion. La dégénérescence de cet organe empêche la digestion des corps gras et entraîne un amaigrissement considérable. Cette maladie n'a été jusqu'à présent reconnue qu'après la mort ; mais l'existence d'une grande quantité de matières grasses dans les selles pourrait la faire soupçonner pendant la vie. L'administration journalière du suc pancréatique obtenu par la macération de pancréas frais dans de l'eau serait, sans doute, fort utile dans les cas de cette nature.

Action du suc intestinal sur les aliments. Le suc intestinal est un liquide sécrété par les glandes qui existent dans la muqueuse intestinale. Pour l'obtenir, on ouvre l'abdomen d'un animal vivant, on retire une anse intestinale de 20 centimètres de longueur environ et, après l'avoir liée en deux points aussi éloignés que possible, on la remet en place. Au bout de quelques heures, on tue l'animal et on recueille le liquide sécrété dans la partie comprise entre les ligatures.

Le suc intestinal est un liquide fort complexe ; il se trouve généralement mélangé avec les autres liquides digestifs. On y trouve de l'eau, du mucus, des sels, de l'albumine, de la pancréatine etc. Sa sécrétion est considérablement augmentée par les purgatifs.

Son action sur les aliments se rapproche de celle du suc pancréatique. Il transforme l'amidon en sucre, émulsionne les corps gras, dissout les substances azotées et achève de transformer le sucre en glycose. Il paraît avoir pour fonction de digérer les aliments qui ont échappé à l'action de la salive, du suc gastrique, de la bile et du suc pancréatique.

Les substances alimentaires qui ont échappé à l'action des sucs digestifs s'accumulent, comme nous l'avons vu, dans le gros intestin, d'où elles sont expulsées au dehors. Elles contiennent 75 % d'eau, des sels, de l'albumine, de la graisse, des résidus alimentaires non digérés et de la bile, qui leur communique une coloration spéciale.

§ 4.

ABSORPTION DES PRODUITS DE LA DIGESTION.

Les aliments qui ont subi l'action des liquides digestifs se trouvent transformés en une bouillie blanchâtre nommée *chyle*, destinée à être absorbée par les vaisseaux contenus dans les villosités de l'intestin.

Le chyle est un liquide blanc laiteux, opaque, se coagulant par le refroidissement comme le sang. Il contient dans sa composition des substances albuminoïdes résultant de la digestion des matières azotées, des corps gras émulsionnés, auxquels il doit sa couleur blanche, des substances sucrées provenant de la transformation des principes féculents et des matières minérales. Il renferme, par conséquent, tous les éléments d'un aliment complet.

Au point de vue de sa composition chimique, le chyle a beaucoup d'analogie avec le sang, qu'il est destiné à former. Une analyse de ce liquide a fourni sur 1000 parties : 904 parties d'eau, 70 d'albumine, 9 de matières grasses, 14 de matières extractives et sels. Il contient de la fibrine, comme le sang, bien qu'en proportion moins forte. Il renferme aussi des globules, mais en quantité minime et d'une forme qui diffère beaucoup de celle des globules sanguins.

Le chyle est absorbé par les vaisseaux chylifères et veineux qui prennent naissance dans les villosités intestinales. Les veines ne

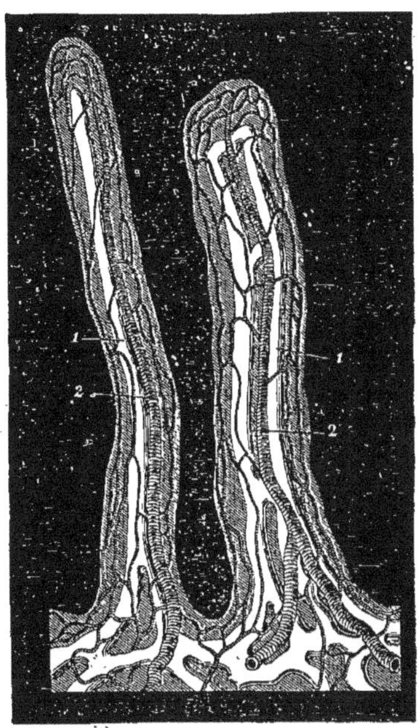

Fig. 64. — *Villosités de l'intestin de l'homme*.*
(Grossies 100 fois.)

se distinguent des chylifères qu'en ce qu'elles n'absorbent pas sensiblement de matières grasses.

Les veines qui naissent des diverses parties de l'intestin conduisent le produit de la digestion dans la veine porte, qui le distribue au foie. Le liquide qui sort de cet organe se jette dans la veine cave inférieure, qui le mène au cœur, d'où il passe aux poumons pour subir l'action vivifiante de l'oxygène ; apte alors à réparer les pertes des tissus, il est distribué par les artères aux divers organes.

Le chyle absorbé par les chylifères arrive également au cœur, mais par une voie différente. Tous les chylifères vont se jeter dans

* 1, 1) Vaisseaux chylifères. — 2, 2) Vaisseaux sanguins.

un tube flexueux, le *canal thoracique*, qui remonte le long de la colonne vertébrale jusqu'à la veine sous-clavière gauche, dans la-

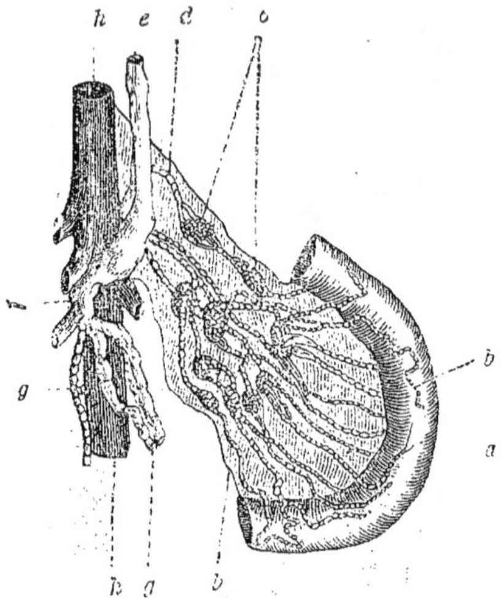

Fig. 65. — *Vaisseaux chylifères* *.

quelle il s'abouche. Cette veine se jette dans la veine cave supérieure, qui conduit le chyle au cœur, où il se trouve mélangé avec celui déjà amené par les veines de l'intestin et d'où il passe dans les poumons pour subir les mêmes transformations.

Fig. 66. — *Réseau lymphatique d'un doigt*.

Les vaisseaux chylifères ne sont autre chose que les lymphatiques de l'intestin ; leur nom leur a été donné à une époque où l'on ignorait leur nature. Les lymphatiques sont des vaisseaux qui naissent dans toutes les parties du corps, à la surface de la peau

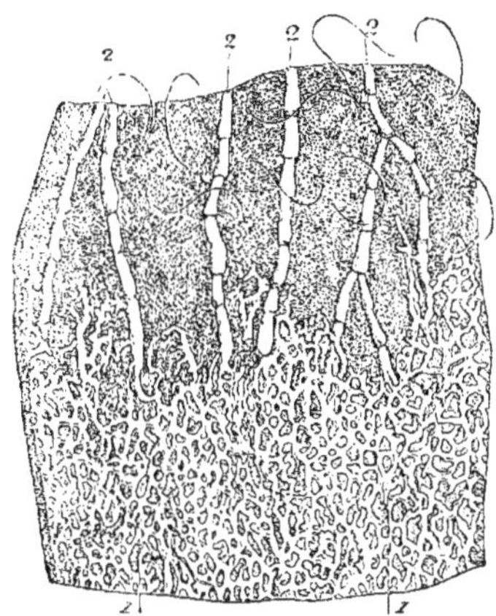

Fig. 67. — *Réseau lymphatique profond de la peau des doigts* *.

comme à celle de l'intestin. Leurs extrémités sont fermées et ils absorbent les liquides avec lesquels ils se trouvent en contact par endosmose, c'est-à-dire absolument comme une vessie pleine d'un liquide absorbe les liquides de densité différente dans lesquels elle est plongée.

Tous les vaisseaux lymphatiques du corps se réunissent en deux conduits, la grande veine lymphatique et le canal thoracique, qui vont se jeter, le premier dans la veine sous-clavière droite, le second dans la veine sous-clavière gauche. La grande veine lymphatique reçoit les lymphatiques de la moitié de la portion du corps qui s'élève au-dessus du diaphragme ; le canal thoracique, les au-

Fig. 68. — *Vaisseau lymphatique, ouvert pour montrer ses valvules.*

tres lymphatiques du corps, y compris ceux de l'intestin, c'est-à-dire les chylifères. Le liquide qui y est contenu circule en vertu seulement de la contractilité de leurs parois. La direction du courant est déterminée par les valvules qu'ils contiennent et qui, en se fermant aussitôt que la lymphe et le chyle veulent refluer en arrière, ne les laissent se diriger que dans un sens.

Sur le trajet des vaisseaux lymphatiques se trouvent un nombre considérable de petites glandes nommées *ganglions lymphatiques*, formées d'une charpente celluleuse renfermant un réseau de capillaires lymphatiques qui s'anastomosent entre eux. Le contenu des lymphatiques s'y modifie avant de pénétrer dans le sang ; mais nous ignorons absolument la nature de cette transformation.

Les vaisseaux lymphatiques contiennent un liquide jaune pâle citrin transparent nommé *lymphe*, dont la composition est très-analogue à celle du sang. Dans l'intestin, ce liquide est mélangé avec les matériaux digestifs assimilables et prend le nom de *chyle*. Après la digestion, il contient une forte proportion de matières grasses émulsionnées, qui lui donnent sa couleur blanche ; avant les repas, il est incolore comme dans les autres parties du corps.

Les fonctions des vaisseaux lymphatiques de l'intestin , c'est-à-dire des chylifères, sont bien connues : on sait qu'ils absorbent le produit de la digestion ; mais on est moins fixé sur celles des vaisseaux lymphatiques des autres parties du corps. Comme les veines, ils absorbent les produits de la désassimilation des tissus, mais ils semblent, en outre, chargés de ramener dans le torrent de la circulation l'excédant du liquide transsudé par les capillaires pour la nutrition des organes et non utilisé par ces derniers. Ce liquide arrive également, en effet, à tous les éléments ; mais chacun n'y puisant que ce qui lui convient, il reste un excédant inutile qui serait perdu s'il n'était pas ramené dans la circulation.

La découverte de la voie par laquelle sont absorbés les produits de la digestion est moderne. Plusieurs médecins de l'antiquité semblent avoir aperçu les vaisseaux chylifères, mais ils ignorèrent absolument leur fonction. Ils pensaient que l'absorption des produits de la digestion se faisait uniquement par les veines.

En 1622, Gaspard Aselli, professeur à l'Université de Pavie, ayant ouvert le corps d'un chien vivant, vit à la surface de l'intestin des cordons blanchâtres, laissant échapper un liquide blanc, épais, lorsqu'on les piquait; mais l'animal mourut et les vaisseaux disparurent. Pour les revoir, il ouvrit l'abdomen d'un autre chien, mais n'aperçut rien de semblable. En recherchant les causes de cette différence, Aselli reconnut que l'animal qu'il avait d'abord observé venait de faire un copieux repas, tandis que le second était à jeun. Il répéta l'expérience sur un troisième chien qui venait de manger, et revit les vaisseaux lactés. Poursuivant son étude, il rechercha la terminaison de ces organes, mais ne sut pas la trouver, et supposa à tort que les chylifères se jetaient dans le foie.

Bien que facile à constater, la découverte d'Aselli eut le sort de toutes les découvertes à leur début. Ses contemporains la combattirent avec force. Chose étrange et qui prouve combien les préjugés sont difficiles à détruire, même chez les hommes supérieurs, elle eut pour adversaire l'illustre auteur de la découverte de la circulation du sang, Harvey, qui, lui-même, avait eu autrefois tant de luttes à soutenir pour vaincre la routine. Ce grand physiologiste jouissait alors d'une autorité universellement reconnue, et son opinion entraîna celle de tous les anatomistes, qui nièrent, à l'unanimité, l'existence des vaisseaux chylifères. Moins heureux que son célèbre contradicteur, Aselli mourut sans avoir réussi à faire admettre la réalité des organes qu'il avait constatés.

Cependant un fait d'une observation aussi facile ne pouvait pas rester indéfiniment inaperçu. Reconnue, quelques années plus tard, chez un supplicié et confirmée par de nouvelles observations sur les animaux, l'existence des vaisseaux chylifères fut bientôt définitivement admise. Mais ce ne fut qu'en 1649 que l'anatomiste Pecquet découvrit qu'ils se terminent dans le canal thoracique. Vers la même époque, Thomas Bartholin, professeur à Copenhague, et Rudbeck, étudiant suédois, reconnurent que les lymphatiques existent non-seulement dans les intestins, mais encore dans toutes les parties du corps. Leur étude fut complétée ensuite par les recherches de beaucoup d'observateurs, Hunter, Lauth, Panizza et surtout Mascagni et Sappey. Au point de vue de l'exactitude, aucun travail n'est supérieur à celui de ce dernier anatomiste; il a suivi les lymphatiques dans leurs plus délicates ramifications et prouvé leur existence dans les organes, tels que la langue, où ils étaient inconnus. Ses recherches l'ont conduit à admettre que c'est dans les vaisseaux lymphatiques que siégent en réalité les phénomènes inflammatoires (abcès, phlegmons etc.) qu'on observe si fréquemment dans le tissu cellulaire sous-cutané.

L'absorption des produits de la digestion se fait sur tous les points du tube digestif de la bouche à l'anus, mais d'une façon très-inégale. Dans la bouche et l'œsophage, elle est à peu près nulle; dans l'estomac, elle s'opère surtout sur l'eau* et les sels solubles. Une partie de ces substances est immédiatement absorbée par les vaisseaux de cet organe; l'autre continue sa route à travers l'intestin grêle, où se trouve le véritable siége de l'absorption.

Dans le gros intestin, l'absorption est presque nulle, parce que les matières alimentaires y arrivent dépouillées de leurs principes nutritifs. Néanmoins cet organe peut parfaitement absorber, et on a pu plusieurs fois, dans des cas de rétrécissement du tube digestif empêchant les aliments d'arriver dans l'estomac, nourrir les malades en introduisant des matières alimentaires par le rectum. Elles sont alors digérées par le suc intestinal que sécrète le gros intestin et absorbées par les veines et les lymphatiques renfermés dans cet organe. Le docteur Runge a nourri pendant deux mois (du 20 avril au 18 juin 1868) un malade atteint d'un rétrécissement de l'œsophage en lui injectant par le rectum des lavements contenant des substances nutritives : jaune d'œuf, bouillon etc. Le malade mourut, non d'inanition, mais d'une inflammation intestinale. Il nous semble que dans des cas analogues on arriverait à des résultats meilleurs en administrant les aliments tout digérés par leur séjour préalable dans une solution acidifiée de pepsine, ou mieux dans un mélange de bile et de suc pancréatique**. Les aliments

---

*L'eau passe très-vite dans le sang; chez un bœuf, qui n'avait pas bu depuis vingt-quatre heures et dont le sang contenait 775 parties d'eau pour 1000, Schultz a vu, peu d'instants après que l'animal eut bu abondamment, la proportion de ce liquide s'élever à 840.

**Claude Bernard a reconnu que de la bile additionnée de suc pancréatique ou plus simplement d'un fragment de pancréas et d'un peu de matières grasses pour prévenir la décomposition du liquide formait un mélange se conservant fort longtemps et digérant parfaitement les graines, les féculents et les matières albuminoïdes.

étant tout digérés, l'intestin n'aurait plus qu'à les absorber, et on lui éviterait ainsi le travail considérable auquel on le soumet en le forçant à sécréter sur une petite étendue tout le suc intestinal nécessaire à la digestion.

Les médicaments et les substances toxiques introduites dans l'estomac sont absorbés par les veines de cet organe ou par celles de l'intestin et ne semblent pas l'être par les lymphatiques. La vitesse de leur absorption est très-variable : on les retrouve quelquefois dans l'urine au bout d'une minute.

Les médicaments introduits en lavements par le gros intestin sont absorbés aussi vite et quelquefois même plus rapidement que ceux introduits dans l'estomac par la bouche. C'est ce qui arrive pour la belladone et l'opium, et cette indication physiologique ne doit jamais être perdue de vue par les médecins.

§ 5.

RÉSUMÉ DES PHÉNOMÈNES DE LA DIGESTION.

La digestion est une fonction qui a pour but de transformer en matières solubles absorbables les aliments introduits dans l'estomac.

Pour que la perte des organes puisse être convenablement réparée, il faut que les aliments contiennent des matières azotées (viande, fibrine, albumine), des matières amylacées (fécule, amidon), des matières grasses et des matières minérales.

Les premiers phénomènes de la digestion se passent dans la bouche ; la mastication divise les aliments en fragments et les rend plus faciles à être digérés. En même temps, sous l'influence d'un principe analogue à la diastase contenu dans la salive, une partie des composés féculents est transformée en glycose.

Dans l'estomac, les aliments sont soumis à l'action du suc gastrique qui attaque les matières azotées et laisse intacts les corps gras et féculents. Le produit de la digestion stomacale est une pâte, nommée *chyme*, résultant du mélange des composés albuminoïdes transformés par le suc gastrique et des substances qu'il n'a pas attaquées.

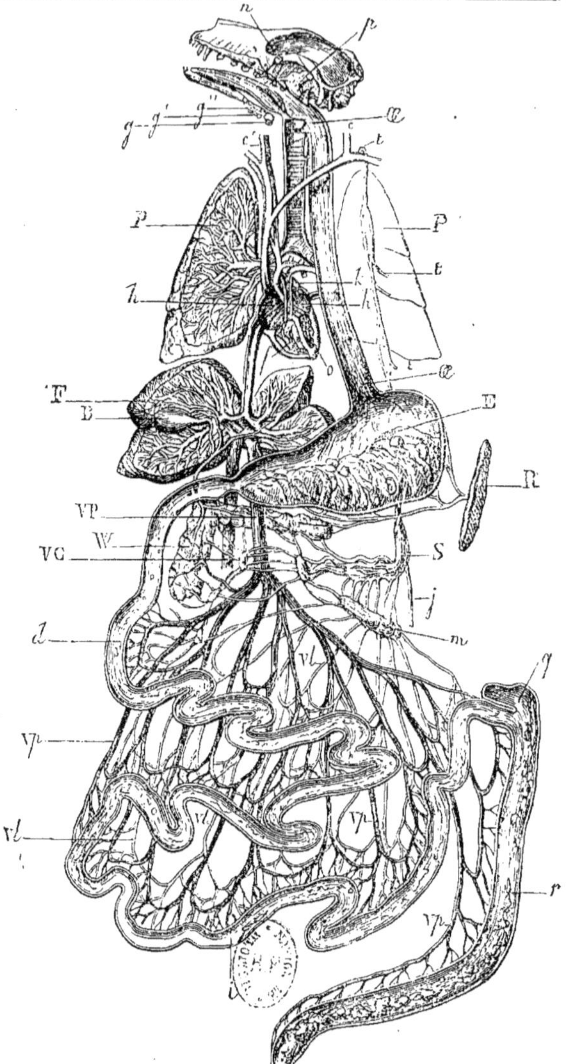

Fig. 69. *Ensemble du canal digestif pendant la digestion chez les mammifères* (dessiné sous la direction de Claude Bernard).*

*g, g', g", p, n) Glandes salivaires. — œ) OEsophage. — E) Estomac. — d, i, q, r) Intestin. — B) Vésicule biliaire. — R) Rate. — W) Pancréas. — VP) Tronc de la veine porte, dont les ramifications Vp absorbent une partie du produit de la digestion et le conduisent dans le foie F, d'où il se rend, par la veine cave inférieure, dans l'oreillette droite h, de là au poumon P par l'artère pulmonaire, et finalement dans l'oreillette gauche h' et le ventricule gauche o, dont les contractions le chassent dans l'aorte k. — Vl, VG) Vaisseaux chylifères destinés également à absorber le produit de la digestion; ils traversent des ganglions m et arrivent dans le réservoir de Pecquet S, origine du canal thoracique tt qui s'abouche dans la veine sous-clavière gauche c pour se rendre, comme le produit absorbé par la veine porte, dans l'oreillette droite h et de là aux poumons P P.

Dans l'intestin, les aliments sont soumis à l'action de divers liquides: bile, suc pancréatique, suc intestinal etc., qui complètent leur transformation.

La bile et les sucs gastrique et pancréatique émulsionnent les matières grasses et achèvent la digestion des matières albuminoïdes. Le suc pancréatique convertit, en outre, les féculents en glycose. Quant au suc intestinal, il semble réunir les propriétés de tous les autres sucs digestifs et digère les matières alimentaires qui ont échappé à leur action.

Le produit de la digestion intestinale est un liquide blanchâtre, nommé *chyle*. Il est absorbé par les veines et les vaisseaux lymphatiques qui se trouvent dans les villosités de l'intestin. Les veines amènent leur contenu dans la veine porte, qui va le jeter dans le foie, d'où le liquide est conduit à l'oreillette droite du cœur par la veine cave inférieure. Les vaisseaux chylifères le jettent dans le canal thoracique, qui le conduit à la veine sous-clavière, d'où il est également mené à l'oreillette droite du cœur par la veine cave supérieure.

Le produit de la digestion, mélangé au sang, est lancé par le cœur aux poumons, où il subit l'action vivifiante de l'air. Apte alors à réparer les pertes des tissus, il est conduit par les artères aux divers organes.

Les substances qui ont échappé à l'action des sucs digestifs sont expulsées au dehors par l'extrémité inférieure de l'intestin.

Ici se termine ce que nous avions à dire de la digestion. Les connaissances acquises sur cette importante fonction sont bien incomplètes encore, et cependant elles ont nécessité plusieurs siècles de recherches.

CHAPITRE VI.

HYGIÈNE DE LA DIGESTION ET PHYSIOLOGIE DES TROUBLES DE CETTE FONCTION.

Observations sur le régime. — Inutilité des prescriptions données à ce sujet. — Choix des aliments. — Effets d'une mastication insuffisante. — Influence des corps gras, des condiments, des alcalins, des acides, du repos et de l'exercice sur la digestion. — Explication physiologique de la tendance au sommeil après les repas. — Causes qui entravent la digestion. — Effets produits par l'insuffisance du suc gastrique. — Danger de nourrir trop abondamment les convalescents et les anémiques. — Influence d'une alimentation trop abondante sur la production de l'obésité, de la goutte et de la gravelle. — Explication physiologique des phénomènes qui résultent de l'irrégularité des fonctions digestives. — Troubles de la digestion dépendant d'une affection de l'estomac. — Alimentation dans les affections de l'estomac. — Troubles de la digestion dépendant d'une affection de l'intestin ou de ses annexes. — Imperfection des connaissances médicales sur ce dernier point.

§ 1er

HYGIÈNE DE LA DIGESTION.

Les auteurs des anciens traités d'hygiène s'étendent longuement sur le régime et sur les règles à observer pour que les fonctions digestives s'opèrent régulièrement. Leurs préceptes compliqués et arides ne reposent le plus souvent sur aucune base physiologique précise, et probablement du reste ils n'ont jamais été bien sérieusement suivis. Nous ignorons si Cornaro, dont M. Flourens a tant vanté le genre de vie dans son ouvrage sur la longévité humaine, a réellement dû sa longue existence au régime rigoureux qu'il observait. Mais peu de personnes consentiraient sans doute à acheter un siècle de vie au prix de privations semblables à celles que s'imposait le célèbre Italien.

En fait de régime, on pourrait dire jusqu'à un certain point que le meilleur est de n'en pas avoir. L'individu qui suit un régime trop sévère ou trop uniforme s'expose à des accidents graves lorsque par hasard il vient à s'en écarter. C'est précisément ce qui arriva à Cornaro, qui, ayant voulu prendre un jour 14 onces d'aliments au lieu de 12 dont se composait sa ration habituelle, faillit en mourir.

Lorsque l'alimentation contient une proportion de matières organiques et minérales égale aux pertes journalières, elle est suffisante en quantité. Elle est suffisante en qualité, si elle est digérée facilement. Aucune règle ne vaut, sur ce dernier point, les indications fournies par l'estomac. Quant aux diverses causes qui d'une façon générale peuvent favoriser ou entraver la digestion, nous allons les indiquer avec soin.

Une des premières conditions d'une bonne digestion et souvent une des moins observées est une mastication suffisante des aliments. Nous avons déjà dit quelques mots de l'importance de ce précepte; mais il n'est pas inutile d'y revenir, car il est bien démontré aujourd'hui qu'un grand nombre de maladies de l'estomac sont causées par une mastication incomplète. Un aliment mal broyé arrive dans l'estomac en fragments grossiers dont la surface seule est attaquée par le suc gastrique, et leur partie intérieure, perdue comme matière nutritive, joue le rôle d'un corps étranger qui encombre inutilement le tube digestif. Utile pour tous les aliments, la mastication est indispensable pour ceux que recouvre une enveloppe réfractaire à l'action de ce liquide, tels que les haricots, les pois, le raisin, par exemple. Spallanzani, ayant avalé 25 grains de raisin bien mûrs, en rendit 15 intacts. La même expérience répétée avec des haricots, des lentilles, a donné des résultats analogues. Les personnes qui n'ont pas de dents doivent les faire remplacer par un ratelier et ne manger que des aliments bien cuits, car la cuisson ramollit les tissus et les rend plus facilement attaquables par le suc gastrique.

Lorsque les substances nutritives introduites dans l'estomac contiennent des composés non attaquables par le suc gastrique, comme les corps gras par exemple, ces principes empêchent l'action de ce liquide sur les aliments, qui séjournent alors longtemps dans l'estomac et sont, comme on le dit vulgairement, indigestes. C'est pour cette raison que les sauces et les potages trop gras, ainsi que les viandes très-adipeuses, rendent les aliments qu'ils accompagnent d'une digestion difficile.

Les condiments, tels que le poivre, la cannelle, la moutarde, dont on se sert pour assaisonner les mets, jouissent de propriétés tout à fait contraires. Par leur action irritante sur la muqueuse stomacale, ils augmentent la sécrétion du suc gastrique et rendent la digestion plus facile. Les liquides alcooliques à petites doses agissent de la même façon. Il faut choisir parmi eux ceux qui contiennent des principes de plantes aromatiques, tels que l'anisette, le curaçao etc.

Les alcalins, qui accroissent la sécrétion du suc gastrique, favorisent aussi la digestion ; c'est ce qui explique leur utilité pour les personnes chez lesquelles le travail digestif se fait difficilement. Il faut bien se garder cependant de les conseiller uniformément à tous les individus dont l'estomac fonctionne mal, ainsi qu'on le fait habituellement. Bien des dyspepsies, en effet, sont précisément causées par le défaut d'acidité du suc gastrique, et il est évident que dans ce cas, loin de remédier aux troubles digestifs, les alcalins ne feraient que les augmenter. Nous connaissons des personnes qui ne peuvent bien digérer que quand elles ajoutent à leurs aliments des substances acides, telles que le vinaigre par exemple, et chez lesquelles les eaux alcalines provoquent de l'indigestion et des vomissements.

Un exercice très-modéré, tel qu'une légère promenade après le repas, favorise la digestion, probablement en facilitant la circulation et augmentant par suite la quantité de suc gastrique sécrétée par la muqueuse stomacale. Un exercice violent la ralentit au contraire. Dans ce dernier cas, le sang qui se portait en abondance à l'estomac pour la production du suc gastrique reflue vers la surface de la peau et la sécrétion de ce dernier liquide diminue. Chez les sujets faibles et anémiques, le repos complet après le repas est préférable à l'exercice, si modéré qu'il puisse être.

La tendance au sommeil qui se manifeste chez beaucoup d'individus après le repas ne nous semble en aucune façon indiquer une prédisposition aux congestions cérébrales, comme on le suppose généralement sans appuyer cette hypothèse d'aucune preuve. Pour nous, la tendance au sommeil dénote seulement que l'individu chez lequel on l'observe est anémique. Loin de se porter au cerveau, le sang afflue au contraire à l'estomac, et nous pensons que c'est précisément parce que le premier de ces organes n'en reçoit plus en quantité suffisante que ses fonctions se ralentissent et que le sommeil arrive. Sans doute, le besoin de dormir après le repas se produit souvent chez des sujets dont le visage est très-coloré et qui dès lors semblent, d'après l'opinion vulgaire, prédisposés aux congestions. Mais aucun médecin n'ignore que l'anémie peut exister avec une coloration plus ou moins marquée de la face. Nos observations personnelles nous ont prouvé, du reste, que c'est précisément chez les individus de constitution débile ou affaiblie, ainsi que chez les vieillards, que cette tendance au sommeil se rencontre le plus fréquemment.

Si nous abordons maintenant l'étude des causes qui peuvent troubler la digestion, nous verrons que l'explication physiologique de leur action est également facile.

La mastication incomplète et l'exercice violent après le repas entravent la digestion pour les causes que nous avons énoncées plus haut. Le travail intellectuel ou les préoccupations agissent comme l'exercice. Le sang, qui se porte en abondance au cerveau pour l'élaboration de la pensée, n'arrive plus à l'estomac en quantité assez abondante, et le suc gastrique est insuffisamment sécrété. Travailler pendant la digestion est toujours chose mauvaise. Si on y était absolument forcé, mieux vaudrait débuter immédiatement après la fin du repas que d'attendre que la digestion fût commencée. Dans le premier cas, en effet, elle se ferait lentement, mais elle se ferait, tandis que dans le second, elle pourrait être violemment troublée par le brusque appel du sang dans une autre partie du corps. C'est pour une raison analogue qu'un bain froid pris aussitôt après le repas est sans danger, tandis qu'il peut avoir de fâcheuses conséquences s'il est pris pendant la digestion.

Toutes les causes qui diminuent la masse ou la richesse du sang ont pour effet de ralentir le travail digestif, ce qu'il est facile de comprendre quand on réfléchit que le suc gastrique est formé aux dépens de ce liquide. Nourrir abondamment un individu qui vient d'être soumis à une diète prolongée est un moyen infaillible de lui occasionner une indigestion dangereuse. Le suc gastrique ne pouvant plus être sécrété en quantité suffisante pour dissoudre les aliments, ces derniers agissent comme corps étrangers. Des naufragés qui avaient eu à supporter une longue abstinence sont morts pour avoir trop cédé aux sollicitations de la faim lorsqu'on leur présentait des aliments.

C'est également par suite d'une insuffisance du suc gastrique que les individus chlorotiques et anémiques ont souvent des digestions difficiles. Les convalescents qui veulent manger autant qu'une personne en bonne santé s'exposent aux mêmes accidents.

L'ingestion de certaines substances, telles que l'alcool à haute dose, la glace chez beaucoup de personnes, suspend la sécrétion du suc gastrique et par suite arrête la digestion. L'ingestion de composés qui paralysent la contraction de l'estomac, tels que l'opium, l'arrête également en empêchant les mouvements qui mettent toutes les parties de la masse alimentaire au contact du suc gastrique.

Une alimentation trop abondante rend la digestion difficile à cause de l'introduction dans l'estomac d'une plus grande quantité d'aliments que le suc gastrique n'en peut transformer. Si l'excès d'aliments est habituel, le sang finit par se trouver chargé d'une surabondance de matériaux nutritifs, qui entraîne à sa suite l'obésité, la goutte ou la gravelle, suivant que cet excès se dépose sous forme de graisse dans les tissus, d'acide urique et d'urates dans les articulations ou dans l'appareil urinaire. Il suffit d'un repas abondant pour déterminer dans l'urine un dépôt rouge briqueté d'acide urique ou d'urates. Ce n'est qu'en faisant beaucoup d'exercice ou un travail musculaire suffisant, pour proportionner ses dépenses à ses recettes, que le fort mangeur pourra échapper aux inconvénients résultant d'une alimentation trop abondante. La production de la force a lieu, en effet, comme nous l'avons vu, aux dépens des aliments, et leur oxydation les transforme en produits solubles d'une élimination facile.

§ 2.

PHYSIOLOGIE DES TROUBLES DE LA DIGESTION.

Après avoir indiqué les conditions qui favorisent ou entravent la digestion, nous allons aborder, avec l'aide des connaissances physiologiques précédemment acquises, l'explication des principaux phénomènes qui résultent de l'irrégularité de cette fonction.

La sécrétion du suc gastrique s'accompagne toujours d'un afflux de sang vers la muqueuse stomacale, qui, de pâle qu'elle était entre les repas, devient rouge aussitôt que les aliments arrivent à son contact. Si cet état physiologique s'exagère, il en résulte une inflammation de cette membrane avec sécrétion plus ou moins abondante de mucus, à laquelle on a donné le nom de *gastrite*.

Cette affection est généralement produite par les mêmes causes que celles qui entraînent de mauvaises digestions habituelles, mais elle peut être également engendrée par l'ingestion de liquides toxiques, d'aliments trop chauds ou de substances qui, sans être précisément des poisons, comme l'alcool par exemple, font subir à l'estomac des modifications telles, qu'à la longue la sécrétion du suc gastrique devient imparfaite.

Les affections qui ralentissent la circulation dans les vaisseaux de l'estomac, telles que les maladies du cœur et du foie, troublent également la sécrétion gastrique et peuvent engendrer la gastrite.

A l'état normal, la digestion s'accompagne d'un léger abattement qui passe souvent inaperçu. Lorsque la muqueuse stomacale est enflammée, l'abattement s'exagère et le malade éprouve cette fatigue et ce malaise général qu'on constate habituellement dans cette forme légère de la gastrite qui a été nommée *embarras gastrique*. En même temps, le suc gastrique, devenu alcalin par suite de son mélange avec le mucus abondamment sécrété par l'estomac, ne peut plus agir sur les matériaux nutritifs, et la digestion est entravée. Les aliments non digérés se décomposent et donnent naissance à des gaz qui sont la cause d'éructations acides ou fétides. Les gaz sont acides si l'estomac contient des liquides alcooliques, dont une partie se décompose en acides acétique et carbonique. Ils sont fétides et rappellent l'odeur d'œufs pourris si cet organe renferme des aliments albumineux dont la décomposition produit de l'hydrogène sulfuré.

Si, malgré son état de malaise, le malade veut manger, le suc gastrique n'agissant pas sur les aliments, par suite de l'excès de mucus alcalin que l'estomac contient, ces derniers sont rejetés au dehors. Des vomissements peuvent se produire également chez des individus qui observent la diète, mais chez lesquels la sécrétion du mucus stomacal est considérable. Ce liquide est fréquemment rendu au dehors coloré par de la bile provenant de l'intestin.

D'après ce qui précède, on comprend facilement pourquoi, dans l'inflammation passagère de la muqueuse stomacale, il ne faut pas charger l'estomac d'aliments. Dans l'inflammation chronique, la diète serait également très-utile; mais comme une alimentation insuffisante prolongée serait une cause de mort beaucoup plus active que la maladie elle-même, il est évident qu'elle doit être évitée. Ici encore les indications fournies par la physiologie nous sont fort utiles. Elles nous montrent, en effet, qu'il faut administrer les aliments en petite quantité, de façon que l'estomac n'en reçoive pas plus qu'il n'en peut digérer à la fois. Elles nous font comprendre également la nécessité de choisir, autant que possible, des aliments liquides, parce qu'ils séjournent moins longtemps dans l'estomac que les solides et sont plus facilement digérés *. Si la

* Sous prétexte que le suc gastrique a perdu ses propriétés digestives, Niemeyer dit, dans son *Traité de pathologie interne* (7e édit., t. I, p. 591), que chez les individus atteints de gastrite qui traîne en longueur on ne doit permettre que l'usage des aliments amylacés, tels que les soupes à l'eau par exemple. Malgré la grande autorité de cet auteur, nous n'hésitons pas à qualifier son conseil de très-dangereux. Un individu qui suivrait ce régime pendant quelque temps mourrait de faim, ainsi que nous l'avons vu en parlant des principes qui doivent entrer dans l'alimentation. La physiologie nous enseigne que les aliments imbibés de suc gastrique ou de pepsine sont parfaitement digérés dans l'intestin sous l'influence de la bile, du suc pancréatique et du suc intestinal. Nous savons, d'un autre côté, que les aliments liquides traversent rapidement l'estomac. Il n'y a donc aucun inconvénient à nourrir suffisamment les individus atteints de gastrite si l'on suit fidèlement les indications que nous avons données. Les œufs bien délayés dans du lait, du bouillon ou de la panade nous semblent en pareil cas le meilleur aliment à conseiller. C'est avec des mélanges de cette nature que nous avons nourri pendant le siége de Paris les malades atteints d'affections de l'estomac ou des intestins, qui se trouvaient dans l'hôpital militaire dont le service nous était confié. Les résultats excellents que nous avons obtenus nous ont montré une fois de plus l'utilité d'éclairer les prescriptions médicales des lumières de la physiologie.

difficulté des digestions peut faire supposer que la sécrétion du suc gastrique est tout à fait insuffisante, on peut remplacer le suc gastrique qui fait défaut en mélangeant les aliments avec une solution acidifiée de pepsine. On arriverait ainsi à nourrir suffisamment le malade pour lui donner la force de supporter sa maladie. Dans le traitement des affections de l'estomac par les anciennes méthodes, le malade succombait plus souvent à l'inanition qu'aux suites de l'affection elle-même.

Les vomitifs, dont on abuse généralement dans l'embarras gastrique, ne sont utiles que dans deux cas : lorsque l'estomac contient des aliments non digérés ou lorsqu'il renferme une quantité considérable de mucosités, ce qu'on reconnaît par le gonflement de l'épigastre et l'existence de nausées. Dans la gastrite chronique, il n'existe aucune raison physiologique pour en conseiller l'emploi.

Les purgatifs ne sont également utiles que quand l'intestin contient des matières non digérées, ce qui peut se reconnaître par la percussion et aux gaz fétides qui se dégagent.

Les gaz engendrés dans le tube digestif par la décomposition des aliments non digérés occasionnent un gonflement de l'estomac et de l'intestin qui, par leur développement, compriment les organes avec lesquels ils sont en rapport et gênent la circulation et la respiration. En administrant des corps susceptibles de les absorber ou de se combiner avec eux, tels que le charbon et la magnésie, on les fait disparaître. Lorsqu'on agit ainsi, on s'attaque évidemment à l'effet et non à la cause, car l'absorption des gaz ne les empêche pas de se produire. On combattrait au contraire la cause en administrant des substances capables d'arrêter la décomposition des aliments dans le tube digestif. Théoriquement, des antiseptiques, tels que l'acide phénique, seraient fort utiles, mais ils n'ont pas encore été essayés.

Tous les troubles digestifs qui ont leur siége dans l'estomac n'ont pas pour origine l'inflammation de cet organe; plusieurs sont produits par des causes diverses, du reste mal connues, et dont l'étude nous entraînerait trop loin. On voit souvent des digestions difficiles accompagnées de douleurs (gastralgie) qui ne tiennent pas évidemment à une inflammation de la muqueuse de l'estomac; elles s'observent fréquemment chez les personnes anémiques, épuisées par le travail ou les excès, les convalescents, les vieillards etc., et paraissent tenir habituellement à une altération ou à une insuffisance du suc gastrique, résultant de l'appauvrissement du sang. Souvent elles sont liées à une affection du foie et sont de véritables coliques hépatiques. Il est nécessaire de distinguer des cas semblables d'avec la gastrite, parce qu'alors les substances qui augmentent la sécrétion du suc gastrique en irritant la muqueuse, telles que les liquides alcooliques, les amers etc., peuvent être fort utiles, tandis que dans la gastrite leur emploi est, au contraire, inutile ou dangereux.

C'est également à l'insuffisance de la sécrétion du suc gastrique que sont dus les troubles digestifs qu'on observe chez les buveurs. Habituée au contact des liquides irritants, leur muqueuse stomacale n'est plus suffisamment excitée par le contact des aliments pour sécréter le suc gastrique, et ce n'est qu'en faisant usage de substances nutritives très-épicées que ces individus parviennent à digérer facilement.

L'estomac est loin de jouer un rôle prédominant dans la digestion, comme on le croyait autrefois. La physiologie nous enseigne, en effet, que les actes les plus importants de cette fonction s'accomplissent dans l'intestin. Les maladies de l'intestin et de ses diverses annexes doivent donc avoir une influence plus considérable que celles de l'estomac sur les fonctions digestives; mais, comme elles sont très-mal connues, on ne leur accorde qu'une place tout à fait accessoire dans les ouvrages de pathologie. En outre, comme une affection d'une partie quelconque du tube digestif se traduit par divers états pathologiques qu'on peut attribuer à une lésion de l'estomac, c'est généralement à ce dernier qu'on rapporte l'origine des troubles digestifs observés, confondant ainsi l'effet avec la cause, chose si fréquente en médecine. Quand on possède des notions suffisantes sur le rôle des liquides digestifs, suc pancréatique, suc intestinal etc., il est facile de comprendre qu'une lésion de l'un des organes chargés de les sécréter doit être beaucoup plus grave qu'une lésion de l'estomac lui-même. Si l'importance des fonctions digestives qui s'accomplissent dans l'intestin était mieux comprise, des affections d'organes essentiels, tels que le pancréas, ne seraient pas aussi complétement ignorées qu'elles le sont aujourd'hui.

Nous n'aurons donc, faute de connaissances précises sur ce point, que peu de chose à dire des troubles de la digestion dans l'intestin. Les purgatifs drastiques, le passage d'aliments non digérés et en décomposition, la rétention prolongée des matières fécales, rétention capable quelquefois d'irriter l'intestin au point de déterminer une péritonite partielle, les obstacles à la circulation dans le foie, d'où résulte une distension des veines intestinales, et diverses causes peu connues provoquent l'inflammation de cet organe et une sécrétion abondante de sa muqueuse. En même temps, sous l'influence de cette excitation plus vive, les contractions intestinales deviennent plus rapides et déterminent fréquemment l'expulsion du contenu de l'intestin qui, le plus souvent, a échappé à l'action des sucs digestifs. Mélangée au liquide sécrété par la muqueuse intestinale, la masse alimentaire forme une bouillie liquide, dont l'émission constitue le phénomène nommé *diarrhée*, le seul symptôme qui quelquefois révèle l'état inflammatoire de l'intestin.

L'inflammation de la muqueuse intestinale s'accompagne souvent, comme celle de la muqueuse stomacale, d'une production abondante de gaz due à la décomposition des aliments. En s'accumulant dans les anses intestinales, ces gaz les distendent et sont fréquemment l'origine de douleurs plus ou moins vives, auxquelles on a donné le nom de *coliques*. Quand leur développement est trop abondant, ils refoulent le diaphragme et gênent considérablement la respiration.

C'est généralement à une affection de l'intestin, le plus souvent, suivant nous, à une semi-paralysie des muscles de cet organe, qu'est due la constipation habituelle, état pathologique qui fait justement le désespoir d'un grand nombre de malades; car, sans compter l'obstruction intestinale qui n'en est que rarement la suite, la constipation habituelle amène — par la gêne qu'apporte à la circulation la compression exercée sur les vaisseaux du bassin par les matières fécales durcies — la congestion de divers organes, le rectum, l'utérus et le cerveau notamment. Il en résulte une série d'accidents : hémorrhoïdes, catarrhes utérins, bourdonnements, maux de tête, irritabilité nerveuse excessive etc., qui empoisonnent la vie du malade. Voltaire, en faisant dire à l'anatomiste Sidrac que la chaise percée a une influence considérable sur les actions humaines, émet, sous une forme paradoxale, une vérité profonde. Sans affirmer avec lui que les gens constipés sont souvent de grands scélérats, et que Cromwell, quand il fit condamner son souverain, Henri III, quand il fit assassiner le duc de Guise, Charles IX, quand il ordonna la Saint-Barthélémy, n'étaient pas allés depuis fort longtemps à la garde-robe, on peut considérer comme certain que l'état de gêne produit par la constipation habituelle a sur le moral des malades une influence que tous les médecins ont été à même d'observer. Un physiologiste ne conseillera pas à un homme prudent d'irriter inutilement un individu constipé ou de solliciter de lui une faveur. Véritable pantin, qui ignore l'existence des fils qui le font mouvoir, l'homme est bien souvent ainsi le jouet de causes dont la faiblesse de ses jugements peut seule l'empêcher de soupçonner la force.

CHAPITRE VII.

ORGANES DE LA CIRCULATION

Nous avons vu dans les chapitres précédents que la digestion a pour but de transformer les aliments en matières assimilables destinées à réparer les pertes des différents tissus et à entretenir leur activité. Les organes ne pouvant aller puiser dans l'intestin leurs principes réparateurs, ces derniers leur sont portés par un liquide, le *sang*, charrié dans un système de canaux nommés *artères*. Chaque élément emprunte au sang les matériaux nécessaires à son entretien et lui rend ceux qu'il a usés. Mais ces résidus ne se mélangent pas au sang artériel, dont ils altéreraient la pureté. Ils sont repris par d'autres canaux appelés *veines*. Veines et artères communiquent avec un organe central, le *cœur*, sorte de pompe foulante destinée à donner une impulsion à leur contenu. Ce mouvement continuel du sang dans les vaisseaux constitue la *circulation*.

Nous décrirons brièvement dans ce chapitre l'appareil de la circulation, c'est-à-dire le cœur et les vaisseaux. Dans le suivant, nous étudierons le liquide qui circule dans ces vaisseaux, c'est-à-dire le sang ; puis nous aborderons le mécanisme de la circulation et terminerons enfin par l'examen des troubles que peut éprouver cette fonction.

§ 1ᵉʳ.

CŒUR.

Le cœur est un organe musculaire composé de deux parties analogues adossées mais complétement distinctes. La moitié droite ou *cœur droit* reçoit le sang veineux et le distribue aux poumons ; l'autre moitié ou *cœur gauche* reçoit le sang artériel venu des poumons et le transmet à tous les organes par les artères. L'homme a, en réalité, deux cœurs réunis en un seul.

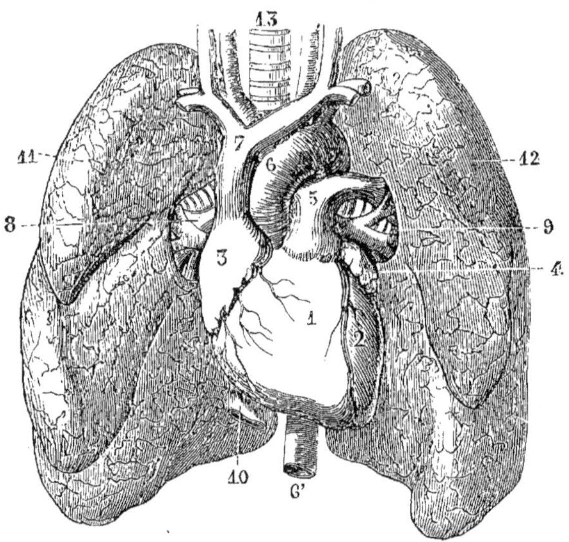

Fig. 70. — *Rapports du cœur avec les poumons* *.

Le cœur est placé au milieu de la poitrine, au-dessus du diaphragme, entre les deux poumons, en avant de l'aorte, de l'œsophage, de la colonne vertébrale, en arrière des côtes et du sternum, qui lui servent de bouclier. Il est maintenu en place par les gros

---

* 1) Ventricule droit. — 2) Ventricule gauche, — 3) Oreillette droite. — 4) Oreillette gauche. — 5) Artère pulmonaire. — 6) Artère aorte. — 7) Veine cave supérieure. — 8) Branche droite de l'artère pulmonaire. — 9) Branche gauche de la même artère. — 10) Veine cave inférieure. — 11, 12) Poumons. — 13) Trachée artère.

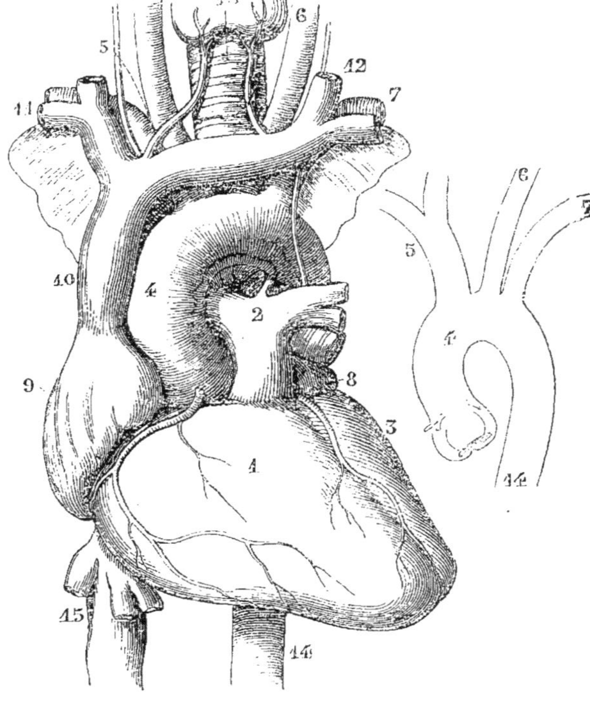

Fig. **71.** — *Face antérieure du cœur et origine des gros vaisseaux**.

* 1) Ventricule droit. — 2) Artère pulmonaire. — 3) Ventricule gauche. — 4) Crosse de l'aorte. — 5) Tronc artériel brachio-céphalique, se divisant en artères carotide primitive et sous-clavière droite. — 6) Carotide primitive gauche. — 7) Artère sous-clavière gauche. — 8) Oreillette gauche. — 9) Oreillette droite. — 10) Veine cave supérieure. — 11) Veine sous-clavière. — 12) Veine jugulaire interne. — 13) Trachée artère. — 14) Aorte descendante. — 15) Veine cave inférieure.

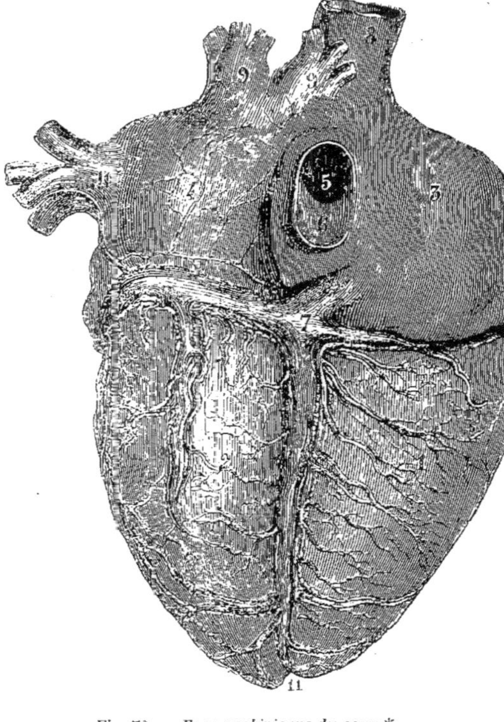

Fig. **72.** — *Face postérieure du cœur**.

* 1) Ventricule droit. — 2) Ventricule gauche. — 3) Oreillette droite. — 4) Oreillette gauche. — 5, 6) Orifice de la veine cave inférieure. — 7) Veine coronaire venant s'ouvrir dans l'oreillette droite. — 8) Veine cave supérieure. — 9, 9) Veines pulmonaires droites. — 10, 10) Veines pulmonaires gauches. — 11) Pointe du cœur. — On voit le long des branches de la veine coronaire des vaisseaux blancs, qui sont les lymphatiques du cœur.

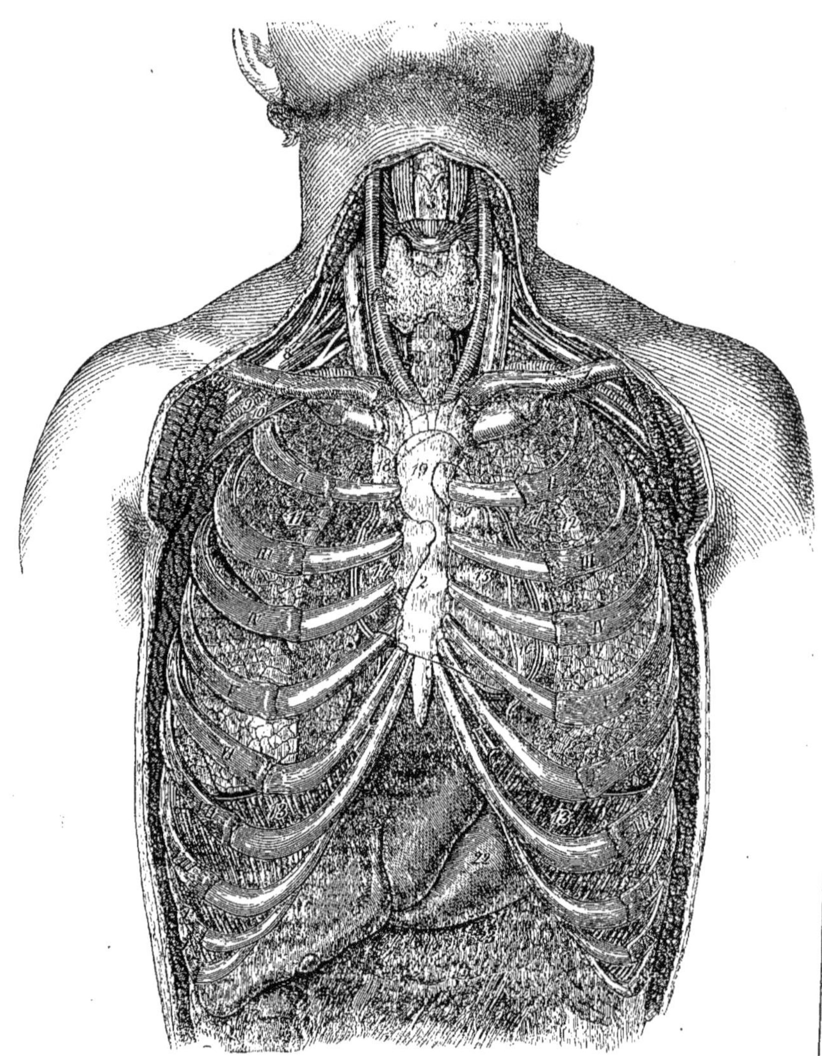

Fig. 73. — *Rapports du cœur et de l'origine des gros vaisseaux avec les parois du thorax* *.

* I à X) Côtes. — 1) Clavicule. — 2) Sternum. — 3) Larynx. — 4) Trachée. — 5) Corps thyroïde. — 6) Carotide primitive. — 7) Veine jugulaire interne. — 8) Plexus brachial. — 9) Artère sous-clavière. — 10) Veine sous-clavière. — 11) Poumon droit. — 12) Poumon gauche. — 13) Diaphragme. — 14) Oreillette droite. — 15) Ventricule droit. — 16) Ventricule gauche. — 17) Oreillette gauche. — 18) Veine cave supérieure. — 19) Artère aorte. — 20) Artère pulmonaire. — 21) Foie. — 22) Estomac. — 23) Portion transverse du gros intestin.

vaisseaux auxquels il est suspendu par le péricarde, sac fibro-séreux dont il est entouré et qui est fixé par sa base au diaphragme, et par la plèvre, membrane qui enveloppe les poumons et le recouvre latéralement.

La longueur du cœur est de 10 centimètres environ; sa largeur de 11 centimètres, son épaisseur de 5 centimètres. Son poids moyen varie de 250 à 300 grammes. Sa forme est celle d'un cône renversé, dont la pointe se trouve à peu près au niveau du mamelon gauche, c'est-à-dire à la hauteur de la cinquième côte.

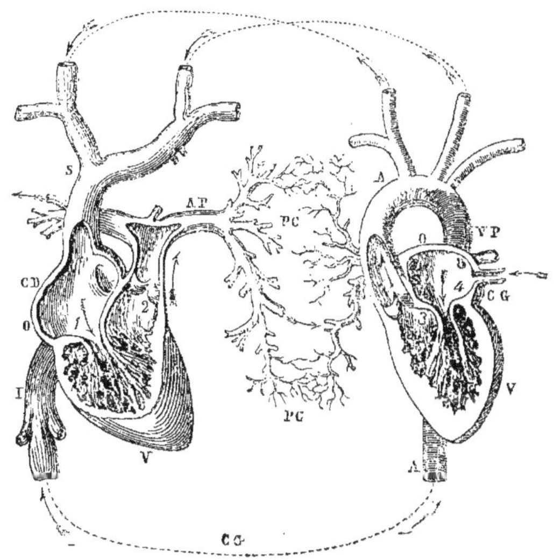

Fig. 74. — *Cœur séparé en ses deux moitiés, ouvertes chacune pour montrer les orifices auriculo-ventriculaires et les valvules*.*

Chaque moitié du cœur contient deux cavités: une supérieure,

* C D. Cœur droit. — C G. Cœur gauche. — P C. Poumons. — O, O. Oreillettes. — V, V. Ventricules. — A. Aorte. — A P. Artère pulmonaire. — V P. Veines pulmonaires. — S. Veine cave supérieure. — I. Veine cave inférieure. — Les flèches indiquent le trajet suivi par le sang. — Le sang veineux, amené de toutes les parties du corps à l'oreillette du cœur droit C D par les veines caves S, I, passe ensuite dans le ventricule droit, dont les contractions le chassent dans l'artère pulmonaire A P, qui le conduit aux poumons P C; après s'y être transformé en sang artériel, il se rend dans l'oreillette du cœur gauche C G par les veines pulmonaires V P et de là dans le ventricule gauche, qui le lance dans l'aorte A, dont les branches le distribuent à tous les tissus. Après avoir perdu à leur contact ses propriétés vivifiantes, il revient de nouveau au cœur droit par les veines, pour recommencer indéfiniment le même trajet.

nommée *oreillette*, dans laquelle se jettent les veines*, une inférieure, nommée *ventricule*, d'où naissent les artères **. L'oreillette et le ventricule communiquent par une ouverture, *orifice auriculo-ventriculaire*, fermée par une soupape nommée *valvule*. La valvule qui ferme l'orifice auriculo-ventriculaire droit a reçu le nom de *valvule tricuspide****; celle qui ferme l'orifice auriculo-ventriculaire gauche, le nom de *valvule mitrale*****. Ces valvules laissent passer le

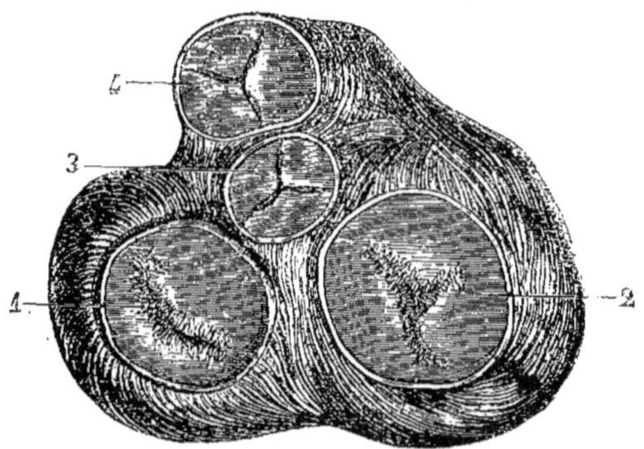

Fig. 75. — *Base des ventricules sur lesquels on voit les valvules* *.

sang de l'oreillette dans le ventricule, mais l'empêchent de remonter du ventricule dans l'oreillette. Ce sont des voiles membraneux qui s'insèrent sur le pourtour des orifices auriculo-ventriculaires. Leur face inférieure est recouverte de petits cordages tendineux qui vont s'attacher à des colonnes charnues existant sur les parois des ventricules et ont pour fonction d'empêcher la valvule de se renverser dans l'oreillette lorsqu'elle se ferme. Ces valvules constituent en réalité une sorte d'entonnoir dont la partie inférieure se resserre

* L'oreillette gauche reçoit l'embouchure des quatre veines pulmonaires; l'oreillette droite celle des deux veines caves et de la veine coronaire.

** Le ventricule droit présente l'orifice de l'artère pulmonaire; le ventricule gauche l'orifice de l'aorte.

*** *Tres*, trois; *cuspis*, pointe.

**** En raison de sa ressemblance avec une mitre d'évêque renversée.

* Fig. 75. — 1) Valvule mitrale fermant l'orifice auriculo-ventriculaire gauche. — 2) Valvule tricuspide fermant l'orifice auriculo-ventriculaire droit. — 3) Valvules sigmoïdes fermant l'artère aorte. — 4) Valvules sigmoïdes fermant l'orifice de l'artère pulmonaire.

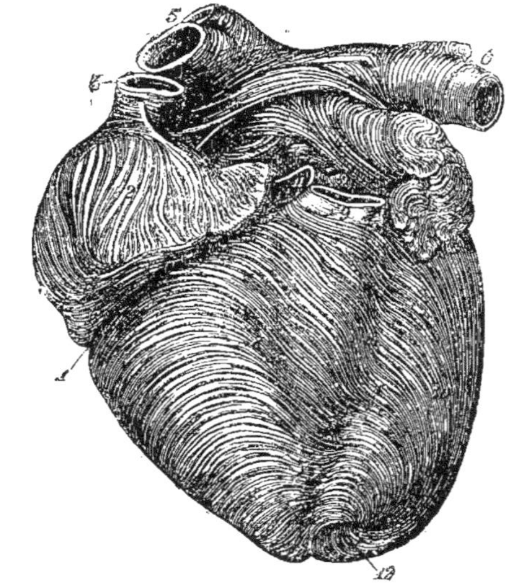

Fig. 76. — *Fibres musculaires de la face antérieure du cœur* *.

* 1) Sillon séparant l'oreillette du ventricule. — 2) Oreillette droite. — 3) Embouchure de la veine cave supérieure. — 4) Oreillette gauche. — 5) Veine pulmonaire droite. — 6) Veine pulmonaire gauche. — 7) Sillon séparant les deux ventricules. — 8) Ventricule droit. — 9) Artère pulmonaire. — 10) Ventricule gauche. — 11) Embouchure de l'aorte. — 12) Fibres musculaires de la pointe du cœur.

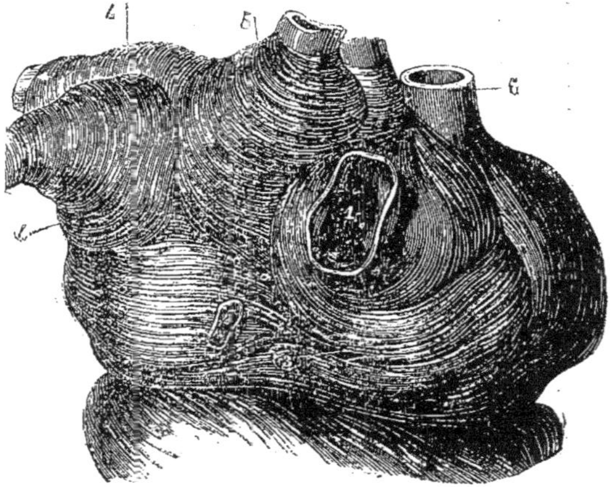

Fig. 77. — *Fibres musculaires de la face postérieure des oreillettes* *.

* 1) Orifice de la veine cave inférieure. — 2, 3) Veines coronaires pénétrant dans l'oreillette droite, pour aller s'ouvrir au-dessus de la veine cave supérieure. — 4, 4') Veines pulmonaires gauches. — 5) Veines pulmonaires droites. — 6) Veine cave supérieure.

et se ferme lorsque la contraction des ventricules comprime le liquide qu'ils contiennent sur leur surface.

Les orifices qui font communiquer le ventricule droit avec l'artère pulmonaire et le ventricule gauche avec l'aorte sont également fermés par des valvules, *valvules sigmoïdes* ou *semi-lunaires*, qui livrent passage au sang quand il se rend aux artères, mais l'empêchent de refluer dans les ventricules. Elles sont formées par trois petits replis qui, en s'adossant, obstruent complétement l'ouverture des vaisseaux.

A l'exception de la veine cave inférieure et de la veine coronaire, l'ouverture des veines dans les oreillettes n'est point munie de valvules.

Le cœur est composé de fibres musculaires analogues aux muscles des membres. Elles s'insèrent sur des anneaux fibreux qui se trouvent aux orifices des ventricules.

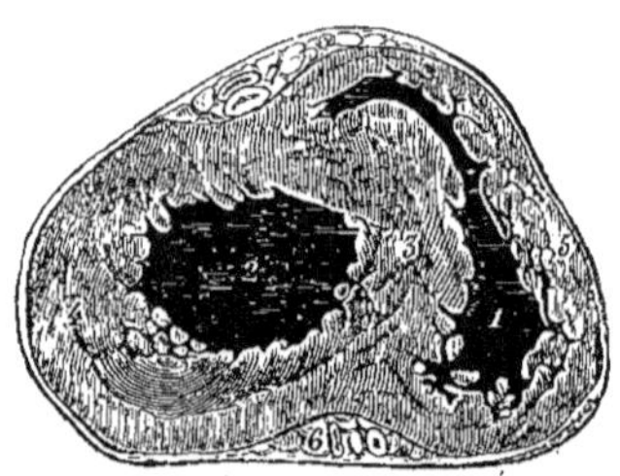

Fig. 78. — *Coupe horizontale du cœur au milieu des ventricules* *.

Les parois du ventricule gauche sont beaucoup plus épaisses que celles du ventricule droit. Elles ont aussi, comme nous le verrons dans un prochain chapitre, à effectuer un travail beaucoup plus considérable que ces dernières. Les oreillettes, qui ont un travail encore moindre à remplir, sont beaucoup moins épaisses et moins volumineuses que les ventricules.

Le cœur reçoit pour sa nutrition deux petites artères, nées de l'origine de l'aorte, nommées artères *coronaires* ou *cardiaques*, qui

* 1) Cavité du ventricule droit. — 2) Cavité du ventricule gauche. — 3) Cloison. — 4) Parois du ventricule gauche (elles sont plus épaisses que celles du ventricule droit). — 5) Parois du ventricule droit. — 6, 7) Masse graisseuse dans laquelle on voit la coupe des vaisseaux coronaires.

se distribuent à ses parois et se continuent avec des veines du même nom s'ouvrant dans l'oreillette droite.

Le cœur reçoit également des nerfs, dont l'origine a été long-temps ignorée; on sait aujourd'hui que les filets nerveux de cet organe sont fournis par le pneumogastrique et le grand sympathique. Ils se réunissent au-dessous de la crosse de l'aorte pour former un ganglion, *ganglion de Wrisberg*, d'où partent des rameaux très-fins qui pénètrent dans le cœur et dont nous aurons à examiner plus loin les fonctions.

Malgré les nerfs qu'il contient, le cœur est, à l'état normal, un organe parfaitement insensible. On peut le comprimer, le piquer, sans provoquer aucune douleur. Cette insensibilité, fréquemment observée sur les animaux par les physiologistes, a été également

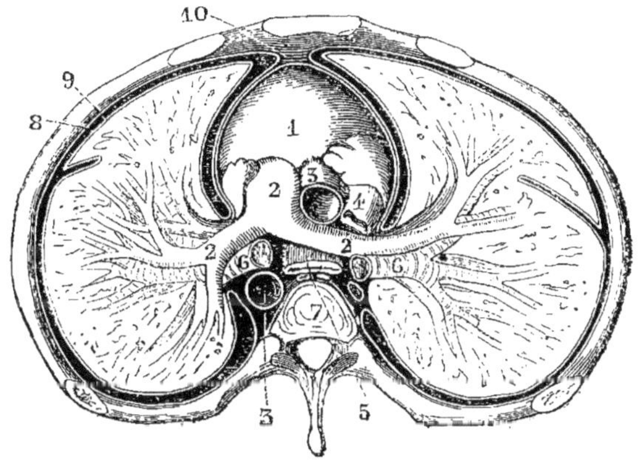

Fig. 79. — *Coupe horizontale de la poitrine* *.

constatée sur l'homme par l'illustre auteur de la découverte de la circulation, Harvey. Ce célèbre médecin, ayant eu occasion d'examiner un seigneur de la cour du roi Charles Ier, qui avait reçu dans sa jeunesse une blessure telle que le cœur était resté à nu et qu'il avait fallu le protéger en recouvrant la poitrine d'une

---

* 1) Cœur enveloppé de son péricarde. — 2, 2, 2) Artère pulmonaire et ses branches se dirigeant vers les poumons. — 3, 3) Aorte coupée. — 4) Veine cave supérieure. — 5) OEsophage. — 6, 6) Bronches. — 7) Troisième vertèbre dorsale. — 8, 9) Plèvre (on a figuré une ligne noire entre les deux feuillets de cette membrane). — 10) Péricarde.

plaque de plomb, reconnut qu'on pouvait pincer et comprimer cet organe sans produire la moindre douleur.

Les cavités du cœur sont tapissées par une membrane mince, nommée *endocarde*, qui se continue avec la membrane interne des artères et des veines et dont les replis constituent les valvules.

, Le cœur est enveloppé par une poche, le *péricarde*, qui se compose d'une lame fibreuse tapissée par une membrane séreuse. La lame fibreuse est fixée inférieurement au diaphragme; elle se prolonge supérieurement sur les vaisseaux et se confond bientôt avec leur tunique externe. La membrane séreuse est constituée, comme toutes les séreuses, par un sac aplati sans ouverture. Un des feuillets de ce sac adhère intimement à l'enveloppe fibreuse, l'autre au cœur. C'est entre ces deux feuillets que se font les épanchements liquides dans l'affection nommée *péricardite*.

Dans toute la série animale, le cœur est le premier organe où apparaissent les manifestations de la vie; il est également le dernier chez lequel elles s'arrêtent. Dans l'œuf de poule, il se montre 26 à 30 heures après l'incubation, sous forme d'un petit point dans lequel se produisent bientôt des battements, premiers indices de la vie à son aurore. Son activité devient promptement assez grande pour qu'il puisse distribuer aux organes qui vont naître les éléments dont ils seront formés, éléments empruntés par l'intermédiaire des vaisseaux, soit au contenu de l'œuf lui-même, s'il s'agit des oiseaux, soit au sang de la mère, s'il s'agit des mammifères. Quand, sous l'influence de l'âge, des maladies ou de diverses causes, les autres organes cessent de fonctionner, et alors que la vie ne se traduit plus que par de fugitives lueurs, le cœur lutte encore; son premier battement était l'indice certain de la vie, son dernier sera le signe fatal de la mort.

§ 2.

ARTÈRES.

Les artères sont des vaisseaux contractiles qui distribuent le sang à toutes les parties du corps.

Leurs parois sont constituées par trois tuniques superposées : une *externe* ou *cellulaire*, formée de fibres entre-croisées de tissu conjonctif et élastique; une *moyenne*, composée de fibres élastiques et de fibres musculaires circulaires abondantes, une *interne*, très-mince, formée de fibres élastiques et de cellules épithéliales imbriquées.

La tunique externe des artères est la plus résistante; elle est la seule qui ne se brise pas quand on passe une ligature autour de ces vaisseaux. Lorsque, par une cause quelconque, les autres tuniques sont détruites, elle résiste encore; mais, comme elle est très-extensible, elle se dilate sous la pression sanguine et forme une tumeur à laquelle on a donné le nom d'*anévrysme*.

La tunique moyenne est bien plus épaisse que la tunique externe, et cependant elle est beaucoup plus fragile. C'est elle qui donne aux artères leur élasticité et leur contractilité.

Sous l'influence de diverses causes, telles que le froid, l'administration de substances hémostatiques, comme le perchlorure de fer, l'ergotine etc., les artères se contractent avec force. On comprend par là l'utilité, dans les cas d'hémorrhagie, de l'eau froide et des substances que nous venons de mentionner.

Pendant les amputations, l'air froid détermine souvent la contraction de petits vaisseaux, qui alors ne donnent pas de sang et échappent à l'action du chirurgien quand il panse la plaie. Le pansement terminé et le malade remis dans son lit, la contraction disparaît sous l'influence de la chaleur, et une hémorrhagie se produit quelquefois.

Les artères reçoivent de petits vaisseaux nourriciers nommés *vasa vasorum*, qui se ramifient à leur surface et pénètrent dans l'épaisseur de leurs parois. Elles reçoivent également un grand nombre de filets nerveux nommés *vaso-moteurs*, branches du grand sympathique qui président à la contraction de leurs fibres musculaires.

La physiologie moderne a prouvé que les nerfs vaso-moteurs, dont, il y a quelques années à peine, on ignorait encore les fonctions, ont sur la circulation au moins autant d'influence que le cœur. Nous aurons à examiner leur rôle en traitant du mécanisme de la circulation.

Les diverses artères communiquent fréquemment entre elles. Ces anastomoses permettent l'arrivée du sang dans un membre par des voies détournées, lorsque le trajet naturel est interrompu, ce qui arrive à la suite d'une ligature, par exemple. Si les artères ne communiquaient pas entre elles, les membres qu'elles nourrissent seraient rapidement frappés de mort lorsque le cours du sang s'y trouverait suspendu.

Les artères sont habituellement logées dans l'interstice des muscles et dans les parties les plus profondes des organes. On ne trouve pas d'artères importantes directement sous la peau ; les plus superficielles sont au moins protégées par les aponévroses qui recouvrent les muscles. Quand on est à la recherche de ces vaisseaux dans une opération chirurgicale, on trouve d'abord les nerfs, puis les veines, et enfin les artères.

Le calibre des artères diminue graduellement à mesure qu'elles s'éloignent du cœur ; elles se divisent de plus en plus, et finissent par un réseau de vaisseaux excessivement fins, auxquels on a donné le nom de *capillaires*, en raison de leur ténuité, que l'on comparait à celle d'un cheveu ; mais, en réalité, cette comparaison est inexacte, car ils sont infiniment plus fins. Les plus gros capillaires n'ont, en effet, que 1 centième de millimètre de diamètre.

Les capillaires des artères se continuent sans interruption avec les capillaires des veines ; de cette façon, le sang se trouve dans un système de canaux sans issue ; il n'est donc pas épanché dans la trame des organes, comme on le supposait autrefois. Si, en piquant la peau en un point quelconque, on fait toujours sortir du sang, cela tient à ce que les capillaires sont excessivement nombreux et que, relativement à leur petit diamètre, la pointe de l'aiguille a une dimension considérable.

Les capillaires entourent de leurs mailles nombreuses les éléments des organes. C'est à travers leurs parois que se fait l'échange entre les matériaux usés et les matériaux nouveaux apportés par le sang. Ils sont également le siége des phénomènes d'absorption et de calorification. La vitalité des tissus est d'autant plus considérable qu'ils contiennent un plus grand nombre de ces vaisseaux ; mais aussi ceux qui en renferment le plus, tels que les poumons par exemple, sont les plus prédisposés aux congestions et aux inflammations.

A mesure que les artères diminuent de volume, elles perdent

successivement leur tunique externe et leur tunique moyenne. Les capillaires n'ont plus que la tunique interne, dont la structure est légèrement modifiée.

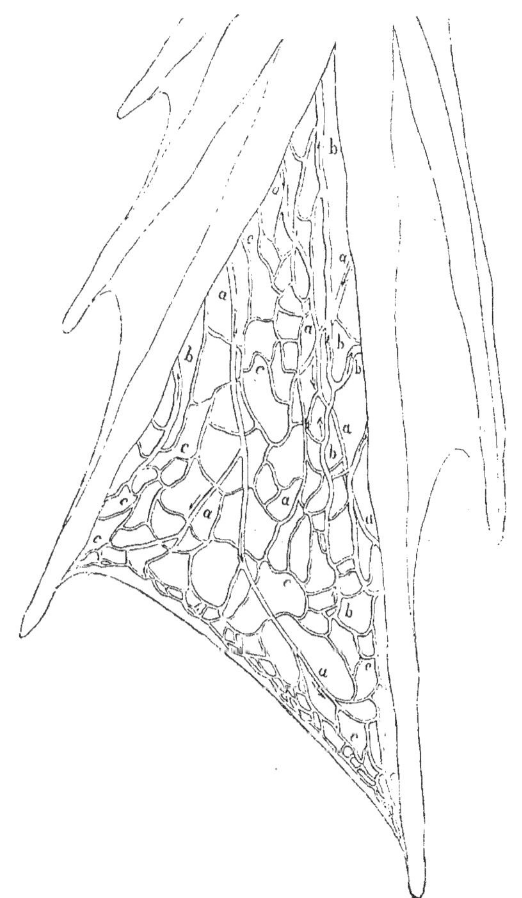

Fig. 80. — *Vaisseaux capillaires de la membrane natatoire de la patte d'une grenouille, considérablement grossis* *.

(Les flèches indiquent la direction du sang.)

Le calibre total des divisions des artères et des capillaires réunis

* *a*) Capillaires veineux. — *b*) Capillaires artériels. — *c*) Membrane natatoire.

13

est bien supérieur au calibre de l'aorte, origine de tous les vaisseaux qui charrient du sang artériel. On a comparé avec raison l'ensemble des artères à un cône dont l'aorte serait le sommet. Il en résulte que le sang va toujours d'un espace plus étroit dans un espace plus large, et, par suite, que la circulation se ralentit graduellement jusqu'aux extrémités.

Toutes les artères du corps proviennent de deux troncs, l'*artère pulmonaire* et l'*artère aorte*. La première, née du ventricule droit, porte le sang veineux aux poumons; la seconde, partie du ventricule gauche, envoie le sang artériel à tous les organes.

Nous donnons plus loin une série de gravures représentant la circulation dans les principales régions*. La fig. 81 montre l'ensemble de l'appareil circulatoire. On voit les branches artérielles nées de l'aorte se distribuer à toutes les parties du corps. Les figures suivantes, toutes dessinées d'après nature, montrent avec une très-grande exactitude les vaisseaux des principales régions**.

§ 3.

VEINES.

Les veines sont des canaux dont la fonction est de ramener au cœur le sang qui a servi à l'entretien des organes.

Elles naissent des capillaires par des radicules qui se réunissent en troncs de plus en plus volumineux. Finalement toutes les veines, celles qui ramènent le sang des poumons exceptées, se jettent dans deux troncs : la *veine cave supérieure* et la *veine cave inférieure*, qui débouchent dans l'oreillette droite. Le sang venu des poumons se jette dans l'oreillette gauche par les veines pulmonaires.

Les veines suivent généralement le trajet des artères, qu'elles accompagnent branche à branche, rameau à rameau. On connaît

---

*Les figures 82, 83, 84, 91 ont été dessinées à Tübingen, sous la direction de M. le professeur Luschka; la plupart des autres figures, représentant les vaisseaux, ont été faites à l'École pratique de Paris, sur des préparations de M. le docteur Fort.

**Les vaisseaux de certaines parties, telles que les dents, l'estomac, le cerveau, l'œil, etc. sont figurés dans les chapitres où sont étudiés ces organes.

la direction de la plupart des veines lorsqu'on connaît celle des artères.

Aux membres, on rencontre deux veines pour une seule artère; elles sont situées de chaque côté de l'artère qu'elles enlacent de leurs branches.

A la tête et au tronc, il n'y a qu'une veine par artère.

Outre les veines profondes qui accompagnent les artères, il existe des veines superficielles placées dans le tissu cellulaire sous-cutané, où elles forment ces lignes bleuâtres que l'on aperçoit à la surface de la peau. Le sang s'y réfugie quand, par une cause quelconque, les contractions musculaires par exemple, la circulation dans les veines profondes se touve gênée. Ce sont elles qu'on ouvre dans la saignée.

Les veines sont composées de trois tuniques comme les artères; mais leur tunique moyenne est moins riche en fibres musculaires et élastiques; aussi leur élasticité est-elle beaucoup moindre que celle des vaisseaux artériels. Leur tunique interne contient des filets nerveux vaso-moteurs comme les artères, mais en moins grand nombre.

Le peu d'élasticité des veines fait qu'au lieu de rester béantes comme celles des artères, après leur section, leurs parois s'aplatissent. Au cou et au thorax les veines ne s'affaissent pas sur elles-mêmes après avoir été coupées; mais cette particularité tient à ce que dans ces régions elles adhèrent par leurs contours à des aponévroses tendues sur des surfaces osseuses voisines. Tel est le cas de la veine cave inférieure, par exemple, qui adhère à l'anneau du diaphragme. Si la nature n'avait pas pris cette précaution, la circulation dans les vaisseaux voisins de la poitrine eût été fort difficile, parce qu'ils se seraient aplatis lorsque le vide se fait dans le thorax pendant l'inspiration. Chacun sait, en effet, que les tubes dépressibles, pleins d'air ou de liquide, dans lesquels on fait le vide, s'aplatissent sous l'influence de la pression atmosphérique.

Cette disposition des veines du thorax et du cou rend leur ouverture très-dangereuse; le vide qui se produit dans la poitrine pendant l'inspiration y fait alors pénétrer de l'air, et les bulles gazeuses mélangées au sang empêchant ce dernier de traverser les capillaires des poumons, le malade est immédiatement asphyxié. Ainsi s'expliquent ces morts foudroyantes survenues brusquement pendant des opérations pratiquées dans la région du cou et dont on ne pouvait autrefois expliquer la cause.

Par suite de leur peu de contractilité, les veines se dilatent très-facilement ; il suffit de laisser la main baissée quelque temps pour voir les veines se gonfler ; si on la relève au-dessus de la tête, le gonflement disparaît immédiatement. Lorsque les veines ont été distendues pendant longtemps, elles ne reviennent plus sur elles-mêmes et constituent les dilatations qui prennent le nom de *varices* lorsqu'elles siégent aux membres, et d'*hémorrhoïdes* lorsqu'elles se trouvent au rectum. Les varices sont très-communes chez les individus qui restent longtemps debout sans marcher, les compositeurs d'imprimerie par exemple ; leur production est favorisée par l'application de liens autour des jambes, tels que les jarretières, gênant le cours du sang. La marche même prolongée pendant une durée beaucoup plus considérable que ne le serait la station ne produit pas la dilatation des veines, parce que les contractions musculaires favorisent la circulation veineuse.

La plupart des veines contiennent dans leur intérieur de petites valvules très-rapprochées qui laissent le sang se diriger vers le cœur, mais qui se ferment par la pression même du liquide et obturent la lumière des vaisseaux lorsque le sang veut revenir en arrière. C'est l'étude attentive de ces valvules qui mit Harvey sur la voie de la découverte de la circulation.

Sur les cadavres, les veines sont remplies de sang, tandis que les artères sont vides ; ce phénomène tient à ce que le sang a été chassé dans les veines par les contractions des artères. Les anciens, trouvant toujours les artères vides, crurent qu'elles contenaient de l'air pendant la vie et c'est à cette erreur anatomique qu'est dû le nom [*] qu'elles conservent encore.

Quand on connaît bien les usages des artères et des veines, il est facile de distinguer les hémorrhagies de ces vaisseaux. Dans les hémorrhagies artérielles, en effet, le sang s'écoule par jets et s'ar-

---

[*] Le mot **artère** est formé des deux mots grecs ἀήρ, air et τηρεῖν, conserver.

rête, si on comprime l'artère entre le cœur et la plaie, parce qu'alors le sang ne peut plus arriver à cette dernière. Dans les hémorrhagies veineuses, au contraire, le sang s'écoule d'une façon continue et ne s'arrête que lorsqu'on comprime les vaisseaux entre la plaie et l'extrémité du membre; ce qui se comprend facilement, puisque le sang veineux va des membres vers le cœur, et non du cœur vers les membres. Dans les plaies artérielles des extrémités des membres, l'hémorrhagie ne s'arrête pas toujours par la compression de la partie supérieure du vaisseau, à cause des anastomoses qui le font communiquer avec sa partie inférieure; elle ne cesse alors que par la compression simultanée des deux bouts divisés.

Ainsi que nous l'avons dit plus haut, la plupart des veines accompagnent les artères et portent le même nom. Les plus importantes d'entre elles sont représentées, ainsi que les artères, dans les figures suivantes.

CIRCULATION DANS LES PRINCIPAUX ORGANES.

FIG. 81. — VUE D'ENSEMBLE DE L'APPAREIL CIRCULATOIRE.

* A. **Cœur.**

B. **Artère pulmonaire.**

C. **Artère aorte** (origine de toutes les artères qui portent le sang artériel aux organes)

D, D. **Artères et veines sous-clavières.**

E. **Carotide primitive droite** (on voit en dehors la veine jugulaire interne, qui se réunit à la veine sous-clavière pour former le tronc veineux brachio-céphalique).

F, F. **Artère carotide primitive gauche et artère faciale.**

G. **Artère vertébrale.**

H. **Artère et veine humérales** (la veine a été coupée au niveau du pli du coude).

I. **Artère cubitale.**

J. **Artère radiale.**

M. **Artère cœliaque.**

K. **Artère aorte.**

L, N, N. **Artères et veines rénales.**

O, O. **Artères intercostales.**

P, P. **Artères iliaques.**

Q, Q. **Artère et veine fémorales.**

R. **Artère tibiale antérieure.**

S. **Artère tibiale postérieure.**

T. **Artère péronière.**

U, U. **Veine saphène interne.**

V. **Veine cave inférieure.**

X. **Veine cérébrale.**

Y. **Veine cave supérieure.**

Z. **Oreillette droite,** dans laquelle se jette le sang veineux venu de toutes les parties du corps par les veines caves V et Y.

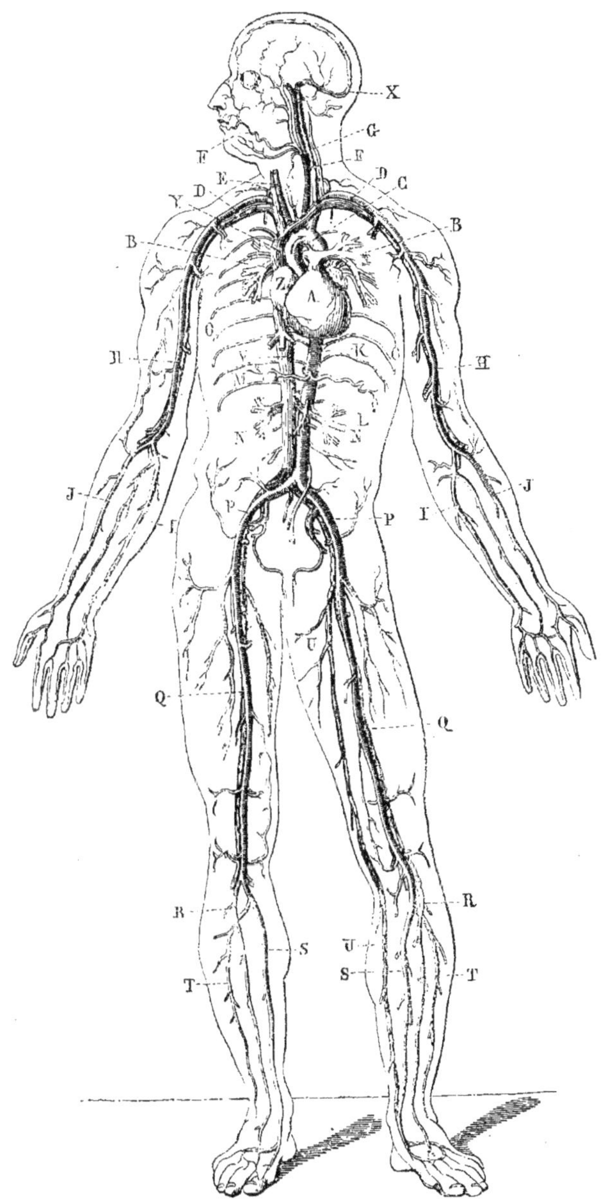

Fig. 81. — *Vue d'ensemble de l'appareil circulatoire.*

FIG 82. — VAISSEAUX DE LA RÉGION ANTÉRIEURE DU COU.

* 1) **Muscle mylo-hyoïdien.**

2) **Muscle sterno-cléido-mastoïdien.**

3) **Muscle trapèze.**

4) **Muscle angulaire de l'omoplate.**

5) **Muscle scalène antérieur.**

6) **Muscle hypoglosse.**

7) **Muscle thyro-hyoïdien.**

8) **Muscle crico-thyroïdien.**

9) **Trachée.**

10) **Cartilage cricoïde.**

11) **Membrane crico-thyroïdienne.**

12) **Cartilage thyroïde.**

13) **Membrane hyo-thyroïdienne** et bourse séreuse qui la recouvre.

14) **Corps thyroïde.**

15) **Crosse de l'aorte.** Née du ventricule droit (voy. fig. 70 et 71), l'aorte décrit une courbure nommée *crosse*, limitée inférieurement par la bronche gauche, au niveau de laquelle elle prend le nom d'*aorte thoracique.* Elle est en rapport: à droite avec la veine cave supérieure; à gauche avec l'artère pulmonaire; en arrière avec la trachée, l'œsophage, la colonne vertébrale et le commencement de la bronche gauche; en avant avec la plèvre gauche, qui la sépare du poumon. Son point culminant est à deux centimètres en arrière de la fourchette du sternum.

16) **Tronc brachio-céphalique artériel.** Né de la portion la plus élevée de la crosse de l'aorte, il s'étend jusqu'au niveau de la fourchette sternale, où il se divise en artères sous-clavière 17 et en carotide primitive 18. Il est en rapport avec la trachée en arrière, avec le sternum et le tronc veineux brachio-céphalique en avant, avec le sommet du poumon en dehors, avec l'origine de la carotide primitive gauche en dedans.

17) **Artère sous-clavière** (voy. fig. 84).

18) **Artère carotide primitive droite.** Née du tronc brachio-céphalique artériel, elle monte le long des parties latérales du cou à côté du larynx et de la trachée, et se divise au niveau du bord supérieur du cartilage thyroïde en carotide interne 19 et carotide externe 20. Elle est en rapport avec la trachée, le larynx, l'œsophage et le corps thyroïde en dedans, la jugulaire interne 26 et le pneumogastrique 35 en dehors. Elle est croisée en avant par le sterno-mastoïdien, son satellite (coupé à son origine supérieure sur le dessin), et le peaucier, qui la sépare de la peau. Elle est en rapport en arrière avec les apophyses transverses des premières vertèbres, dont elle est séparée par les muscles prévertébraux Sa direction est celle d'une ligne qui partirait du bord antérieur de l'apophyse mastoïde et aboutirait à deux centimètres de l'extrémité sternale la clavicule.

19) **Carotide interne** (voy. fig. 84).

20) **Carotide externe** (voy. fig. 84).

21) **Artère thyroïdienne supérieure,** branche de la carotide externe.

22) **Artère laryngée inférieure,** branche de la précédente.

23) **Veine cave supérieure** (voy. fig. 84).

24 et 25) **Troncs brachio-céphaliques veineux droit et gauche** (voy. fig. 84).

26) **Veine jugulaire interne** (voy. fig. 84).

27) **Veine sous-clavière.**

28) **Veine jugulaire externe** (voy. fig. 84).

29) **Veine faciale.**

30, 31, 32) **Veines thyroïdiennes supérieure, moyenne et inférieure.**

33) **Canal thoracique** so jetant dans la veine sous-clavière gauche.

34) **Ganglions lymphatiques.**

35) **Nerf pneumogastrique.**

36) **Nerf récurrent** ou **laryngé inférieur.**

37) **Nerf spinal.**

38) **Nerf hypoglosse.**

39) **Nerf mylo-hyoïdien.**

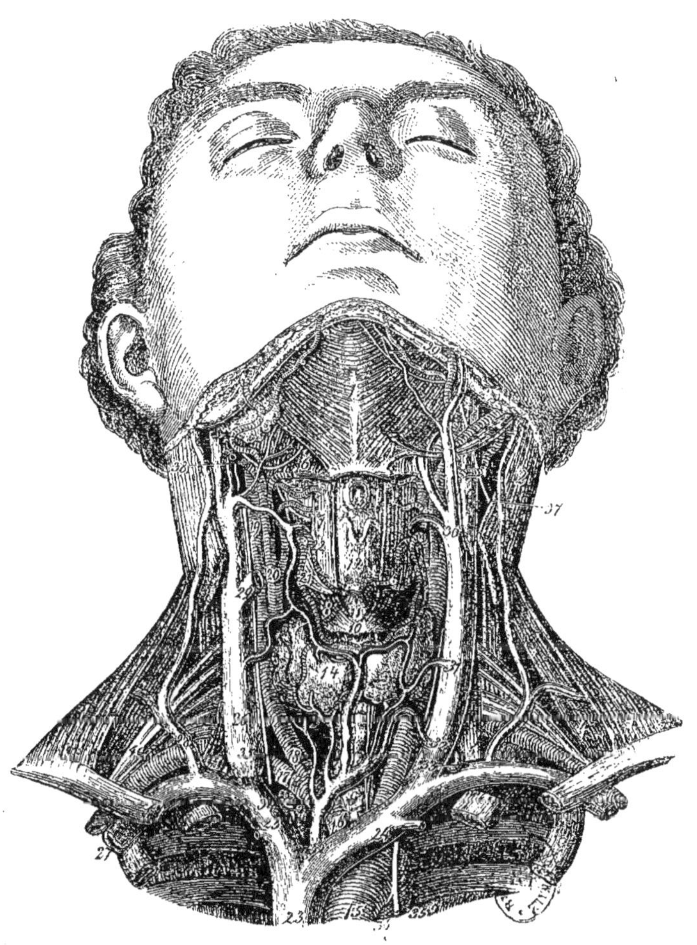

* Fig. 82. — *Vaisseaux de la région antérieure du cœur.*

(La tête a été renversée en arrière et une partie des muscles du cou ainsi que la paroi antérieure de la poitrine
ont été enlevées.)

FIG. 83. — VEINES DU COU.

* *a*) **Veine jugulaire externe.** Formée par la réunion des veines temporale et faciale, elle s'étend de l'angle de la mâchoire à la partie moyenne de la clavicule, derrière laquelle elle se jette dans la veine sous-clavière. Elle croise obliquement le sterno-mastoïdien et n'est recouverte que par le peaucier et la peau. — *b*) **Veine temporale superficielle**, une des branches d'origine de la jugulaire externe. — *c*) **Veine auriculaire postérieure.** — *d*) **Rameau faisant communiquer les veines faciale et temporale.** — *f*, *e*) **Veine faciale** ou **maxillaire externe.** Elle s'étend diagonalement de la région frontale, où elle prend le nom de *veine frontale* ou *préparate*, à la jugulaire interne. — *g*) **Veine scapulaire**, branche de la jugulaire externe. — *hh*) **Veine jugulaire antérieure.** Elle se porte de la partie médiane du cou à la jugulaire externe ou à la sous-clavière. — *i*) **Rameau faisant communiquer les veines faciale et jugulaire antérieure.** — *l*) **Branche transversale** faisant communiquer les deux jugulaires antérieures. — *m*) **Veine cervicale profonde.** Elle se jette dans la veine vertébrale. — *n*) **Veine mastoïdienne.** Elle se jette dans la veine occipitale et fait communiquer les veines de l'intérieur du crâne avec celles de l'extérieur. — *o*) **Veine jugulaire interne.** Elle reçoit le sang du cerveau et d'une grande partie de la face et du cou. Étendue du trou déchiré postérieur au tronc brachio-céphalique, qu'elle constitue en s'unissant à la sous-clavière, elle est placée sur les parties latérales du cou et offre les rapports des carotides interne et primitive, en dehors et en arrière desquelles elle est située. — *p*) **Veine thyroïdienne supérieure.** — *q*) **Veine thyroïdienne moyenne.** — *r*) **Rameau externe du nerf spinal.** — *s*) **Plexus** formé par une branche du grand hypoglosse et une branche du plexus cervical.

FIG. 84. — ARTÈRES DU COU.

** 1) **Amygdale.** — 2) **Buccinateur.** — 3) **Releveur de la lèvre supérieure.** — 4) **Triangulaire des lèvres.** — 5) **Carré du menton.** — 6) **Mylo-hyoïdien.** — 7) **Thyro-hyoïdien.** — 8) **Crico-thyroïdien.** — 9) **Scalène antérieure.** — 10) **Tronc brachio-céphalique artériel** (voy. fig. 82). — 11) **Carotide primitive droite** (voy. fig. 82). — 12) **Carotide interne.** Branche de bifurcation de la carotide primitive, elle côtoie la carotide externe jusqu'au niveau du digastrique, puis gagne la base du crâne, où elle pénètre par le canal carotidien et se distribue à la partie antérieure du cerveau, à l'œil et à ses dépendances. La carotide interne est en rapport en avant avec les muscles styliens, en arrière avec la colonne vertébrale, dont elle est séparée par les muscles prévertébraux, en dedans avec le pharynx et quelquefois avec l'amygdale, en dehors avec la jugulaire interne et le pneumogastrique. — 13) **Carotide externe**, branche de bifurcation de la carotide primitive. Elle s'étend du bord supérieur du cartilage thyroïde au niveau du condyle de la mâchoire inférieure, où elle se divise en **temporale superficielle**, qui se distribue à la surface du crâne, et en **maxillaire interne**, qui se distribue aux fosses nasales, aux dents, aux oreilles et aux os du crâne. La carotide externe passe entre le pharynx et les muscles stylo-hyoïdien et digastrique. Elle est placée en dedans de la carotide interne à son origine, puis elle se place en dehors. En haut elle traverse la parotide. — 14) **Artère thyroïdienne supérieure**, branche de la précédente. — 15 et 16) **Artères laryngées supérieure et inférieure**, branches de la thyroïdienne. — 17) **Artère linguale**, branche de la carotide externe. — 18) **Artère faciale**, branche de la carotide externe. — 19) **Artère ptérygo-palatine**, branche de la maxillaire interne. — 20) **Artère temporale superficielle**, une des branches de bifurcation de la carotide externe. — 21) **Artère auriculaire postérieure**, branche de la carotide externe. — 22) **Artère occipitale**, branche de la carotide externe. — 23) **Rameau méningé de l'occipitale.** — 24) **Artère sous-clavière.** Née de la crosse de l'aorte à gauche et du tronc brachio-céphalique à droite, elle s'engage entre les scalènes et décrit une courbe dont la concavité embrasse le sommet du poumon et la première côte, et passe sous la clavicule, au niveau de laquelle elle prend le nom d'*artère axillaire*. La veine sous-clavière et la clavicule se trouvent en avant, le poumon en arrière. — 25 et 26) **Troncs brachio-céphaliques** veineux droit et gauche. Ils sont formés par la réunion des veines jugulaire interne et sous-clavière. Le tronc gauche est en rapport en avant avec la clavicule gauche et le sternum, en arrière avec la crosse de l'aorte et les trois vaisseaux qui en partent. Le tronc droit est en rapport en avant avec l'articulation sterno-claviculaire, et en arrière avec le tronc brachio-céphalique artériel, qui le sépare du poumon. — Les deux troncs veineux brachio-céphaliques 25 et 26 forment par leur réunion la veine cave supérieure, qui porte à l'oreillette droite le sang de toute la partie supérieure du corps; elle est en rapport avec le poumon et la trachée en arrière, le sternum en avant, la crosse de l'aorte à gauche, le poumon droit à droite (voy. fig. 70 et 71). — 27) **Veine jugulaire interne** (voy. fig. 83). — 28) **Veine pharyngienne.** — 29) **Tronc commun** des veines pharyngienne, linguale, laryngée et thyroïdienne supérieure. — 30) **Veine thyroïdienne moyenne.** — 31) **Veine thyroïdienne inférieure.** — 32) **Veine cervicale profonde.** — 33 et 34) **Branches du trijumeau.** — 35) **Nerf hypoglosse.** — 36) **Nerf pneumogastrique.** — 37) **Nerf laryngé supérieur.** — 38) **Nerf facial.** — 39) **Rameau externe du nerf spinal.** — 40) **Plexus brachial.**

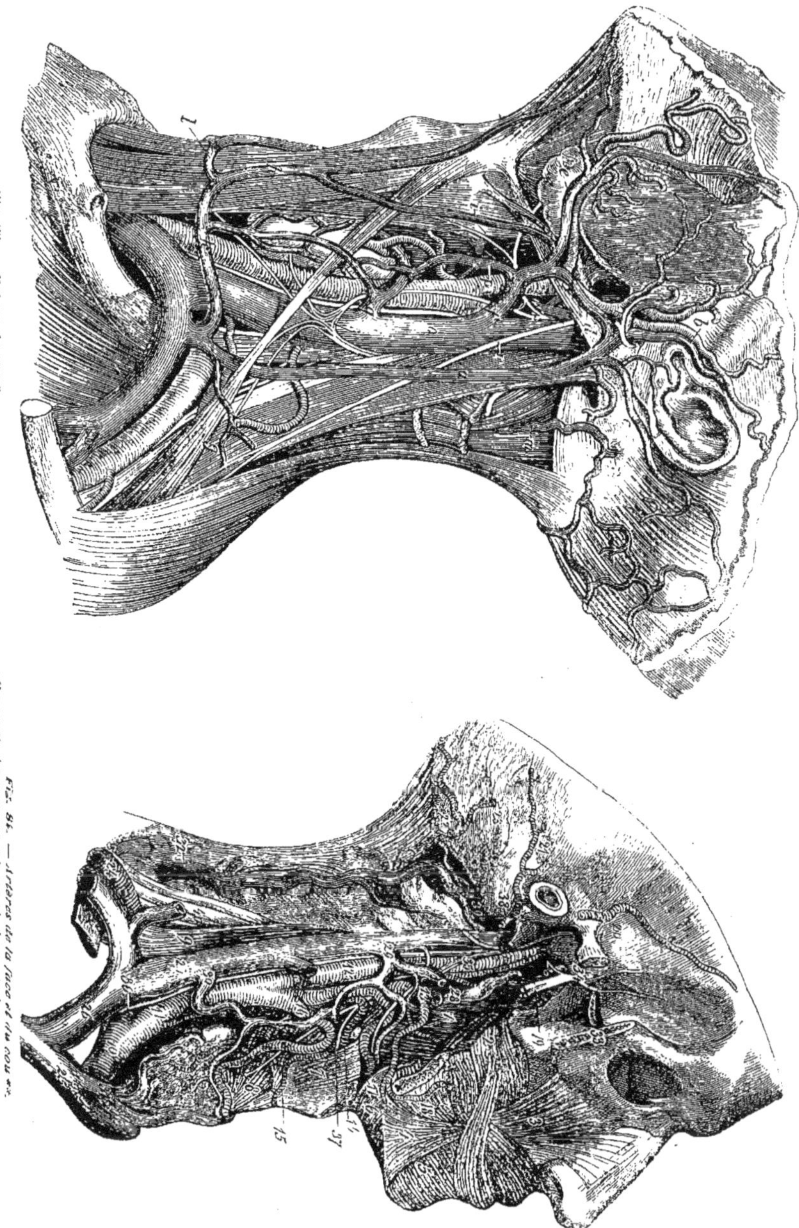

Fig. N°. — *Veines du cou* *.

Fig. 84. — *Artères de la face et du cou* **.

(Une partie des rameaux veineux ainsi que plusieurs muscles ... du maxillaire inférieur antère enlevés.)

FIG. 85. — ARTÈRES DE L'AISSELLE.

* 1) **Muscle grand pectoral.**

2) **Muscle petit pectoral.**

3) **Muscle grand dentelé.**

4) **Muscle grand dorsal.**

5) **Muscle sous-scapulaire.**

6) **Muscle grand rond.**

7) **Muscle deltoïde.**

8) **Muscle triceps.**

9) **Artère axillaire;** continuation de l'artère sous-clavière, elle s'étend du niveau de la clavicule au niveau du bord inférieur du tendon du grand pectoral. On peut sentir ses battements en la comprimant sur la tête de l'humérus avec le doigt introduit dans l'aisselle. Elle est placée sur le bord interne du muscle coraco-brachial et enlacée par les branches terminales du muscle brachial.

10) **Artère circonflexe,** branche de la précédente.

11, 12, 13, 14) **Branches terminales des nerfs du plexus brachial.**

FIG. 86. — ARTÈRES DU BRAS.

** 1) **Artère humérale,** continuation de l'artère axillaire. Au pli du coude, où elle se divise en artères radiale et cubitale. Elle longe en haut le bord interne du coraco-brachial et plus bas le bord interne du biceps; on voit ces muscles à sa droite sur le dessin; on voit également à sa partie supérieure une des deux veines humérales qui l'accompagnent, coupée. La ligne blanche qui croise l'artère humérale en avant est le nerf médian, qui l'accompagne dans son trajet. Au pli du coude l'expansion aponénévrotique du biceps sépare l'artère humérale de la veine médiane basilique.

2) **Nerf cubital;** on voit deux portions du triceps au-dessous.

3, 4) **Branches de l'artère humérale.**

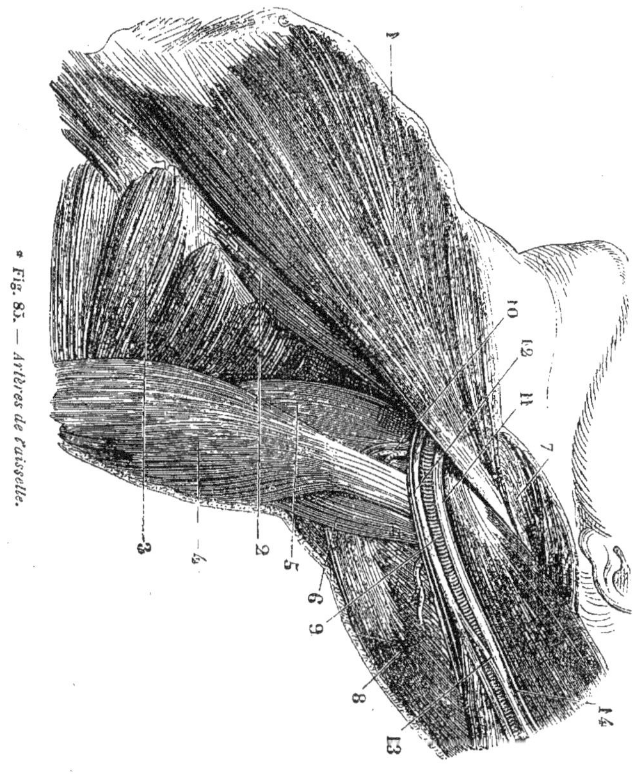

Fig. 85. — *Artères de l'aisselle.*

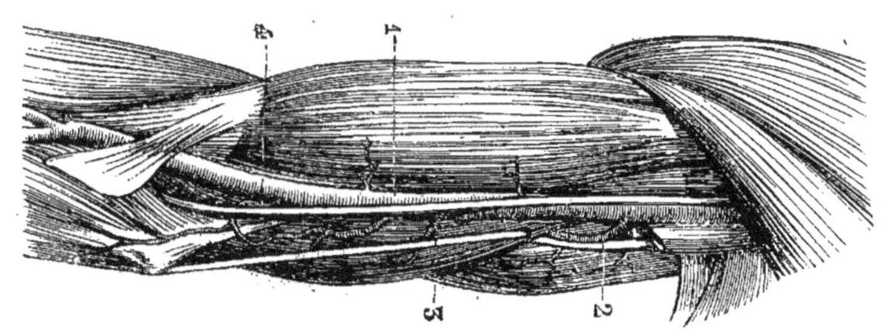

Fig. 86. — *Artères du bras.*

FIG. 87. — VAISSEAUX DU PLI DU COUDE.

* 1) **Veine médiane.**

2) **Veine cubitale.**

3) **Veine radiale.**

4) **Veine médiane basilique.** Elle croise à angle aigu l'artère humérale, dont elle n'est séparée que par l'expansion aponévrotique du biceps; en la piquant, on est exposé à ouvrir l'artère, c'est pourquoi, dans la saignée, on ouvre de préférence la veine médiane céphalique 5.

5) **Veine médiane céphalique.**

6) **Veine basilique.**

7) **Veine basilique.**

8) **Nerf brachial cutané interne.**

9) **Filets du nerf musculo-cutané.**

10) **Expansion aponévrotique du biceps.**

11) **Échancrure faite aux muscles biceps et brachial antérieur** pour laisser voir le nerf radial.

13) **Bord interne du biceps.**

14) **Nerf médian**; une partie de l'aponévrose qui le recouvre a été enlevée.

15) **Artère humérale.**

Il est facile de voir, en examinant la figure, que les veines du pli du coude ont la forme d'une M, dont l'angle du milieu se continuerait avec la veine médiane et les deux jambes avec les veines céphalique et basilique en haut, et les veines radiale et cubitale en bas.

FIG. 88. — ARTÈRES DE L'AVANT-BRAS.

) 1) **Artère humérale (voy. fig. 86).

2) **Artère cubitale.** Branche interne de bifurcation de l'humérale; elle s'étend du pli du coude à la paume de la main, où elle forme, en s'anastomosant avec une branche de la radiale, l'arcade palmaire superficielle (voy. fig. 89). Couchée sur le fléchisseur profond 11, l'artère cubitale est d'abord recouverte par les muscles qui s'insèrent à l'épitrochlée (rond pronateur, grand palmaire, fléchisseur superficiel) coupés sur le dessin, devient bientôt superficielle et se trouve en rapport en dedans avec le nerf cubital 7 et le tendon du cubital antérieur; en dehors avec le fléchisseur superficiel, dont la partie supérieure est coupée sur le dessin.

3) **Artère radiale.** Branche externe de bifurcation de l'humérale, elle s'étend du pli du coude à la paume de la main, où elle forme, en s'anastomosant avec une branche de la cubitale, l'arcade palmaire profonde. L'artère radiale est placée au fond d'une gouttière, formée : en dedans par les muscles qui s'insèrent à l'épitrochlée, par le fléchisseur superficiel et par le grand palmaire, en dehors par le long supinateur 10; au

poignet elle se trouve entre les tendons de ces deux derniers muscles et repose sur le rond pronateur, puis sur le radius. La position superficielle de cette artère et l'appui que le radius lui fournit la font habituellement choisir pour l'exploration du pouls.

4) **Branches de la radiale.**

5) **Branche de la cubitale.**

6) **Rameau de l'interosseuse**, branche de la cubitale.

7) **Nerf cubital.**

9, 9') **Branche superficielle du nerf radial.**

10) **Long supinateur** écarté avec une érigne.

11) **Fléchisseur profond.**

12, 12') **Muscles épitrochléens**, dont une partie a été enlevée pour laisser voir les organes placés au-dessous.

13) **Long fléchisseur du pouce.**

14) **Expansion aponévrotique du biceps.**

15) **Brachial antérieur.**

17) **Nerf médian.**

FIG. 89. — ARTÈRES DE LA MAIN.

*** 1) **Cubital antérieur.**

2) **Grand palmaire.**

3) **Branche palmaire du nerf cubital.**

4) **Artère radiale** entre les tendons du grand palmaire et du court supinateur (voy. fig. 88).

5) **Artère cubitale** formant l'arcade palmaire superficielle en s'anastomosant avec la **radio-palmaire** 6. Elle est recouverte par l'aponévrose palmaire. Sous les muscles de la main et appliquée contre les os du métacarpe, se trouve une autre arcade, l'**arcade palmaire profonde**, formée par l'extrémité de la radiale, qui, après avoir fourni la radio-palmaire, contourne d'avant en arrière l'apophyse styloïde du radius, passe sous les tendons des longs et courts extenseurs du pouce, c'est-à-dire dans l'espace vulgairement nommé *tabatière anatomique*, pénètre dans le 1er espace interosseux du métacarpe et gagne la paume de la main, où elle s'anastomose avec une branche de la cubitale.

7) **Tendon du petit palmaire et aponévrose palmaire.**

8) **Artère interosseuse** venue de l'arcade palmaire superficielle.

9, 9') **Anastomoses des interosseuses** venues des arcades profondes et superficielles.

10, 10') **Artères collatérales des doigts.**

11) **Première interosseuse**, branche de la radiale.

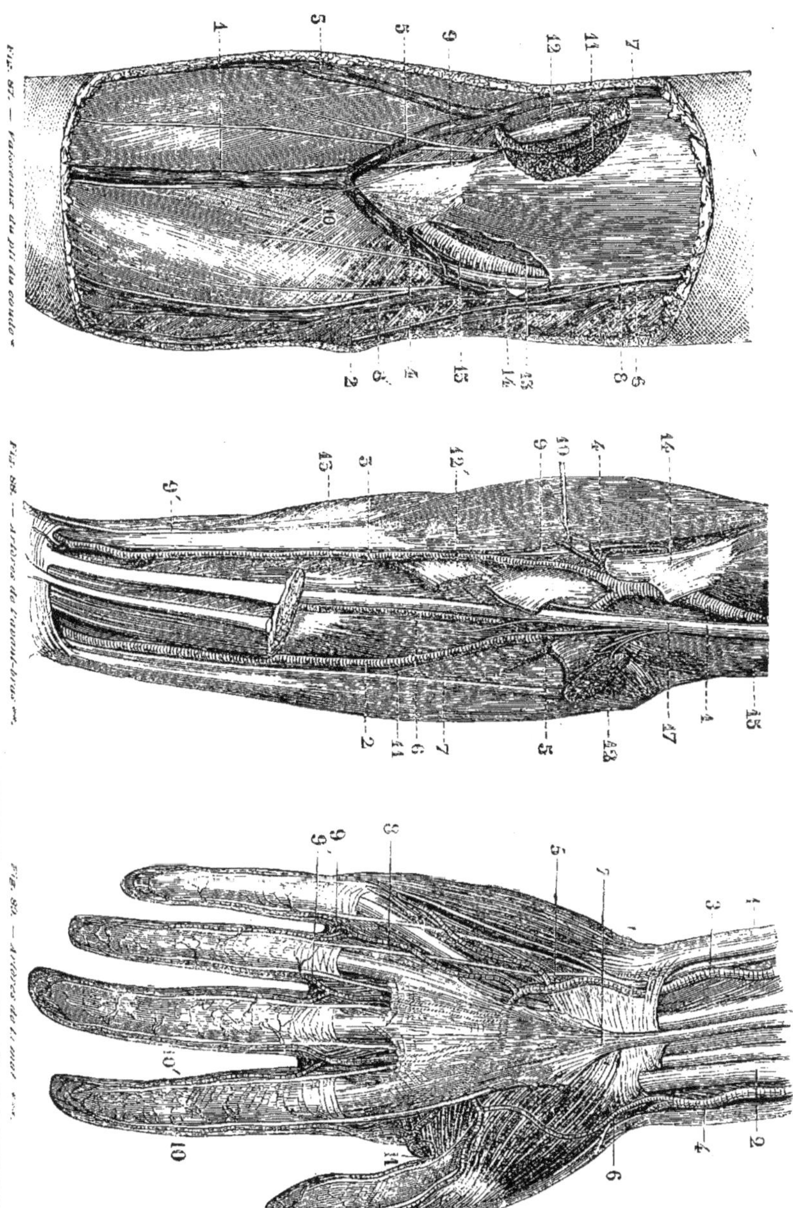

Fig. 87. — Vaisseaux du pli du coude *

Fig. 88. — Artères de l'avant-bras ***

Fig. 89. — Artères de la main ***

FIG. 90. — GROS VAISSEAUX DU THORAX ET DE L'ABDOMEN.

* 1) **Veine et artère iliaques externes.**

2) **Veine et artère iliaques interne.** (Les veines iliaques accompagnent les artères du même nom; les divisions de ces dernières sont représentées fig. 92).

3) **Veine cave inférieure** coupée. Elle reçoit le sang veineux de toutes les parties du corps situées au-dessous du diaphragme et le conduit à l'oreillette droite.

4) **Rein et veine rénale.**

5) **Veines sus-hépatiques.** Elles conduisent dans la veine cave inférieure le sang venu du foie.

6) **Grande veine azygos.** Formée par la réunion des 7 ou 8 dernières veines intercostales droites, elle s'étend de la région lombaire à la veine cave supérieure, dans laquelle elle se jette après avoir reçu la veine petite azygos, qu'on voit à sa gauche; cette dernière est formée par la réunion des 4 ou 5 dernières veines intercostales gauches.

7) **Veine cave supérieure.** Elle porte à l'oreillette droite le sang veineux de toute la partie du corps située au-dessus du diaphragme.

8, 10) **Troncs veineux brachio-céphaliques** droit et gauche; ils conduisent à la veine cave supérieure le sang de la tête et des membres supérieurs (voy. fig. 84).

9) **Veine jugulaire interne** et **artère carotide** (voy. fig. 83).

10) **Tronc brachio-céphalique gauche.** On voit au-dessous la crosse de l'aorte.

FIG. 91. — VAISSEAUX DE L'ABDOMEN.

* 1, 1) **Douzième paire de côtes.**

2, 2) **Crête de l'os iliaque.**

3) **Diaphragme.**

4, 4) **Muscle transverse de l'abdomen.**

5) **Carré des lombes.**

6, 6) **Grand psoas.**

7) **Iliaque.**

8) **Péritoine.**

9) **Rein droit.**

10) **Uretère.**

11) **Capsule surénale.**

12) **Aorte abdominale.** Née du ventricule gauche, l'aorte, origine commune de tous les vaisseaux contenant du sang artériel, décrit une courbe nommée *crosse de l'aorte* (voy. fig. 70, 74 et 82), puis descend dans le thorax en longeant le côté gauche de la colonne vertébrale, traverse les piliers du diaphragme et se place en avant de la colonne vertébrale. Elle passe successivement en arrière de la bronche gauche, de la face postérieure du cœur, du pancréas, du duodénum et du mesentère. La veine cave inférieure et le canal thoracique sont à sa droite. Jusqu'au diaphragme elle prend le nom *d'aorte thoracique;* lorsqu'elle l'a traversée, on la nomme *aorte abdominale.* Au niveau de la quatrième lombaire, l'aorte se divise en:

13 et 14) **Artères iliaques primitives** droite et gauche. Branches de bifurcation de l'aorte, ces artères s'étendent jusqu'à l'articulation sacro-iliaque, où elles se divisent elles-mêmes en iliaque interne et externe (voy. fig 92). Les iliaques primitives sont en rapport avec le psoas, les veines iliaques primitives et les vertèbres lombaires en arrière, et avec le péritoine en avant.

15) **Veine cave inférieure.** Cette veine reçoit le sang veineux de toutes les parties du corps situées au-dessous du diaphragme; elle s'étend de l'angle de réunion des deux veines iliaques à l'oreillette droite, et est en rapport, à gauche, avec l'aorte; à droite, avec le muscle psoas et le rein; en arrière, avec la colonne vertébrale; en avant et de haut en bas, avec le mésentère, le duodénum, le pancréas, l'ouverture du diaphragme et la face postérieure du foie.

16) **Veine rénale gauche.** Elle porte à la veine cave le sang venu du rein.

17) **Veine spermatique gauche.**

18) **Veine spermatique droite.**

19) **Nerf fémoro-cutané,** branche du plexus lombaire.

20) **Ganglion du grand sympathique.**

21) **Rectum.**

22) **Vessie.**

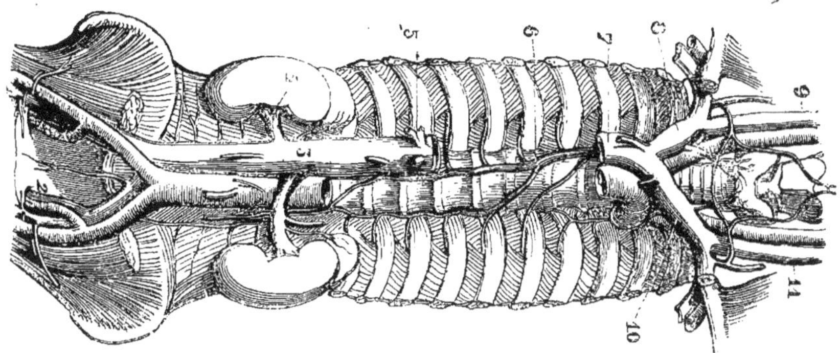

Fig. 90. — *Gros vaisseaux du thorax et de l'abdomen *.*

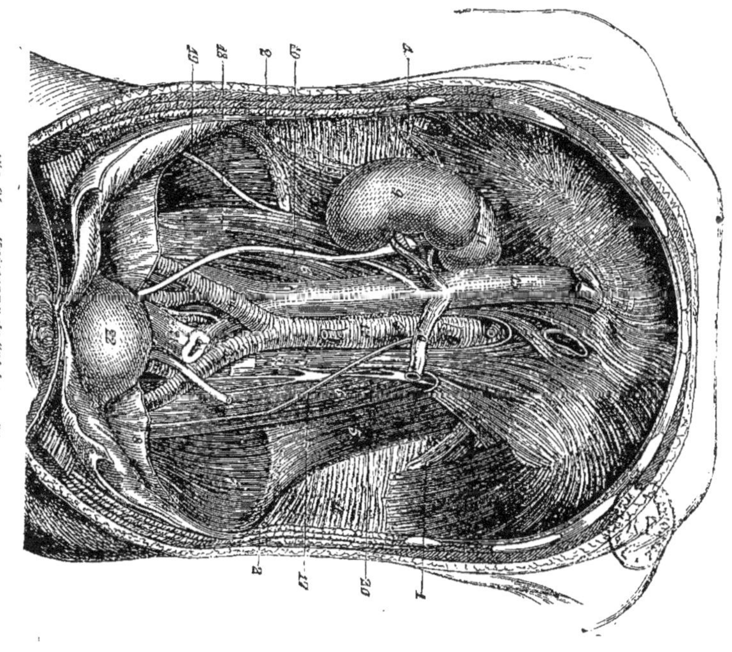

Fig. 91. — *Vaisseaux de l'abdomen **.*

FIG. 92. — ARTÈRES DU BASSIN.

* 1) **Aorte.**

2) **Artère iliaque primitive coupée.**

3) **Artère iliaque externe**; elle s'étend de l'iliaque primitive à l'arcade crurale, où elle prend le nom d'*artère fémorale*. Elle est en rapport avec le péritoine en avant, le psoas et la veine iliaque en arrière.

4) **Artère iliaque interne** ou **hypogastrique.** Branche de bifurcation de l'iliaque primitive, elle se divise, après un trajet de 2 à 3 centimètres, en un faisceau artériel qui se distribue à tous les organes contenus dans le bassin et aux parties génitales.

5) **Artère fessière.**

6) **Artère honteuse interne.**

7) **Artère vésicale.**

8) **Anastomose** entre l'épigastrique et l'obturatrice.

9) **Artère sacrée latérale.** (Les cinq artères qui précèdent sont des branches de l'iliaque interne.)

10) **Artère épigastrique**, branche de l'iliaque externe.

11) **Artère circonflexe iliaque**, deuxième branche de l'iliaque externe.

12) **Artères hémorrhoïdales inférieures**, branches de la honteuse interne.

13) **Veine iliaque externe coupée.**

14) **Artère sacrée moyenne**, branche de l'aorte.

15) **Muscle bulbo-caverneux.**

FIG. 93. — ARTÈRE ET VEINE FÉMORALE.

* 1) **Muscle couturier.**

2) **Premier adducteur.**

3) **Arcade crurale.**

4) **Psoas iliaque** recouvert de son aponévrose.

5) **Pectiné.**

6) **Artère fémorale.** Continuation de l'artère iliaque externe; elle s'étend du milieu de l'arcade fémorale aux deux tiers inférieurs de la région postérieure de la cuisse, qu'elle contourne d'avant en arrière, et prend le nom d'*artère poplitée* après avoir traversé l'anneau du troisième adducteur. En haut, l'artère fémorale repose sur le psoas iliaque, l'articulation coxo-fémorale et le pectiné. Elle n'est recouverte que par la peau, l'aponévrose et plusieurs ganglions lymphatiques; après avoir traversé l'espace triangulaire formé par le pli de l'aine en haut, le premier adducteur en dedans, le couturier en dehors (triangle de Scarpa), elle se trouve en rapport, dans le reste de son trajet : en dehors avec le vaste interne qui la sépare du fémur, en dedans avec le premier adducteur; en avant, avec le couturier, son muscle satellite qui la croise à angle très-aigu de façon à se trouver en dehors en haut, en dedans en bas. L'artère fémorale est accompagnée par la veine fémorale 7, qui est d'abord située en dedans à sa partie supérieure, mais s'accole bientôt à sa partie postérieure. En dehors se trouve le nerf crural 8.

7) **Veine fémorale**, qui reçoit les branches veineuses correspondant aux branches de l'artère fémorale et se jette dans la veine iliaque externe.

8) **Nerf crural.**

9) **Veine saphène interne.** Cette veine superficielle naît de l'extrémité d'une arcade veineuse située sur la face dorsale du pied, passe devant la malléole interne et va se jeter dans la veine fémorale à quelques centimètres au-dessous du pli de l'aine. Elle reçoit les veines cutanées de toute la circonférence de la cuisse et de la moitié interne du pied et de la jambe. Les veines de l'autre moitié se jettent dans la saphène externe, qui naît de l'extrémité externe de l'arcade citée plus haut, passe derrière la malléole externe et va se jeter dans la veine poplitée. C'est la saphène interne qu'on ouvre dans la saignée du pied.

10) **Nerf fémoro-cutané.**

11) **Artère sous-cutanée abdominale.**

12) **Artère circonflexe iliaque.**

13) **Anneau crural.**

14, 15) **Aponévrose fémorale.**

16) **Artères honteuses externes**, branches de la fémorale.

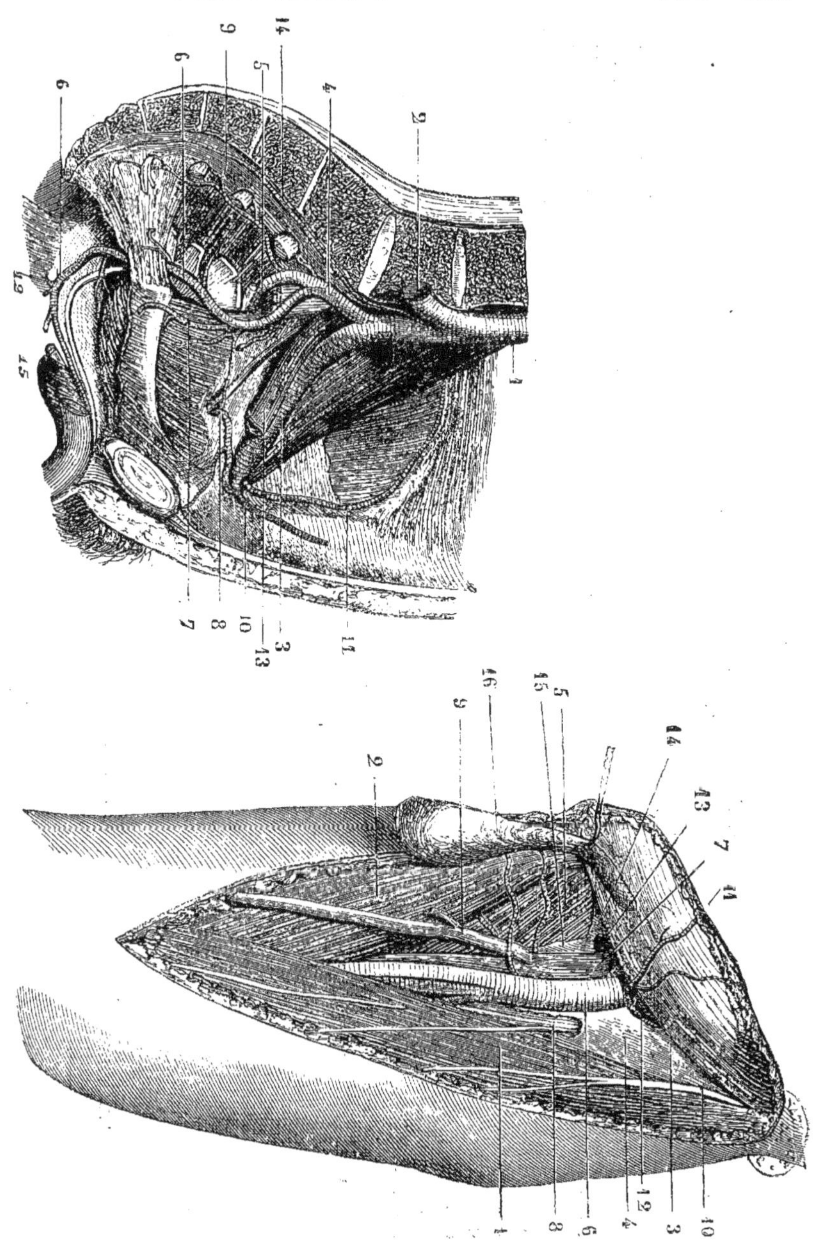

FIG. 94. — ARTÈRES DE LA FESSE ET DE LA RÉGION POSTÉRIEURE
DE LA CUISSE.

* 1) **Muscle grand fessier** coupé pour montrer les organes situés au-dessous.

2) **Moyen fessier.**

3) **Échancrure** faite au moyen fessier.

4) **Pyramidal.**

5) **Jumeaux et tendons de l'obturateur interne.**

6) **Carré crural.**

7) **Biceps crural.**

8) **Bord postérieur du fémur.**

9) **Troisième adducteur.**

10) **Nerf grand sciatique.**

11) **Nerf petit sciatique.**

12) **Nerf fessier supérieur.**

13) **Artère fessière.**

14) **Artère ischiatique.**

15) **Artère honteuse interne.** Ces trois dernières artères sont des branches de l'iliaque interne.

16, 16) **Artères perforantes**, branches de la fémorale. On voit, au-dessous de ligne 16, l'artère fémorale sortant de l'anneau du troisième adducteur· elle a le nerf grand sciatique à sa droite.

FIG. 95. — ARTÈRES DU CREUX DU JARRET.

** 1) **Biceps crural.**

2) **Demi-tendineux.**

3) **Demi-membraneux.**

4) **Jumeau interne.**

5) **Jumeau externe.**

6) **Plantaire grêle.**

7) **Demi-membraneux**, échancré pour laisser voir les organes placés au-dessous.

8) **Nerf sciatique interne** et **vaisseaux poplités.** On voit, au-dessous et en dedans du nerf la veine et l'artère poplitée. L'**artère poplitée**, continuation de la fémorale, s'étend de l'anneau du troisième adducteur à l'anneau du soléaire, où elle se divise en *tibiale antérieure* et *tibio-péronière.* Elle est en rapport, en avant, avec le fémur et le muscle poplité; en arrière, avec la *veine poplitée*, qui se trouve un peu en dehors; cette dernière est recouverte elle-même par le nerf sciatique poplité interne. Une couche de tissu graisseux épaisse et l'aponévrose fémorale la séparent de la saphène externe. Les jumeaux, en se réunissant, la recouvrent en bas. Le biceps, en se réunissant au demi-membraneux, la recouvre en haut.

9) **Nerf sciatique poplité.**

10) **Nerf accessoire du saphène externe.**

11) **Nerf saphène externe** et **veine saphène externe.**

12) **Terminaisons de la veine saphène externe**, dont un fragment a été enlevé, dans la veine poplitée.

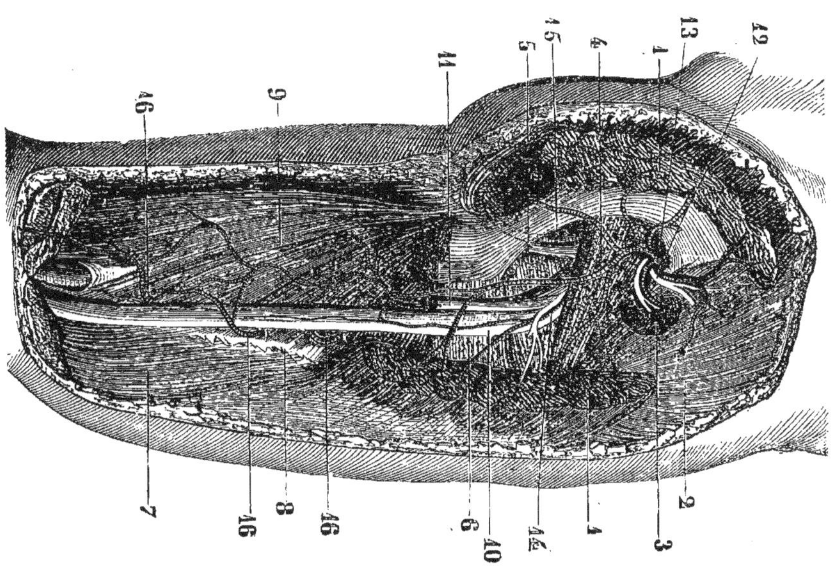

Fig. 94. — *Artères de la fesse et de la région postérieure de la cuisse* *.

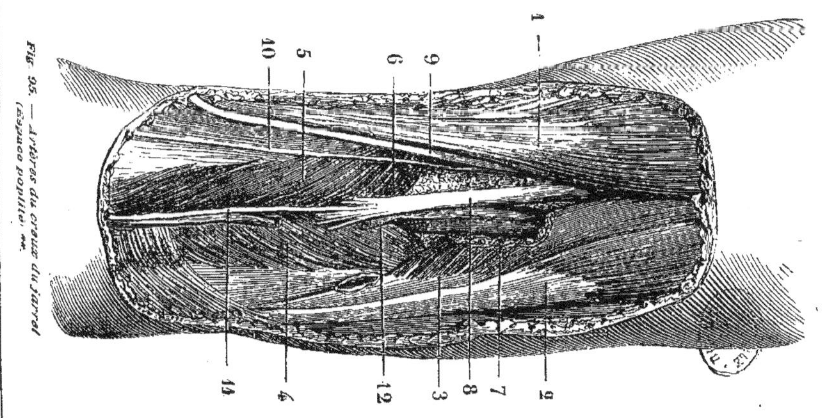

Fig. 95. — *Artères du creux du jarret*
(espace poplité) *.

FIG. 96. — ARTÈRES DE LA RÉGION POSTÉRIEURE DE LA JAMBE.

* 1) **Muscle demi-tendineux.** — 2) **Demi-membraneux.** — 3) **Biceps.** — 4) **Poplité.** — 5) **Coupe du soléaire.** On voit son anneau traversé par l'artère et le nerf poplité. — 6) **Face postérieure du péroné.** — 7) **Long péronier latéral.** — 8) **Court péronier latéral.** — 9) **Fléchisseur propre du gros orteil.** — 10) **Jambier postérieur.** — 11, 11') **Fléchisseur commun des orteils.** — 12) **Artère poplitée** (voy. fig. 95). — 13, 14) **Artères articulaires,** branches de la précédente. — 15) **Artère tibiale antérieure,** s'engageant à travers le ligament interosseux. Branche de bifurcation de la poplitée, cette artère se dirige suivant une ligne allant de la tubérosité externe du tibia au milieu du cou de pied au niveau du ligament dorsal du tarse, où elle prend le nom de *pédieuse* (voy. fig. 97). Après avoir traversé le ligament interosseux, elle s'applique à la face antérieure de ce ligament, puis, dans son tiers inférieur, sur la face externe du tibia. Le jambier antérieur et l'extenseur commun des orteils la recouvrent en avant. — 16) **Artère tibio-péronière** ou tronc tibio-péronier. Branche de bifurcation de la poplitée Sa longueur n'est que de 2 centimètres environ, elle chemine entre le soléaire en arrière et le jambier postérieur en avant, et se divise en *péronière* et *tibiale postérieure.* — 17) **Artère péronière.** Deuxième branche de bifurcation de l'artère tibio-péronière, elle s'étend jusqu'à la partie inférieure de la jambe, où elle se divise en *péronière antérieure* et *péronière postérieure,* qui se ramifient sur la face dorsale et le côté externe du pied. L'artère péronière est recouverte par le soléaire en haut et le fléchisseur propre du gros orteil en bas; elle est en rapport, en avant, avec le jambier postérieur (10) en haut, et le ligament interosseux en bas. — 18) **Artère tibiale postérieure.** Branche de bifurcation de l'artère tibio-péronière (16), elle suit une ligne allant du milieu du jarret vers le derrière de la malléole interne et se bifurque sous la voûte du calcanéum en *plantaire interne* et *plantaire externe* (voy. fig. 98). Elle est appliquée sur le jambier postérieur en haut et le fléchisseur commun des orteils en bas, et est recouverte par le soléaire, le bord interne du tendon d'Achille et l'aponévrose jambière. Le nerf poplité interne longe son côté externe et deux veines l'accompagnent.

FIG. 97. — ARTÈRES DE LA FACE DORSALE DU PIED.

** 1) **Tendon du jambier antérieur.** — 2) **Tendon de l'extenseur propre du gros orteil.** — 3) **Tendons de l'extenseur commun des orteils.**

— 3') **Faisceau externe du même muscle** ou péronier antérieur. — 4) **Muscle pédieux.** — 5, 5') **Tendons du pédieux.** — 6) **Nerf musculo-cutané.** — 7) **Nerf tibial antérieur.** — 8) **Artère pédieuse.** Branche terminale de la tibiale antérieure, cette artère commence au milieu du cou de pied, au-dessous du ligament dorsal du tarse et se termine entre les deux orteils, à l'extrémité du premier espace interosseux, dans lequel elle plonge, pour aller s'anastomoser à la plante du pied avec la plantaire externe. Placée sur les os du tarse, elle est recouverte par le muscle pédieux et longe le tendon de l'extenseur propre du gros orteil. Deux veines et le nerf tibial antérieur l'accompagnent. — 9) **Artère dorsale du tarse.** — 10) **Artère dorsale du métatarse.** Ces deux artères sont des branches de la pédieuse.

FIG. 98. — ARTÈRES DE LA PLANTE DU PIED.

*** 1) **Court fléchisseur commun des orteils coupé.** — 2) **Adducteur du petit orteil.** — 3) **Adducteur du gros orteil.** — 4) **Fléchisseur propre du gros orteil.** — 5) **Abducteur oblique du gros orteil.** — 6) **Long fléchisseur commun** des orteils coupé. — 7) **Accessoire du long fléchisseur commun.** — 8) **Tendon du long péronier latéral.** — 9) **Artère plantaire externe.** — 10) **Artère plantaire interne.** Branches de bifurcation de la tibiale postérieure, ces deux artères naissent au niveau de la concavité du calcanéum. La plantaire interne se porte en avant le long du côté interne du pied, entre l'adducteur du gros orteil et les tendons du long fléchisseur commun, et se termine dans les muscles du gros orteil. La plantaire externe se dirige, entre le court fléchisseur commun et l'accessoire du long fléchisseur des orteils et forme une courbe nommée *arcade plantaire* (11), d'où naissent plusieurs branches, vers le premier espace interosseux, où elle s'anastomose avec la pédieuse et fait communiquer, par conséquent, la tibiale antérieure avec la tibiale postérieure. — 11) **Arcade plantaire.** — 12) **Interosseuse plantaire.** Branches de la plantaire externe. — 13) **Nerf plantaire externe.** — 14) **Nerf plantaire interne.** — 15) **Branche superficielle externe** du nerf plantaire interne. — 16) **Branche superficielle interne** du même nerf. — 17) **Arcade** formée par le nerf plantaire externe. — 18) **Gaines des tendons des fléchisseurs.**

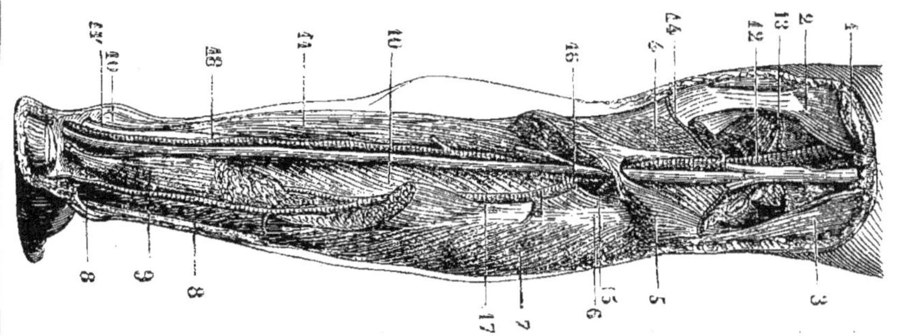

Fig. 96 — *Artères de la région postérieure de la jambe*.*

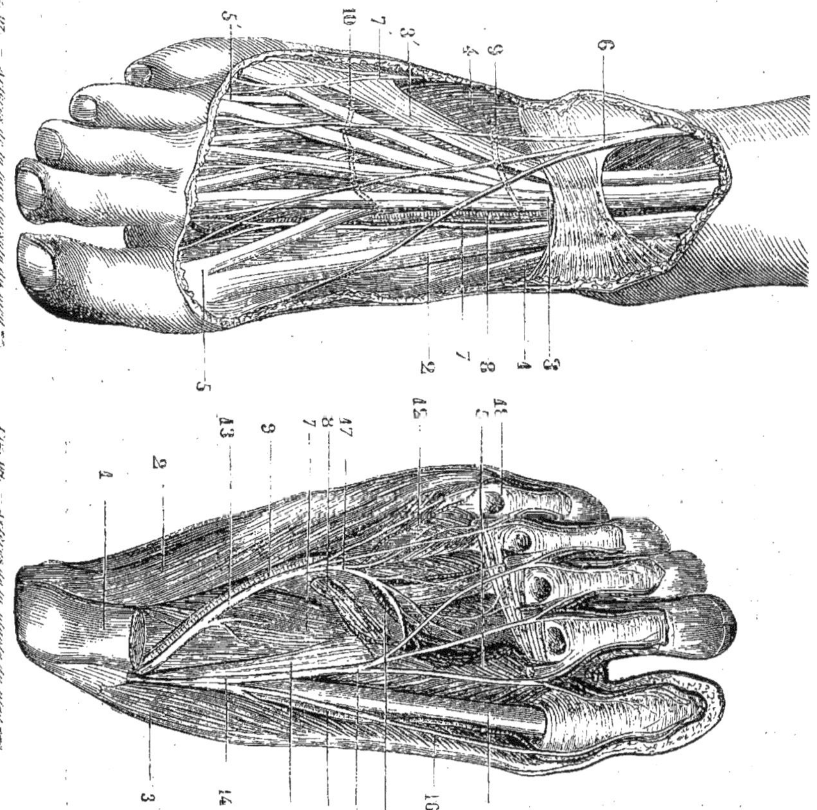

CHAPITRE VIII.

LE SANG ET SES FONCTIONS.

Réparation des pertes des organes. — Le sang est l'aliment véritable des êtres vivants. — La vie se retire immédiatement d'un organe lorsque le sang n'y arrive plus. — Le sang peut rendre la vie à des organes que la mort avait frappés. — Formation du sang aux dépens des matériaux fournis par la digestion. — Composition du sang. — Rôle des matériaux divers qu'il contient. — Globules du sang. — Influence de leur nombre sur la force de la constitution. — Composition, propriétés, naissance et mort des globules. — Les globules sont de véritables êtres vivants. — Ils constituent la partie vivifiante du sang. — Durée de leur existence. — Modifications éprouvées par le sang en traversant les organes. — Sang des veines et sang des artères. — Action de la respiration sur le sang. — Transformation du sang veineux en sang artériel. — Influence de l'activité des organes sur la coloration du sang qui en sort. — Température du sang. — Quantité de sang contenue dans le corps. — Modifications éprouvées par le sang dans les maladies. — Variations dans la proportion de la fibrine, des globules, de l'eau, de l'albumine etc. — Modifications subies par le sang dans les affections virulentes. — Modifications éprouvées par le sang dans l'anémie et la chlorose. — Transfusion du sang. — Imperfection des méthodes habituellement conseillées pour la pratiquer. — Expériences de Brown-Séquart sur la possibilité de rendre la vie et l'intelligence à une tête complétement séparée du tronc. — Avenir de la transfusion.

Nous avons vu que les éléments des organes des êtres vivants sont détruits sans cesse. Si les pertes continuelles qu'ils éprouvent n'étaient pas à chaque instant réparées, une mort définitive les frapperait bientôt; mourir, se renouveler, puis de nouveau mourir, est la condition essentielle de leur existence.

C'est au moyen du sang que les organes réparent leurs pertes. Le rôle de ce liquide ne se borne pas uniquement, du reste, à cette importante fonction; non-seulement il apporte aux tissus les éléments nécessaires à leur entretien, c'est-à-dire l'oxygène qu'il emprunte à l'atmosphère dans les poumons, et les matériaux de la digestion qu'il reçoit dans l'intestin, mais encore il reprend à ces mêmes tissus les produits de leur désassimilation et les amène aux organes chargés de les expulser au dehors, c'est-à-dire aux reins, aux poumons et à la peau.

La réparation des pertes des organes par les principes nutritifs que leur apporte le sang n'est pas une fonction intermittente comme on le croyait autrefois; la perte des éléments étant de tous les instants, leur régénération doit être perpétuelle; le liquide qui les baigne et forme le milieu où ils vivent, constitue une réserve alimentaire dans laquelle, sous peine de mort, ils doivent puiser constamment.

Le sang est donc le véritable aliment des êtres vivants. Quel que soit leur genre de nourriture, ils sont tous en réalité carnivores. Quand, par une cause quelconque, ce liquide cesse de baigner un organe, ce dernier cesse immédiatement de fonctionner. Il suffit de comprimer un instant l'artère principale d'un membre pour que ce membre devienne insensible et incapable de se mouvoir, c'est-à-dire qu'il cesse de vivre. Chacun sait que pendant la syncope, le sang n'arrivant plus au cerveau, les fonctions de cet organe se trouvent suspendues.

Des expériences fort curieuses exécutées par Brown-Séquart, il y a quelques années, et sur lesquelles nous aurons à revenir plus loin, ont bien mis en évidence à quel point l'aptitude des organes à fonctionner est subordonnée à la présence du sang. Un membre séparé du corps revient à la vie lorsqu'on fait circuler du sang d'une façon continue dans les vaisseaux qui le traversent. Une tête séparée du tronc depuis un quart d'heure et dans laquelle les manifestations de la vie sont absolument éteintes, renaît à l'existence lorsqu'on pratique sur elle la même opération. Toutes les fonctions des êtres vivants, depuis les besoins de l'animalité les plus humbles jusqu'aux manifestations les plus élevées de l'intelligence et de la pensée, ne peuvent se produire qu'à la condition que le sang vivifie sans cesse les organes qui les engendrent.

Nous allons étudier en détail, dans ce chapitre, la composition et la propriété de cet important liquide.

Formation du sang aux dépens des matériaux fournis par la digestion. Le résultat des transformations subies par les aliments dans le tube digestif est, comme nous l'avons vu, un liquide nommé *chyle*, qui renferme dans sa composition tous les éléments du sang, mais qui diffère notablement cependant de ce dernier. Où et comment se fait la transformation complète du chyle en sang? La physiologie n'est pas encore définitivement fixée sur ce point. Il paraît probable aujourd'hui que les éléments les plus essentiels du sang, c'est-à-dire les globules, commencent à se former dans les ganglions lymphatiques et achèvent de s'élaborer dans la rate ou dans le foie.

Composition du sang. Le sang, tel qu'il circule dans les vaisseaux, est un liquide rouge à réaction alcaline, dont la densité varie de 1050 à 1060.

Lorsqu'on le laisse reposer quelques minutes dans un vase, il s'épaissit et se sépare en deux parties, une demi-solide, rougeâtre, nommée *caillot*; l'autre, liquide, transparente, verdâtre, nommée *sérum*.

Le caillot est un mélange d'une substance qu'on a nommée *fibrine*, bien qu'elle soit très-différente de cette matière, et de *globules* composés que nous étudierons plus loin. 1000 parties de sang contiennent environ un tiers de caillot, représentant 130 parties du même produit desséché.

Le sérum est un liquide verdâtre d'une densité égale à 1020; il est constitué par de l'eau tenant en suspension des composés fort nombreux.

Nous ignorons encore, malgré de nombreuses recherches, pourquoi le sang se coagule lorsqu'il est sorti des vaisseaux qui le contiennent; nous savons bien, par expérience, que cette coagulation n'est due ni à l'action de l'air, ni au repos, ni au refroidissement; nous savons également que la fibrine ne préexiste pas dans le sang à l'état liquide et ne se forme pendant la coagulation que par dédoublement d'autres principes; mais nous ne possédons encore aucune explication satisfaisante des causes de cette transformation.

Diverses circonstances peuvent activer ou ralentir la coagulation du sang. Pour l'empêcher, il suffit d'ajouter à ce liquide quelques millièmes d'une dissolution de soude ou de potasse. L'eau salée la retarde également; une certaine élévation de température la favorise, au contraire.

Le sang contenu dans les vaisseaux se coagule après la mort, mais seulement au bout de quelques heures, c'est-à-dire beaucoup plus lentement que dans les vases où on le recueille.

Dans les cas d'asphyxie où la mort a été rapide, le sang reste très-longtemps fluide dans les vaisseaux; quand, au contraire, la mort a été lente, il se coagule rapidement et l'on trouve des caillots remplissant les cavités droites du cœur.

Pendant la vie, le sang se coagule quelquefois dans les vaisseaux, mais ce n'est que lorsque leurs parois ont éprouvé des altérations pathologiques ou lorsque le cours du sang y est suspendu ou considérablement ralenti. Le traitement des anévrysmes par la compression est basé sur ce fait. Le caillot qui se forme dans la tumeur par la suspension de la circulation obture le vaisseau et remplace la ligature de l'artère, opération dangereuse à laquelle on avait autrefois recours.

Le sang est un liquide fort complexe. La chimie a poussé assez loin son analyse, puisqu'elle y a constaté l'existence d'une cinquantaine de corps différents ; mais le rôle et le mode de formation de la plupart d'entre eux nous sont encore très-mal connus.

Parmi les substances que le sang contient, les unes, telles que les matières albuminoïdes, les corps gras, les substances sucrées et divers composés minéraux, sont destinées à entretenir l'existence des organes en s'assimilant à eux; les autres, telles que divers produits dérivés des matières albuminoïdes (l'urée, l'acide urique, l'acide carbonique, la créatine, l'azote par exemple) ou des matières grasses et sucrées (les acides acétique, butyrique, formique, lactique, carbonique notamment), ou encore des substances minérales (chlorures, sulfates etc.), sont des produits de l'usure des organes et doivent être expulsées du corps.

Au point de vue chimique, toutes les substances entrant dans la composition du sang peuvent être ramenées à quatre groupes : 1° *les substances albuminoïdes* (fibrine, albumine, caséine etc.); 2° *les matières sucrées* (glycoses); 3° *les corps gras* (oléine, margarine, stéarine etc.); 4° *les principes minéraux* (chlorures, phosphates etc.). Ces quatre groupes de substances sont, comme nous l'avons vu, celles qui entrent dans la constitution d'un aliment complet. Elles sont indispensables à l'entretien des organes et servent, entre autres usages, soit à constituer la trame des muscles, comme la fibrine, soit à donner aux os et aux dents leur solidité, comme le phosphate de chaux, le carbonate de chaux et le fluorure de calcium, soit à empêcher la dissolution des globules sanguins dans le sérum, comme le chlorure de sodium, soit encore à faire partie de tous les liquides et de tous les tissus, comme l'eau.

La fibrine, l'albumine et diverses substances organiques que le sang renferme présentent des différences de propriétés notables avec les composés analogues contenus dans les aliments, et si on les désigne habituellement sous le même nom, c'est que la chimie n'a pu encore préciser d'une façon bien nette la nature de ces différences.

Ainsi que nous le verrons plus loin, le sang présente les plus grandes variations de composition suivant l'âge, l'état de santé, le tempérament, le sexe des sujets chez lesquels on l'examine. Chez le même individu, sa composition se modifie suivant le lieu du corps où on le prend. Le sang qui sort d'une glande en fonctions est fort différent de ce qu'il était avant d'y entrer[*].

[*] En prenant la moyenne d'un grand nombre d'analyses, Becquerel et Rodier ont attribué au sang la composition suivante:

Globules.	135.00
Albumine	70.00
Fibrine	2.50
Eau	781.50
Matières grasses et extractives et sels (cholestérine, urée, phosphates, chlorures, soude, fer etc.)	11.00
	1000.00

Sous l'indication de matières grasses et extractives et sels se rangent, en réalité, environ cinquante substances différentes, dont la nature est, ainsi que nous le disions plus haut, très-mal connue.

Outre les composés que nous venons de mentionner, le sang contient de l'oxygène, de l'acide carbonique et de l'azote. L'oxygène provient de l'air absorbé par la respiration, et on admet qu'il existe principalement dans les globules, où il semble condensé. En effet, le sérum privé de ses globules absorbe beaucoup moins l'oxygène de l'air que celui qui en contient. Quant à l'acide carbonique et à l'azote, ce sont les produits ultimes de la désassimilation incessante des tissus. Dissous dans le sérum, ils s'échappent au dehors par les voies respiratoires, en raison de la faible pression qu'ils rencontrent dans les vésicules pulmonaires.

C'est au moyen des matériaux versés dans le sang par les vaisseaux chylifères et ceux de l'intestin que ce liquide est constamment renouvelé. Cet apport est considérable. Colin a vu, dans ses expériences, une vache fournir à l'embouchure du canal thoracique dans la veine sous-clavière 1 héctolitre de chyle en 24 heures.

La partie liquide du sang, tel qu'il circule dans les vaisseaux, c'est-à-dire non dépouillé de sa fibrine et de ses globules, est habituellement désignée sous le nom de *plasma*; c'est un liquide tenant en dissolution tous les corps précédemment énumérés, et en suspension les globules. Il est par lui-même incolore et ne doit sa couleur rouge qu'aux globules qu'il renferme. Il ne faut pas le confondre avec le sérum, qui n'est que du sang privé de fibrine et de globules, c'est-à-dire un produit artificiel qui se forme, comme nous l'avons vu, quand le sang est sorti des vaisseaux qui le contenaient.

Globules du sang. Nous venons de voir que le sang tient en dissolution un grand nombre de composés représentant d'une part le résultat des transformations des matériaux introduits dans le tube digestif et d'autre part ceux provenant de la destruction des tissus. Outre ces principes, il tient en suspension une proportion considérable * de corps sphériques, nommés *globules*, qui nagent dans ce liquide sans en être imbibés et lui donnent sa couleur, absolument comme des poissons rouges feraient paraître coloré le liquide qui les contient, s'ils s'y trouvaient en très-grand nombre.

Ignorée des médecins de l'antiquité, l'existence des globules fut constatée pour la première fois par Malpighi, en 1661. On les aperçoit facilement en comprimant une goutte de sang entre deux lamelles de verre et en l'examinant au microscope.

Les globules du sang sont de deux espèces : les *globules rouges* ou *hématies*, les *globules blancs* ou *leucocytes*.

Les globules rouges sont des disques aplatis à leur centre, formés d'une substance homogène sans enveloppe ni noyau apparent. Leur diamètre est de 6 à 7 millièmes de millimètre environ.

---

* A l'état normal, on trouve de 300 à 400 parties de globules non desséchés pour 1000 parties de sang.

Chez l'homme, ils sont circulaires; chez les oiseaux, les reptiles et les poissons, ils sont elliptiques et très-volumineux. En général, à mesure que l'organisme se perfectionne, leurs dimensions s'amoindrissent. Chez l'embryon, ils sont beaucoup plus volumineux et plus abondants que chez l'adulte.

Il n'existe pas de relation bien déterminée entre la dimension des globules et la taille des animaux. Chez la souris et le cheval, leur diamètre est le même. Ceux de la baleine sont plus petits que ceux de la grenouille. On remarque cependant que chez les animaux constitués sur le même plan fondamental, ils deviennent de plus en plus petits à mesure que les besoins de la respiration augmentent.

La quantité des globules rouges contenus dans le sang est considérable; un millimètre cube renferme plus de 5 millions de ces corpuscules. Leur nombre varie, du reste, suivant les sexes et les tempéraments. Le sang de la femme en contient moins que celui de l'homme. Le sang des sujets sanguins et pléthoriques en renferme davantage que celui des individus lymphatiques et anémiques. La quantité des globules est en quelque sorte proportionnée à la vigueur de l'individu. « La force de la constitution, dit avec raison « Andral, est la condition de l'économie qui contribue le plus à éle-« ver les globules vers leur maximum, tandis que la faiblesse con-« génitale ou acquise est la condition qui les abaisse vers leur mi-« nimum. »

Le régime a une influence considérable sur le nombre des globules qui peuvent exister dans le sang. Pendant l'abstinence, ils diminuent et même se déforment. La saignée agit d'une façon analogue; mais en même temps que les globules diminuent, la fibrine augmente, ce qui fait que le sang se coagule plus rapidement. Milne Edwards, dans son bel ouvrage sur l'anatomie comparée des animaux, explique cette augmentation de la fibrine en admettant que le rôle des globules dans le sang est de la détruire. La diminution des globules entraînerait par conséquent son augmentation. La fibrine devrait être considérée en ce cas comme un produit de l'usure des tissus destiné à être rejeté au dehors.

L'eau gonfle les globules et les rend sphériques; la teinture d'iode étendue d'eau colore leur périphérie et les rend plus visibles; les alcalins, la bile et l'acide acétique les dissolvent.

Les globules rouges du sang doivent leur coloration à une matière cristallisable rouge contenant une forte proportion de fer, et ayant une grande affinité pour l'oxygène, désignée successivement sous les noms d'*hématosine*, d'*hémato-cristalline*, d'*hémato-globuline*, d'*hémoglobine* *, qui forme les 86 centièmes de leur poids et sur la constitution de laquelle on n'est pas encore parfaitement fixé **. Par l'emploi de divers réactifs on peut la décomposer en une substance albuminoïde, analogue à la globuline, et une matière colorante brunâtre, ne contenant plus de fer, nommée *hématine*, qui n'est pas la matière colorante du sang, car on ne l'y rencontre qu'accidentellement, notamment lorsqu'il s'est épanché dans les tissus.

Les globules sont des êtres vivants ayant une existence individuelle et éphémère. Comme tous les êtres vivants, ils naissent, grandissent et meurent ; mais nous ignorons le lieu de leur naissance et celui de leur mort. Plusieurs physiologistes pensent comme nous l'avons dit, qu'ils commencent à se former dans les ganglions lymphatiques et finissent de s'élaborer dans le foie; en effet, après sa sortie de cet organe, le sang est plus riche en globules. Mais cette opinion a été combattue par d'autres observateurs, qui font naître les globules dans la rate. Kölliker veut, au contraire, que ce soit dans cet organe qu'ils se détruisent. S'il fallait risquer une hypothèse, nous dirions que les globules naissent des globules par scission ou par bourgeons, mode de reproduction commun à un grand nombre d'êtres inférieurs, et qui pourrait trouver dans le foie, la rate, le

---

* La solubilité de l'hémoglobine dans l'eau et divers liquides permet de l'obtenir facilement cristallisée. Il suffit d'ajouter, goutte à goutte, à du sang défibriné contenu dans un flacon qu'on agite constamment, de l'éther jusqu'à ce que le liquide ait perdu son aspect opaque pour devenir transparent. Toute l'hémoglobine est alors séparée des globules. Après quelques heures de repos à basse température, elle cristallise, et sa forme — variable, suivant les espèces animales — peut être étudiée parfaitement au microscope.

** M. Gréhant, a publié récemment un résumé des leçons de physiologie expérimentale qu'il a faites en 1872 à l'école pratique, où se trouvent d'intéressants détails sur cette substance. Nous signalons, en passant, les leçons de ce physiologiste comme une des premières tentatives de vulgarisation en France de la pratique d'une science qui ne compte pas un laboratoire public chez nous et n'a guère été jusqu'ici l'objet que d'un enseignement purement théorique.

thymus, les capsules surrénales, ou dans tout autre organe, les conditions de milieu nécessaires à sa parfaite manifestation.

La durée de l'existence des globules rouges ne paraît pas dépasser quelques semaines. En injectant du sang d'oiseau, dont les globules elliptiques sont faciles à reconnaître, dans les vaisseaux d'un mammifère, Claude Bernard a vu que ces globules n'y persistaient que le temps que nous venons d'indiquer*. La masse entière du sang est probablement ainsi très-fréquemment renouvelée. Chez les êtres vivants, la matière se renouvelle sans cesse ; les formes seules persistent.

Une des principales fonctions connues des globules rouges consiste à emmagasiner de l'oxygène et à le porter aux tissus, pour l'échanger contre de l'acide carbonique, produit de leur destruction. Comme c'est précisément cet échange de gaz qui constitue la respiration, on voit que ce sont en réalité les globules qui respirent, plutôt que les poumons eux-mêmes.

Les globules constituent, du reste, la partie réellement vivifiante du sang. Les expériences de transfusion le prouvent d'une façon évidente : du sang privé de ses globules est complétement impuissant à ramener à la vie les animaux épuisés par une hémorrhagie.

Outre les globules rouges, le sang contient encore, comme nous l'avons dit, des globules incolores nommés *globules blancs* ou *leucocytes* ; mais le nombre de ces derniers est très-minime, comparativement à celui des premiers ; on ne rencontre guère, en effet, que deux ou trois globules blancs pour mille globules rouges. Ils existent non-seulement dans le sang, mais encore dans la lymphe et dans divers liquides de l'économie. On les rencontre chez tous les

---

* Il est probable que les globules du sang peuvent éprouver, dans le cours éphémère de leur existence, des modifications de structure susceptibles d'altérer leur vitalité d'une façon plus ou moins profonde ; mais la science est peu avancée sur ce point. On sait notamment que leur matière colorante diminue dans la chlorose, ainsi que nous le verrons plus loin, et qu'ils se déforment dans l'abstinence et à la suite d'hémorrhagies prolongées. Nous avons plusieurs fois observé au microscope — observation facile à répéter sur des grenouilles — qu'en arrêtant la circulation dans les capillaires d'un membre par la compression de l'artère de ce membre, les globules se déforment et s'agglutinent entre eux, ce qui rend leur séparation très-difficile lorsqu'on vient à cesser la compression. Peut-être est-ce à cette cause qu'il faut attribuer en partie la difficulté de ramener la circulation chez les asphyxiés.

animaux, tandis que les globules rouges n'existent que chez les vertébrés.

Le diamètre des globules blancs atteint un millième de millimètre environ. Ils sont constitués par un sac plein de liquide contenant un ou plusieurs noyaux, qu'on met en évidence facilement en ajoutant une goutte d'acide acétique au sang qu'on examine au microscope.

Les globules blancs changent constamment de forme, surtout quand on les porte à la température du corps humain. Pour bien les examiner, on est obligé de les immobiliser en les tuant avec de l'acide acétique. Plusieurs observateurs, Claude Bernard notamment, les considèrent comme de véritables animalcules infusoires.

L'origine des globules blancs, leur mode de formation, la durée de leur existence et leurs fonctions nous sont absolument inconnus. On a supposé, mais sans preuves suffisantes, qu'ils sont une des formes par lesquelles doivent passer les globules rouges avant d'arriver à leur développement parfait. Ces derniers, dans cette hypothèse, seraient simplement constitués par le développement de leurs noyaux après la rupture du sac qui les contient.

Modifications éprouvées par le sang en traversant les organes. — Sang veineux et sang artériel. — Influence de la respiration. Le sang qui sort d'un organe en fonctions diffère considérablement par ses propriétés de ce qu'il était avant d'y entrer. Les modifications qu'il éprouve dans diverses glandes, telles que la rate et le foie par exemple, sont probablement profondes; mais la chimie a été impuissante jusqu'ici à nous éclairer sur leur nature. L'hypothèse probable que c'est dans ces glandes que les globules peuvent prendre naissance et mourir n'a pu encore être étudiée d'une façon suffisante pour qu'on puisse la rejeter ou l'adopter.

Nous sommes plus avancés sur l'étude des modifications que le sang éprouve dans les autres organes. Au point de vue chimique, la différence qui existe entre le sang qui entre dans un organe, c'est-à-dire le sang artériel, et celui qui en sort, c'est-à-dire le sang veineux, est minime. Dans l'état actuel de la science nous savons

seulement que le sang veineux est un peu moins riche en oxygène*,
en sels et en fibrine que le sang artériel ; mais, au point de vue de
l'aspect physique et des propriétés physiologiques surtout, la différence est profonde.

Le sang que charrient les artères est d'un rouge éclatant ; celui
qui coule dans les veines est d'un rouge noirâtre. Le premier contient tous les matériaux de nutrition que la digestion et la respiration lui ont fournis ; le second renferme, au lieu de ces matériaux,
les résidus des métamorphoses des tissus. L'un peut entretenir la
vie des organes ; l'autre est impuissant à remplir cette fonction, et,
quand le sang veineux vient se substituer au sang artériel, ce qui
arrive dans l'asphyxie par exemple, la mort en est la conséquence
rapide.

Quand on agite du sang veineux avec de l'air, ou mieux avec
de l'oxygène, il devient rouge comme le sang artériel, et conserve
cet aspect un temps d'autant plus long que la température à laquelle il est soumis est plus basse**. Quand on agite du sang artériel avec de l'acide carbonique, il devient noir et prend l'aspect
du sang veineux. Chez les êtres vivants, la transformation du sang
veineux en sang artériel se fait sous l'influence de l'air absorbé
par la respiration.

La coloration du sang dépend donc de la nature des gaz qu'il
contient. En se combinant avec quelques-uns des éléments qui le
constituent, ces derniers lui impriment des modifications spéciales
encore inconnues, d'où résulte sa couleur.

Le sang artériel est rouge dans tous les organes et semble présenter partout une composition uniforme. Il n'en est pas de même
du sang veineux : au lieu d'être noir dans tous les organes, il reste
rouge dans quelques-uns. Le sang veineux venant d'une glande qui

* Le sang artériel contient 38 d'oxygène p. 100 d'acide carbonique, et le sang
veineux 26 p. 100 seulement. Dans un litre de sang artériel Schöffer a trouvé 375
cent. cubes d'acide carbonique dissous et 203 cent. cubes d'oxygène. Dans un litre
de sang veineux, 415 cent. cubes d'acide carbonique et 135 cent. cubes seulement
d'oxygène.

** A la température de 0, le sang reste rouge plusieurs semaines ; à la température
de 38 à 40 degrés, il noircit très-vite. Il suffit d'échauffer un animal pour voir son sang
artériel noircir rapidement.

fonctionne est rouge et contient à peu près autant d'oxygène que le sang artériel; il est noir lorsque la glande ne fonctionne pas. Le rein agissant sans interruption, le sang qui le traverse est toujours rouge. Le sang veineux venu des autres organes profonds, tels que les muscles par exemple, est au contraire d'autant plus foncé que l'organe traversé par lui a plus fonctionné*. Quand, au contraire, l'organe ne fonctionne pas ou fonctionne peu, comme il n'a rien à céder au sang artériel ni rien à lui emprunter, ce dernier ne se modifie pas en passant dans les veines. C'est ce qui arrive précisément pendant l'hiver chez les animaux hibernants, tels que la marmotte par exemple, dont les fonctions des organes se ralentissent considérablement sous l'influence du froid : le sang n'ayant pas à réparer les pertes des tissus, conserve sa composition et reste rouge dans les veines. Un phénomène analogue se produit dans la syncope et la mort par le froid. Chez le fœtus, le sang est rouge dans tous les organes.

Température du sang. En étudiant la chaleur animale, nous aurons à parler de la température du sang dans les différentes parties du corps. Nous dirons seulement maintenant que ce liquide est de tous ceux de l'économie celui dont la température est la plus élevée. Elle varie de 38 à 40 degrés chez les mammifères. La température du sang artériel est supérieure de 2/3 de degré environ à celle du sang veineux. Dans certaines veines cependant, telles que la veine rénale et les veines sus-hépatiques, le sang est plus chaud que dans les artères correspondantes, par suite de l'action des phénomènes chimiques qui s'accomplissent dans les organes d'où pro-

---

* Le sang qui traverse un organe, glande ou muscle, y éprouve des modifications qui le dépouillent d'une partie de ses principes nutritifs et le transforment plus ou moins en sang veineux. Si le sang qui sort d'une glande en activité est rouge, tandis qu'il est noir lorsqu'il vient d'un muscle, cela tient probablement à ce que les modifications que la glande fait subir au sang pour le transformer en divers liquides : lait, larmes etc., ne portent pas principalement sur l'oxygène qu'il contient. Il est encore possible que l'accélération de la circulation dans la glande pendant qu'elle fonctionne oblige le sang à la traverser en quantité telle qu'il n'ait pas le temps de s'y dépouiller de tout son oxygène. Quand la glande ne fonctionne pas, c'est-à-dire ne sécrète rien, elle est seulement traversée par la quantité de sang nécessaire pour la nourrir, et alors le sang qui en sort est noir comme il l'est toujours après avoir nourri les tissus.

vient le liquide qu'elles contiennent. Le sang veineux contenu dans le ventricule droit est plus chaud que le sang artériel contenu dans le ventricule gauche, ce qui résulte du refroidissement éprouvé par ce dernier dans les poumons.

En traversant la tête, les mains, les pieds, les poumons et, en général, tous les organes situés à la périphérie du corps, le sang se refroidit. Pour que sa température reste constante, il faut qu'il s'échauffe quelque part. Claude Bernard a reconnu que c'est en traversant les divers organes de l'appareil digestif, le réseau capillaire du foie notamment, qu'il acquiert une température plus élevée.

La température du sang varie aussi suivant l'état des organes où il se trouve. Il est plus chaud dans l'organe en fonction que dans l'organe à l'état de repos.

Chez les vertébrés, la température du sang n'éprouve que des variations minimes, quel que soit le degré de chaleur ou de froid de l'atmosphère. Chez les animaux dits à sang froid, au contraire, le sang suit les variations de température du milieu ambiant, et l'activité des fonctions a une marche correspondante. S'accomplissant avec énergie pendant l'été, elles sont ralenties ou même complétement suspendues pendant l'hiver.

Quantité de sang contenue dans les organes. La quantité de sang que le corps contient est très-variable; suivant Claude Bernard, elle peut, après un repas, devenir le double de ce qu'elle était à jeun. Plus on s'éloigne de la digestion, plus la proportion de ce liquide contenue dans les organes diminue. D'après des expériences faites par Colard de Martigny sur des lapins, la quantité de sang, qui est de 30 grammes environ chez ces animaux à l'état normal, n'est plus que de 20 grammes après 3 jours d'abstinence et de 7 grammes seulement au bout de 10 jours.

Selon plusieurs physiologistes, la quantité totale du sang existant dans les organes serait égale en moyenne au dixième environ du poids du corps. Suivant Lehmann et Weber, elle serait seulement égale, chez l'homme, au huitième de ce poids. Un individu pesant 64 kilogrammes aurait donc 8 kilogrammes de sang. La méthode suivie par ces observateurs est très-simple : ils pèsent un homme qu'on va décapiter, le pèsent de nouveau après la décapitation, lorsque l'écoulement du sang a cessé, et obtiennent ainsi par différence le poids d'une partie du sang contenu dans les vaisseaux. Pour évaluer la quantité qui y est restée, ils y injectent de l'eau distillée jusqu'à ce qu'elle sorte incolore. En pesant le résidu de l'évaporation du liquide, on a la proportion de matériaux solides qu'il contient, et il est facile d'en déduire la quantité de sang à laquelle ces matériaux correspondent. En ajoutant à cette quantité celle que l'on a obtenue plus haut par la pesée du sujet avant et après la décapitation, on a le poids total du sang contenu dans le corps.

MODIFICATIONS ÉPROUVÉES PAR LE SANG DANS LES MALADIES.

A l'état normal, le sang éprouve, ainsi que nous l'avons vu, des variations de composition très-considérables. Non-seulement le sang du même individu n'a pas la même composition avant et après le repas, mais encore cette composition se modifie avec l'alimentation elle-même. Une nourriture animale augmente les globules; l'abstinence, une nourriture végétale les diminuent. L'âge, le sexe, l'état de gestation font éprouver au sang des modifications très-variées. Les globules sont moins nombreux et l'eau plus abondante chez la femme que chez l'homme; ils sont plus nombreux chez les individus sanguins que chez les sujets lymphatiques. Leur nombre s'accroît jusqu'à trente ans et diminue après.

L'étude des modifications éprouvées par le sang pendant les maladies est encore peu avancée, et tout ce que nous savons de précis sur cet important sujet peut se résumer en quelques pages.

Maladies dans lesquelles la proportion de la fibrine du sang est modifiée. — Dans certaines affections, telles que la fièvre typhoïde et le scorbut, la fibrine diminue; elle augmente, au contraire, dans les affections inflammatoires aiguës, notamment dans la pneumonie, la péritonite, la pleurésie, le rhumatisme articulaire; le sang contient alors 5 à 10 millièmes de fibrine coagulable au lieu de 2 à 3 millièmes qu'il renferme normalement. En même temps, le nombre des globules diminue, ce qui, du reste, peut être imputable à l'abstinence à laquelle sont soumis habituellement les malades atteints d'affections de cette nature.

Dans les maladies que nous venons de mentionner, le sang retiré des vaisseaux se coagule plus lentement qu'à l'état normal. Par suite, les corpuscules colorés ont le temps de descendre dans le liquide avant sa complète solidification. Il en résulte la formation à sa surface d'une couche de fibrine blanchâtre de quelques millimètres d'épaisseur, à laquelle on donne le nom de *couenne inflammatoire*. Les anciens médecins attachaient beaucoup d'importance à sa présence; mais, comme il est démontré qu'elle se manifeste quelquefois dans des états du sang très-opposés aux précédents, tels que la chlorose et l'anémie par exemple, on ne peut rien en déduire de certain.

D'après un travail présenté en 1869 par Andral à l'Académie des sciences, le chiffre de la température et celui de la fibrine croissent en proportion directe l'un de l'autre. De toutes les maladies qui entraînent la production d'un excès de fibrine dans le sang, la pneumonie est celle où cet excès est le plus considérable, et c'est précisément une des affections où la température du corps s'élève davantage. L'augmentation de la chaleur et celle de la fibrine sont deux phénomènes qui, bien que se produisant ensemble, sont cependant complétement indépendants l'un de l'autre. Dans la fièvre ordinaire, en effet, l'élévation de température n'est en aucune façon accompagnée d'un accroissement de fibrine.

Maladies dans lesquelles la proportion de l'albumine du sang est modifiée. — L'albumine du sang diminue dans l'albuminurie, affection dans laquelle l'urine contient une forte quantité d'albumine. De 70 pour 1000, proportion dans laquelle on la rencontre habituellement dans le sang, elle descend à 50 environ; en même temps, le chiffre de la fibrine et celui de l'urée que ce dernier liquide renferme s'élèvent sensiblement.

Maladies dans lesquelles divers principes destinés à être éliminés du sang sont retenus dans ce liquide. — Les produits de l'usure des tissus doivent être incessamment expulsés au dehors sous peine de devenir des poisons pour les organes qui les contiennent. Lorsqu'ils viennent à s'accumuler dans le sang, ils produisent divers accidents variant suivant la nature des principes dont l'élimination fait défaut. C'est ainsi, par exemple, que l'accumulation de l'urée dans le sang produit l'urémie; celle de l'acide urique, la goutte et la gravelle; celle du glycose, la glycosurie. La gravité des accidents résultant de la non-élimination du petit nombre des principes dont la chimie sait reconnaître la présence dans le sang nous permet de supposer que des accidents non moins graves doivent résulter de l'accumulation dans ce liquide d'autres principes. Il est fort probable, par exemple, que l'accumulation dans le sang de certaines matières organiques constituant le poison redoutable qu'on peut nommer le *miasme humain*, doit produire des affections fort graves, telles que la fièvre typhoïde notamment. Je suis convaincu que des recherches approfondies dans cette voie conduiront à la découverte des causes si profondément inconnues encore d'un grand nombre de maladies.

Maladies dans lesquelles la proportion des matériaux calcaires du sang diminue. — Les matériaux calcaires du sang, phosphate et carbonate de chaux, diminuent dans le rachitisme et dans l'affection des os nommée *ostéomalacie*.

Maladies dans lesquelles le sang contient des matières virulentes. — Dans diverses affections virulentes ou contagieuses, telles que le charbon, la variole, la syphilis, la fièvre typhoïde, l'infection purulente etc., le sang éprouve des altérations évidemment profondes, à en juger par les accidents morbides qui en sont la suite, bien que la quantité de matière étrangère introduite dans ce liquide soit souvent fort minime. Cela tient sans doute à ce que la substance introduite peut se multiplier rapidement, ou encore à ce qu'elle détermine au sein des organes des modifications capables de se transmettre facilement de proche en proche.

Dans plusieurs de ces maladies, le sang contient un grand nombre de corpuscules granuliformes et quelquefois certains parasites, *bactéries*, *micrococcus* etc., auxquels on attribue maintenant un rôle important. Il est bien difficile pourtant de comprendre comment des corpuscules ou des parasites en apparence identiques peuvent produire des affections fort diverses. Ce qui est bien certain cependant, c'est que la partie liquide des virus n'est douée, ainsi que l'a démontré M. Chauveau, d'aucune propriété virulente; c'est uniquement dans les éléments organiques flottant dans le sein de ces liquides que cette propriété réside. L'expérience a prouvé, en effet, qu'après une filtration convenable les virus perdent leurs propriétés virulentes, tandis que les corpuscules retenus sur le filtre la conservent Il y a dans l'étude si obscure encore de ces substances un fertile sujet de recherches.

Maladies dans lesquelles la masse du sang ou le nombre des globules rouges qu'il contient sont diminués. — Une des modifications du sang qu'on rencontre le plus habituellement est celle qu'on observe dans l'*anémie*, nom donné à différents états morbides tous caractérisés par divers symptômes dont les plus apparents sont l'affaiblissement et la décoloration des tissus résultant de l'appauvrissement du sang, soit que la quantité de ce liquide renfermée dans l'appareil circulatoire ait réellement diminué, soit que, sa proportion restant la même, la quantité des globules qu'il contient soit moindre.

L'anémie est la maladie habituelle des grandes villes, la maladie des races épuisées et dégénérées et assurément l'état pathologique le plus commun de notre époque. On se rend facilement compte de sa fréquence quand on sait combien sont répandues aujourd'hui les causes capables de la produire. L'alimentation insuffisante, le travail prématuré, la fatigue et les excès de toute sorte, les hémorrhagies répétées, les mauvaises digestions, l'exercice musculaire insuffisant ou excessif, le séjour dans une atmosphère viciée ou dans des lieux privés de lumière, l'abus des boissons alcooliques etc. l'entraînent fatalement à leur suite.

L'anémie n'est pas, à proprement parler, une maladie; elle n'a d'autres conséquences apparentes qu'un affaiblissement général et un ralentissement sensible dans l'activité de la plupart des fonctions; mais elle diminue considérablement ce que l'on pourrait appeler le pouvoir de résistance aux maladies. C'est chez les individus débilités par l'anémie que les épidémies et les affections de toute nature font le plus de victimes.

L'état particulier du sang qui produit les symptômes à l'ensemble desquels on a donné le nom de *chlorose* se rapproche beaucoup du précédent et il a même été pendant longtemps confondu avec lui. La chlorose est l'anémie des jeunes filles; elle est caractérisée par la diminution des globules du sang. On croyait autrefois que cette affection a pour cause la diminution de la quantité de fer que ce liquide contient, mais il est démontré aujourd'hui qu'elle résulte simplement de ce fait que la quantité des globules décroît sensiblement. De 127 pour 1000, leur moyenne habituelle, ils peuvent descendre à 60 et 50 seulement. Mais, pour un même poids, ces globules contiennent autant de fer qu'à l'état normal.

Les recherches récemment faites par Duncan, en Allemagne, semblent démontrer qu'outre la diminution qu'ils subissent dans leur nombre, les globules rouges éprouvent dans la chlorose des modifications caractérisées par l'altération de leur matière colorante. Or, comme c'est précisément cette matière colorante qui paraît être l'agent fixateur de l'oxygène de l'air dans la respiration, il s'ensuit que le sang qui contient déjà moins de globules qu'à l'état normal ne peut absorber une quantité suffisante d'oxygène et par suite se trouve impuissant à nourrir convenablement les tissus. Il en résulte non-seulement la décoloration de ces derniers, mais encore une perturbation plus ou moins profonde de leurs fonctions. L'estomac mal nourri ne sécrète pas la quantité de liquide nécessaire à la digestion, qui s'accomplit alors irrégulièrement. Les muscles recevant du sang dont la pauvreté en globules l'empêche de réparer immédiatement leurs pertes, arrivent, après le moindre exercice, à une fatigue qui ne se produit, à l'état normal, qu'à la suite d'un travail prolongé. Chaque organe éprouve ainsi dans ses fonctions des troubles plus ou moins profonds.

Maladies dans lesquelles le sang contient un excès de globules blancs. — Chez les individus atteints d'hypertrophie de la rate et d'affections diverses, encore mal définies, du foie et des ganglions lymphatiques, on observe dans le sang un accroissement considérable du nombre des globules blancs. Dans les cas légers, au lieu de 3 globules blancs environ pour 1000 globules rouges que ce liquide contient normalement, on en trouve de 60 à 100 et, dans les cas graves, de 500 à 700. On a fait de cet état particulier du sang une affection à laquelle on a donné le nom de *leucocythémie*, mais elle ne constitue en réalité qu'un symptôme. Son diagnostic est en tout cas facile, puisqu'il suffit, pour reconnaître l'accroissement des globules blancs, d'examiner au microscope une goutte de sang qu'on a obtenue en piquant l'extrémité d'un doigt.

Maladies dans lesquelles la proportion des liquides que le sang contient est considérablement diminuée. — Parmi les affections dans lesquelles le sang éprouve des modifications que la science peut constater, nous citerons encore le choléra. Chez les malades qui en sont atteints, le sang perd une grande partie de son eau et s'épaissit tellement qu'il ne peut plus circuler. Cet arrêt de circulation a pour résultat la suspension de toutes les fonctions et par suite une mort rapide.

Transfusion du sang. Quand on vient à ouvrir un vaisseau important sur un animal vivant, on voit, à mesure que le sang s'écoule, les forces de l'animal graduellement décroître*, et quand il a perdu une quantité de liquide représentant 5 à 6 p. 100 de son poids environ, les phénomènes vitaux s'éteignent et l'on n'a plus entre les mains qu'un cadavre. Si, dans les veines de l'être dont s'est ainsi retirée la vie, on injecte une certaine quantité de sang emprunté à un autre animal, ce cadavre revient à l'existence. Il y revient, même si la mort a eu lieu depuis un temps suffisant pour que la rigidité cadavérique se soit produite.

L'idée d'injecter du sang dans les organes d'un animal semble être venue à la pensée de plus d'un observateur. Ovide, dans ses *Métamorphoses*, fait proposer cette opération par la magicienne Médée aux filles du roi Pélos pour rajeunir leur père**. Mais ce n'est que dans les temps modernes qu'elle a été pratiquée avec succès. Expérimentée sur les animaux par divers médecins, elle fut tentée

---

* Les phénomènes que l'on observe successivement pendant une hémorrhagie son
les suivants : défaillance, refroidissement, diminution de la sensibilité, syncope. Si
la perte de sang continue, la vie se retire de plus en plus du corps, les battements
du cœur s'affaiblissent, la respiration se ralentit, l'insensibilité devient complète, et,
après quelques mouvements convulsifs. la mort arrive. Chez les mammifères et les
oiseaux, la mort se produit quelques instants après que l'écoulement du sang s'est
arrêté. Chez les batraciens et les poissons, au contraire, elle n'arrive qu'au bout de
plusieurs heures. Des grenouilles auxquelles on a enlevé le cœur et toute la masse
du sang vivent encore cinq à six heures.

** « *Stringite, ait, gladios, veteremque haurite cruorem,*
« *Ut repleam vacuas juvenili sanguine venas.* »

pour la première fois sur l'homme , le 15 juin 1667, à Paris, par un médecin nommé Denis. Le sang infusé était du sang de veau. L'opération réussit, mais elle fut suivie d'insuccès si nombreux, que le Parlement la défendit bientôt.

C'est de nos jours seulement que l'étude de la transfusion a été reprise. Pratiquée fort rarement, elle échoue le plus souvent, et cela uniquement, croyons-nous, par suite de l'imperfection des méthodes opératoires habituellement employées.

Les procédés recommandés dans la plupart des livres pour assurer le succès de la transfusion sont les suivants : 1° n'injecter chez un animal que du sang d'un animal de la même espèce, par conséquent n'injecter à l'homme que du sang de l'homme ; 2° pratiquer la transfusion de bras à bras, en injectant dans les veines du sang provenant des veines.

En admettant qu'on trouve facilement des individus disposés à se laisser enlever la quantité de sang nécessaire pour la transfusion, le succès de cette opération, pratiquée suivant les indications qui précèdent, sera néanmoins toujours fort rare. Chacun sait, en effet, que le sang extrait des vaisseaux se coagule très-vite. Quelque rapidité que l'on apporte dans l'opération, on évitera difficilement la coagulation et les conséquences redoutables * qui résultent habituellement de l'injection de sang coagulé dans les vaisseaux. En outre, le sang injecté étant du sang veineux, son pouvoir vivifiant est fort minime.

Les recherches de divers expérimentateurs ont prouvé que le sang privé de sa fibrine ne perd pas ses propriétés vivifiantes, dues uniquement, comme nous l'avons dit, aux globules, tandis qu'il perd alors le pouvoir de se coaguler.

En défibrinant le sang, opération qui consiste simplement à le battre avec un petit balai d'osier ou une baguette de verre tordue, non-seulement on le prive de sa fibrine, mais encore on lui fournit l'oxygène qui lui manquait, c'est-à-dire qu'on le transforme en sang artériel. En injectant dans les vaisseaux du sang ainsi préparé, on est certain qu'il ne se coagulera pas comme le ferait du

---

* Obstruction de l'artère pulmonaire si les caillots sont trop gros, ou d'une autre artère s'ils sont plus petits.

sang veineux et qu'il possèdera, en outre, des propriétés vivifiantes bien supérieures à celles de ce dernier.

Malgré cette modification essentielle, l'opération serait d'une exécution difficile chez l'homme, si du sang humain était indispensable, comme on le répète souvent encore aujourd'hui et dans les ouvrages les plus récents. Mais les expériences de Brown-Séquart ont démontré que la transfusion faite avec du sang d'animaux d'une espèce peu différente de celle à laquelle appartient le sujet sur lequel on fait l'injection réussit parfaitement. Quand on opère sur l'homme, on peut, sans aucun inconvénient, employer le sang d'un mammifère quelconque, celui du mouton par exemple.

Les appareils proposés pour pratiquer la transfusion sont nombreux. Le plus simple et en même temps le meilleur est la seringue ordinaire. Le sang, défibriné et oxygéné par le battement, doit être maintenu à une température de 37 degrés pour l'homme *, il faut n'injecter qu'une petite quantité à la fois et avoir soin, en remplissant la seringue, d'éviter d'y laisser entrer de l'air. On injecte le liquide le plus loin possible du cœur, dans une veine d'un membre inférieur par exemple, en ayant soin de pousser l'injection lentement, sous peine de provoquer des accidents.

Telles sont les règles bien simples à suivre dans cette opération pour en amener le succès. Lorsqu'elles seront plus connues des médecins, la transfusion, qui n'est guère aujourd'hui qu'un sujet d'expérimentation, deviendra certainement une des plus utiles ressources de la thérapeutique. Il suffit, pour s'en convaincre, de rappeler les mémorables expériences de Brown-Séquart sur ce point. En pratiquant des injections de sang défibriné et oxygéné dans les vaisseaux du tronc et de la tête d'animaux décapités, ce physiologiste a vu la rigidité disparaître et la contractilité, la coloration des tissus, les battements des artères, les mouvements, toutes les propriétés vitales, en un mot, qu'on aurait pu croire anéan-

---

* Il vaut mieux maintenir le sang un peu au-dessous plutôt qu'au-dessus de cette température. Une simple élévation de 4 à 5 degrés le prive complétement de ses propriétés vivifiantes.

ties à jamais, graduellement renaître*. Les fonctions du cerveau, l'intelligence et la pensée renaîtraient-elles également dans une tête humaine dans les artères de laquelle on ferait une injection continue? Par analogie, il est permis de le croire, bien que l'expérience n'ait pas été encore faite. Le professeur Vulpian dit à ce sujet : « Si un savant tentait cette expérience sur une tête de supplicié, il assisterait à un grand et terrible spectacle : il pourrait rendre à cette tête ses fonctions cérébrales; il pourrait réveiller, dans les yeux et les muscles faciaux, les mouvements qui, chez l'homme, sont provoqués par les passions et les pensées dont le cerveau est le foyer. »

Rendre à volonté à l'être organisé qui l'avait fatalement perdue cette chose si immatérielle en apparence, nommée *la vie*, en un mot, ressusciter un cadavre, constitue assurément une des plus remarquables expériences — la plus remarquable peut-être — de la physiologie tout entière et une de celles qui doivent le plus prêter aux méditations des philosophes et des médecins.

C'est un sujet bien peu connu que la mort**, et qui, cependant, plus que tout autre, mériterait d'attirer nos recherches. Les observations faites par quelques expérimentateurs isolés nous laissent

---

*Brown-Séquart rapporte de la façon suivante une de ses plus remarquables expériences : « Je décapitai un chien en ayant soin de faire la section au-dessous de l'endroit où les artères vertébrales pénètrent dans leur canal osseux... Dix minutes après la cessation des mouvements respiratoires des narines, des lèvres et de la mâchoire inférieure, j'adaptai aux quatre trous artériels de la tête des canules qui étaient en rapport par des tubes en caoutchouc avec un cylindre en cuivre par lequel j'injectai du sang chargé d'oxygène à l'aide d'une seringue. En deux ou trois minutes, après quelques légers mouvements désordonnés, je vis apparaître des mouvements des yeux et des muscles de la face *qui semblaient être dirigés par la volonté.* Je prolongeai l'expérience un quart d'heure, et, durant toute cette période, ces mouvements, en apparence volontaires, continuèrent d'avoir lieu. Après avoir cessé l'injection' ces mouvements cessèrent et furent bientôt remplacés par des convulsions des yeux et de la face, par les mouvements respiratoires des narines, des lèvres et des mâchoires, et ensuite par les tremblements de l'agonie. La pupille se dilata et se resserra ensuite comme dans la mort ordinaire. »

Dès 1812, Legallois avait prouvé qu'en réduisant un animal en tronçons plus ou moins nombreux, il est toujours possible de faire vivre séparément chacun de ces tronçons. Dans la poitrine isolée d'un lapin, il parvint à entretenir la vie pendant plusieurs jours.

**Dans diverses parties de cet ouvrage, notamment dans notre chapitre sur l'asphyxie, nous avons exposé le résumé de nos recherches personnelles sur la mort et sur les conditions dans lesquelles elle se manifeste habituellement. Nous y renvoyons le lecteur.

entrevoir à quelles conséquences pourraient conduire des recherches persévérantes tentées dans cette voie. Avant les conquêtes de la physiologie moderne, nul n'aurait pu ravir à l'inexorable destructrice des choses l'être vivant dont elle avait fait sa proie. Il n'en est plus toujours de même aujourd'hui. Sans doute, les résultats obtenus sont bien minimes encore; mais qui peut dire ce qu'ils seront un jour?

CHAPITRE IX.

CIRCULATION DU SANG.

§ 1er. *Histoire de la découverte de la circulation du sang.* — Erreurs relatives aux découvertes d'Harvey. — § 2. *Circulation du sang dans le cœur.* — Contractions du cœur. — Durée de la contraction et du repos de chacune de ses parties. — Poids considérable supporté par les valvules. — Vitesse des pulsations aux divers âges de la vie. — Influence de la taille et du sexe. — Cause des battements du cœur. — Bruits du cœur. — Indications qu'ils fournissent à la médecine. — Persistance prolongée des battements dans le cœur séparé du corps. — Les régulateurs de la circulation. Nerfs accélérateurs et modérateurs du cœur. — Explication physiologique des effets produits par les émotions sur les battements du cœur. — Rapports entre le cerveau et le cœur. — § 3. *Circulation du sang dans les vaisseaux.* — Pouls. — Tracé mécanique des pulsations artérielles. — Sphygmographe. — Causes qui font varier la tension artérielle. — Vitesse de la circulation du sang. — Circulation du sang dans les vaisseaux capillaires. — Théorie de l'inflammation. — § 4. *Action du système nerveux sur la circulation.* — Nerfs vaso-moteurs. — Explication de la congestion, de la pâleur, de la fièvre, par l'influence que les vaso-moteurs exercent sur les vaisseaux. — Rôle exagéré que la physiologie leur fait jouer. — § 5. *Circulation du sang dans la série animale.*

§ 1er.

HISTOIRE DE LA DÉCOUVERTE DE LA CIRCULATION.

Le mécanisme de la circulation du sang, tel que nous allons l'exposer dans ce chapitre, est fort simple et il semble qu'il ait dû toujours être parfaitement connu. Cependant il n'en est rien. Avant le physiologiste Harvey, il était complétement ignoré. Les efforts des plus illustres observateurs avaient été impuissants à en soulever le voile.

Mais les grandes découvertes ne sont ni l'œuvre d'un jour ni l'œuvre d'un seul homme, moins encore l'œuvre du hasard, ainsi que le croit le vulgaire. L'imprimerie, la machine à vapeur, le télégraphe électrique ne sont pas sortis de toutes pièces du cerveau d'un inventeur unique, comme on l'écrit fréquemment. Ce sont des monuments dont les fondements — bien longs à bâtir — ont exigé les efforts d'une foule de travailleurs. La découverte de la circulation a subi la loi commune. Elle fut préparée par un grand nombre de recherches, et, de même que Lavoisier pour la chimie, Harvey trouva tout prêts les matériaux dont son génie fit naître la lumière.

Les anciens savaient que le sang est contenu dans des vaisseaux en rapport avec le cœur, et, il y a plus de deux mille ans, Hippocrate connaissait la direction d'un grand nombre d'entre eux ; mais, comme tous les médecins de l'antiquité, il croyait que les artères contiennent de l'air : erreur facile à expliquer quand on sait que sur les cadavres ces canaux ne renferment pas de sang, tandis que les veines en sont gorgées.

Le créateur de l'anatomie du moyen âge, Galien, étudia longuement la question. Le premier, il reconnut que les artères contiennent du sang. Il suffisait, pour cela, d'ouvrir un de ces vaisseaux sur un animal vivant, et c'est ce qu'il fit ; mais il crut que ce liquide provient des veines par les communications existant entre elles et les artères et ne s'écoule au dehors que lorsque l'air que ces dernières étaient censées contenir s'était échappé.

Ce fut sur une série d'observations exactes, mais mal interprétées, que ce médecin célèbre édifia une théorie qui, pendant quatorze siècles, régna sans rivale. Suivant lui, les veines naissent du foie et les artères du cœur. Le sang formé dans le premier de ces viscères se divise en deux parties, dont l'une se dirige vers le cœur et l'autre directement vers les organes. Le liquide qui va au cœur s'y transforme en sang artériel en filtrant à travers les pores qu'il croyait exister dans la cloison qui sépare les ventricules ; le liquide parti du foie et celui parti du cœur après sa transformation en sang artériel ne reviennent jamais à leur point de départ, ils sont absorbés par les tissus et il faut que le foie en produise toujours des quantités nouvelles.

Cette théorie fut admise sans opposition jusqu'au seizième siècle. A cette époque, Vésale prouva que les deux cavités du cœur ne communiquent pas. Michel Servet, que ses controverses religieuses avec Calvin devaient conduire au bûcher, conclut de cette importante remarque que, puisque le sang du ventricule droit ne peut passer directement dans le ventricule gauche, il est obligé de faire un détour et de traverser le poumon avant d'y parvenir. Servet est donc l'auteur de la découverte de la circulation pulmonaire, c'est-à-dire de ce que les physiologistes ont nommé la *petite circulation*.

Quelques années plus tard, Césalpin, professeur à l'Université de Pise, fit pour la première fois, dans son ouvrage *De plantis*, allusion à la circulation, et quelques physiologistes ont cru pouvoir lui attribuer la découverte de cette fonction ; mais ce qu'il en dit se borne à quelques lignes, auxquelles lui-même ne semble pas avoir attaché beaucoup d'importance.

Dans les premières années du dix-septième siècle, Fabrice d'Acquapendente, qui fut le maître d'Harvey, découvrit l'existence des valvules que contiennent les veines, et reconnut qu'elles sont disposées de façon à ne pas permettre au sang qui circule dans ces vaisseaux de revenir sur sa route.

Malgré ces découvertes successives, la vieille théorie de Galien régnait encore, et les luttes qu'Harvey eut à soutenir pour la détruire montrèrent à quel point elle était enracinée dans les esprits.

Ce fut en 1628 qu'Harvey fit connaître ses recherches. Le petit livre dans lequel il en consigna les résultats : *Exercitatio anatomica de motu cordis et sanguinis in animalibus*, produisit une très-vive sensation. Jamais un ouvrage aussi méthodique n'était encore sorti de la plume d'un physiologiste.

L'illustre observateur commence d'abord par étudier les mouvements du cœur, et prouve que ce sont les contractions de cet organe qui lancent le sang dans les artères. Par des vivisections nombreuses sur les animaux du parc de Windsor, que le roi Charles Ier mettait à sa disposition, il constate : que ce n'est qu'après avoir été remplis de sang par les oreillettes, que les ventricules se contractent, et que cette contraction coïncide avec le soulèvement des artères ; que le ventricule droit envoie le sang aux poumons, et le ventricule gauche dans l'aorte. Étudiant ensuite le jeu des valvules, des veines et du cœur, il reconnaît que le sang ne peut se mouvoir que dans une direction déterminée.

Que devient le sang projeté dans les artères par le cœur? Galien croyait, comme nous l'avons dit, que ce liquide est absorbé par les tissus et qu'il s'en forme constamment de nouvelles quantités dans le foie. En observant la proportion de sang, qui dans un temps donné, est lancée dans les artères par les contractions du cœur, Harvey reconnut qu'une masse aussi considérable ne saurait pas être continuellement formée par les sucs alimentaires, et que, d'un autre côté, des vaisseaux déjà pleins ne pourraient recevoir, sans se rompre, de nouvelles quantités de liquide s'ils ne laissaient pas écouler d'abord celui qu'ils contiennent. Il fut ainsi conduit à penser que la quantité de sang contenue dans les vaisseaux est invariable, et que ce liquide se meut dans un cercle fermé.

Si cette hypothèse est vraie, le sang doit circuler en sens contraire dans les vaisseaux qui le conduisent aux organes, c'est-à-dire les artères, et dans ceux qui le ramènent au cœur, c'est-à-dire les veines. L'expérience prouva la justesse de la théorie. Si on lie une artère, elle se gonfle au-dessus de la ligature. Si on lie une veine, le gonflement se produit au-dessous. Si l'on coupe une artère, le sang s'écoule avec force de la partie en communication avec le cœur; si l'on coupe une veine, la partie inférieure du vaisseau laisse seule échapper le liquide.

Harvey varia ses expériences et les répéta un grand nombre de fois. Après quatorze ans d'investigations patientes il crut sa théorie assez bien établie pour braver les objections et il la fit connaître.

Cette découverte fut accueillie comme le sont toutes les choses nouvelles qui heurtent des idées enracinées depuis longtemps. D'universelles clameurs s'élevèrent contre elle. La Faculté de Paris et les anatomistes les plus célèbres se signalèrent par la violence de leurs attaques.

L'œuvre d'Harvey reposait sur des bases trop solides pour qu'elle pût être ébranlée et l'évidence ne pouvait être niée longtemps. Alors on compulsa les vieux textes, afin de prouver que la doctrine de ce médecin ne contient rien de nouveau et qu'il est un simple compilateur; mais ces injustices et ces colères s'éteignirent peu à peu. Ce grand physiologiste eut le rare bonheur de vivre assez longtemps pour voir ses idées admises partout.

L'ancien médecin du roi Charles Ier mourut le 3 juin 1657, à l'âge de 80 ans, entouré de l'estime et de l'admiration de ses contemporains. A un génie supérieur, ce grand homme sut joindre les plus belles qualités du cœur, et dans des circonstances difficiles il fit preuve d'un dévouement sans bornes envers le monarque malheureux qui l'avait autrefois protégé, donnant ainsi l'exemple, toujours trop rare, d'une vie entière consacrée à la science et d'une inaltérable fidélité au malheur.

La découverte d'Harvey n'a pas reçu d'atteinte essentielle du temps. Mais elle a été complétée sur bien des points. Le mode de communication entre les artères et les veines fut trouvé quelques années après sa mort par l'anatomiste Malpighi, qui, en examinant au microscope les poumons d'une grenouille, vit le sang passer des artères dans les veines par les capillaires. Beaucoup d'autres progrès, ainsi que nous le verrons plus loin, ont été réalisés depuis cette époque. L'action de l'air sur le sang, l'influence du système nerveux sur la circulation, l'analyse du mouvement et des bruits du cœur ont été approfondies. Mais toutes ces découvertes ont celles d'Harvey pour base, et, en réalité, cet homme illustre a plus fait à lui seul pour la physiologie que tous les savants de l'antiquité et du moyen âge réunis.

§ 2.

CIRCULATION DU SANG DANS LE CŒUR.

La marche du sang du cœur aux organes et des organes au cœur constitue la circulation.

Le cœur représente une pompe double en communication avec deux ordres de vaisseaux : les veines, qui lui apportent le sang; les artères, dans lesquelles il envoie ce liquide.

La pompe droite reçoit le sang des veines et le chasse aux poumons, d'où, après avoir subi l'action de l'air, il revient vers le cœur. La pompe gauche lance le liquide revenu des poumons dans les artères, vaisseaux qui le distribuent à toutes les parties du corps et dont les battements traduisent fidèlement les mouvements de la pompe qui les remplit.

Le sang qui a servi à l'entretien de toutes les parties du corps est ramené dans l'oreillette droite par les veines. Lorsque cette cavité est pleine, elle chasse son contenu dans le ventricule placé au-dessous d'elle, qui lui-même le lance bientôt dans l'artère pulmonaire chargée de le conduire aux poumons. Après avoir subi dans ces organes, sous l'influence de l'air, les modifications que

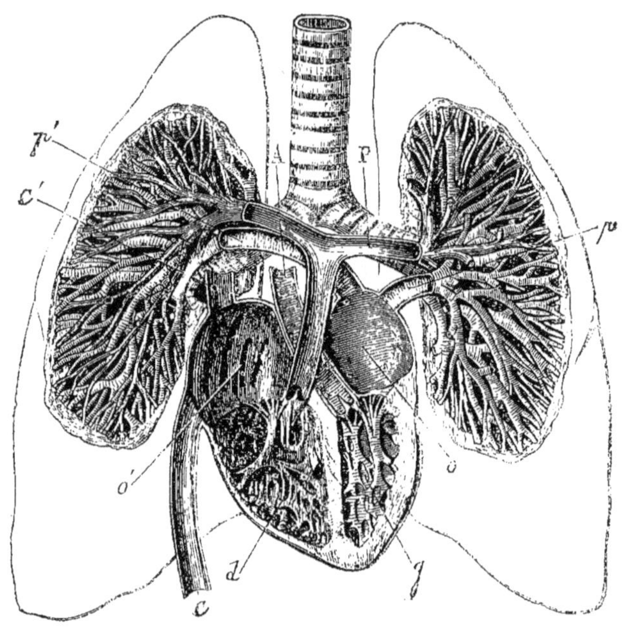

Fig. 99 — *Circulation du sang dans le cœur et dans les poumons.*

nous avons décrites dans le précédent chapitre, le sang se dirige vers l'oreillette gauche par les veines pulmonaires, et de cette oreillette

* Le sang qui a servi à la nutrition des tissus, c'est-à-dire le sang veineux, arrive de toutes les parties du corps dans l'oreillette droite *o'* par les veines caves supérieure et inférieure *c c'*. De cette oreillette il passe dans le ventricule droit *d*, dont les contractions le lancent dans le poumon par les divisions de l'artère pulmonaire *P*. Après avoir subi dans cet organe l'action de l'oxygène, il se dirige vers l'oreillette gauche *o* par les veines pulmonaires *p p'*, puis, de cette oreillette, dans le ventricule gauche *g*, dont les contractions le lancent dans l'aorte *A*, chargée de le distribuer à toutes les artères. Dans les capillaires, le sang artériel échange ses matériaux nutritifs contre les matériaux usés des organes, puis revient par les veines à l'oreillette gauche pour recommencer de nouveau le trajet que nous venons de décrire.

dans le ventricule du même côté, dont les contractions le poussent dans l'aorte, puis dans les artères chargées de le distribuer à tous les organes.

En traversant les capillaires qui font communiquer les artères et les veines et dont les mailles circonscrivent les éléments des tissus, le sang épuise son action et perd ses propriétés vivifiantes, qu'il recouvre par un nouveau retour vers le cœur. La circulation de ce liquide se continue ainsi sans relâche jusqu'à la mort.

L'influence de l'oxygène de l'air serait insuffisante à elle seule pour rendre au sang ses propriétés vivifiantes; mais nous avons vu, dans un précédent chapitre, qu'un liquide nommé *chyle*, produit de la digestion des aliments, vient s'y mélanger un peu avant son arrivée au cœur.

On a donné le nom de *petite circulation* à celle qui se passe du cœur droit au cœur gauche à travers les poumons, et de *grande circulation* à celle qui va du cœur gauche au cœur droit à travers les organes.

Contractions du cœur. C'est par l'influence des contractions du cœur que le sang chemine dans les vaisseaux qui le contiennent.

Cet organe exécute, depuis les premières manifestations de la vie jusqu'à leur cessation dernière, une série de mouvements rhythmiques consistant en une contraction alternative de ses oreillettes et de ses ventricules. Ses deux moitiés correspondantes fonctionnent et se reposent en même temps. Le sang amené aux oreillettes par les veines distend ces cavités. Lorsque la distension est suffisante, elles se contractent et poussent dans les ventricules le liquide qu'elles renferment; quand ces derniers sont remplis de sang, ils se contractent à leur tour et chassent leur contenu dans les vaisseaux. Le mouvement de contraction a été nommé *systole*; celui de dilatation *diastole*.

C'est par la contraction des oreillettes que débutent les mouvements du cœur. Cette contraction dure 1/10 de seconde et elle est suivie d'un intervalle de repos à peu près aussi court; puis les deux ventricules se resserrent, et leur contraction, beaucoup plus prolongée et beaucoup plus énergique que celle des oreillettes, est également suivie d'un temps de repos plus long; puis la contraction des oreillettes se reproduit.

Le relâchement des ventricules qui succède à leur contraction coïncide pendant un instant avec le repos des oreillettes, ces cavités n'ayant pas eu le temps de se remplir pendant l'évacuation des ventricules. Le cœur entier se trouve ainsi pour un moment complétement relâché. Ce repos cesse aussitôt que les oreillettes sont suffisamment pleines pour se contracter.

En supposant que la durée d'une révolution complète du cœur soit d'une seconde, on a calculé que la contraction des oreillettes se prolongerait 1/10 de seconde, celle des ventricules 4/10, et le repos de l'organe 5/10.

Le temps pendant lequel se repose le cœur est donc à peu près égal à celui pendant lequel il agit. Si cet organe ne se reposait pas après chaque battement, il cesserait bientôt de fonctionner. Chaque contraction amène, en effet, l'épuisement de sa force, mais chaque repos lui donne le temps d'acquérir une puissance nouvelle. Ces alternatives de repos et de travail se succèdent régulièrement pendant la vie entière. Quelques minutes de suspension amèneraient la mort.

Lorsque les oreillettes se contractent, elles poussent le sang dans deux directions : d'une part, vers les veines; de l'autre, vers les ventricules. Du côté des veines, il y a une résistance produite principalement par la masse du sang qui arrive au cœur; du côté des ventricules, il n'y en a pas. On comprend dès lors que le sang passe dans ces cavités.

Quand les ventricules se contractent à leur tour, les valvules qui les séparent des oreillettes se ferment par la pression du sang et empêchent ce liquide d'y retourner, tandis que celles qui fermaient les artères et empêchaient le sang de refluer vers le cœur s'ouvrent pour lui livrer passage.

La résistance des valvules sigmoïdes, placées aux orifices des artères aorte et pulmonaire, est considérable, car elles supportent une colonne sanguine dont le poids a été évalué à 1700 grammes. Chez l'homme, pour soulever ce poids relativement énorme, les ventricules sont obligés de se contracter énergiquement; c'est pour

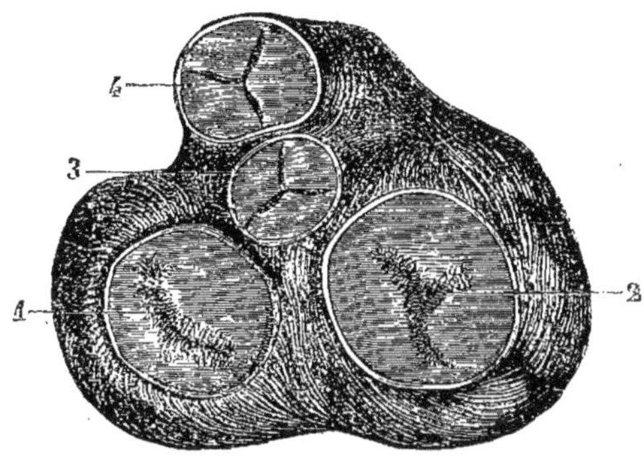

Fig. 100. — *Valvules du cœur*[*].

cette raison qu'il sont beaucoup plus volumineux que les oreillettes, qui n'ont pas de résistance à surmonter. Le ventricule gauche, qui

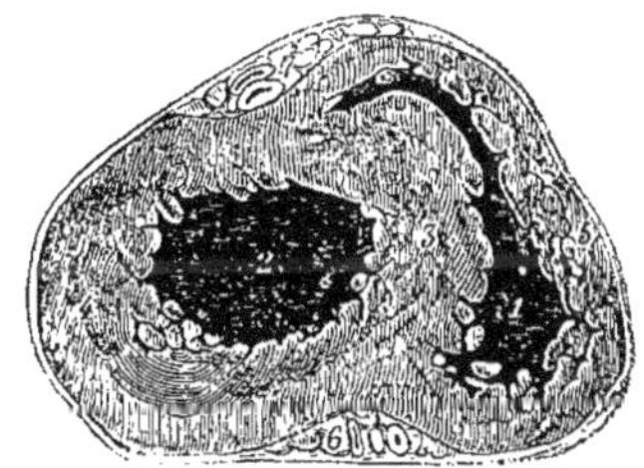

Fig. 101. — *Coupe du cœur destinée à montrer la différence d'épaisseur des ventricules.*[**]

a plus de travail à effectuer que le ventricule droit, puisqu'il chasse le sang dans toutes les parties du corps, tandis que ce dernier ne l'envoie qu'aux poumons, a des parois plus épaisses, qui lui permettent de se contracter avec plus de force.

Le nombre des contractions du cœur varie aux différents âges de la vie. Chez l'homme, cet organe, au moment de la naissance,

[*] 1) Valvule mitrale. — 2) Valvule tricuspide. — 3) Valvules sigmoïdes de l'artère aorte. — 4) Valvules sigmoïdes de l'artère pulmonaire.
[**] 1) Ventricule droit. — 2) Ventricule gauche. — 2) Cloison séparant les ventricules. — 4) Paroi du ventricule gauche. — 5) Paroi du ventricule droit. — 6, 7) Graisse et vaisseaux coronaires

bat 140 fois par minute ; à l'âge d'un an, il bat 120 fois ; chez l'adulte, 72 fois environ ; pendant la vieillesse, les battements sont un peu plus rapides, contrairement à l'opinion généralement répandue. Chez la femme, les contractions du cœur sont toujours plus fréquentes que chez l'homme.

La vitesse des pulsations du cœur est généralement en raison inverse de la taille. Plus la taille est élevée, moins les battements du cœur sont fréquents. Chez les grands mammifères, tel que le cheval et le bœuf, le cœur bat 40 fois par minute; chez les petits mammifères, tels que le chien, 110 fois ; chez le chat, 240 fois ; chez beaucoup d'oiseaux, plus de 300 fois. L'homme lui-même ne semble pas échapper à cette loi : le cœur des individus de haute taille se contracte moins fréquemment que celui des sujets dont la stature est moins élevée.

La fréquence des battements du cœur est augmentée par l'exercice, la chaleur, la diminution de la pression atmosphérique, le travail digestif etc. Dans une étuve chauffée à 50 degrés centigrades, le nombre des pulsations s'élève à 145 par minute. Le froid, le sommeil, l'élévation de la pression atmosphérique le ralentissent au contraire. Une douche d'eau froide peut l'abaisser momentanément à 50.

Pendant qu'il se contracte, le cœur se porte en avant; sa pointe se relève et vient frapper les parois du thorax, au niveau de la cinquième côte ; en même temps il s'abaisse un peu et exécute un léger mouvement de torsion autour de son axe longitudinal. Ces mouvements ont été très-nettement observés par Harvey sur le blessé dont nous avons parlé.

La cause des battements du cœur n'est pas encore connue. Quelques physiologistes l'attribuent à ce que le sang projeté dans les courbures de l'aorte tend à redresser ce canal, et par suite le cœur qui y est fixé. D'autres comparent les déplacements de cet organe au mouvement de recul des armes à feu; lorsque la contraction des ventricules fait pénétrer le sang dans les artères, le cœur se trouverait repoussé en sens contraire de leur direction. Ces diverses hypothèses ont soulevé de nombreuses objections.

Bruits du cœur. — Les battements du cœur s'accompagnent de certains bruits qu'on peut percevoir facilement en appliquant l'oreille contre les parois de la poitrine. On entend alors deux bruits distincts, séparés par un très-court intervalle et auxquels succède un moment de silence; puis les deux bruits se reproduisent.

Le *premier bruit* est sourd et prolongé. Il a son maximum d'intensité vers le bord supérieur de la cinquième côte, un peu au-dessous et en dehors du mamelon gauche, c'est-à-dire, par conséquent, au niveau de la pointe du cœur. Il coïncide avec la contraction des ventricules, mais il n'est pas produit uniquement par le choc du cœur contre les parois thoraciques, car on l'entend encore chez les animaux auxquels a été enlevée la partie de la poitrine qui recouvre cet organe. Il semble dû principalement à la brusque fermeture des valvules auriculo-ventriculaires. On constate, en effet, un claquement tout à fait analogue dans les tubes où une colonne liquide en mouvement se trouve brusquement arrêtée par la fermeture d'une soupape.

Le *deuxième bruit* est sec, clair, et de moindre durée que le premier; son maximum d'intensité se trouve à la base du cœur, c'est-à-dire au niveau de l'articulation de la deuxième côte avec le sternum. Il coïncide avec la période de relâchement des ventricules, et est dû à la brusque fermeture des valvules sigmoïdes, qui, ouvertes sous l'influence de la pression qu'exerce la colonne sanguine poussée par les contractions des ventricules, se referment aussitôt que cette pression a cessé. Nous avons vu que les valvules sigmoïdes supportent une pression évaluée à 1700 grammes environ. On conçoit facilement qu'une soupape surmontée d'un poids semblable doit retomber avec force lorsque la puissance qui la soulevait cesse d'agir. Quand on supprime l'action des valvules sigmoïdes, en les fixant aux parois des artères au moyen de crochets, le deuxième bruit du cœur disparaît, ce qui prouve bien qu'il était dû à la fermeture de ces valvules.

Les orifices auriculo-ventriculaires et les valvules qui les recouvrent peuvent éprouver diverses altérations pathologiques de nature à modifier les bruits du cœur. L'étude de ces modifications permet, ainsi que nous le verrons dans le prochain chapitre, de reconnaître avec exactitude les maladies dont cet organe peut être atteint. Lorsque, par exemple, les valvules sigmoïdes ferment incomplétement les orifices artériels, on entend un bruit de souffle qui coïncide avec le second bruit. Dans le langage médical, pour désigner ces modifications, au lieu de dire : bruit de souffle au premier bruit, bruit de souffle au second bruit, on dit : *bruit de souffle au premier temps, bruit de souffle au second temps**.

Régulateurs de la circulation. — Influence du système nerveux sur les mouvements du cœur. Lorsqu'on enlève le cœur de la poitrine d'un animal vivant, et qu'on le pose sur une table, on voit cet organe continuer à battre avec la plus grande régularité pendant un certain temps. En répétant cette expérience sur de jeunes chats préalablement soumis à l'action du chloroforme et par conséquent insensibles à la douleur, j'ai reconnu que les battements se prolongeaient un quart d'heure environ. Chez des grenouilles empoisonnées avec de la nicotine, j'ai vu les battements persister plus de 10 heures après la mort.

Ces expériences curieuses montrent que les mouvements du cœur peuvent se faire en dehors de l'action du cerveau et de la moelle épinière, puisque dans un cœur séparé de l'animal il n'y a plus aucune communication avec ces parties. Mais elles ne prouvent pas, comme on l'a cru pendant longtemps, que le cœur soit indépendant du système nerveux. L'anatomie a constaté, en effet, qu'il contient des nerfs. S'il continue à battre après avoir été isolé, c'est que l'action des éléments nerveux que son tissu renferme n'est pas immédiatement épuisée et s'exerce pendant quelque temps encore sur ses fibres musculaires.

Les rapports fonctionnels du cœur et du système nerveux sont loin d'être complétement élucidés ; d'après des recherches toutes récentes, il semble probable que cet organe reçoit des nerfs de

---

* Chaque pulsation du cœur peut, en réalité, être décomposée en trois temps. 1er temps : contraction du ventricule ; 2e temps : dilatation du ventricule ; 3e temps : repos du cœur. C'est à la fin de ce troisième temps que se fait la contraction des oreillettes.

deux sortes. Les uns, *nerfs accélérateurs*, émanant de la moelle épinière et du grand sympathique, ont pour fonction spéciale d'exciter ses contractions. Les autres, *nerfs modérateurs*, provenant du bulbe rachidien et du pneumogastrique, déterminent son relâchement. A l'état normal, ces actions se contre-balancent alternativement, de façon que le cœur se contracte et se relâche tour à tour. Mais que, sous l'influence d'une excitation suffisante, la galvanisation des pneumo-gastriques par exemple, l'action des nerfs qui modère les mouvements du cœur soit accrue, cet organe s'arrêtera aussitôt, et l'arrêt se prolongera jusqu'à ce que, épuisés par le courant, les nerfs modérateurs ne fonctionnent plus et laissent les nerfs accélérateurs reprendre leur action. Le cœur se remettra alors à battre, malgré la continuation de l'influence électrique. Quand, au lieu d'exciter les nerfs modérateurs, on vient à supprimer leur action en pratiquant la section du tronc d'où ils émanent, les filets nerveux qui accélèrent les mouvements du cœur sont alors seuls à agir, et cet organe se met à battre avec une grande rapidité.

L'influence d'une excitation vive sur les nerfs modérateurs du cœur nous permet de comprendre comment les émotions peuvent déterminer le ralentissement ou même la suspension des mouvements de cet organe. Si l'émotion est légère, le ralentissement du cœur est de courte durée et suivi d'une surexcitation d'énergie; la vitesse de la circulation s'accroît, et les tissus recevant plus de sang dans un temps donné, la peau rougit. Si l'émotion a été plus vive, le ralentissement se prolongeant davantage, le sang n'arrive plus en quantité suffisante aux téguments, et ces derniers pâlissent. Une colère violente produit généralement cet effet. Quand enfin l'émotion est très-intense, le cœur s'arrête complétement, et le cerveau ne recevant plus le sang nécessaire à l'entretien de ses fonctions, un état de mort apparente, nommé *syncope*, se manifeste. Le sang, n'arrivant plus régulièrement aux poumons, se charge d'un excès d'acide carbonique, dont le premier effet est de stimuler le cœur et d'amener, par suite, le retour de ses contractions. Chez des individus très-impressionnables, l'arrêt de cet organe peut cependant être assez prolongé pour que la mort arrive.

Nous voyons, d'après ce qui précède, que si le cerveau agit sur le cœur par l'intermédiaire des nerfs, le cœur, de son côté, agit sur le cerveau par le sang qu'il lui envoie. Ces deux parties sont donc liées par des rapports incessants, et le rôle que les poëtes et les littérateurs font jouer au cœur n'est pas aussi illusoire qu'on pourrait le supposer. Sans doute, cet organe est, comme nous l'avons dit, complétement insensible, il est étranger au plaisir et à la douleur, mais il subit l'action du cerveau, qui perçoit la sensation, et ce n'est qu'après avoir exercé indirectement leur influence sur le cœur que les passions impriment à la face ces changements rapides de coloration qui les trahissent.

§ 3.

CIRCULATION DANS LES VAISSEAUX.

Le sang circule dans les artères en raison de l'impulsion que lui a communiquée le cœur et en raison aussi de l'élasticité de ces vaisseaux. Dilatées par la pression du sang, les parois des artères reviennent sur elles-mêmes et contribuent à chasser leur contenu vers les capillaires.

Le soulèvement des parois des artères par l'afflux de la colonne sanguine peut se percevoir facilement quand on applique le doigt sur une artère reposant sur un plan résistant, comme l'artère radiale au poignet, par exemple. Le choc produit par chaque augmentation de la tension artérielle a reçu le nom de *pouls*.

L'examen du pouls fournit des indications fort utiles dans les maladies. Autrefois on se contentait d'explorer les artères avec le doigt; mais cette méthode d'investigation peu précise a fait place à des moyens, qui, empruntés aux sciences physiques, sont d'une exactitude rigoureuse.

En appliquant sur le trajet des artères un levier mobile terminé par un crayon, on peut obtenir sur un cylindre de papier, auquel un mécanisme d'horlogerie imprime un mouvement uniforme, une courbe dont l'aspect varie suivant la fréquence, la force et la régularité du pouls. Parmi les appareils construits sur ce principe, le *sphygmographe* imaginé par Vierordt et perfectionné par M. Marey est le plus usité. Les moindres variations éprouvées par le pouls, variations parfois si fugitives qu'elles échapperaient au doigt le plus exercé, sont tracées par l'instrument. Diverses affections du cœur peuvent être ainsi diagnostiquées avec une précision très-grande.

La tension du sang dans les artères est considérable ; nous avons vu que la pression supportée par les valvules sigmoïdes, chez l'homme, peut être évaluée à 1.700 grammes. Les saignées abondantes, les lésions du système nerveux, l'administration du tabac, du chloroforme etc., diminuent cette tension. Le froid l'augmente, au contraire, en produisant la contraction des artères.

Dans les veines, le sang circule en vertu de l'impulsion que conserve la colonne sanguine artérielle après avoir traversé les capillaires ; le sang y arrivant avec une vitesse uniforme, le phénomène du pouls ne s'y produit habituellement pas.

Le retour du sang veineux vers les extrémités des membres est empêché par les valvules que contiennent les veines. Sa marche en avant est favorisée par les contractions musculaires et aussi par les mouvements d'inspiration, qui, en faisant le vide dans la poitrine, et par suite dans le péricarde, l'attirent vers le cœur. L'influence du vide ne se fait pas sentir sur le liquide contenu dans les artères, parce que leur ouverture dans le cœur est fermée par les valvules sigmoïdes.

La tension du sang est beaucoup moindre dans les veines que dans les artères ; on le reconnaît facilement à la différence de hauteur du jet de liquide qui sort de chacun de ces vaisseaux après leur section. Celui qui jaillit des artères est beaucoup plus élevé que celui qui s'échappe des veines.

A mesure que le sang s'éloigne du cœur, il perd de sa rapidité par suite des résistances qu'il est obligé de vaincre sur sa route. Dans les carotides, sa vitesse est en moyenne d'un quart de mètre par seconde, c'est-à-dire de 1 kilom. environ à l'heure. Dans les régions éloignées du cœur, le mouvement est très-ralenti. Dans les capillaires, qui, réunis, ont un diamètre très-supérieur à celui des artères, les globules sanguins ne parcourent guère qu'un demi-mil-

limètre par seconde , c'est-à-dire moins de 2 mètres par heure *.
A partir des capillaires jusqu'au cœur , le sang gagne au contraire
en vitesse , car il s'engage dans des conduits qui, comparés à
l'ensemble des capillaires réunis, forment des canaux de plus en
plus étroits.

Si le sang était forcé de traverser dans son circuit les capillaires
les plus petits , il éprouverait des résistances qui ralentiraient beaucoup sa vitesse. Mais , comme il existe entre les veines et les artères des communications au moyen de gros capillaires ou même
d'artérioles et de veinules qui s'abouchent directement, une grande
partie du liquide peut passer par la voie plus directe, pendant que
le reste du courant suit lentement les petits capillaires.

Pour parcourir le cercle entier de la circulation, c'est-à-dire
partir du ventricule gauche pour revenir à l'oreillette droite , le sang
met une demi-minute environ. On a trouvé cette vitesse en injectant dans une des jugulaires d'un cheval du cyanoferrure de potassium , composé qui forme avec les sels de fer un précipité bleu
caractéristique, et en recevant le sang de la jugulaire du côté opposé dans des verres qu'on changeait toutes les cinq secondes. La
coloration donnée par les sels de fer indiquait le moment où arrivait le ferrocyanure, et par suite le temps qu'il avait mis pour
parcourir l'appareil circulatoire tout entier.

Les artères, ainsi que nous l'avons dit, communiquent avec les
veines au moyen des vaisseaux nommés *capillaires*, dont les mailles
circonscrivent les éléments des tissus. C'est à travers les parois de
ces petits canaux que se fait l'échange entre les matériaux usés des
organes et les matériaux nouveaux apportés par le sang. La circu-

---

*La masse du sang qui, dans un temps donné, traverse l'ensemble des capillaires
est forcément égale à celle qui traverse l'aorte dans le même temps. Si la vitesse
dans chaque capillaire est beaucoup moindre que dans les artères, c'est que le
diamètre des capillaires réunis est beaucoup supérieur à celui de ces canaux. La
vitesse du sang dans ces deux ordres de vaisseaux doit être, d'après les lois de la
mécanique, en raison inverse de la grandeur de l'aire de chacun d'eux. Comme on
connaît d'une part le diamètre de l'aorte et la vitesse du sang qui y circule, et
d'autre part la vitesse du sang dans les capillaires, on peut trouver par le calcul
l'aire de tous les capillaires réunis. D'après Vierordt, la surface de section de l'ensemble des capillaires est 800 fois plus élevée que l'aire de l'aorte à son origine.

lation de ce liquide y étant excessivement lente, sa marche peut être examinée au microscope. C'est sur la membrane natatoire de la patte d'une grenouille que l'observation est le plus facile *; on voit les globules se mouvoir dans un liquide incolore comme des poissons rouges qui se presseraient en nombre considérable vers l'embouchure d'un canal. Quelques capillaires sont si étroits que les globules sanguins ne peuvent y cheminer qu'un à un **.

* En endormant préalablement la grenouille avec une ou deux gouttes de chloroforme, on la rend complétement immobile et on peut alors observer la circulation sans lui faire subir aucune mutilation.

** **Théorie moderne de l'inflammation.** — C'est dans les vaisseaux capillaires que les phénomènes de l'*inflammation* prennent naissance. Ses caractères extérieurs principaux sont, comme on le sait, la rougeur, la chaleur, le gonflement et la douleur de la partie atteinte. On peut facilement étudier son début en examinant au microscope la membrane interdigitale de la patte d'une grenouille sur laquelle on verse une goutte d'un acide concentré. On voit d'abord les capillaires se rétracter par suite de l'excitation des nerfs vaso-moteurs et la circulation s'accélérer dans leur cavité. Mais bientôt, sous l'influence de la paralysie consécutive à l'excitation trop vive de ces mêmes nerfs, les capillaires se dilatent, le courant sanguin se ralentit, les globules s'accumulent dans les vaisseaux distendus, qu'ils peuvent même déchirer en quelques points, et la circulation finit par s'arrêter dans la partie enflammée. La stase du sang est bientôt suivie de l'exsudation à travers les parois des vaisseaux d'un liquide ordinairement fibrineux qui se mélange aux éléments du tissu dans lequel il est épanché et éprouve des modifications fort diverses. C'est à la production de ce liquide et aux transformations qu'il subit que sont dues les fausses membranes de la péritonite et de la pleurésie, l'hépatisation de la pneumonie, l'induration qui précède la formation du pus dans les phlegmons etc.

Si le produit de l'exsudation, après des transformations successives, telles notamment que sa liquéfaction quand il est solide, vient à être résorbé, tous les phénomènes de l'inflammation disparaissent et on dit que cette dernière s'est terminée par *résolution*. La terminaison est dite par *régression* si le tissu ou l'exsudat n'arrivent qu'à un degré d'organisation moins élevé que celui qu'ils possédaient d'abord. La transformation graisseuse est le processus régressif le plus fréquemment observé. Elle se manifeste fréquemment à la suite d'inflammation des reins, du foie et de divers viscères.

Si l'inflammation ne se termine pas par régression ou par résolution, les produits sécrétés s'organisent et subissent des modifications profondes, soit que leurs éléments augmentent de nombre (*hyperplasie*), soit qu'ils augmentent de volume (*hypertrophie*), soit qu'ils se transforment en membranes où se développent bientôt des vaisseaux et des nerfs (*néomembranes*), soit encore — chez les individus prédisposés — qu'ils se transforment en éléments cancéreux. Ces formations nouvelles, qu'on désigne sous le nom de *néoplasies*, ont le plus souvent pour résultat apparent le gonflement et le durcissement de la partie enflammée, d'où le nom de terminaison par *induration* qu'on a donné à ces modes de terminaison de l'inflammation.

Enfin, les produits de l'exsudation non résorbée peuvent se transformer en cellules analogues aux globules blancs du sang et qui constituent le pus. La formation du pus, c'est-à-dire la *suppuration*, est le mode de terminaison le plus commun de l'inflammation.

Certaines substances, telles que l'acétate d'ammoniaque, le nitrate de potasse, l'iodure et le bromure de potassium, semblent activer la circulation capillaire en augmentant la fluidité du sérum. D'autres, telles que les acides, le perchlorure de fer, l'alcool, paraissent la ralentir en coagulant quelques-uns des principes que le sang contient.

§ 4.

ACTION DU SYSTÈME NERVEUX SUR LA CIRCULATION.

Nous avons vu que les artères de petit et de moyen calibre sont munies de fibres musculaires dont la contraction peut faire varier le calibre de ces vaisseaux et par suite diminuer la quantité de sang qui y arrive. Ces fibres sont placées, ainsi que nous l'avons dit également, sous l'influence de filets nerveux nommés *nerfs vaso-moteurs*, branches du grand sympathique. Par leur action sur les fibres musculaires des artères, ils règlent le cours du sang dans ces vaisseaux de même que les écluses règlent le cours de l'eau dans les canaux; et comme les diverses fonctions, depuis les plus humbles manifestations de l'animalité jusqu'aux plus élevées, sont liées à la plus ou moins grande rapidité de la circulation, il s'ensuit que les filets nerveux dont nous parlons ont une influence considérable sur tous les phénomènes de la vie. L'étude approfondie de leur action a conduit à modifier complétement les anciennes théories sur la fièvre, l'inflammation, la congestion etc.

L'influence du système nerveux sur la circulation a été mise en évidence par une belle expérience de Cl. Bernard. En coupant à un lapin les filets du grand sympathique se distribuant aux artères d'un côté de la face, ce physiologiste constata que la peau de cette région rougissait et que sa température s'élevait, ce qui prouve que les artères se trouvent relâchées par la paralysie des filets nerveux qu'elles reçoivent. Si l'on excite par l'électricité les filets nerveux coupés, les fibres musculaires des vaisseaux se contractent de nouveau, et ces derniers reprenant leur calibre normal, les phénomènes précédents disparaissent.

Partant de ces données, complétées par de nombreuses expériences, on a attribué à l'excitation ou à la paralysie des vaso-moteurs une foule de phénomènes, tels que la congestion, l'inflammation, les secrétions, la fièvre etc.

Lorsque, sous l'influence d'une paralysie locale de ces filets nerveux, les capillaires se relâchent dans une partie du corps, on observe dans cette région un gonflement accompagné de rougeur, par suite de la quantité de sang plus considérable qu'elle reçoit. L'excitation des vaso-moteurs détermine, au contraire, la contraction des artères et produit la pâleur de la partie atteinte, dans laquelle le sang arrive moins abondamment.

Si, au lieu de n'être dilatés que dans un point du corps, les capillaires le sont partout, le cœur, ayant une résistance moindre à vaincre, bat plus fréquemment, sans pour cela dépenser plus de force, le sang circule plus rapidement, et les phénomènes de la fièvre se produisent. La fréquence des pulsations résulte donc alors, non d'un surcroît dans la force d'impulsion du sang, mais uniquement d'une diminution de résistance du côté des capillaires.

La physiologie et la pathologie modernes font jouer, comme on le voit, un rôle considérable aux filets nerveux que reçoivent les fibres musculaires des vaisseaux. La tendance actuelle est même de placer la plupart des phénomènes morbides sous l'influence des nerfs vaso-moteurs, absolument comme on voulait, il y a quelques années à peine, faire dépendre presque tous les états pathologiques de l'irritation ou de l'inflammation des organes. Le physiologiste doit fuir ces entraînements. L'étude de l'influence du système nerveux sur la circulation est encore à ses débuts; on sait que cette influence est considérable, mais elle est loin d'être complétement élucidée. Pourquoi les nerfs vaso-moteurs sont-ils paralysés ou excités tantôt dans des régions localisées, tantôt dans toutes les parties du corps, et cela sous des influences en apparence identiques? nous l'ignorons. Faut-il admettre, avec quelques observateurs, que les artères reçoivent, comme le cœur, deux ordres de filets nerveux, déterminant, les uns leur élargissement, les autres leur contraction? nous l'ignorons également. De l'étude de ces questions surgiront sans doute des enseignements nouveaux, dont la médecine tirera évidemment profit pour expliquer le mécanisme des maladies et le mode d'action des remèdes ; mais jusqu'à ce moment, peut-être bien éloigné encore, une sage réserve est nécessaire.

§ 5.

CIRCULATION DANS LA SÉRIE ANIMALE.

Chez les mammifères et les oiseaux, le cœur présente la même disposition que chez l'homme, et la circulation s'opère d'une façon analogue.

Chez les reptiles, il y a deux oreillettes, mais un seul ventricule, qui contient par conséquent du sang veineux et du sang artériel,

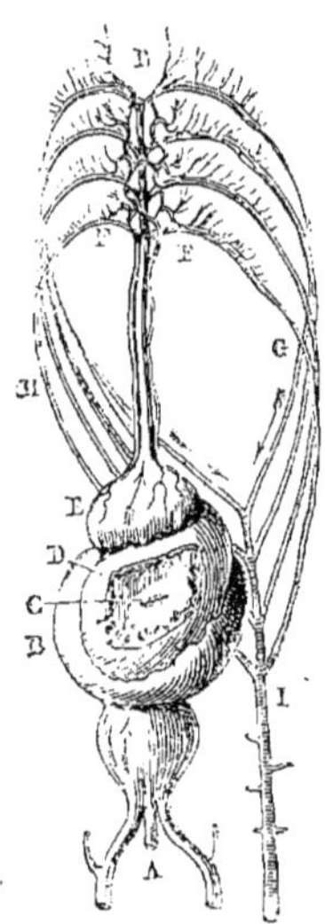

Fig. 102. — *Circulation du sang chez les poissons* *.

ce qui fait que les organes ne reçoivent qu'un mélange de ces deux liquides. Chez quelques sauriens, tels que le crocodile, le cœur possède quatre cavités comme celui des mammifères ; mais le sang vei-

* A) Sinus veineux, tronc commun de toutes les veines. — B) Oreillette. — C) Ouverture faisant communiquer l'oreillette et le ventricule. — D) Ventricule. — E) Bulbe artériel contractile et artère branchiale, portant le sang aux branchies. — F, F) Vaisseaux se ramifiant dans les branchies. — G, H) Veines branchiales transmettant le sang à l'aorte I.

neux et le sang artériel se mélangent, à quelque distance du cœur, par un vaisseau qui part du ventricule droit pour rejoindre l'aorte descendante après qu'elle a fourni les carotides. De cette façon, la tête de l'animal reçoit du sang artériel pur, et la partie postérieure du corps, du sang mélangé.

Chez les poissons, il n'y a qu'une oreillette et qu'un ventricule; le sang se rend directement des branchies, qui font l'office de poumons, aux diverses parties du corps, sans repasser par le cœur. Cet organe n'est donc traversé que par du sang veineux et correspond, par conséquent, au cœur droit des mammifères.

Les mollusques n'ont qu'un cœur à deux cavités comme les poissons; mais, au lieu d'être placé sur le trajet du sang veineux, il se trouve sur celui du sang artériel. Le sang veineux n'y arrive qu'après avoir traversé l'appareil respiratoire et, par conséquent, après s'être transformé en sang artériel.

Chez les insectes, le cœur est remplacé par un long vaisseau contractile situé le long de la région dorsale au-dessus du tube digestif. Le sang ne circule pas dans des vaisseaux fermés, mais dans des lacunes que les organes laissent entre eux.

Aux derniers degrés de l'échelle vivante, l'appareil circulatoire est plus imparfait. Chez quelques zoophytes, on distingue des vaisseaux faisant communiquer le tube digestif avec les organes; chez d'autres, le liquide nourricier s'infiltre dans les tissus à travers le tube digestif. Plusieurs de ces animaux ne sont autre chose, en réalité, qu'un sac qui digère et se reproduit.

CHAPITRE X.

HYGIÈNE DE LA CIRCULATION ET PHYSIOLOGIE DES TROUBLES DE CETTE FONCTION.

§ 1ᵉʳ. *Explication des phénomènes produits par l'irrégularité des fonctions du cœur.* Altérations qui peuvent atteindre cet organe ou les orifices faisant communiquer ses diverses parties. — Rétrécissement et insuffisance. — Cause des bruits de souffle entendus dans les maladies du cœur et indications qu'ils fournissent. — Périodes des maladies du cœur. — Conséquences physiologiques d'une lésion du cœur. — Formation d'une lésion secondaire annulant la lésion primitive. — Hypertrophie compensatrice. — Dangers d'une compensation exagérée. — Dernière période des maladies du cœur. — Rupture de la compensation. — Défaut d'équilibre entre la tension des veines et celle des artères. — Causes de l'œdème et de la gêne de la respiration. — Terminaison des maladies du cœur. — Bases physiologiques du traitement des affections du cœur. — Action stimulante de la digitale à petite dose et paralysante à dose élevée. — Règles physiologiques de son emploi. — Rôle de la saignée et des purgatifs. — § 2. *Explication des phénomènes produits par les troubles locaux de la circulation.* — Conséquences résultant d'un apport trop considérable ou insuffisant du sang à un organe. Congestion et anémie. — Physiologie de la congestion et de l'anémie cérébrales et de leur traitement.

En nous basant sur les connaissances précédemment exposées, nous allons essayer de donner dans ce chapitre l'explication physiologique des phénomènes qui peuvent résulter des troubles divers de la circulation. Indispensables au médecin qui tient à comprendre la marche des maladies, les indications de cette nature figurent trop rarement dans la plupart des ouvrages de pathologie. Faire connaître les symptômes d'une affection est assurément fort utile; mais indiquer la cause de ces symptômes présente souvent une utilité bien plus grande encore.

Nous expliquerons d'abord les phénomènes qui sont la conséquence d'une altération dans les fonctions du cœur. Nous étudierons ensuite les accidents qui peuvent se manifester lorsque la circulation locale d'un organe devient irrégulière, soit parce que le sang y afflue en quantité trop considérable, ce qui constitue la *congestion*, soit, au contraire, parce qu'il y arrive en quantité insuffisante, ce qui constitue l'*anémie* *.

§ 1er.

EXPLICATION DES PHÉNOMÈNES PRODUITS PAR L'IRRÉGULARITÉ DES FONCTIONS DU CŒUR.

Le cœur est, comme nous l'avons vu, une pompe foulante en communication avec deux ordres de vaisseaux : les veines, qui lui apportent le sang, et les artères, dans lesquelles ses contractions projettent ce liquide. Cette pompe foulante est munie de soupapes, dont nous avons précédemment décrit le jeu et les fonctions. Que la résistance de ses parois soit diminuée par une cause quelconque, ou bien qu'un des orifices qu'elle contient soit rétréci ou incomplétement fermé par la soupape qui le garnit, la circulation du liquide sera évidemment gênée.

Deux classes d'altérations peuvent troubler la circulation du sang dans le cœur : les unes affectent le tissu de l'organe lui-même, telles, par exemple, que sa dilatation et son hypertrophie; les autres atteignent les orifices qui font communiquer ensemble ses diverses cavités ou les valvules qui les obturent.

La diminution du diamètre de l'orifice qui fait communiquer entre elles deux parties du cœur constitue le *rétrécissement*. L'impuissance des valvules, par suite de leur fermeture incomplète, à

---

* Nous ne comprenons pas dans cette classification très-simple le trouble général de la circulation auquel on a donné le nom de *fièvre*, état pathologique qui accompagne, comme on le sait, la plupart des maladies aiguës et est principalement caractérisé par l'accélération du pouls et par une élévation de la température du corps résultant de l'exagération des combustions qui se passent au sein de l'organisme. La physiologie est encore impuissante à expliquer les causes de ce phénomène. La théorie de sa production sous l'influence de la contraction et de la paralysie successives des nerfs vaso-moteurs ne jette pas une lumière suffisante sur un grand nombre des phénomènes observés. Nous négligerons donc son étude comme nous le ferons dans cet ouvrage pour les divers phénomènes morbides dont la physiologie ne peut nettement indiquer les causes.

opposer un obstacle suffisant au retour du sang dans la cavité d'où il sort constitue l'*insuffisance*. Ces deux lésions peuvent exister simultanément au même orifice, c'est-à-dire que ce dernier peut être à la fois rétréci et incomplétement fermé.

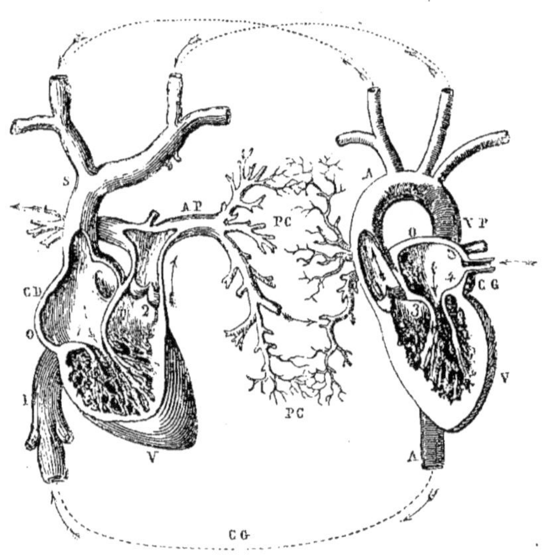

Fig. 103. — *Cœur divisé en deux moitiés, ouvertes chacune pour montrer les orifices auriculo ventriculaires et les valvules.* *

Le rétrécissement et l'insuffisance peuvent atteindre les divers orifices du cœur, c'est-à-dire celui qui fait communiquer chaque oreillette avec le ventricule placé au-dessous d'elle (*orifice auriculoventriculaire*) et celui qui met cet organe en relation avec les artères (*orifices aortique et pulmonaire*).

Soit qu'elles gênent le passage du sang d'une cavité dans l'autre, ce qui arrive dans le rétrécissement, ou qu'elles per-

* C D. Cœur droit. — C G. Cœur gauche. — P C. Poumons. — O, O. Oreillettes. — V, V. Ventricules. — A. Aorte. — A P. Artère pulmonaire, — V P. Veines pulmonaires. — S. Veine cave supérieure. — I. Veine cave inférieure. — 1, 2, 3, 4) Valvules. — Les flèches indiquent le trajet suivi par le sang. Le sang veineux, amené de toutes les parties du corps à l'oreillette du cœur droit C D par les veines caves S, I, passe ensuite dans le ventricule droit, dont les contractions le chassent dans l'artère pulmonaire A P, qui le conduit aux poumons P C; après s'y être transformé en sang artériel, il se rend dans l'oreillette du cœur gauche C G par les veines pulmonaires V P et passe dans le ventricule gauche, qui le lance dans l'aorte A, dont les branches le distribuent à tous les tissus. Après avoir perdu à leur contact ses propriétés vivifiantes, il revient de nouveau au cœur droit par les veines, pour recommencer le même trajet.

mettent le retour du sang dans la cavité qu'il vient de quitter, ce qui est la conséquence de l'insuffisance, ces diverses lésions produisent sur la circulation des effets dont la physiologie peut facilement expliquer le mécanisme.

Lorsque le diamètre des divers orifices du cœur est normal et que les valvules destinées à les fermer à certains moments fonctionnent régulièrement, le sang passe facilement d'une cavité dans l'autre, et l'oreille, appliquée contre la poitrine, ne perçoit, pendant une révolution du cœur, que les deux bruits produits par le claquement de ses valvules. Si, au contraire, le courant sanguin rencontre un orifice rugueux ou rétréci, ou bien encore que le jeu imparfait des valvules permette au sang de refluer dans l'oreillette, l'oreille percevra des bruits de souffle, dont le moment et le siége révèleront le point atteint*.

* **Bruits morbides du cœur.** — Les bruits morbides du cœur peuvent se produire pendant la contraction ou pendant la dilatation des ventricules, c'est-à-dire au premier ou au second temps.

Le *premier bruit* ou *bruit du premier temps*, bruit sourd qui a son maximum d'intensité, comme nous l'avons vu, au niveau de la pointe du cœur, c'est-à-dire derrière la cinquième côte, un peu au-dessous et en dehors du mamelon, est dû au claquement des valvules qui ferment les orifices auriculo-ventriculaires pour empêcher le sang chassé par la contraction des ventricules de refluer dans les oreillettes. Si le jeu des valvules est imparfait, ce qui constitue l'*insuffisance auriculo-ventriculaire*, le sang pourra refluer dans l'oreillette et produire un bruit de souffle accompagnant le premier bruit normal du cœur. Il se produira également un bruit de souffle au premier temps, si l'aorte, dans laquelle est chassé le sang par la contraction du ventricule gauche, est rétrécie à son orifice, affection qui constitue le *rétrécissement aortique*. Un bruit de souffle au premier temps, c'est-à-dire accompagnant le premier bruit du cœur, indique donc une insuffisance de l'une des valvules fermant les orifices auriculo-ventriculaires ou un rétrécissement aortique.

Pendant la dilatation des ventricules, c'est-à-dire pendant le *second temps*, la brusque fermeture des valvules qui empêchent le sang des artères de refluer dans le ventricule produit le *second bruit* ou *bruit du second temps*, bruit sec, clair, ayant son maximum d'intensité à la base du cœur, c'est-à-dire au niveau de l'articulation de la deuxième côte avec le sternum. Si l'orifice qui fait communiquer l'oreillette avec le ventricule est rétréci ou rugueux, le passage du sang se fera avec un bruit de souffle. Il se produira également un bruit analogue si les valvules artérielles, insuffisantes pour fermer l'orifice des artères, permettent au sang de refluer dans le ventricule. Un bruit de souffle au second temps, c'est-à-dire accompagnant le deuxième bruit du cœur, indiquera donc une insuffisance artérielle ou un rétrécissement de l'orifice auriculo-ventriculaire.

La prédominance à droite ou à gauche des bruits que nous venons de décrire fait reconnaître s'il s'agit d'une maladie du cœur droit ou du cœur gauche; leur siége à

Trois périodes peuvent être envisagées dans la série des phénomènes produits par les maladies du cœur. La première, *période de début*, où, sous l'influence de causes diverses, inflammation des membranes du cœur consécutive à un rhumatisme, hérédité, excès, chagrins, affections des poumons etc., la lésion de l'organe se manifeste; la seconde, *période de lutte*, dans laquelle le cœur, au moyen d'efforts énergiques, arrive à surmonter les entraves apportées au cours du sang par la lésion; la troisième, *période d'impuissance*, dans laquelle, épuisé par ses efforts incessants, l'organe a perdu la force nécessaire pour surmonter l'obstacle qui entrave la marche du sang et où se manifestent alors tous les symptômes généraux qu'engendre la gêne d'une fonction aussi essentielle que la circulation.

Supposons une lésion quelconque du cœur établie, rétrécissement de l'un de ses orifices ou insuffisance de l'une de ses valvules, par exemple, et examinons les conséquences que cette lésion va produire.

Le premier effet de l'entrave apportée par la lésion du cœur a la circulation sera d'obliger cet organe à un surcroît de travail pour surmonter l'obstacle qui gêne son action.

la base ou à la pointe du cœur permet de reconnaître si on a affaire à un rétrécissement artériel ou à une insuffisance auriculo-ventriculaire. Ces indications, du ressort de la pathologie, ne peuvent trouver leur place que dans les ouvrages spéciaux. Elles sont, du reste, résumées dans le tableau suivant, qui indique les bruits de souffle que l'on rencontre habituellement dans les principales affections du cœur.

Bruit de souffle au premier temps.	*Maximum d'intensité à la pointe du cœur, c'est-à-dire au-dessous du* mamelon : Insuffisance auriculo-ventriculaire.
	Maximum d'intensité à la base du cœur, c'est-à-dire au-dessus du mamelon : Rétrécissement aortique.
Bruit de souffle au deuxième temps.	*Maximum d'intensité à la pointe du cœur, c'est-à-dire au-dessous du* mamelon : Rétrécissement de l'orifice auriculo-ventriculaire.
	Maximum d'intensité à la base du cœur, c'est-à-dire au-dessus du mamelon : Insuffisance aortique. (Le pouls, dans cette affection, est bondissant et très-dépressible.)

Les indications tirées de l'absence ou de la présence de ces bruits sont loin, du reste, d'avoir la valeur qu'on leur attribue généralement. Plusieurs d'entre eux existent fréquemment sans affection du cœur, dans la chlorose par exemple; et, d'autre part, des affections fort graves de cet organe peuvent subsister longtemps sans aucun bruit, ainsi que nous le verrons plus loin.

Mais tout muscle soumis à des contractions répétées et énergiques augmente de volume, c'est-à-dire s'hypertrophie ; il suffit d'observer les muscles du bras chez les forgerons, ceux du mollet chez les danseurs, pour s'en convaincre. Obligé de dépenser plus d'efforts pour chasser la surcharge sanguine qu'il contient, soit parce que la cavité en amont de l'obstacle ne peut se vider, ce qui arrive dans le rétrécissement, soit parce que le sang y reflue, ce qui se produit dans l'insuffisance, le cœur finit, comme le mollet trop fréquemment exercé des danseurs, par s'hypertrophier, c'est-à-dire que ses parois augmentent de volume et deviennent par suite susceptibles d'une plus grande énergie.

Cette nouvelle lésion du cœur, consécutive à la première, mais produisant des effets directement opposés, pourra la *compenser,* d'où le nom de *lésion compensatrice* qu'on lui donne habituellement. Elle aura naturellement son siége en amont de l'obstacle relativement au cours du sang, mais quelquefois fort loin de la cavité qui en est la plus voisine. Un rétrécissement de l'orifice auriculo-ventriculaire amène une hypertrophie de l'oreillette placée au-dessus; mais l'insuffisance de la valvule fermant l'orifice auriculo-ventriculaire *gauche* produit l'hypertrophie du ventricule *droit*. Dans ce cas, en effet, le sang, chassé également dans l'oreillette et dans l'aorte, au lieu de l'être seulement dans cette dernière, refluera dans le poumon en y créant un obstacle qui ne pourra être alors vaincu que par l'exagération des contractions du ventricule chargé de faire circuler le sang dans ce dernier organe, c'est-à-dire le ventricule droit [*].

Tant que l'hypertrophie compensatrice dure, le malade ne souffre pas de sa lésion du cœur, et bien qu'elle soit souvent assez grave pour que ses jours soient comptés, les phénomènes de la circulation restent normaux.

Il arrive quelquefois cependant, dans cette période des maladies du cœur, que l'hypertrophie compensatrice trop exagérée produit, en dépassant son but, un excès de compensation dont le malade a plus à souffrir que de la lésion primitive elle-même. Il est exposé

---

[*] L'examen attentif de la figure 103 permet de comprendre facilement le mécanisme de l'hypertrophie du ventricule droit consécutive à l'insuffisance de l'orifice auriculo ventriculaire gauche.

dans ce cas aux accidents que peuvent occasionner l'énergie trop grande des contractions du cœur et la tension exagérée des artères qui en est la suite, c'est-à-dire aux congestions et à l'apoplexie. Toutes les causes qui tendront alors à augmenter la puissance déjà trop considérable du cœur et qui, à l'état normal, seraient sans effet, telles, par exemple, que l'usage de boissons chaudes ou excitantes, la compression des vaisseaux du bassin par le gonflement de l'intestin dans la constipation, la pléthore passagère produite par un repas abondant, seront quelquefois suffisantes pour amener ces redoutables complications.

Ainsi, pour résumer ce qui précède, nous voyons que les lésions du cœur ont d'abord pour résultat commun de provoquer une lésion compensatrice, qui, agissant en sens contraire de la lésion primitive, peut en neutraliser les effets.

Malheureusement, les choses ne durent pas toujours ainsi et tôt ou tard le moment arrive où, le cœur étant fatigué de la lutte, la rupture de la compensation se produit, troisième et dernière période des affections de cet organe.

Usées par leur activité même, les parois hypertrophiées du cœur dégénèrent, perdent de leur énergie et, au lieu de réagir contre la pression du sang, se laissent dilater par elle*. Leurs contractions deviennent insuffisantes pour débarrasser l'organe de l'excès de sang qui le surcharge, et alors apparaissent une série de symptômes, variés dans leurs effets, mais reconnaissant tous pour cause l'impuissance relative des contractions du cœur, impuissance qu'on a justement caractérisée par le terme d'*asystolie*.

Le premier effet du ralentissement de l'énergie des contractions du cœur est la rupture de l'équilibre entre la tension veineuse et la tension artérielle. Les artères recevant trop peu de sang par suite de la faiblesse des contractions de l'organe chargé de les approvisionner, la diminution de leur contenu a nécessairement pour conséquence l'augmentation du contenu des veines. La masse du sang étant invariable, il est évident, en effet, que le liquide qui ne se trouve plus d'un côté doit se retrouver de l'autre.

* *Anévrysme passif* des anciens auteurs.

L'accroissement de la pression du sang dans les veines a lui même pour conséquence, outre des congestions veineuses à la périphérie du corps et des divers viscères (foie, reins, poumons, cerveau etc.), la transsudation du sérum dans les tissus, d'où l'œdème des extrémités et les hydropisies qu'on observe habituellement dans les maladies du cœur. Les veines du poumon se vidant difficilement, cet organe se congestionne également et le malade respire avec une difficulté qu'accroît le moindre exercice. Cette gêne de la respiration est favorisée du reste par une oxygénation incomplète du sang, qui, ne venant pas s'oxygéner assez rapidement dans les poumons, reste en partie à l'état veineux, ce qu'on reconnaît facilement à l'injection violette des téguments des malades. Cette coloration spéciale de la peau, aux joues et aux lèvres notamment, la gêne de la respiration à la suite de l'ascension d'un escalier, et l'œdème des extrémités, suffisent souvent pour révéler l'existence d'une affection du cœur.

L'oxygénation incomplète du sang n'a pas pour résultat unique de contribuer à augmenter la gêne de la respiration. Imparfaitement régénéré et surchargé par suite d'acide carbonique, le sang devient impuissant à remplir la plus importante de ses fonctions, c'est-à-dire la nutrition des tissus, et la vitalité de ces derniers décroît chaque jour. Un état particulier de dégénérescence et d'anémie, habituellement désigné sous le nom de *cachexie cardiaque*, envahit bientôt la constitution tout entière.

Mais la diminution de la vitalité des tissus atteint aussi le cœur lui-même et a nécessairement pour conséquence d'affaiblir encore son action déjà trop faible. Le malade se trouve alors enfermé dans un cercle vicieux dont la fatale issue est la mort.

Cette troisième et dernière période des maladies du cœur où, par suite de l'affaiblissement de la lésion compensatrice, l'organe devient impuissant à entretenir la circulation avec une activité suffisante, ne se manifeste pas subitement, comme on pourrait le croire, mais bien par évolutions intermittentes.

Quand arrive le moment où le cœur commence à se fatiguer de la lutte, la moindre cause capable d'exiger de lui un supplément d'énergie (fatigues, efforts musculaires, excès, chagrins, affection des poumons etc.) produit une rupture momentanée de l'équilibre entre la tension des veines et celle des artères, et tous les accidents (congestion pulmonaire, gêne de la respiration, œdème etc.) que nous avous signalés plus haut. Non vaincu toutefois encore, le cœur reprend bientôt le dessus; les accidents, après une durée de quelques jours, se dissipent complétement, et le malade se croit guéri. Mais, sous l'influence de causes de plus en plus légères, les accidents ne tardent pas à se répéter, révélant ainsi que la fatigue de l'organe s'accroît chaque jour et que la lutte ne sera plus longue. L'intervalle des attaques diminue en effet; elles ne se produisaient d'abord que sous l'influence d'une cause déterminée, un excès de fatigue par exemple; elles se manifestent maintenant sans cause apparente, et le jour arrive où la compensation ne peut même plus être passagèrement rétablie. Alors, aux accidents éphémères, résultant de la rupture momentanée de la compensation, viennent se joindre ceux qu'engendre sa rupture définitive, c'est-à-dire une nutrition insuffisante et une dégénérescence de tous les tissus qui entraînent rapidement la mort.

La physiologie des troubles de la circulation dus à une lésion du cœur est, comme nous le voyons, bien claire. Les phénomènes s'enchaînent rigoureusement et, si l'on a bien présentes à l'esprit les explications précédemment données, les règles qui doivent présider au traitement des maladies du cœur sont faciles à déterminer. Puisque ce n'est, en effet, que grâce à l'existence d'une lésion compensatrice que l'équilibre peut se maintenir entre la tension des veines et celle des artères, malgré l'affection dont l'organe est atteint, le traitement devra avoir nécessairement pour but d'entretenir cette lésion. Toute médication n'ayant pas ce résultat sera évidemment nuisible. La diète et la saignée, si en usage il y a quelques années contre les affections du cœur, ne peuvent, dans la très-grande majorité des cas, que les aggraver rapidement.

Pour favoriser la lésion secondaire, compensatrice de la lésion primitive, il est évident qu'il faut éloigner d'abord les causes qui peuvent, en produisant la faiblesse des contractions du cœur, diminuer son action. Les veilles, les fatigues et toutes les causes qui exigent une activité plus grande de la circulation et, par conséquent, augmentent le travail d'un organe déjà surchargé doivent être naturellement évitées avec soin. Il en sera de même des causes capables d'occasionner des affections des poumons et de gêner par suite la circulation dans un organe où elle est déjà entravée.

Quant au traitement proprement dit, l'affection ne pouvant rester latente qu'à la condition d'être compensée par une énergie supplémentaire du cœur, on devra, par tous les moyens possibles, favoriser et entretenir le développement de cette énergie. Ce n'est évidemment pas avec la saignée qu'on obtiendra ce résultat. Elle ne peut être utile que pour diminuer rapidement la surcharge veineuse dans des cas de congestion imminente. Outre les reconstituants généraux, tels qu'une bonne alimentation, le quinquina, l'hydrothérapie etc., le meilleur remède que nous possédions pour lutter contre l'affaiblissement des contractions cardiaques est la digitale; mais ce médicament précieux ne peut être efficacement employé qu'autant que l'on possède sur son action les indications les plus précises.

Longtemps la digitale a été considérée, et dans la plupart des ouvrages de pathologie on la considère encore comme un sédatif du cœur. Ce n'est cependant que d'une façon très-indirecte qu'elle produit cet effet. Loin de diminuer l'énergie des contractions cardiaques, la digitale les augmente au contraire, et c'est précisément en agissant ainsi qu'elle régularise les palpitations et les mouvements désordonnés du cœur dont se plaignent les malades. Sous son influence, les pulsations acquièrent une force qui en fait disparaître l'irrégularité et la fréquence.

La digitale est en réalité le tonique et le régulateur du cœur. Sans doute, dans les expériences sur les animaux, on la voit produire le ralentissement des battements de cet organe et sa paralysie finale; mais c'est uniquement parce qu'étant employée à doses élevées, elle agit comme poison. La phase d'excitation qui précède la paralysie est dans ce cas tellement fugitive qu'elle passe inaperçue.

La digitale ayant pour effet d'accroître les battements du cœur, ne doit être administrée que lorsqu'il y a faiblesse évidente des contractions de cet organe et que la rupture de la compensation se produit. Sans utilité lorsque l'énergie du cœur est suffisante, son usage devient dangereux lorsqu'elle est exagérée, comme dans l'hypertrophie, par exemple. Dans le premier cas, en effet, cette substance développerait dans le cœur un excès d'activité inutile, qui produirait son épuisement et hâterait la rupture de la compensation ; dans le second, en stimulant ses contractions déjà trop vives, elle pourrait provoquer tous les accidents résultant d'une tension artérielle trop considérable, c'est-à-dire les congestions et l'apoplexie.

Ce n'est donc qu'à titre de médicament stimulant que la digitale doit être administrée dans les maladies du cœur. Il faut la donner à petite dose (10 à 50 centigr. de feuilles pulvérisées en infusion par jour), pendant un temps suffisant pour qu'elle produise son action, mais pas trop prolongé, car ce médicament s'accumule dans l'organisme et finirait à la longue par produire les phénomènes de paralysie du cœur, dont nous avons parlé plus haut, et par conséquent ne ferait qu'accroître la faiblesse des contractions qu'il a pour mission de combattre *.

Cet exemple du rôle de la digitale nous montre une fois de plus encore combien variable est l'action des remèdes, suivant l'état du malade auquel on les administre, et combien ils peuvent être dangereux quand leur emploi n'est pas réglé par des connaissances physiologiques précises.

On a proposé, pour remplacer la digitale, le café, qui semble stimuler les contractions du cœur et augmenter la tension artérielle ; mais son emploi nous paraît présenter plus d'un inconvénient. Sur des personnes qui en font journellement usage, l'habitude aura évidemment émoussé son action ; sur des individus qui

---

* Pour reconnaître le moment où l'on doit suspendre l'administration de la digitale, on a proposé un moyen fort simple, précisément basé sur le rôle physiologique de cette substance. La digitale augmentant, à petite dose, l'énergie des contractions du cœur et la tension du sang dans les artères, a pour résultat d'accroître la quantité d'urine sécrétée par les reins. Ralentissant au contraire, à dose élevée, l'énergie du cœur, elle diminue alors la tension artérielle et, par suite, la sécrétion urinaire. En se guidant sur ces données on peut poser comme règle que, lorsqu'après avoir administré la digitale un certain temps, on voit le volume de l'urine sécrétée journellement diminuer et revenir à ce qu'il était au début du traitement, l'heure de suspendre l'administration du remède a sonné.

ne sont pas accoutumés à ses effets, il pourra peut-être accroître l'activité cardiaque, mais il excitera dangereusement le système nerveux, ordinairement très-irritable chez les personnes atteintes d'une affection du cœur.

La digitale n'est pas, du reste, le seul remède auquel nous puissions avoir recours pour rétablir, lorsqu'il est rompu, l'équilibre entre la tension veineuse et la tension artérielle. Au lieu de chercher à accroître la tension artérielle, comme on le fait avec la digitale, on peut chercher simplement à diminuer la tension veineuse. En agissant ainsi, on augmente indirectement la puissance du cœur, puisque, allégé d'une portion de la masse sanguine qu'il doit supporter, il peut, avec une force égale, produire des effets supérieurs. Ne possédant aucune substance qui diminue la tension veineuse, comme nous en avons pour augmenter la tension des artères, nous sommes obligés d'agir mécaniquement sur elle par la saignée; mais le mieux obtenu est alors passager et tout à fait trompeur, car la perte de sang affaiblit les forces et ralentit l'énergie du cœur.

La saignée n'est utile que lorsque le malade, par suite d'une tension veineuse exagérée, se trouve sous la menace d'une congestion cérébrale ou pulmonaire, ou que la faiblesse du pouls, la cyanose, la gêne excessive de la respiration indiquent une asphyxie prochaine qu'il faut rapidement conjurer, quitte à combattre ensuite l'effet affaiblissant de la saignée par des stimulants (café, alcool, linge chaud sur le cœur etc.).

Les purgatifs qui produisent des sécrétions séreuses abondantes diminuent, comme la saignée, la tension veineuse; mais ils agissent d'une façon moins énergique et moins rapide. Ils sont utiles surtout dans les cas d'hydropisie abondante.

Ainsi, en augmentant la force motrice du cœur, comme le fait la digitale, ou en diminuant l'obstacle que cet organe doit vaincre, comme le font la saignée et les purgatifs, on obtient des résultats momentanément identiques. La physiologie nous enseigne d'une façon précise dans quelles circonstances nous devons avoir recours à ces divers moyens, et, grâce à ses indications précieuses, nous pouvons bien souvent prolonger la vie de malades atteints d'affections dont l'ancienne médecine, dans son ignorance des causes, ne faisait qu'accélérer la marche.

§ 2.

EXPLICATION DES PHÉNOMÈNES PRODUITS PAR LES TROUBLES LOCAUX DE LA CIRCULATION. — CONGESTION ET ANÉMIE.

Les troubles locaux de la circulation capables d'affecter les divers organes peuvent être ramenés, comme point de départ, à deux causes. Dans la première, le sang afflue en quantité trop considérable à l'organe; c'est la *congestion* avec toutes les conséquences qu'elle peut entraîner à sa suite, l'inflammation, l'hydropisie, l'hémorrhagie etc. Dans la seconde, le sang n'arrive pas ou arrive en quantité insuffisante à l'organe qu'il a pour mission de nourrir; c'est l'*anémie*, qui amène avec elle le ralentissement de l'activité vitale des tissus, quand elle est partielle, et leur mort quand elle est complète.

Congestions. Pour que la circulation se maintienne régulièrement dans un organe, il est nécessaire qu'il y ait équilibre entre la quantité de sang qui entre dans cet organe et celle qui en sort. Que l'apport artériel augmente sans que la dépense veineuse s'accroisse, ou inversement, que cette dernière diminue, le premier restant constant, il s'accumule dans l'organe plus de sang qu'il n'en peut sortir, ce qui constitue la *congestion*.

La congestion due à un afflux de sang trop considérable est dite *congestion active* ou *fluxion*. Celle provenant, au contraire, d'une dépense de sang insuffisante est dite *congestion passive* ou *engorgement*. Le sang arrivant par les artères et sortant par les veines, il en résulte que c'est dans le système artériel que se passent les phénomènes de la congestion active, et dans le système veineux que se manifestent ceux de la congestion passive.

La *congestion active* peut être produite, soit par l'augmentation de la pression artérielle, ce qui arrive par exemple quand, une partie des vaisseaux d'une région étant oblitérée par une ligature, les vaisseaux situés au-dessous de l'obstacle reçoivent, en supplément de ce qu'ils recevaient habituellement, tout le sang qui aurait dû passer par les premiers (*fluxion compensatrice*), soit par la dilatation des capillaires qui arrivent à un organe. La coloration de la peau que l'on observe quand on applique à sa surface une substance irritante ou un corps chaud est une congestion due à cette dernière cause.

La congestion active des vaisseaux est souvent le point de départ de l'*inflammation*, phénomène que nous avons suffisamment décrit dans un précédent chapitre pour qu'il soit inutile d'y revenir. Elle amène l'*hémorrhagie* lorsqu'elle est assez intense pour que la limite d'élasticité des vaisseaux soit atteinte. Ces derniers sont alors forcés de se rompre sous l'excès de la pression qu'ils supportent.

La *congestion passive* est due, comme nous l'avons dit, au ralentissement de la circulation veineuse, que ce ralentissement soit produit par l'affaiblissement de l'impulsion artérielle ou par l'augmentation de la pression veineuse sous l'influence d'un obstacle gênant l'écoulement du sang ou encore par ces deux causes réunies, comme cela arrive, par exemple, dans les affections du cœur.

Les phénomènes de la congestion passive sont tout différents de ceux de la congestion active, ce qui se comprend facilement quand on se rappelle que les seconds sont dus à la présence d'un excès de sang artériel, dont la coloration est rouge et les propriétés nutritives considérables, tandis que les premiers sont dus à la présence d'un excès de sang veineux, dont la coloration est noirâtre et les propriétés nutritives presque nulles. Les parties qui sont le siége d'une congestion active ont une teinte d'un rouge intense, tandis que celles qui sont le siége d'une congestion passive ont une couleur livide. Les congestions actives fréquemment répétées d'un organe amènent son hypertrophie par suite d'un excès de nutrition dû à la quantité considérable de sang artériel dont il est baigné. Les congestions passives entraînent, au contraire, la diminution de la vitalité des tissus et quelquefois leur atrophie ou leur mort, par suite de l'impuissance du sang veineux à entretenir la vie des organes.

Comme la congestion active, la congestion passive peut devenir une cause d'hémorrhagie quand la limite d'élasticité des vaisseaux est atteinte. Mais, sans arriver à l'hémorrhagie, l'accroissement de la pression veineuse peut provoquer dans l'intérieur des tissus une infiltration de la partie liquide du sang, à laquelle on a donné le nom d'*hydropisie* ou d'*œdème*, suivant qu'elle se produit dans les membranes séreuses ou dans le tissu cellulaire sous-cutané. La compression de la veine d'un membre amène l'infiltration œdémateuse de ce membre. La compression des deux veines caves, dans lesquelles aboutissent toutes les veines du corps, produit une hydropisie générale; celle de la veine cave supérieure ou de la veine cave inférieure, l'hydropisie de la partie supérieure ou inférieure du corps.

Les lésions pulmonaires, telles que la phthisie, qui rétrécissent le champ de la circulation dans les poumons, peuvent produire l'hydropisie générale; les lésions du cœur ne produisent souvent que l'hydropisie des membres inférieurs, bien que la circulation soit gênée dans les deux veines caves; mais cela tient à ce que la pesanteur favorise le passage du sang de la veine cave supérieure dans l'oreillette, tandis qu'elle gêne son ascension dans la veine cave inférieure.

Diverses altérations du sang, telles que l'augmentation de la proportion d'eau qu'il renferme, des modifications éprouvées dans la composition de quelques-uns de ses principes etc., peuvent considérablement favoriser la transsudation de sa partie liquide à travers les vaisseaux qui le contiennent, ce qui s'explique par la diminution de sa fluidité et la propriété que peuvent acquérir ses principes fibrineux de se coaguler facilement dans les vaisseaux et de gêner par suite le cours du sang. Les hydropisies qu'on observe chez les convalescents et les individus atteints d'albuminurie peuvent être expliquées de cette manière.

Les explications physiologiques qui précèdent vont nous permettre de comprendre facilement comment la congestion et l'hémorrhagie peuvent se produire dans un organe quelconque, le cerveau par exemple. Dans la congestion cérébrale nous retrouverons les deux formes de congestions que nous avons décrites.

L'augmentation de la pression dans les carotides, due à un obstacle au passage du sang de l'aorte dans les diverses branches qui se rendent aux membres, tel, par exemple, que le rétrécissement de cette artère, une tumeur sur son trajet, la compression exercée sur elle par les matières fécales durcies par une constipation prolongée etc., produiront la congestion active du cerveau et l'hémorrhagie, qui en est la conséquence quand elle est trop considérable.

Le ralentissement de la circulation à la surface du corps, sous une influence quelconque, un froid excessif ou un bain glacé par exemple, la suppression d'un flux habituel, tel que les hémorrhoïdes, agiront de même en diminuant la dépense du sang artériel dans les organes éloignés du cerveau, et par conséquent en augmentant son afflux dans ce dernier.

Les veilles, les excès, les fatigues produisent également la congestion active du cerveau, probablement par la paralysie des nerfs *vaso-moteurs* des vaisseaux de cet organe, paralysie qui a pour conséquence leur dilatation et par suite la réception d'une quantité de sang trop considérable pour qu'elle puisse sortir assez rapidement par les veines.

Toutes les causes qui gêneront le retour du sang du cerveau vers le cœur, comme la compression des jugulaires par la pendaison ou simplement par un faux-col trop serré, un obstacle quelconque apporté à l'écoulement du sang de la veine cave supérieure dans l'oreillette, l'insuffisance de la valvule tricuspide notamment, produiront la congestion passive.

Dans l'opinion populaire, l'état de pléthore qu'on observe chez les individus réputés sanguins serait la cause habituelle des congestions cérébrales. On ne peut nier que cet état y prédispose; mais en se reportant à ce qui précède, on comprendra facilement que l'hémorrhagie cérébrale peut parfaitement se produire dans des états complétement opposés à la pléthore, c'est-à-dire dans l'anémie. La congestion n'est, en effet, comme nous l'avons vu, qu'un défaut d'équilibre entre la quantité de sang qui arrive à un organe et celle qui en sort, défaut d'équilibre évidemment indépendant de la masse de liquide qui circule dans les vaisseaux.

Comme dans la congestion de tous les organes, l'hémorrhagie cérébrale se manifeste aussitôt que l'excès de la pression du sang dans les vaisseaux est devenu supérieur à leur élasticité. Elle sera naturellement favorisée par les affections qui diminuent l'élasticité de ces vaisseaux en amenant leur dégénérescence. L'âge, les excès alcooliques, l'anémie agissent dans ce sens et prédisposent ainsi indirectement à l'hémorrhagie cérébrale.

La saignée est-elle utile dans la congestion et l'apoplexie cérébrales, comme l'a enseigné l'ancienne médecine pendant une si longue série de siècles? La physiologie va nous éclairer sur ce point.

Si l'impulsion du cœur est faible, le pouls irrégulier, le sujet affaibli, il est évident que la saignée, en diminuant la masse du sang, réduira la quantité de ce liquide qui afflue au cerveau et produira ainsi l'anémie de cet organe et les accidents mortels qui peuvent en devenir la suite. Au lieu de saigner et d'affaiblir par là l'énergie du cœur, il faudra, dans ce cas, au contraire, tâcher de stimuler ses contractions par les excitants locaux et généraux (vin chaud, alcool, application de fers chauds et de sinapismes sur la poitrine etc.).

Si, au contraire, le choc du cœur est énergique, le pouls régulier, l'individu vigoureux, on peut avoir recours à la saignée. Elle aura pour résultat de diminuer la surcharge veineuse du cerveau et en facilitant la circulation artérielle, de rétablir les fonctions de cet organe.

Anémie. Lorsque le sang arrive en quantité insuffisante à un organe ou n'y arrive plus, il en résulte un état pathologique absolument opposé à celui que nous venons de décrire et auquel on a donné le nom d'*anémie*.

En étudiant le sang, nous avons vu que les organes ne peuvent continuer à vivre qu'à la condition que ce liquide baigne constamment leurs éléments. Il suffit de comprimer l'artère principale d'un membre pour que ce membre s'engourdisse et se paralyse rapidement.

L'anémie d'un organe peut offrir tous les degrés, depuis le simple ralentissement de la circulation et le ralentissement correspondant de l'activité de ses fonctions jusqu'à la cessation complète de l'arrivée du sang dans cet organe, d'où résultent rapidement son atrophie et sa mort.

Examinons les symptômes que l'anémie va produire dans un organe quelconque, le cerveau par exemple. Comme celles de tous les tissus, les fonctions cérébrales sont intimement liées à la présence du sang. Que ce liquide cesse d'y parvenir en quantité suffisante, elles se ralentissent. Elles se suspendent s'il cesse complétement d'y arriver, et une mort passagère, nommée *syncope*, se produit. C'est elle qu'on voit se manifester à la suite d'hémorrhagies abondantes ou lorsque, la masse du sang étant considérablement diminuée, comme dans la convalescence des longues maladies, le malade vient à se lever et porte ainsi dans la partie inférieure du corps, par l'action de la pesanteur, le sang que la position horizontale faisait affluer en quantité suffisante au cerveau. Le meilleur moyen de faire cesser l'anémie cérébrale produite par les causes précédentes sera évidemment de coucher le malade la tête un peu plus basse que le reste du corps, afin de ramener au cerveau le sang qu'il ne recevait plus en proportion nécessaire pour entretenir ses fonctions. La compression momentanée, par un lien circulaire, des artères des quatre membres, moyen qui a pour résultat de diminuer l'afflux du sang dans les extrémités du corps, et par suite d'augmenter la quantité de ce liquide qui peut arriver au cerveau, favorisera également la disparition des accidents.

Rien ne ressemble plus, dans certains cas, aux effets produits par l'anémie du cerveau que ceux déterminés par la congestion de cet organe, c'est-à-dire par un état pathologique absolument contraire. Les phénomènes constatés (douleurs de tête, vertiges, étourdissement etc.) sont souvent tout à fait identiques dans les deux cas, et la confusion résultant de cette analogie a dû être fatale à plus d'un malade, en portant le médecin à saigner des individus qu'il supposait frappés de congestion, alors qu'en réalité ils étaient atteints d'anémie. Saigner dans le cas d'anémie cérébrale, c'est accroître considérablement les chances de mort, car on diminue ainsi la proportion déjà insuffisante du sang qui arrivait au cerveau. Le diagnostic différentiel n'est cependant réellement difficile que dans un petit nombre de cas. Lorsque le malade est vigoureux, coloré, que le pouls est dur, les impulsions du cœur énergiques, que rien n'indique une affection cardiaque, il est évident qu'on doit avoir affaire à de la congestion et non à de l'anémie. On devra songer à l'anémie, au contraire, chez un sujet peu vigoureux, dont le pouls est faible, les impulsions cardiaques languissantes, et chez lequel le décubitus horizontal, au lieu d'accroître les accidents, les diminue.

L'anémie cérébrale habituelle a pour conséquence le ralentissement de toutes les fonctions placées sous la dépendance du cerveau, et par suite l'apathie intellectuelle et physique des malades qui en sont atteints. Cependant le système nerveux de ces derniers est quelquefois très-irritable, ce qu'on peut expliquer en admettant que, diminuées dans leur vitalité par une nutrition insuffisante, les cellules cérébrales se laissent influencer par des excitations qui, à l'état normal, resteraient sans effet. Le sang, comme le disait très-bien l'antique médecine, est le modérateur des nerfs.

Outre l'anémie générale du cerveau, on observe fréquemment l'anémie localisée à une partie de cet organe, anémie consécutive à l'oblitération des branches artérielles qui nourrissent cette partie. Il en résulte un arrêt local de la circulation, qui amène bientôt la mort de la région atteinte, et par suite une diminution des fonctions cérébrales qui y correspondent.

Les longues maladies, la diète prolongée, les excès, les fatigues produisent l'anémie générale du cerveau. La dégénérescence graisseuse des petites artères, dégénérescence fréquemment observée chez les vieillards, les goutteux et chez les individus qui se livrent aux excès alcooliques, produit l'anémie partielle de cet organe. Il n'est pas besoin d'explication pour comprendre le mécanisme de la première; nous parlerons donc uniquement de la dernière.

La dégénérescence graisseuse d'une artère a pour résultat de rétrécir son calibre et par suite de ralentir le cours du sang qui la traverse, ralentissement qui favorise lui-même l'obstruction de l'artère, car la lenteur de la circulation du sang dans un vaisseau produit, comme nous l'avons vu, la coagulation du liquide qu'il contient.

La circulation arrêtée dans une partie du cerveau par suite de l'oblitération d'une petite artère peut être rétablie par un afflux plus considérable de sang dans les artères voisines. C'est à l'oblitération successive des petites artères, réparée par une circulation collatérale, que sont dues l'apparition et la disparition des paralysies locales qu'on observe souvent chez les vieillards, et qui coïncident avec l'oubli de certains mots, les noms propres notamment, l'altération du jugement, des fourmillements dans un seul membre, des éblouissements, des vertiges, la propension au sommeil etc., phénomènes dont quelques-uns pourraient faire songer à une congestion cérébrale, alors qu'il s'agit d'un effet précisément contraire.

La confusion entre l'anémie partielle du cerveau et la congestion de cet organe est quelquefois d'autant plus facile que l'anémie, au lieu de se produire graduellement, peut se manifester brusquement, comme le fait généralement la congestion, et persister un temps fort long, en dépit du décubitus horizontal et des divers moyens dont nous avons précédemment parlé. Cela arrive lorsqu'une grosse artère cérébrale se trouve subitement obstruée par un caillot venu d'un autre vaisseau. La distinction entre ces deux états morbides est parfois alors complétement impossible pendant la vie.

L'explication physiologique des phénomènes résultant des troubles de la circulation, notamment de ceux placés sous la dépendance d'une affection du cœur, est, comme nous le voyons, bien nette et, contrairement à ce qu'on observe pour les maladies dont la physiologie ne peut encore expliquer la marche, le traitement de ces affections repose maintenant sur des bases que les progrès de la science ne sauraient détruire.

Toutes les fois que la physiologie peut remonter ainsi, non aux causes premières des phénomènes morbides — elles nous fuiront toujours — mais à leurs causes prochaines, c'est-à-dire aux conditions qui les déterminent, elle éclairera des plus vives lueurs la marche et le traitement de maladies dont la vieille thérapeutique ne pouvait que précipiter le cours.

CHAPITRE XI.

Les matériaux nouveaux que le sang apporte constamment aux organes n'y demeurent pas toujours. Usés par leur activité incessante, les éléments des tissus éprouvent une série de métamorphoses qui les amène bientôt à l'état de composés impropres à entretenir la vie et dont l'expulsion au dehors est indispensable. Commencé dès leur origine, le double mouvement d'assimilation et de désassimilation qui s'opère au sein des éléments de tous les êtres vivants est une des conditions essentielles de leur existence.

Sans cesse détruit, mais sans cesse renaissant, l'organisme ne conserve que sa forme entre ces deux mouvements contraires, dont l'un le régénère à mesure qu'il est anéanti par l'autre. La vie, suivant la belle image de Platon, est un fleuve dont le cours ne s'arrête jamais. Il paraît toujours plein, mais ce ne sont jamais les mêmes eaux qui arrosent deux fois les mêmes bords.

Le sang, qui est chargé, comme nous l'avons vu, de porter aux tissus les matériaux qui doivent réparer leurs pertes, a également pour fonction de reprendre les éléments devenus impropres à leur entretien et de les porter aux organes chargés de les expulser au dehors.

Ce n'est qu'à la condition de se débarrasser constamment des produits de l'usure des tissus, véritables cendres de l'organisme, que le sang peut conserver ses propriétés vivifiantes. Quand une cause quelconque vient entraver cette dépuration incessante, une mort rapide en est bientôt la suite.

§ 1er.

MODES D'ÉLIMINATION DES PRODUITS DE L'USURE DES TISSUS.

C'est par les reins, les poumons et la peau, et probablement aussi par le foie que sont rejetés au dehors les matériaux devenus impropres à l'entretien de la vie. La peau et les reins éliminent principalement les substances liquides, c'est-à-dire la sueur et l'urine; les poumons, les substances gazeuses, l'acide carbonique notamment.

La sécrétion de l'acide carbonique par les poumons est accompagnée de l'absorption par le sang d'une certaine quantité d'oxygène qui vient remplacer l'acide carbonique rejeté au dehors. Cet échange entre les gaz du sang et l'oxygène de l'atmosphère constitue la respiration. Cette importante fonction, qui a, comme on le voit, le double résultat d'éliminer du sang les résidus gazeux qu'il contient et d'introduire dans son sein des principes nouveaux, sera étudiée dans un prochain chapitre. Nous n'aborderons dans celui-ci que la dépuration du sang par les reins et la peau.

C'est avec raison que M. le docteur Robin considère l'appareil urinaire comme correspondant à l'appareil digestif, mais agissant en sens inverse, l'un introduisant les matériaux solides et liquides nécessaires à l'existence des tissus, l'autre rejetant les principes liquides et solides devenus inutiles à leur entretien. Les organes urinaires constituent donc un appareil aussi net que l'appareil digestif, et leur fonction, qu'il désigne sous le nom d'*urination*, a été très-légitimement séparée par lui des sécrétions avec lesquelles la plupart des physiologistes la confondent encore.

Mais, à côté de l'appareil de la sécrétion urinaire, il existe d'autres organes d'une importance égale qui ont avec lui la plus grande analogie de structure et de fonctions. Nous voulons parler des glandes sudoripares. L'importance de ces organes a été jusqu'ici méconnue, et c'est tout à fait à tort qu'on confond leur fonction avec les autres sécrétions, comme on le faisait autrefois pour l'urination. Leur ensemble constitue un appareil tenant le milieu, par ses usages, entre le poumon et les reins. Leurs fonctions, auxquelles nous donnerons le nom de *sudoration*, doivent être complétement séparées des autres sécrétions. *Urination*, *sudoration* et *respiration*, telles seraient alors les fonctions destinées à purifier le sang*.

Sans entrer dans des développements que ne comportent pas les limites de cet ouvrage, il nous sera facile de justifier la distinction qui précède. Comme structure, les glandes sudoripares ont la plus grande analogie avec les reins. Ce sont, de même que ces derniers, des tubes terminés en cul-de-sac, enroulés sur eux-mêmes à une extrémité et entourés d'un réseau de capillaires, à travers lesquels le sang abandonne les principes qui doivent être rejetés

---

*Il nous semble bien probable que le foie, cette glande volumineuse dont, en réalité, nous ignorons absolument les fonctions, doit être rangé également à côté des reins, des poumons et des glandes sudoripares, comme organe dépurateur du sang. Dans le chapitre consacré à l'étude des sécrétions, nous dirons quelques mots de cette hypothèse.

au dehors. Dans les reins, les capillaires sont à l'intérieur des tubes; dans les glandes sudoripares, ils sont à l'extérieur; mais ce détail de structure n'enlève rien à leur analogie.

Le nombre des tubes qui constituent les glandes sudoripares (2 millions environ) est à peu près égal à celui des tubes qui forment les reins. Dans les premières, les tubes sont disséminés sur toute la surface du corps; dans les seconds, ils sont réunis en un seul organe. Leur usage commun est d'exposer le sang à une vaste surface de dépuration. Le rein peut être considéré comme constitué en réalité par des glandes sudoripares accolées.

Les liquides que les reins et les glandes sudoripares sécrètent, c'est-à-dire l'urine et la sueur, ont les plus grandes analogies de composition. Tous les deux contiennent, bien qu'en proportions diverses, de l'urée et les mêmes sels.

Mais les glandes sudoripares ne se bornent pas, comme les reins, à retirer du sang les matières liquides destinées à être éliminées au dehors. De même que les poumons, elles laissent échapper, sous forme gazeuse, ainsi que nous le verrons plus loin, de la vapeur d'eau et de l'acide carbonique et absorbent de l'oxygène.

La sudoration a donc un rôle intermédiaire entre l'urination et la respiration. Ces trois fonctions, complémentaires l'une de l'autre, peuvent se suppléer dans certaines limites, variables suivant les espèces animales; mais si une d'elles est complétement suspendue, la mort en est la conséquence. Une grenouille privée de ses poumons vit encore quelques jours en respirant uniquement par la peau; un animal supérieur, qu'on prive de l'usage de ses poumons ou chez lequel on supprime complétement la sudoration en recouvrant sa peau d'un vernis imperméable, meurt au contraire rapidement.

La plupart des auteurs placent dans la peau l'échange gazeux qui se fait à travers les parois des glandes sudoripares. Sans doute, la surface cutanée est perméable aux gaz, bien qu'en raison de son épaisseur elle le soit à un degré minime; mais, comme les parois des glandes sudoripares sont, ainsi que nous l'enseigne l'histologie, beaucoup plus minces que celles de la peau et offrent, par suite, une moindre résistance au passage des gaz, il est évident que c'est à travers leur tissu que ces derniers doivent s'échapper au dehors.

Les glandes sudoripares constituent donc un des appareils chargés de dépurer le sang. Comme les reins, elles le dépouillent des substances salines qu'il tient en dissolution, et, de même que les poumons, elles lui enlèvent les produits gazeux. C'est dans leur sein que nous devons placer les phénomènes que l'on attribue habituellement à la peau.

§ 2.

URINATION.

Organes de la sécrétion urinaire. Les organes chargés de séparer du sang les matériaux qui constituent l'urine se nomment les *reins*. Ce sont deux organes glandulaires de 12 centimètres de longueur sur 6 de largeur et 3 d'épaisseur. Ils sont situés symétriquement sur les côtés de la colonne vertébrale derrière le foie et l'estomac, au niveau des deux premières vertèbres lombaires, contre lesquelles ils sont maintenus en place par le péritoine et les vaisseaux rénaux. Le liquide qu'ils séparent du sang est conduit par deux canaux, désignés sous le nom *d'uretères*, à un réservoir, la *vessie*, chargé de le recueillir en attendant son expulsion au dehors.

Les reins sont composés de deux couches en apparence distinctes : l'une externe ou *corticale*, l'autre interne ou *tubuleuse*; mais en réalité elles sont formées des mêmes éléments. La *couche externe* est constituée par une réunion de tubes tapissés de cellules, contournés en tous sens et terminés à une extrémité par un petit renflement (*corpuscule de Malpighi*), qui contient un amas de petits vaisseaux roulés sur eux-mêmes, auxquels on donne le nom de *glomérules de Malpighi*. La *couche interne* est formée par la continuation des tubes de la partie corticale; mais, au lieu d'être enroulés comme dans cette dernière, ils sont disposés par faisceaux rectilignes coniques désignés sous le nom de *pyramides de Malpighi*. Ces faisceaux se réunissent deux à deux successivement de manière à former au sommet de la pyramide une série d'ouvertures représentant une véritable pomme d'arrosoir, par lesquelles s'écoule l'urine.

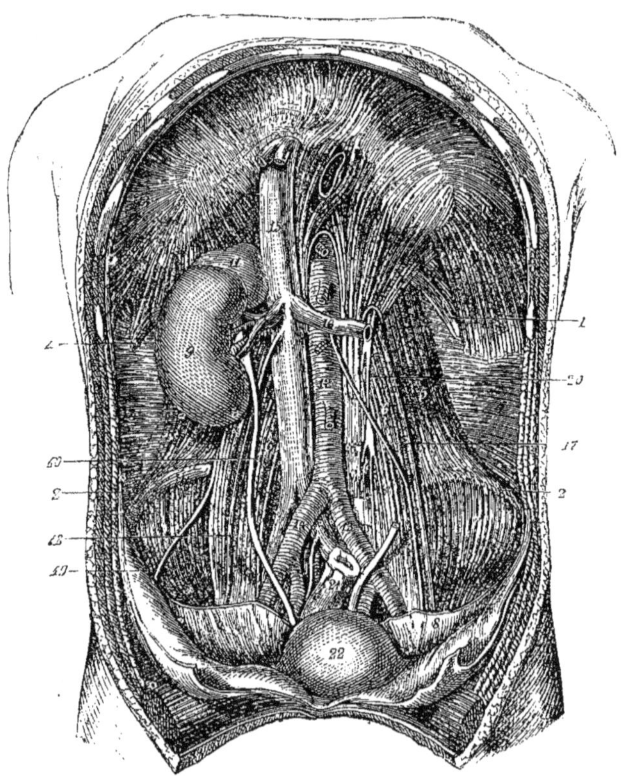

Fig. 104. — *Abdomen ouvert pour montrer les vaisseaux du rein, l'uretère et la vessie.**

Chaque rein contient de 10 à 15 pyramides de Malpighi ; elles s'ouvrent par leur extrémité dans un entonnoir nommé *calice* ; tous

* 1, 1) Douzième paire de côtes. — 2, 2) Crête de l'os iliaque. — 3) Diaphragme. — 4, 4) Muscle transverse de l'abdomen. — 5, 5) Carré des lombes. — 6, 6) Grand psoas. — 7) Iliaque. — 8) Péritoine. — 9) Rein droit. — 10) Uretère du côté droit. — 11) Capsule surrénale. — 12) Aorte abdominale. — 13 et 14) Artères iliaques primitives. — 15) Veine cave inférieure. — 16) Veine rénale gauche (le rein qui est à son extrémité a été enlevé). — 17 et 18) Veines spermatiques — 19) Nerf fémoro-cutané. — 20) Ganglions du grand sympathique. — 21) Rectum. — 22) Vessie.

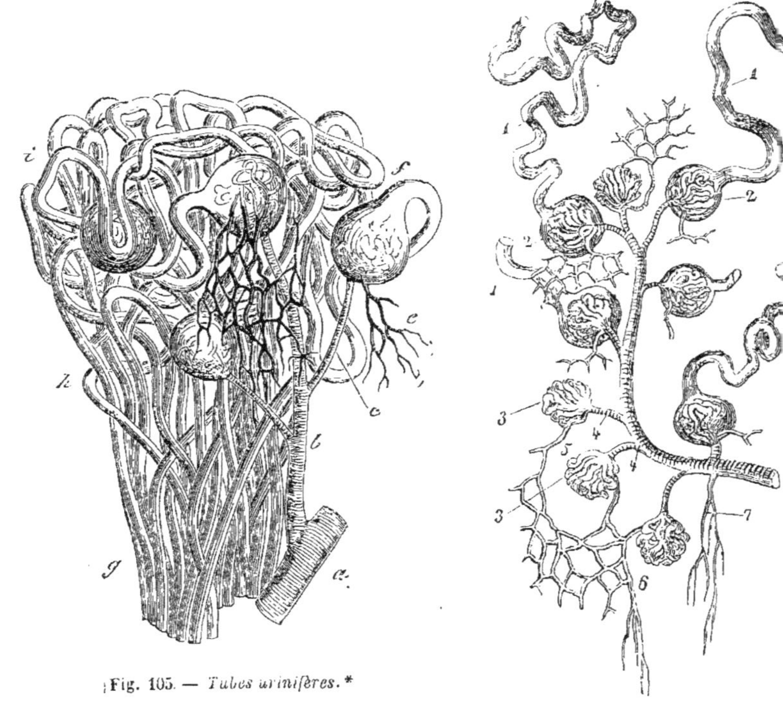

Fig. 105. — *Tubes urinifères.* *

Fig. 106. — *Distribution de l'artère rénale dans les tubes urinifères.* **

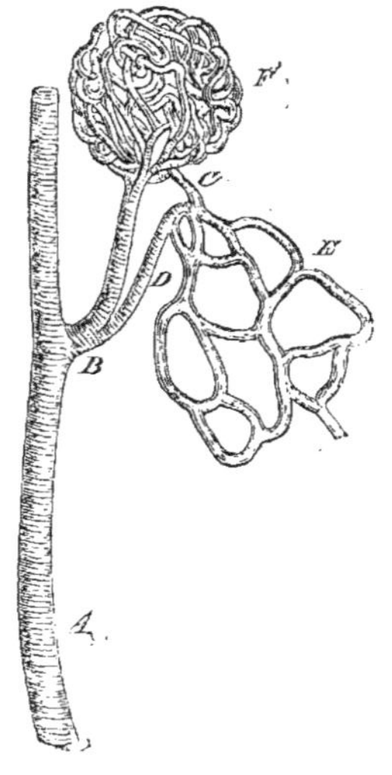

Fig. 107. — *Glomérule de Malpighi dépouillé de son enveloppe.* ***

* i, h, g, f) Tubes urinifères. Ils sont parallèles dans la substance tubuleuse g, h et contournés dans la substance corticale h, i, f; on voit à leur extrémité les renflements nommés *capsules de glomérules*. — Les lettres a, b, c représentent les ramifications de l'artère rénale.

** 1, 4) Tubes urinifères. — 2, 2) Partie renflée (capsules de glomérules) qui les termine. On voit les glomérules de Malpighi à leur intérieur. — 3, 3) Glomérules qu'on a dépouillés de leur capsule. — 4, 4) Rameaux de l'artère rénale formant

artères se rendant directement à la substance corticale du rein sans passer par les tubes urinifères.

*** F) Glomérule de Malpighi dépouillé de son enveloppe. — A) Branche de l'artère rénale. Elle se divise à sa partie supérieure en plusieurs rameaux, dont l'un B D se rend directement dans le réseau capillaire de la substance corticale et l'autre va former le glomérule F. — C représente la petite veine qui reçoit le sang sortant du glomérule; cette veine, en se ramifiant, le réseau veineux E.

ces entonnoirs se réunissent ensemble dans un plus grand appelé *bassinet*, qui reçoit l'urine et constitue l'origine de l'uretère.

Le sang est apporté aux reins par *l'artère rénale*, vaisseau volumineux qui naît directement de l'aorte. Après s'être dépouillé dans ces organes des éléments de l'urine, il en sort par les *veines rénales*, qui se jettent directement dans la veine cave inférieure.

Après son arrivée dans le rein, l'artère rénale se divise en plusieurs branches qui pénètrent dans l'organe en divergeant. Elles forment à la base des pyramides des arcades d'où partent des rameaux, dont quelques-uns seulement vont directement s'aboucher avec les capillaires de la substance corticale, tandis que la plus

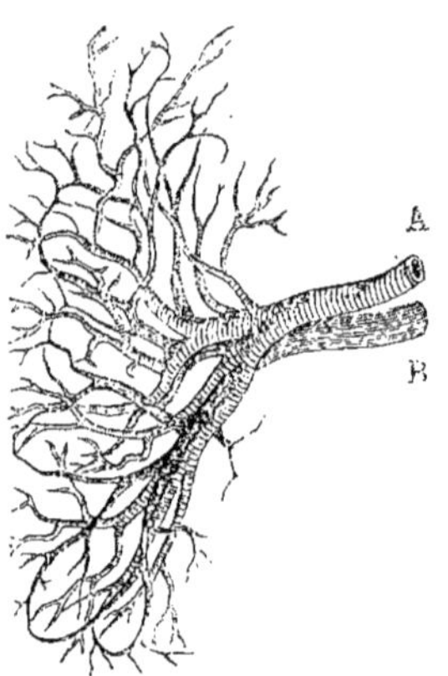

Fig. 108. — *Vaisseaux du rein préparés par corrosion.*

grande partie se dirigent vers le renflement qui termine le tube urinifère, le perforent et se divisent dans son intérieur en plusieurs branches qui s'enroulent sur elles-mêmes en formant une petite sphère à laquelle on a donné le nom de *glomérule*.

Au centre des glomérules, les divisions artérielles se reconstituent en un seul tronc, qui sort de la capsule près du point par lequel l'artère y avait pénétré et va s'aboucher dans le réseau des capillaires veineux de la substance corticale.

* A) Artère rénale. — B) Veine rénale.

Chaque corpuscule de Malpighi a deux dixièmes de millimètre environ de diamètre ; leur nombre et par suite celui des tubes urinifères dont ils sont l'origine a été évalué à plus de deux millions.

Le liquide formé dans le glomérule s'écoule, par les canalicules, dans le bassinet, d'où il est conduit par un long tube, nommé l'*uretère*, à la vessie, organe chargé de le conserver jusqu'à son expulsion au dehors.

L'urine s'accumule dans la vessie sans pouvoir remonter dans l'uretère, parce que ces canaux débouchent dans la partie inférieure du réservoir vésical après un trajet oblique d'un centimètre environ. La compression exercée sur eux par le liquide contenu dans la vessie, pendant qu'elle se contracte pour l'expulser, a pour résultat d'appliquer leurs parois l'une contre l'autre, et d'obturer par suite leur orifice.

Lorsque l'urine s'est amassée pendant quelque temps dans la vessie, le besoin d'uriner se développe. Sous l'influence de la volonté les fibres charnues de cet organe se contractent, et cette contraction, aidée de celle des muscles abdominaux, a pour résultat de vaincre la résistance des fibres musculaires, qui, par leur resserrement, ferment l'urètre à l'endroit où il commence. L'urine peut alors s'écouler librement au dehors.

Lorsque la vessie est vide, elle occupe peu d'espace et se trouve complétement logée dans la cavité du petit bassin. Pleine, elle se dilate considérablement et s'étend dans la cavité abdominale en refoulant le péritoine et en s'appliquant contre les parois de l'abdomen. Quand par une cause quelconque — la grossesse par exemple — son développement est gêné, le besoin d'uriner se produit fréquemment, et la volonté ne peut alors lui résister aussi facilement que lorsque la vessie est susceptible de se dilater considérablement pour recevoir le liquide qui y arrive constamment.

Fonctions des reins. Les reins ont pour fonction de séparer du sang les matériaux qui constituent l'urine. Cette séparation se fait par l'intermédiaire des tubes urinifères, dont le nombre, comme nous l'avons vu, est considérable. Développés et placés à côté l'un de l'autre, les tubes que les reins contiennent présenteraient une surface sécrétante de 9 mètres carrés environ. Le rein étant traversé par 244 grammes de sang en une minute, c'est-à-dire par 350 kilogr. environ en 24 heures, on comprend avec quelle rapidité ce liquide doit être dépouillé des principes destinés à être éliminés au dehors.

C'est dans les glomérules que les matériaux de l'urine sont séparés du sang. La pression énorme que ce liquide subit en traversant le rein, par suite du petit calibre et des inflexions nombreuses des divisions artérielles par lesquelles il doit passer, favorise la transsudation de sa partie liquide dans les canalicules urinifères.

La séparation, par le rein, des matériaux du sang destinés à former l'urine n'est pas une simple filtration, comme on pourrait le croire. Le liquide qu'on obtient en filtrant le plasma sanguin à travers une membrane n'a nullement, en effet, la composition de l'urine. Le tissu des canalicules urinifères doit donc jouir de la propriété de laisser passer certains principes — en les modifiant peut-être — et d'être imperméable pour d'autres. Après la mort, les propriétés de ce tissu sont altérées, car en faisant passer du sang à travers le rein d'un cadavre, on n'arrive nullement à obtenir de l'urine.

D'après Bowman, la séparation de l'eau du sang se ferait dans les glomérules, et celle de l'urée et des sels dans les canalicules urinifères, sous l'influence des cellules qui tapissent leurs parois; mais cette distinction n'a pu être encore démontrée.

La sécrétion de l'urine est continue; on peut s'en convaincre facilement en ouvrant l'abdomen d'un animal et fixant à un de ses uretères un petit ballon de verre à travers les parois transparentes duquel on peut voir l'urine s'écouler constamment goutte à goutte. Ce liquide s'épancherait donc continuellement au dehors, si la vessie placée sur son passage ne le conservait quelque temps.

La quantité d'urine journellement séparée du sang par les reins varie de 1200 à 1500 grammes environ. 1 kilogramme de tissu musculaire élimine en moyenne 1 centimètre cube de ce liquide par heure.

Quand on enlève les reins à un animal, les divers principes de l'urine, l'urée notamment, s'accumulent dans le sang et l'animal ne tarde pas à succomber, en présentant, entre autres symptômes, un accroissement considérable de la sécrétion intestinale et la présence dans ce liquide d'une grande quantité de sels ammoniacaux dus à la transformation de l'urée, qui, ne pouvant être éliminée par les reins, est en partie expulsée par cette voie.

Quelques-unes des substances introduites dans le tube digestif passent très-rapidement dans le sang et en sont promptement extraites par les reins.

Certains médicaments, le cyanure de potassium par exemple, se retrouvent dans l'urine moins de deux minutes après leur ingestion. D'autres, au contraire, tels que l'iodure de potassium, divers sels minéraux etc., s'éliminent très-lentement, et, au bout de plusieurs mois, leur présence peut encore être constatée au sein des organes.

Le passage dans l'urine des substances introduites dans l'estomac se fait d'autant plus rapidement qu'on s'éloigne davantage du moment du dernier repas. Du ferro-cyanure de potassium, administré une heure après un repas abondant, apparaît dans l'urine au bout d'une minute. Il n'y apparaît qu'au bout d'une demi-heure, s'il est administré immédiatement après le repas.

Composition de l'urine. A l'état normal, l'urine humaine est un liquide jaunâtre*, limpide, à réaction acide, d'une densité variant do 1015 à 1025.

La quantité de ce liquide rendue en vingt-quatre heures oscille entre 1200 et 1500 grammes, contenant 50 à 60 grammes environ de matériaux solides.

Les substances contenues dans l'urine sont fort nombreuses ; on en connaît environ 50. Elles s'y présentent en proportion susceptible de varier sous des influences souvent fort légères, ainsi qu'on le verra plus loin. Le régime, le genre de vie, la nourriture la modifient considérablement. La composition moyenne de l'urine des gens sédentaires est fort différente de celle des gens vivant en

---

*La coloration de l'urine est due à diverses matières colorantes: *uroxanthine*, *uroglaucine*, *urrhoïdine*, qui paraissent provenir des transformations qu'éprouve, après la mort des globules, la matière colorante du sang.

plein air et faisant beaucoup d'exercice. Un individu qui rend 20 grammes d'urée par jour, sous l'influence d'un régime végétal, peut en rendre 35 avec un régime exclusivement animal*.

Parmi les constituants de l'urine, un des plus importants est l'*urée*, la plus riche des matières azotées connues. C'est une substance neutre cristallisable, produit des métamorphoses régressives des éléments azotés des tissus, qui forme à elle seule la moitié des principes solides que contient l'urine. Sa proportion est susceptible de varier considérablement, suivant l'âge, la nourriture, le genre de vie etc., ainsi que nous le verrons plus loin. Par le repos et une concentration suffisante du liquide qui la contient, elle cristallise en prismes aplatis incolores très-solubles dans l'eau.

La composition de l'urée est la même que celle du cyanate d'ammoniaque. Comme lui, elle peut se transformer très-facilement en carbonate d'ammoniaque en absorbant quatre équivalents d'eau. C'est à cette transformation qu'est due l'odeur des urines en putréfaction.

On croyait autrefois que l'urée se forme dans les reins, mais nous savons maintenant que cet organe ne fait que l'extraire du sang, où elle existe dans la proportion de 2 décigrammes environ par litre. Après l'extirpation des reins, elle s'y accumule et produit divers accidents (stupeur, convulsion etc.), dont l'ensemble constitue l'état pathologique nommé *urémie*, véritable empoisonnement du sang par l'urée.

*En prenant la moyenne d'un certain nombre d'analyses exécutées à mon laboratoire, je trouve les chiffres suivants, qui peuvent donner une idée approximative de la composition de l'urine. Sur 1000 parties de liquide on trouve :

Eau.	955
Urée	20
Acide urique et urates.	1
Créatine et créatinine	1
Phosphates.	5
Sulfates	4
Chlorures	8
Matières diverses :	
(Mucus, acide hippurique, lactates, xanthine, matières colorantes etc.) . .	6
	1000

Étant démontré que les reins ne fabriquent pas l'urée, qu'ils ne font que la séparer du sang, on a été conduit à se demander quel est le lieu de sa formation.

Les expériences toutes récentes de Cyon semblent prouver qu'elle se forme dans le foie. Cet expérimentateur a constaté, en effet, que le sang, en sortant de cette glande, contient plus d'urée qu'avant d'y entrer.

. Avant d'arriver à l'état d'urée, les composés azotés qui entrent dans la constitution des tissus passent par une série d'oxydations progressives. Dans l'état actuel de nos connaissances, un des termes les plus importants de cette série est l'*acide urique*, substance journellement éliminée par les reins dans la proportion de 1 gramme par jour environ, et que l'urine contient à l'état libre ou combinée avec diverses bases, telles que la potasse et la soude. En raison de leur peu de solubilité, les sels qu'il forme avec ces dernières troublent l'urine quand ils s'y trouvent en excès, et lui donnent cette opacité rougeâtre qu'on observe dans un grand nombre de maladies. L'acide urique et les urates forment la majorité des graviers et des calculs, ainsi que les dépôts cristallins qu'on rencontre dans les vases où l'urine a séjourné quelque temps.

L'acide urique étant un produit de l'oxydation des principes azotés des tissus moins avancé que l'urée, toutes les causes qui augmentent l'oxydation des matières azotées telles, par exemple, que l'exercice musculaire, qui a pour résultat d'activer l'absorption de l'oxygène, favorisent la production de l'urée. Toutes les causes qui ralentissent, au contraire, l'absorption de l'oxygène, telles qu'une vie sédentaire et le défaut d'exercice, diminuent les oxydations qui se font dans les tissus et favorisent la formation de l'acide urique. Ce serait pour cette raison que les personnes qui suivent un régime très-animal et mènent une vie sédentaire sont souvent atteintes de la gravelle ou de la pierre. Pour un motif analogue, les animaux libres rendus domestiques ont plus d'acide urique dans l'urine qu'à l'état sauvage.

D'après Robin — et cette opinion, bien que mal démontrée encore, nous semble mériter un examen sérieux — l'acide urique serait produit par le dédoublement désassimilateur des principes azotés des tissus fibrineux et lamineux, tissus qu'on rencontre surtout dans les articulations. Ce serait donc aux troubles de la nutrition dans ces tissus qu'il faudrait remonter lorsque cette substance est produite en excès.

Outre l'urée et l'acide urique, l'urine contient un grand nombre de substances organiques ou minérales, produits de la désassimilation des tissus ou résidus de l'excès de matériaux nutritifs introduit dans l'organisme; mais la science est peu fixée encore sur les conditions de leur formation. En parlant des indications fournies par les transformations que l'urine éprouve dans les maladies, nous aurons à nous occuper de la plupart d'entre elles.

Les reins représentent un des principaux organes dépurateurs du sang. Les variations de composition que l'urine éprouve indiquent d'une manière très-nette la façon dont s'opère cette essentielle fonction. L'étude des modifications que l'urine subit dans les maladies fournit les indications les plus précieuses sur la marche de ces dernières vers la guérison ou la mort. C'est avec raison qu'après avoir établi l'identité de composition des sels du sang et de l'urine, l'illustre Liebig ajoute: « Une simple opération chimique peut faire connaître la composition du sang à l'aide de la composition de l'urine. Il n'est pas besoin d'être fort avancé en chimie pour comprendre que l'élucidation des rapports de dépendance qui existent entre les fonctions et les principes minéraux forme la première base de l'art de guérir et de la physiologie. Il serait donc absurde de songer à une médecine rationnelle avant d'avoir posé ce fondement. »

La médecine ancienne avait pressenti l'utilité de la chimie appliquée à l'étude de la sécrétion urinaire; mais à une époque où l'analyse chimique n'était pas née, une semblable étude était impossible et l'urologie tomba bientôt dans un discrédit dont elle se relève à peine aujourd'hui.

On s'explique facilement, du reste, qu'il en soit ainsi quand on voit que l'analyse — seule partie de la chimie qui puisse cependant être réellement utile au médecin — est complétement bannie des études médicales. La complication des méthodes décrites dans les anciens auteurs justifiait autrefois cette abstention, qu'on s'explique difficilement depuis l'emploi des procédés volumétriques si rapides et si faciles à pratiquer sans balance ni laboratoire, que nous possédons actuellement. Si les praticiens consacraient seulement quelques heures à leur étude, on ne les verrait pas, comme aujourd'hui en France, négliger des procédés de diagnostic fournissant dans beaucoup de cas des indications que rien ne saurait remplacer*.

Pour montrer l'utilité qu'il peut y avoir à être exactement fixé sur la composition de l'urine ou, du moins, sur les modifications que quelques-uns des principes de ce liquide subissent dans diverses affections, nous allons présenter le tableau des altérations qu'elle peut éprouver dans les maladies. Plusieurs des faits contenus dans l'exposé qui va suivre sont le résultat de nos propres recherches.

ALTÉRATIONS DE L'URINE DANS LES MALADIES.

Changements dans la coloration et la transparence de l'urine. — La coloration habituelle de l'urine est jaune. Sa teinte se fonce, sauf dans le diabète, à mesure que la somme des matériaux solides qu'elle contient augmente. Sa pâleur prouve que l'individu qui l'a émise n'est pas atteint d'une affection aiguë. Sa teinte devient verdâtre dans l'ictère et dans diverses maladies du foie. La présence d'un excès d'urates ou le mélange d'une petite quantité de sang peut lui donner une teinte rougeâtre. Lorsque la coloration rouge est due à la présence du sang, ce qui se reconnaît facilement au microscope, cette coloration indique une hémorrhagie dans un point des voies urinaires : reins, vessie ou urèthre.

*A Paris, les médecins les plus instruits, ceux des hôpitaux par exemple, bornent généralement leurs investigations chimiques à rechercher dans l'urine la présence ou l'absence du sucre et de l'albumine. Quant à l'analyse quantitative, la seule cependant qui puisse fournir des indications utiles dans un grand nombre de maladies, elle est délaissée d'une façon à peu près absolue. L'utilité des renseignements que de semblables recherches pourraient fournir semble généralement, du reste, peu comprise. Il y a quelques années, réunissant des matériaux pour la rédaction d'un *Traité d'analyse chimique appliquée à la physiologie et à la médecine*, qui sera bientôt terminé, je fis annoncer dans les feuilles médicales que je ferais gratuitement, à mon laboratoire, toutes les analyses (lait, sang, urine, calculs etc.) qui pourraient intéresser les médecins. Cet avis m'amena plusieurs élèves, des étrangers surtout, mais presque pas d'analyses. Ce n'est pas là, du reste, un exemple isolé, car un des pharmaciens de Paris auxquels les médecins s'adressent le plus habituellement pour ce genre d'opérations, m'a affirmé que toutes ses analyses se bornent ordinairement à rechercher dans l'urine la présence ou l'absence du sucre et de l'albumine, et qu'il ne lui arrive pas une fois par an qu'on lui demande de doser la proportion de l'urée, des phosphates ou des divers principes que ce liquide contient.

Dans plusieurs maladies, notamment dans le choléra et la fièvre typhoïde, l'urine prend, comme l'a démontré Gubler, une teinte bleue quand on y verse lentement, par petite quantité, de l'acide nitrique concentré. L'intensité de la coloration paraît alors proportionnée à l'intensité de la maladie elle-même, avec laquelle elle croît et décroît. Cet indice est très-précieux pour reconnaître le début d'une fièvre typhoïde, et plus d'une fois nous l'avons utilisé avec succès.

L'administration de certaines substances, la rhubarbe notamment, peut donner à l'urine une coloration se rapprochant de celle qui lui est communiquée par la bile ou par le sang.

L'urine normale est toujours transparente. Diverses matières, pus, mucus, urates, vibrions, phosphates, corps gras etc., qu'elle tient accidentellement en suspension*, peuvent troubler sa transparence. En parlant de chacune de ces substances, nous indiquerons les affections dont leur présence est le symptôme. Dans la très-grande majorité des cas, le trouble de l'urine est dû à un excès d'urates; il disparaît immédiajement alors sous l'influence de la chaleur.

Changements dans l'odeur de l'urine. — L'odeur ammoniacale de l'urine, odeur due, comme nous le savons, à la décomposition de l'urée en carbonate d'ammoniaque, indique que ce liquide s'est trouvé mélangé de mucus ou de pus, ou a séjourné longtemps dans son réservoir, ce qui arrive notamment dans le catarrhe de la vessie et les rétrécissements de l'urèthre.

L'odeur de violette de l'urine indique que la personne qui l'a émise a absorbé de la térébenthine ou des carbures anologues, ce qui arrive notamment quand on respire l'atmosphère d'un appartement fraîchement décoré. Son odeur alcoolique après un séjour prolongé dans le vase qui la renferme indique qu'elle contenait du sucre. Dans le cancer de la vessie, elle possède une odeur caractéristique extrêmement fétide.

Les substances odorantes du safran, des asperges, du cubèbe passent dans l'urine et lui communiquent leur parfum plus ou moins transformé.

Changements dans la réaction de l'urine. — L'urine normale possède une acidité qui paraît due à la présence du phosphate acide de soude. Elle devient alcaline quand, par suite de son séjour prolongé dans la vessie, l'urée s'est transformée en carbonate d'ammoniaque. Dans la néphrite chronique et la convalescence des maladies aiguës et dans certaines maladies de la moelle épinière, l'urine peut devenir également alcaline. L'usage prolongé des médicaments alcalins peut lui communiquer aussi la même réaction. Ces urines se troublent pendant l'ébullition, par suite de la précipitation des phosphates terreux qu'elles contiennent, et s'éclaircissent par le repos.

Le régime a une influence considérable sur la réaction de l'urine: une nourriture végétale la rend alcaline comme celle des herbivores. Lorsque ces derniers sont soumis à la diète, leur urine devient acide, parce que, se nourrissant alors de leur propre substance, ils deviennent en réalité carnivores.

Changements dans la densité de l'urine et dans la proportion de matériaux solides qu'elle contient. — L'élévation ou la diminution de la densité de l'urine indique que le poids des matériaux solides qu'elle contient augmente ou diminue. Quand la densité devient supérieure à 1030, ce que l'on constate très-facilement en

---

* On écrit habituellement dans les livres spéciaux que les vibrions ne se forment que quelque temps après la sortie de l'urine de la vessie, par suite de sa décomposition; j'en ai trouvé cependant en quantité extrêmement abondante dans de l'urine immédiatement après son expulsion, alors que, par suite d'un catarrhe vésical, ce liquide avait séjourné longtemps dans son réservoir.

plongeant un aréomètre dans le liquide, il est probable que cet accroissement est dû à la présence du sucre, et il devient indispensable d'y rechercher cette substance.

La diminution habituelle de la quantité de matériaux solides contenus dans l'urine, quantité qui, en 24 heures, atteint normalement le chiffre de 50 à 60 grammes, est l'indice que l'activité des tissus est considérablement ralentie. On l'observe dans la chlorose, l'anémie, lorsque l'organisme est épuisé, ou encore dans les affections du cœur où cet organe fonctionne mal. Cette diminution des matériaux solides s'observe dans la vieillesse d'une façon normale. Dans presque toutes les affections fébriles, la proportion des matériaux solides éliminée journellement est, au contraire, au-dessus du chiffre normal, par suite de l'exagération de l'activité des divers organes.

Changements dans la quantité d'urine rendue en 24 heures. — La quantité d'urine rendue journellement varie de 1200 à 1500 grammes; elle augmente considérablement à la suite d'ingestion de boissons et dans le diabète; cette augmentation est souvent alors le premier symptôme qui attire l'attention sur cette dernière affection.

La sécrétion de l'urine diminue dans les maladies des reins, dans la période aiguë de toutes les maladies fébriles (pneumonie, pleurésie, fièvre typhoïde etc.) et dans la dernière période des maladies du cœur. Sa diminution ou son augmentation régulière, dans les cas qui précèdent, indique alors que la maladie progresse ou se ralentit.

La sécrétion de l'urine diminue également et d'une façon considérable aux approches de la mort, ce qui provient sans doute du ralentissement qui s'opère dans l'activité de toutes les fonctions.

Présence de sédiments dans l'urine. — Les indications que fournit la présence des sédiments urinaires varient suivant la nature des principes divers : mucus, pus, urates, phosphates etc., qui les constituent. Les sédiments formés de mucus flottant dans l'urine s'observent dans le catarrhe de la vessie; les sédiments d'urates et de phosphates, dans les cas que nous mentionnerons plus loin; ceux de sang, dans les hémorrhagies des voies urinaires. Leur examen microscopique, aidé d'un très-petit nombre de réactifs, fournit en quelques minutes les renseignements les plus précis sur leur nature*.

Les sédiments qui se déposent dans l'urine peu de temps seulement après son émission sont presque tous constitués par des urates, qui, en raison de leur peu de solubilité, repassent à l'état solide aussitôt qu'elle se refroidit. En chauffant le liquide dans lequel ils se trouvent, on les voit immédiatement disparaître.

Les sédiments d'urates sont les plus communs de tous ceux qu'on rencontre dans l'urine. Un repas un peu trop abondant suffit pour déterminer passagèrement leur présence.

Changements dans la proportion de l'urée. — L'urée que les reins séparent du sang est, comme nous l'avons vu, le produit de la désassimilation des tissus. Plus le mouvement de désassimilation de ces derniers est rapide, plus sa proportion devient considérable. La quantité sécrétée journellement peut donc servir de mesure à l'activité des tissus.

---

* Les renseignements fournis par le microscope pour l'analyse chimique sont quelquefois d'une rapidité et d'une précision qu'aucune autre méthode ne saurait donner. C'est en utilisant les indications fournies par l'examen microscopique que j'ai pu découvrir, dans un calcul qui m'avait été remis par le professeur Cruveilher pour être analysé, l'existence d'une proportion considérable de *xanthine*, matière infiniment rare, et qui, à cause de la présence d'une certaine quantité d'acide urique masquant sa réaction, aurait échappé aux recherches faites suivant la marche indiquée dans les ouvrages spéciaux. Le moyen que j'ai employé pour reconnaître cette substance est résumé dans les *Comptes rendus de l'Institut* pour l'année 1871.

La proportion d'urée sécrétée en vingt-quatre heures varie de 25 à 35 grammes. Elle diminue dans l'anémie, la chlorose, le diabète, l'alimentation insuffisante, la convalescence, les maladies qui gênent la respiration et la circulation, la grossesse et à la suite de l'ingestion de certains remèdes, tels que l'iodure de potassium etc. Elle diminue encore lorsque, par suite d'une altération des reins, ces organes ne peuvent plus éliminer toute l'urée que le sang contient, comme dans l'albuminurie chronique par exemple. L'urée est alors partiellement éliminée par l'intestin sous forme de carbonate d'ammoniaque en produisant des désordres plus ou moins graves.

L'urée augmente avec l'exercice, une nourriture très-animalisée, l'activité musculaire ou le travail intellectuel prolongé, et lorsque la destruction des tissus se fait trop rapidement, comme dans les affections fébriles aiguës (fièvre, pneumonie etc.). Les fatigues exagérées, les excès, l'ingestion de certains aliments, tels que le café, la gélatine, le bouillon, le sel marin, semblent aussi l'augmenter.

Il faut se rappeler, pour éviter les erreurs dans les conclusions à tirer de la proportion d'urée contenue dans l'urine, qu'elle est très-variable aux différents âges de la vie. Elle est beaucoup moindre chez l'enfant que chez l'adulte, diminution, du reste, seulement apparente et qui ne tient qu'au faible poids de l'enfant; à poids égal, il sécrète, en réalité, beaucoup plus d'urée que l'adulte. Chez ce dernier, la quantité d'urée sécrétée en 24 heures, est de 0^g,42 par kilogramme du poids du corps. Chez l'enfant, elle est de 0^g,81 gr. Chez le vieillard, la diminution est réelle; elle tient à ce qu'il consomme moins d'aliments que l'adulte, et que l'activité de ses fonctions se ralentit. D'après les recherches de Lecanu, la quantité d'urée journellement sécrétée par un vieillard est de 8 grammes environ, c'est-à-dire à peu près le tiers de ce qu'elle est chez l'adulte.

Changements dans la proportion de l'acide urique et des urates. — Nous avons vu que la plus grande partie de l'acide urique formé au sein des tissus se transforme, probablement par oxydation, en urée, ce qui fait que l'urine n'en contient normalement qu'une très-faible proportion, 1 gramme par jour environ. Chez un individu menant une vie sédentaire et consommant une nourriture trop abondante, son oxydation est incomplète et le sang en contient également en excès. Il en est de même lorsque les fonctions respiratoires et, par suite, l'absorption de l'oxygène sont entravées, ce qui arrive dans les affections du cœur et des poumons, ou lorsque les fonctions de la peau sont gênées, comme dans les maladies de cette membrane, et à la suite d'un brusque arrêt de la transpiration. Dans ce dernier cas, les reins sont obligés de remplacer la peau dans ses fonctions, et l'urine contient plus d'acide urique qu'à l'état normal.

Si l'acide urique ou les urates que le sang contient en excès sont éliminés par les reins, ils pourront, en raison de leur peu de solubilité, se déposer sous forme de concrétions plus ou moins volumineuses dans ces organes ou dans la vessie, et constituer la gravelle ou la pierre. Si, au lieu d'être éliminés par les reins, ils se déposent à l'état de sels (l'urate de soude notamment) dans les articulations, ce dépôt sera l'origine de l'affection nommée *la goutte*. Une de ces trois échéances : goutte, gravelle ou pierre, menace fatalement, dans un avenir plus ou moins rapproché, les forts mangeurs et principalement ceux d'entre eux qui mènent une vie sédentaire et font peu d'exercice.

Il est probable que l'acide urique et les urates doivent pouvoir se déposer dans d'autres organes que les articulations, les reins et la vessie, et produire des accidents, l'obstruction des petites artères notamment, variant suivant les organes où ils se déposent; mais ce point de la science est à étudier complétement, ainsi, du reste, que la plupart des questions relatives aux maladies résultant d'une dépuration incomplète du sang.

L'acide urique diminue dans la chlorose, l'anémie et les affections des reins qui

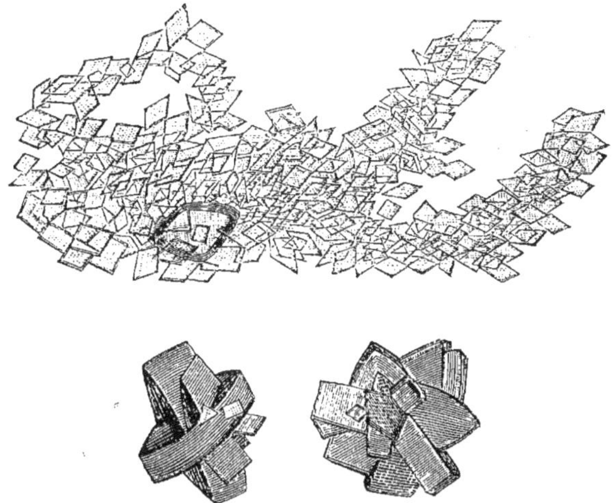

Fig. 109, 110 et 111. — *Formes diverses de cristaux d'acide urique vus au microscope.*

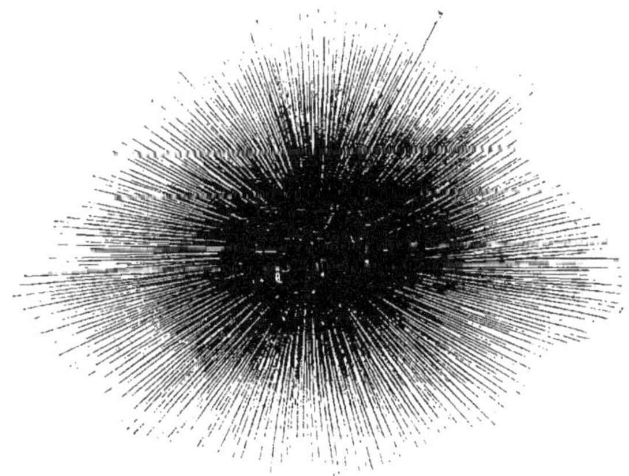

Fig. 112. — *Urate d'ammoniaque cristallisé.*

empêchent ces organes de fonctionner. Il diminue également pendant les attaques de goutte et augmente, au contraire, quand elles sont passées. C'est à l'état d'urate de soude qu'il existe dans le sang des goutteux.

Les dépôts d'acide urique et surtout d'urates sont, comme nous l'avons dit, les plus communs de ceux qu'on rencontre dans l'urine. Ils forment, dans les vases qui contiennent ce liquide, des dépôts semblables à de la brique pilée.

Les urates étant plus solubles que l'acide urique, leur présence en excès dans le sang a moins d'inconvénients que celle de ce dernier. Il faut donc, lorsqu'on ne peut empêcher la formation de l'acide urique, favoriser sa transformation en urates solubles par l'administration de médicaments alcalins.

Changements dans la proportion d'oxalate de chaux. — L'acide oxalique existe à l'état normal dans l'urine, mais en quantité excessivement minime. Comme l'acide urique, il constitue un des produits de l'oxydation incomplète des matières azotées des tissus, produit plus oxydé que ce dernier, mais qui l'est cependant encore à un degré moindre que l'urée.

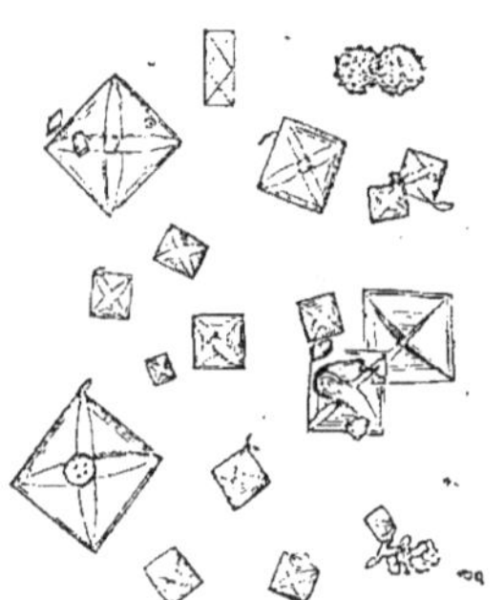

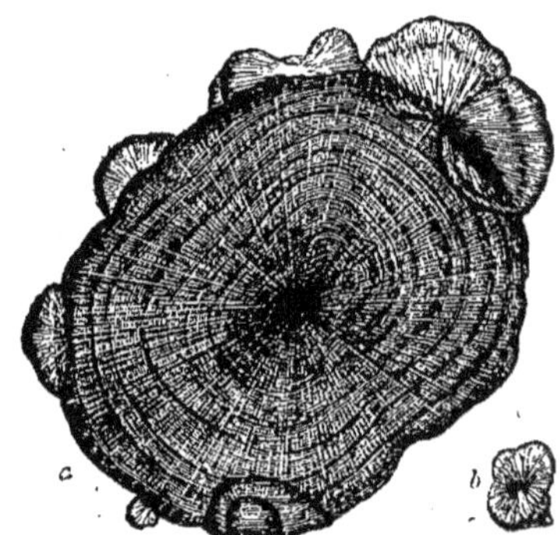

Fig. 113. — *Cristaux d'oxalate de chaux vus au microscope.*

Fig. 114. — *Graviers d'oxalate de chaux considérablement grossis.**

On trouve l'oxalate de chaux en excès dans l'urine des goutteux et dans celle des individus qui font usage de fruits verts ou d'oseille. On le trouve aussi dans l'urine des individus atteints de dyspepsie, de spermatorrhée, de phthisie, de rhumatisme et d'affection de la moelle épinière. Sa présence habituelle peut faire craindre, pour un avenir plus ou moins rapproché, la formation de graviers ou de calculs.

Changements dans la proportion des phosphates. — La proportion des phosphates que l'urine contient est très-variable. La quantité d'acide phosphorique journellement sécrétée est d'environ 3 grammes. Son augmentation semble être l'indice d'une désassimilation très-considérable du système nerveux et, par suite, de l'exagération de l'activité de ses fonctions. Un travail forcé, un exercice violent, un travail intellectuel prolongé, les affections du cerveau et de la moelle épinière, la méningite aiguë notamment, les paroxysmes de la manie, le ramollissement des os etc., amènent la production d'un excès de phosphates dans l'urine. D'après Sutherland, ils diminuent, au contraire, dans la période dépressive de la manie et de la démence aiguës et dans la dernière période de la paralysie des aliénés. Suivant le même auteur, on trouverait un excès de phosphates dans le cerveau des maniaques et une diminution dans celui des idiots.

* On voit en b un gravier plus petit, formé seulement de deux cristaux en sablier.

L'urine peut parfaitement contenir un dépôt de phosphate de chaux sans que ce sel y soit en excès. Les phosphates, n'étant solubles que dans les liquides acides, se déposeront chaque fois que l'urine deviendra alcaline, c'est-à-dire notamment quand, par suite de son séjour trop prolongé dans son réservoir, l'urée qu'elle contient se sera décomposée en carbonate d'ammoniaque.

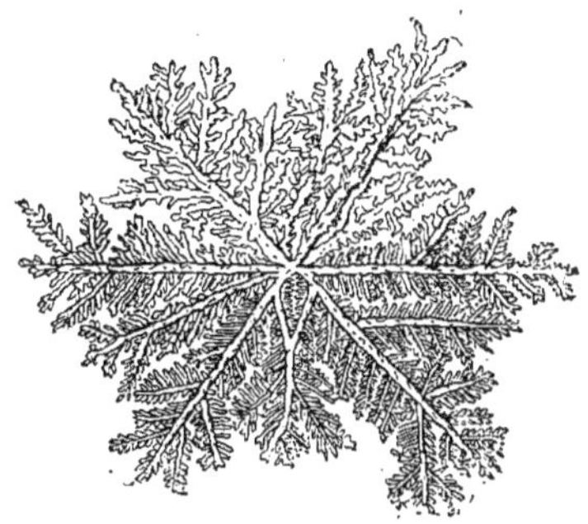

Fig. 115. — *Cristaux dentelés de phosphate ammoniaco-magnésien vus au microscope.*

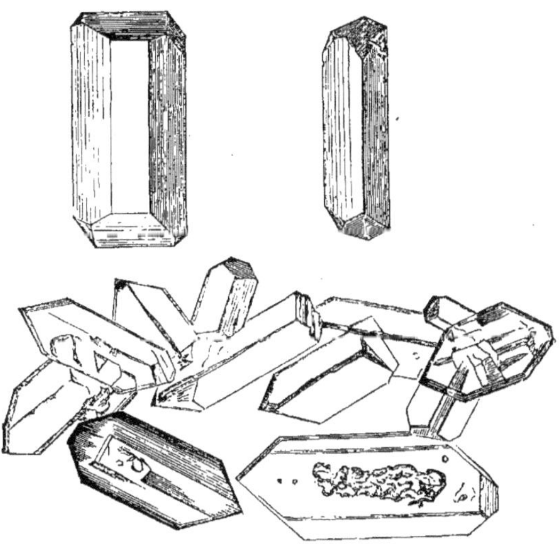

Fig. 116. — *Cristaux prismatiques de phosphate ammoniaco-magnésien vus au microscope.*

L'analyse quantitative seule, analyse qui, par le nitrate d'urane, n'exige que quelques minutes pour donner des résultats extrêmement précis, peut seule fixer sur la proportion réelle d'acide phosphorique contenu dans l'urine.

Un dépôt habituel de phosphate de chaux dans la vessie peut devenir l'origine de graviers ou de calculs, d'où la conséquence pratique très-importante de vider plus fréquemment la vessie avec la sonde, dans les affections où son contenu n'est pas expulsé facilement.

Changements dans la proportion des chlorures ou des sulfates. — L'homme sécrète journellement une dizaine de grammes de chlorure de sodium et 4 à 6 grammes de sulfates. Dans l'état actuel de la science, on ne peut tirer aucune conclusion bien utile des variations que ces principes présentent. Les chlorures augmentent quand l'ingestion du sel ou des aliments salés devient plus considérable. Ils diminuent dans les maladies fébriles aiguës, sauf les fièvres intermittentes, à mesure que la maladie marche vers sa guérison. Mais leur diminution tient simplement, sans doute, alors à la petite quantité d'aliments salés qu'absorbent les malades; elle ne peut donc nullement servir, comme on l'a cru, à fournir des indications sur la marche de certaines maladies, la pneumonie par exemple. C'est tout au plus si les variations quantitatives que cette substance éprouve peuvent donner la mesure de l'activité avec laquelle la digestion s'opère.

La proportion des sulfates que l'urine contient paraît être subordonnée surtout à la nature des aliments ingérés. Ils augmentent avec l'exercice et une nourriture azotée, et diminuent sous l'influence d'un régime végétal.

Changements dans la proportion du mucus. — L'urine à l'état normal contient toujours une petite quantité de mucus qui, par le repos, se dépose sous forme de léger nuage, au fond des vases qui contiennent ce liquide. Sa présence en excès indique une inflammation d'un point quelconque des organes urinaires. Dans le catarrhe vésical, il s'épaissit et forme dans l'urine des dépôts considérables.

Présence du pus. — Le pus existe quelquefois dans l'urine en quantité assez considérable pour former un dépôt visible. Sa présence est l'indice d'une inflammation suppurative d'un point quelconque des voies urinaires. Ses globules sont habituellement très-faciles à reconnaître au microscope; mais quand l'urine, par suite de la décomposition de l'urée, contient du carbonate d'ammoniaque, la détermination devient beaucoup plus difficile, parce que ce composé transforme les corpuscules purulents en une masse gélatineuse très-ressemblante au mucus par son aspect.

Présence du sang dans l'urine. — La présence du sang dans l'urine, facile à reconnaître au microscope, est le symptôme d'une hémorrhagie d'un point quelconque des voies génito-urinaires: reins, vessie, urèthre etc. Elle est le plus souvent l'indice de l'existence de calculs dans les reins ou la vessie.

Présence de moules de tubes urinifères. — Les moules de tubes urinifères (cylindres droits ou flexueux habituellement pleins de granulations) qu'on trouve dans l'urine sont généralement symptomatiques de l'existence d'une affection des reins. Leur présence habituelle dans l'urine constitue un des meilleurs signes de la néphrite albumineuse (*maladie de Bright*). L'affection est d'autant plus grave que l'urine contient une plus grande quantité de ces tubes. Quand ils renferment des granulations graisseuses, cela indique généralement que les reins sont le siége d'une dégénérescence graisseuse et que l'affection est passée à l'état chronique.

Présence de la bile. — La bile se rencontre dans l'urine toutes les fois qu'une cause quelconque (atrophie du foie, calculs biliaires etc.) s'oppose au libre écoulement de ce liquide dans l'intestin et amène, par conséquent, sa résorption dans le sang, ou peut-être encore lorsque, la sécrétion biliaire s'opérant irrégulièrement, les substances que le foie devait séparer du sang et convertir en bile restent dans la circulation.

Présence de l'albumine dans l'urine. — Cette substance se rencontre dans l'urine en quantité qui peut varier de 1 à 20 grammes et même 30 grammes par jour, dans toutes les maladies où le sang laisse filtrer l'albumine qu'il contient à travers les vaisseaux rénaux, soit par suite des modifications qu'il éprouve dans sa composition, soit par suite de l'altération de ces vaisseaux, soit encore par la pression qu'il peut subir en raison d'une entrave apportée à la circulation.

La présence de l'albumine dans l'urine se constate habituellement dans les affections du cœur, dans la cirrose, les hydropisies, les inflammations de la vessie et les maladies des reins, notamment dans l'atrophie et la dégénérescence graisseuse de cet organe (*néphrite albumineuse*). Elle constitue également, d'après Gubler, un des symptômes les plus constants de la fièvre typhoïde; quand la convalescence approche, elle disparaît.

On rencontre quelquefois aussi de l'albumine dans l'urine des femmes enceintes, et elle est fréquemment alors, pour l'époque de l'accouchement, le dangereux présage des convulsions si souvent mortelles désignées sous le nom d'*éclampsie*.

Un obstacle momentané à la circulation rénale, la présence de graviers par exemple, les altérations du sang où le sérum est riche en eau, l'emploi de diurétiques énergiques, l'usage de cantharides et toutes les causes qui augmentent la pression du sang dans les reins, peuvent forcer l'albumine de ce liquide à filtrer à travers les parois des capillaires et produire ainsi une albuminurie passagère.

On voit, par ce qui précède, que l'existence de l'albumine est loin d'être le symptôme d'une seule affection, comme on l'a cru pendant longtemps. Ce n'est qu'après plusieurs analyses quantitatives répétées et la recherche des autres principes que l'urine contient, tels que l'acide urique, les tubes urinifères etc., qu'on peut tirer des renseignements précis de sa présence.

Présence du sucre. — La présence habituelle et prolongée du sucre dans l'urine est le meilleur indice de l'affection nommée *diabète sucrée* ou *glycosurie*, et sur laquelle nous aurons à revenir en parlant de la sécrétion du foie. En même temps l'urine est très-abondante et riche en urée, et le malade éprouve divers symptômes (soif vive, appétit exagéré, amaigrissement notable etc.), qui ne permettent pas de méconnaître l'affection dont il est atteint.

Le sucre peut se rencontrer *passagèrement* dans l'urine d'individus se portant parfaitement bien, et il n'y a pas plus de raison de dire qu'un sujet est diabétique parce qu'il a du sucre dans l'urine, qu'on ne peut dire qu'il est atteint de néphrite albumineuse parce que son urine contient passagèrement de l'albumine. Il suffit, en effet, d'un repas riche en féculents pour amener la présence du sucre dans l'urine. Il est probable, dans ce cas, que l'oxygène introduit par la respiration dans les tissus n'existant pas en quantité suffisante pour oxyder et transformer en acide carbonique tout le sucre absorbé, ce dernier reste dans le sang, d'où il est éliminé par les reins. C'est sans doute pour cette raison que le diabète est si commun chez les individus se nourrissant bien et faisant peu d'exercice.

On rencontre encore passagèrement du sucre dans l'urine chez les individus atteints de maladies des organes respiratoires ou du système nerveux. Sa présence paraît due, dans le premier cas, à une oxydation insuffisante du sucre que les organes contiennent et, dans le second, à une exagération de l'activité des tissus qui sécrètent cette substance, le foie notamment.

Présence de la kyestéine. — On observe souvent dans l'urine des femmes enceintes, abandonnée au repos quelques jours, une couche huileuse qui vient surnager à la surface du liquide et semble constituée par un mélange de globules graisseux, de vibrions, de champignons et de cristaux de phosphates ammoniaco-magnésiens.

La présence de ce mélange, qu'on a nommé *kyestéine*, peut être considérée comme un signe probable, mais non certain, de grossesse, car non-seulement il n'existe pas toujours dans la grossesse, mais encore il peut se présenter hors de l'état de gestation.

Présence de spermatozoïdes. — Les spermatozoïdes se rencontrent normalement dans l'urine après les rapports sexuels. En dehors de cette cause, leur présence habituelle est l'indice d'une affection fort grave, à laquelle on a donné le nom de *spermatorrhée.*

Ce n'est qu'en examinant au microscope, après un long repos dans un tube étroit, les couches inférieures de l'urine, qu'on peut y constater l'existence des spermatozoïdes. Ils sont alors faciles à reconnaître à leur forme de têtards de grenouilles. Le sperme ne trouble nullement l'urine, comme le prétendent plusieurs auteurs. Les dépôts blanchâtres qui peuvent coïncider avec sa présence sont généralement constitués par du mucus, des urates ou des phosphates.

Présence de graisse dans l'urine. — La graisse qu'on rencontre dans l'urine sous forme de globules venant surnager à sa surface provient le plus habituellement des vases qui ont servi à recueillir ce liquide. Quand elle provient réellement de l'urine et que sa présence persiste pendant quelque temps, elle est l'indice d'états pathologiques divers, notamment de la dégénérescence graisseuse des reins. On l'observe quelquefois encore chez les individus obèses ou chez ceux qui consomment une grande quantité de matières grasses.

Lorsque l'urine contient de la graisse, elle a un aspect opalin analogue à celui du chyle qui lui a fait donner le nom d'*urine chyleuse.* Quand on l'agite avec de l'éther, elle s'éclaircit immédiatement et la graisse vient surnager.

§ 3.

SUDORATION.

La peau humaine représente un immense crible dont les trous sont les extrémités des *glandes sudoripares.*

Ces glandes sont en nombre très-considérable; on les a évaluées, pour la surface entière du corps, à plus de deux millions. A la paume de la main on en trouve cent par centimètre carré.

Chaque glande sudoripare est constituée par un canal dont la partie inférieure, enroulée sur elle-même, forme une petite masse d'un tiers de millimètre de diamètre environ, nommée *glomérule.*

Ces glomérules sont situés dans les parties profondes du derme et entourés d'un réseau abondant de vaisseaux capillaires, à travers les parois desquels se fait le passage des substances destinées à être éliminées du sang.

Les glandes sudoripares sont, comme les reins, destinées à séparer du sang certaines substances qui doivent être rejetées au dehors.

Elles sécrètent un liquide limpide, odorant, nommé *sueur*, d'une réaction variable suivant les points du corps d'où il émane. Sa composition est très-analogue à celle de l'urine *, mais elle est bien moins riche en urée, et l'acide urique y est remplacé par un autre acide, l'*acide sudorique*, présentant, du reste, les plus grandes analogies avec lui.

La quantité de sueur journellement sécrétée est très-variable ; après un exercice violent ou un séjour prolongé dans une étuve, elle peut s'élever à un litre dans l'espace d'une heure. Sous l'influence du système nerveux, sa sécrétion est susceptible d'éprouver des variations considérables. La peur, la joie, la colère ont sur elle une action bien connue. Ce n'est pas directement, sans doute, sur les glandes sudoripares elles-mêmes qu'agissent ces diverses causes, mais bien sur les capillaires qui leur apportent les éléments de leur sécrétion.

Ainsi que nous l'avons dit au commencement de ce chapitre, c'est par les glandes sudoripares, et non par tous les points de l'enveloppe cutanée, que se fait l'exhalation de vapeur d'eau qui s'échappe constamment de la surface du corps. La quantité de liquide perdue journellement par cette voie s'élève à un kilogramme environ. C'est également à travers les parois des glandes sudoripares que se fait l'échange d'acide carbonique et d'oxygène qui constitue la respiration cutanée.

La quantité de liquide sécrétée par les glandes sudoripares est en raison inverse de celle sécrétée par les reins. L'une augmente quand l'autre diminue. L'urination et la sudoration sont deux fonctions complémentaires l'une de l'autre qui peuvent se suppléer dans certaines limites. La sueur et la respiration cutanée augmen-

---

* D'après Favre, la sueur contient par litre :

Eau.	995,57
Chlorure de sodium.	2,23
Chlorure de potassium.	0,24
Sulfates, phosphates et lactates alcalins	0,35
Sudorates alcalins	1,56
Urée	0,04
Matières grasses	0,01
	1000,00

tent l'été, tandis que la sécrétion urinaire diminue. Le contraire s'observe l'hiver. Quand l'air est saturé d'humidité, c'est-à-dire quand il renferme autant de vapeur d'eau qu'il peut en contenir à la température qu'il possède, la perspiration cutanée se ralentit; elle augmente, au contraire, par un temps sec et est d'autant plus considérable que l'air est plus éloigné de son point de saturation.

La structure des reins et celle des glandes sudoripares sont très-analogues. Les reins, ainsi que nous l'avons dit, peuvent être considérés comme une série de glandes sudoripares accolées, et les liquides que ces deux espèces de glandes sécrètent, c'est-à-dire l'urine et la sueur, présentent les plus grandes analogies. Rien de plus naturel, par conséquent, que de rapprocher, comme nous l'avons fait, ces deux importantes fonctions, l'*urination* et la *sudoration*.

La composition du liquide de la respiration cutanée, liquide qu'il ne faut pas confondre avec la sueur, est encore mal connue. On le recueille facilement en introduisant un membre dans un cylindre de verre refroidi, aux parois duquel il ne doit pas toucher. Le produit de la respiration se condense à sa surface et on reconnaît qu'il forme un liquide transparent comme l'eau, mais contenant en suspension ou en dissolution plusieurs substances volatiles d'une odeur spéciale et qui s'altèrent très-vite. Ces substances, qui semblent ne pouvoir être éliminées que par la peau, constituent ce que l'on pourrait appeler le *miasme humain*, véritable poison qui ne peut être respiré longtemps à une certaine dose sans danger, comme nous le verrons en étudiant l'hygiène de la respiration.

Outre son rôle dépurateur, la sécrétion cutanée contribue à maintenir à un degré constant la température du corps. Quand il fait froid, l'évaporation qui se fait à la surface de la peau se ralentit, ce qui diminue le refroidissement. Quand, au contraire, il fait chaud, la transpiration augmente et refroidit le corps en lui enlevant de la chaleur pour se réduire en vapeur. Nous reviendrons sur ce point en traitant de la chaleur animale.

Les fonctions des glandes sudoripares sont aussi importantes que celles des reins, et pas plus que ces dernières elles ne peuvent être suspendues quelque temps sans que la mort arrive. Il suffit de recouvrir la peau d'un animal d'un vernis imperméable pour que la température de ce dernier s'abaisse considérablement et qu'il succombe rapidement avec tous les symptômes de la mort par le froid. La mort est due probablement alors à l'accumulation dans le sang, non-seulement de l'acide carbonique qui devait être éliminé par la peau, mais surtout des divers principes que les glandes sudoripares sont chargées d'expulser.

Une simple entrave passagère au fonctionnement régulier des glandes sudoripares, telle, par exemple, qu'un brusque refroidissement, peut devenir la source d'inflammations plus ou moins graves des reins ou des poumons par suite sans doute de la nécessité dans laquelle se trouvent ces organes de fonctionner avec une activité exagérée pour remplacer la fonction cutanée suspendue.

Les vêtements ne gênent pas la transpiration, parce que son produit peut s'échapper par les pores de leur tissu; il traverse facilement le cuir lui-même, mais non les étoffes imperméables. Ces dernières n'empêchent pas, il est vrai, la transpiration de se produire, mais la vapeur d'eau, ne pouvant s'échapper au dehors, se condense sur leurs parois et maintient à la surface du corps une humidité dangereuse. C'est donc avec raison qu'on considère les chaussures et les par-dessus recouverts de caoutchouc comme très-malsains.

Les limites de cet ouvrage nous ont forcé à résumer en quelques pages ce que nous avions à dire des glandes sudoripares. Nous pensons cependant que cet exposé sommaire a suffi pour montrer l'importance d'une fonction dont l'étude est à peine ébauchée aujourd'hui. La peau ne sert pas seulement à donner au visage et au corps leurs gracieux contours; par les glandes qu'elle contient, elle concourt, comme les poumons et les reins, à la dépuration du sang, et cette essentielle fonction ne peut être entravée sans que les troubles qui en résultent retentissent profondément sur d'autres points de l'organisme.

C'est dans l'irrégularité des fonctions de ces glandes, irrégularité dont les effets varient suivant les causes diverses d'excitation auxquelles elles sont soumises, que se trouve, selon nous, le point de départ d'un grand nombre de maladies et notamment de la plupart des affections qui peuvent atteindre les poumons, l'intestin et les reins. De tous les organes, elles sont les plus exposées aux injures extérieures et les ressentent vivement. Un simple refroidissement peut occasionner une fluxion de poitrine, une pleurésie ou un rhumatisme. Une brûlure un peu étendue, mais n'atteignant cependant que la surface cutanée, peut produire des lésions internes assez profondes pour amener la mort. Nous sommes convaincu qu'une étude plus complète de la physiologie des glandes sudoripares éclairera d'un jour nouveau l'étude des causes si profondément inconnues encore d'un nombre considérable de maladies.

CHAPITRE XII.

LES ORGANES DE LA RESPIRATION ET LEURS FONCTIONS.

Nécessité de la respiration. — L'oxydation des matériaux nutritifs est indispensable
pour mettre en liberté les forces qu'ils contiennent. — Double fonction de l'appareil
respiratoire. — Pourquoi l'introduction de l'air dans l'appareil respiratoire doit se
faire beaucoup plus fréquemment que celle des aliments dans l'appareil digestif. —
§ 1er. *Organes de la respiration.* Larynx, trachée, bronches, poumons, plèvres
et thorax. — Causes qui font que le thorax et le poumon restent toujours en contact. — Danger des blessures de poitrine. — § 2. *Mouvements des organes respira-*
toires. Mouvements du thorax et des poumons. — Agrandissement et resserrement
de la poitrine. — Muscles qui produisent les mouvements du thorax. — Inspiration
et expiration. — Force musculaire nécessaire pour produire les mouvements respiratoires. — Respiration chez l'enfant, l'homme adulte et la femme. — Influence
de l'âge, de l'exercice, de l'espèce animale etc. sur la fréquence des mouvements
respiratoires. — § 3. *Bruits divers ayant leur siége dans l'appareil respiratoire.* Ronflement, soupir, hoquet, bâillement, éternuement, toux, rire, sanglot etc.

La chaleur, le mouvement et toutes les forces dont l'ensemble
constitue la vie proviennent des transformations qu'éprouvent les
matériaux nutritifs accumulés par la digestion dans la trame des
tissus. Dans les atomes des substances jadis vivantes, qui forment
la base de l'alimentation des animaux, ces forces se trouvent à
l'état latent. Comme la chaleur que recèle la houille dont nos ma-
chines tirent leur puissance, elles ne peuvent être mises en liberté
qu'à la condition que les corps qui les contiennent éprouvent des
métamorphoses capables de les ramener à l'état de composés moins
complexes qu'ils ne l'étaient d'abord.

C'est principalement par leurs combinaisons avec l'oxygène
renfermé en forte proportion dans l'atmosphère et que l'appareil
respiratoire introduit continuellement dans le sang, que s'opèrent
ces transformations.

Pour que les êtres vivants puissent tirer parti des matériaux
nutritifs introduits par la digestion dans le torrent circulatoire, le
concours de l'oxygène est donc nécessaire. Le sang, déjà chargé,

comme nous l'avons vu, de porter aux organes les produits de la digestion, a également pour fonction de leur transmettre l'oxygène qu'il emprunte dans les poumons à l'atmosphère.

Mais, de même que les produits de la combustion du charbon qui anime une machine doivent être expulsés au dehors, de même l'élimination des produits de la combinaison de l'oxygène avec les éléments des tissus est nécessaire. Les reins et les glandes sudoripares expulsent principalement, comme nous le savons déjà, les matériaux liquides; mais la plus grande partie des composés gazeux est rejetée par l'appareil respiratoire. En venant prendre dans les poumons l'oxygène dont les éléments des organes ont besoin, le sang s'y débarrasse des gaz destinés à être rejetés au dehors. Cet échange entre les composés gazeux du sang et ceux de l'atmosphère constitue la *respiration*.

C'est une fonction essentielle qu'on rencontre chez tous les êtres vivants à toutes les périodes de leur existence. L'embryon dans le sein de sa mère, le poisson au fond de l'océan, l'oiseau dans les vastes régions de l'atmosphère, sous peine de mort, respirent sans relâche, c'est-à-dire oxydent continuellement les éléments de leurs tissus pour en retirer les forces qu'ils peuvent produire, et rejettent en partie dans l'atmosphère les produits transformés de ces combinaisons incessantes.

Comme la nutrition, la respiration est une fonction qui s'accomplit d'une façon constante; mais, tandis que la provision de matériaux nutritifs accumulés dans le sang par la digestion, est assez abondante pour permettre à l'animal de n'introduire des aliments dans le tube digestif qu'à des intervalles assez éloignés, la provision d'oxygène que le sang peut retenir est fort minime et suffisante seulement pour entretenir la vie pendant un temps très-court. Aussi, tandis que l'animal peut être privé d'aliments un temps relativement fort long, il lui est impossible de se passer d'air plus de quelques instants.

L'impossibilité dans laquelle se trouve le sang d'emmagasiner une quantité d'oxygène assez abondante pour subvenir longtemps aux besoins des organes n'est pas, croyons-nous, la seule cause qui fait que la privation de la respiration amène très-rapidement la mort.

En même temps qu'il vient prendre dans les poumons l'air nécessaire aux fonctions des tissus, le sang y apporte des éléments gazeux, résidus de l'usure des organes. Ces résidus doivent être immédiatement rejetés au dehors, car les produits de la sécrétion pulmonaire n'ont pas, ainsi que ceux de la sécrétion rénale, un réservoir où ils puissent, comme l'urine dans la vessie, se loger pendant quelque temps en attendant leur élimination définitive. Si la respiration est entravée, les gaz qui s'amassent dans le sang en altèrent la pureté et entraînent rapidement la mort, comme le fait l'accumulation dans ce liquide des principes de l'urine après la suppression de la sécrétion rénale.

Nous traiterons successivement, dans ce chapitre, des organes par l'intermédiaire desquels se fait l'échange entre les gaz du sang et ceux de l'atmosphère et du mécanisme de ces organes. Dans les chapitres suivants, nous étudierons le rôle et la composition de l'atmosphère, les phénomènes de la respiration, l'hygiène de cette fonction et les troubles divers qui peuvent l'atteindre.

§ 1er.

ORGANES DE LA RESPIRATION.

L'organe dans lequel se fait l'échange entre les gaz du sang et ceux de l'atmosphère a reçu le nom de *poumon*. L'air y est amené par un conduit ramifié à sa partie inférieure, désigné sous le nom d'*arbre respiratoire*, et dont les différentes portions ont été nommées *larynx*, *trachée artère* et *bronches*.

Les poumons sont accolés aux parois d'une cage osseuse, le *thorax*, dont la dilatation et la contraction alternatives sous l'influence de muscles spéciaux ont pour résultat de les dilater et de les comprimer et, par suite, de les remplir et de les vider d'une façon successive.

Le *larynx* est un tube cartilagineux dont l'orifice se trouve dans l'arrière-bouche. Il sert à conduire vers les poumons l'air introduit dans les narines et dans la bouche, et en même temps à produire les sons. Nous le décrirons dans le chapitre consacré à l'étude de la voix et de la parole.

La *trachée artère* est un canal rigide faisant suite au larynx ; sa longueur est de 12 centimètres environ, mais elle peut se raccourcir de plusieurs centimètres pendant les efforts de la toux et s'allonger au contraire pendant la déglutition. Son diamètre est de 2 centimètres. Ses limites sont comprises dans l'intervalle qui sépare la cinquième vertèbre cervicale de la troisième vertèbre dorsale.

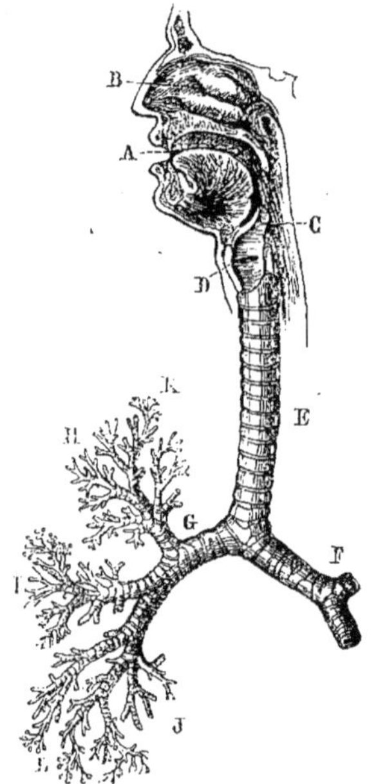

Fig. 104. — *Larynx, trachée et bronches.**

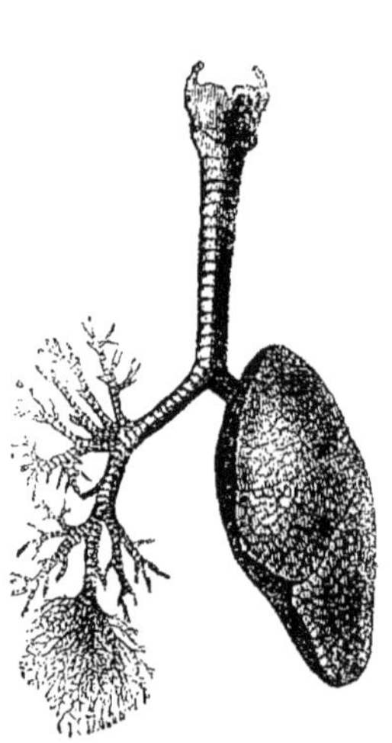

Fig. 105.
Divisions de la trachée et des bronches.
(Le poumon droit a été enlevé.)

La trachée artère est en rapport en avant avec le tronc brachio-céphalique, le plexus veineux thyroïdien et le corps thyroïde ; en arrière, avec l'œsophage ; sur les côtés, avec les nerfs pneumogastrique et récurrent, la carotide primitive et la crosse de l'aorte.

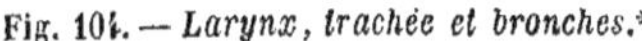

* A) Bouche. — B) Fosses nasales. — C) Épiglotte. — D) Larynx. — E) Trachée. — F) Bronche gauche coupée. — G) Bronche droite. — H, I, J, K, L) Ramifications bronchiques.

Au niveau de sa bifurcation, la trachée a devant elle la bifurcation de l'artère pulmonaire et au-dessous les oreillettes.

La trachée artère se compose d'une série d'anneaux cartilagineux en forme de C, ouverts en arrière et, par conséquent, incomplets. Ces anneaux, destinés à maintenir la trachée toujours béante, sont séparés par un tissu fibreux sous lequel se trouve une couche de fibres musculaires transversales.

La face interne de la trachée est recouverte d'une membrane muqueuse revêtue à sa surface d'un nombre considérable de cils vibratiles toujours en mouvement, dont les fonctions paraissent

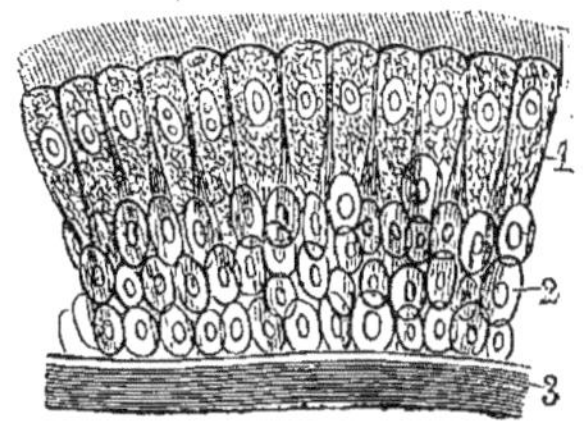

Fig. 106. — *Épithélium à cils vibratiles qui tapisse la trachée.* **

être de retenir et de chasser au dehors la poussière et les corps solides introduits dans les voies respiratoires.

La trachée a la forme d'un tube cylindrique aplati à sa partie postérieure. Cette partie membraneuse, qui n'est pas soutenue par des anneaux cartilagineux, étant appliquée contre l'œsophage, les corps étrangers qui se trouvent dans ce dernier peuvent, en la comprimant, gêner le passage de l'air et amener l'asphyxie. Il n'est pas nécessaire, du reste, que la trachée soit complétement obstruée pour que cet accident se produise; une simple ligature qui ne fait que rétrécir légèrement son calibre peut le déterminer.

A son extrémité inférieure, la trachée se divise en deux tubes de 4 à 5 centimètres de longueur, nommés *bronches,* dont la structure est identique à celle de la trachée. Arrivées à la racine du

** 1) Cellules complétement développées recouvertes de cils. — 2) Cellules incomplétement développées. — 3) Derme.

poumon, elles pénètrent dans cet organe et s y ramifient à l'infini, en perdant bientôt leurs anneaux cartilagineux.

Les bronches sont placées au-dessus des oreillettes; la bronche droite est en rapport, en avant, avec la veine cave supérieure; la bronche gauche, plus grosse et plus longue que la droite, est en rapport, en avant et en haut, avec la crosse de l'aorte; en arrière, avec l'œsophage. Ce voisinage de la crosse de l'aorte ex-

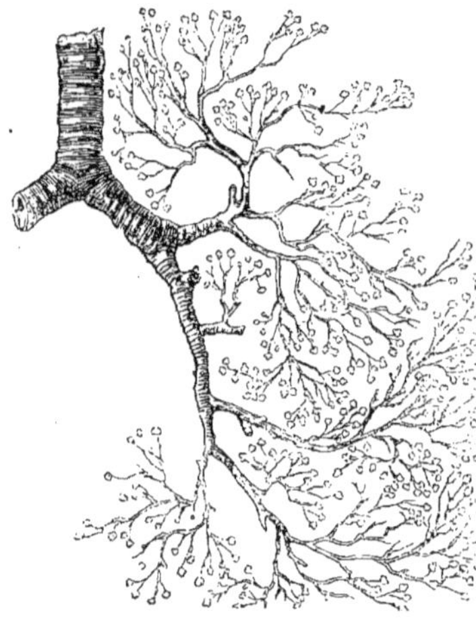

Fig. 107.
Ramifications et terminaisons des bronches.

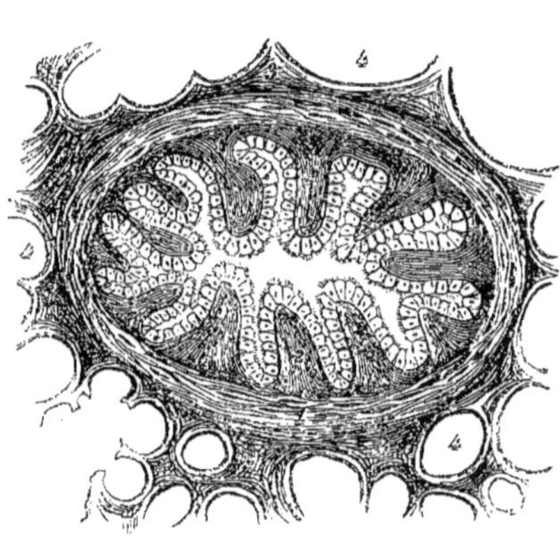

Fig. 108. — *Vue au microscope d'une bronche d'un demi-millimètre de diamètre, durcie avec de l'acide chromique.**

plique la compression de la bronche dans l'anévrisme de cette artère.

Les *poumons* sont deux organes spongieux, élastiques, situés dans le thorax, au-dessus du diaphragme. Leur diamètre transversal est de 10 centimètres environ; leur diamètre antéro-postérieur, de 16 à 17; leur diamètre vertical, de 25; leur poids, de 1000 grammes. Avant la naissance, ils sont plus denses que l'eau et enfoncent dans ce liquide quand on les y plonge. Aussitôt que l'individu a respiré, ils augmentent de volume et deviennent plus

* 1) Couche musculaire de la bronche. — 2) Muqueuse recouverte d'un épithélium à cils vibratiles. — 3) Tissu interstitiel. — 4, 4) Lobules pulmonaires.

légers que l'eau, à la surface de laquelle ils flottent. Ces différences sont utilisées en médecine légale pour savoir si un enfant a respiré après sa naissance.

La face externe des poumons se moule sur les côtes; leur face interne est concave et enveloppe le cœur et les gros vaisseaux.

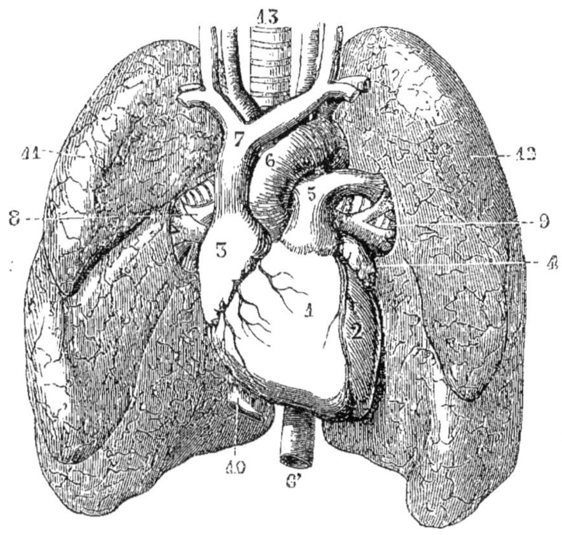

Fig. 100. *Rapports des poumons avec le cœur et les gros vaisseaux.*

Leur base est moulée sur la cavité du diaphragme; leur sommet arrive au niveau de la clavicule.

Le poumon est formé d'un nombre considérable de petites cavités polyédriques de quelques millimètres à 1 centimètre de diamètre, séparées l'une de l'autre par du tissu cellulaire. Ces petites cavités, nommées *lobules*, reçoivent chacune des rameaux bronchiques et des branches veineuses, artérielles et nerveuses.

Dans l'intérieur de chaque lobule pulmonaire, les rameaux bronchiques se divisent en petites branches, qui finissent par ne plus

* 1) Ventricule droit. — 2) Ventricule gauche. — 3) Oreillette droite. — 4) Oreillette gauche. — 5) Artère pulmonaire. — 6) Artère aorte. — 7) Veine cave supérieure. — 8) Branche droite de l'artère pulmonaire. — 9) Branche gauche. — 10) Veine cave inférieure. — 11, 12) Poumons. — 13) Trachée artère.

avoir que quelques dixièmes de millimètre de diamètre et se terminent chacune par plusieurs petits culs-de-sac nommés *vésicules pulmonaires*. Ces culs-de-sac communiquent entre eux, ce qui les différencie un peu des glandes en grappes, avec lesquelles ils ont,

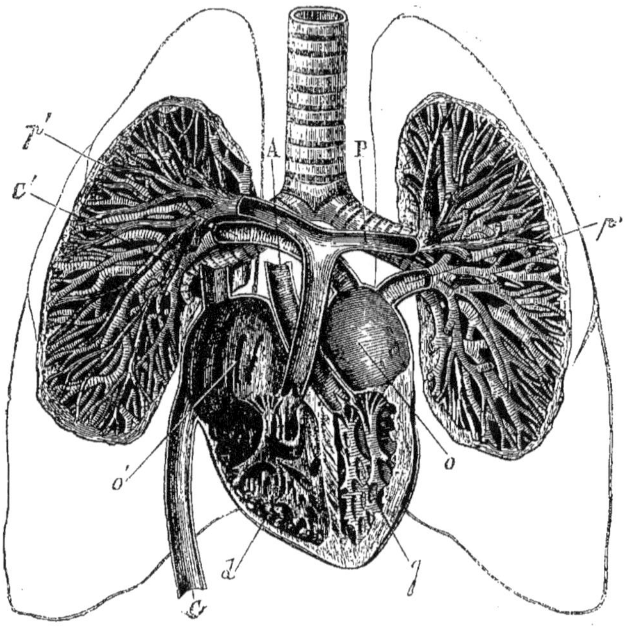

Fig. 110. — *Poumons ouverts pour montrer la division des bronches et des vaisseaux pulmonaires dans ces organes.**

du reste, la plus grande analogie de fonctions. Le poumon peut être, en effet, considéré comme une glande sécrétant de l'eau, de l'acide carbonique et différents gaz.

Autour des vésicules pulmonaires les vaisseaux forment un réseau capillaire excessivement fin. Les capillaires des veines pulmonaires qui emportent le sang artériel se continuent avec ceux

* A) Artère aorte. — P) Artère pulmonaire. — c, c') Veines caves supérieure et inférieure. — p, p') Veines pulmonaires. — o) Oreillette gauche. — o') Oreillette droite. — g) Ventricule gauche. — d) Ventricule droit Sur le trajet des lignes qui partent des lettres p, p', c' on a représenté sur une portion du poumon les divisions des bronches, des artères et des veines pulmonaires considérablement grossies.

des artères pulmonaires qui apportent le sang veineux. C'est à travers leurs parois et celles de l'épithélium qui tapisse les vésicules que se fait l'échange entre les gaz du sang et ceux de l'atmosphère.

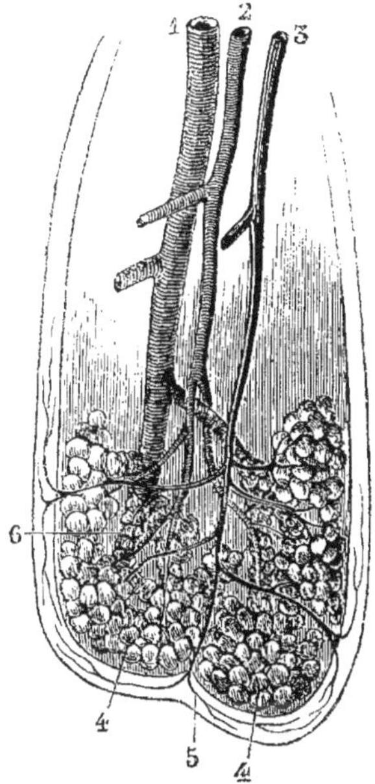

Fig. 111.
Coupe théorique d'un lobule pulmonaire.

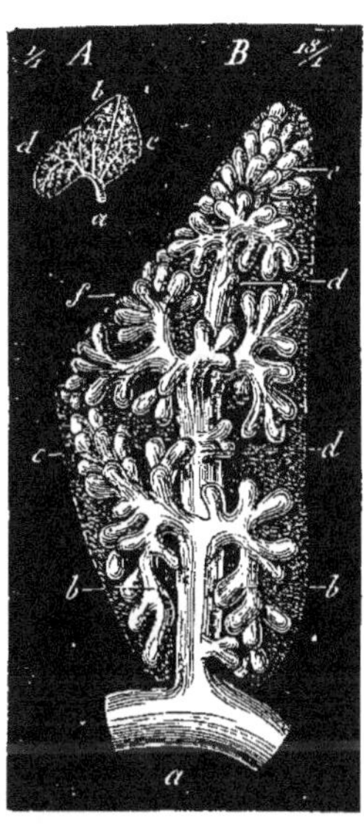

Fig. 112 et 113. — *Lobule pulmonaire de grosseur naturelle* (A) *et lobule pulmonaire grossi 18 fois* (B). **

Le tissu du poumon est très-élastique ; quand on l'insuffle, augmente considérablement de volume ; il revient rapidement en partie à ses dimensions primitives quand on l'abandonne à lui-même.

Chaque poumon est enveloppé dans une membrane séreuse, la *plèvre*, sac aplati, sans ouverture. Les surfaces internes de ce sac

---

* 1) Bronche donnant naissance à des ramifications aux extrémités desquelles on voit les vésicules pulmonaires. — 2) Branche de l'artère pulmonaire. — 3) Branche de la veine pulmonaire. — 4, 4) Vésicules pulmonaires. — 5) Capillaires veineux. — 6) Vésicules pulmonaires.

** A) *Lobule pulmonaire de dimensions normales.* — a) Bronche. — b, c, d) Divisions bronchiques.

B) *Lobule pulmonaire grossi 18 fois.* — a) Petite bronche. — b, b, c, d e, f) Culs-de-sac qui terminent les ramifications des bronches.

sont humectées de liquide, ce qui leur permet de glisser facilement l'une sur l'autre; mais leurs surfaces externes adhèrent, l'une au thorax, l'autre aux poumons.

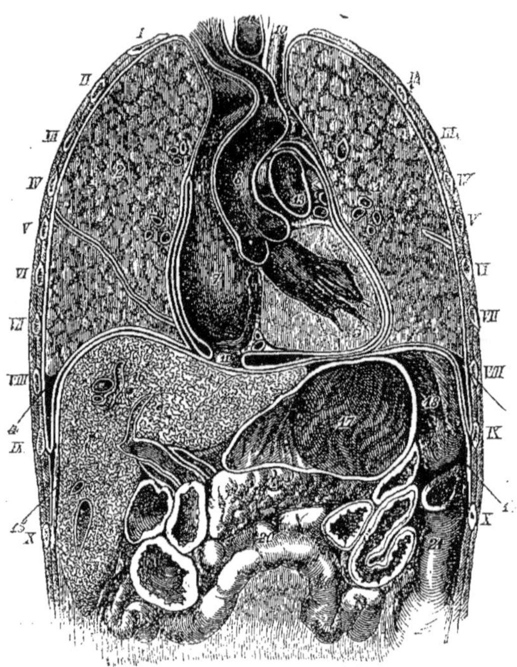

Fig. 114 — *Coupe perpendiculaire de la poitrine faite sur le cadavre congelé d'une femme de 30 ans et destinée à montrer les rapports de la plèvre avec le poumon, le thorax, le cœur et le diaphragme.* *

Les deux plèvres sont indépendantes. L'espace compris entre elles forme une cavité nommée *médiastin*. Sa partie antérieure, contenant le cœur et le thymus, a reçu le nom de *médiastin antérieur*. Sa partie postérieure, qui renferme la trachée, l'aorte, l'œsophage et le canal thoracique, a été nommée *médiastin postérieur*.

* I à X) Première à dixième côte. — 1) Poumon gauche. — 2) Poumon droit. — 3 et 4) Replis des plèvres. — 5) Ventricule gauche. — 6) Aorte munie de sa valvule. — 7) Oreillette droite. — 8) Portion ascendante de l'aorte. — 9) Tronc brachio-céphalique. — 10) Carotide primitive gauche. — 11) Diaphragme. — 12) Veine cave supérieure. — 13) Artère pulmonaire. — 14) Trachée. — 15, 15) Portions latérales du diaphragme. — 16) Foie. — 17) Estomac. — 18) Rate. — 19) Pancréas. — 20, 21) Intestin.

Les deux feuillets de chaque plèvre ne sont maintenus en contact que par le vide qui existe entre eux, de même qu'une ventouse n'est maintenue contre une glace que par la raréfaction de l'air qu'elle contient. Quand on ouvre la poitrine à un animal, il arrive la même chose que quand on fait un trou aux parois de la ventouse. L'adhérence entre les feuillets des plèvres et, par suite, entre le poumon et le thorax cesse aussitôt, comme cesse l'adhérence entre les bords de la ventouse et ceux de la glace. L'air

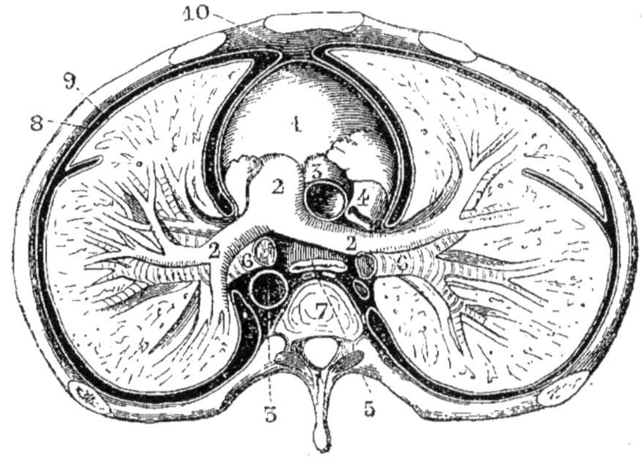

Fig. 115. — *Coupe transversale et horizontale du thorax, montrant les plèvres, les poumons et les organes contenus dans le médiastin.* *

qui pénètre entre les feuillets des plèvres les séparant, le poumon, en raison de sa grande élasticité, revient sur lui-même et ne pouvant plus suivre le thorax dans ses mouvements, n'attire plus l'air dans sa cavité, ce qui amène une asphyxie rapide.

On comprend, par ce qui précède, le danger que peuvent présenter les blessures de la poitrine et l'utilité de les fermer immédiatement. Si la mort ne les suit pas toujours — et les observations que nous avons faites sur de nombreux blessés pendant la dernière guerre nous ont prouvé qu'elles sont en réalité beaucoup moins funestes

* 1) Cœur. — 2) Artère pulmonaire. — 3, 3) Aorte coupée. — 4) Veine cave supérieure coupée. — 5) OEsophage coupé. On voit en arrière de cet organe la coupe du canal thoracique et de la grande veine azygos. — 6, 6) Bronches. — 7) Troisième vertèbre. — 8 et 9) Feuillets de la plèvre. On les a séparés sur le dessin par une ligne noire, afin de pouvoir rendre leur contour bien visible. — 10) Péricarde.

qu'on ne le dit généralement, — c'est parce que le gonflement des bords de la blessure en produit la fermeture et surtout, ainsi que le fait très-justement observer Richet, parce que, chez un grand nombre d'individus, il existe entre les parois thoraciques et le poumon, des adhérences qui empêchent ce dernier de se rétracter et le forcent, par conséquent, à suivre les côtes dans leurs mouvements malgré la pénétration de l'air dans le thorax.

La dilatation qu'éprouve le poumon pendant l'inspiration a pour résultat d'augmenter son diamètre en tout sens et, par suite, de faire varier ses rapports avec les organes voisins. Un coup d'épée reçu entre les côtes inférieures pendant l'expiration traverserait les feuillets de la plèvre sans toucher le poumon, tandis que cet organe serait transpercé à sa base si le coup était reçu pendant l'inspiration*.

Les poumons sont situés dans le *thorax*, vaste cage conique, dont la partie antérieure est formée par le sternum, la partie postérieure par la colonne vertébrale, les parties latérales par les côtes et les muscles qui les garnissent, la base par le diaphragme, et le sommet par le cou; elle est, comme on le voit, fermée de toutes parts.

§ 2.

MOUVEMENTS DE L'APPAREIL RESPIRATOIRE.

Les mouvements respiratoires qui attirent l'air dans la poitrine et l'en chassent ensuite, consistent dans la dilatation et le resserrement successifs de la cage thoracique, produits par l'action de certains muscles.

Appliqué contre les parois du thorax, le poumon le suit dans ses mouvements. Quand la poitrine s'agrandit, ce qui constitue *l'inspiration*, cet organe se dilate et, par suite, il s'y fait un vide partiel qui a pour résultat la pénétration dans ses cavités de la quantité d'air nécessaire pour rétablir l'équilibre. Quand, au contraire, la poitrine se resserre, ce qui constitue *l'expiration*, le poumon di-

---

* L'examen de la figure 114, lignes 3 et 4, fait parfaitement comprendre ce phénomène.

minue forcément de volume et chasse une partie de l'air qu'il contient, absolument comme une éponge mouillée pressée entre les mains se dépouille du liquide qu'elle renferme.

Pendant l'inspiration, la glotte, orifice supérieur du larynx, est maintenue ouverte par la contraction de muscles puissants (*crico-aryténoïdiens postérieurs*) placés sous la dépendance des nerfs laryngés, qui l'empêchent de se fermer sous l'influence de la pression atmosphérique.

Les parois latérales de la cage thoracique sont constituées par

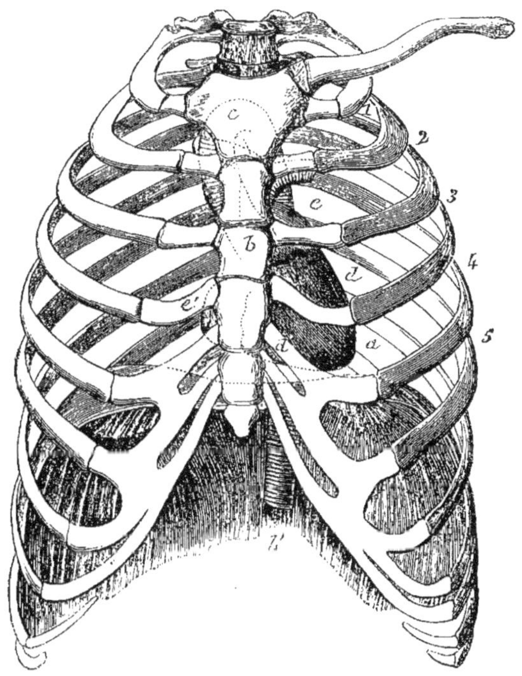

Fig. 116. — *Thorax et diaphragme.**

les côtes, arcs longs et mobiles, articulés, en arrière, avec la colonne vertébrale, sur laquelle ils prennent un point d'appui, et,

* 1, 2, 3, 4, 5) Côtes. — *a, d, e*) Espaces intercostaux. — *b, c*) Sternum (on voit en arrière le cœur et l'aorte). *b'*) Artère aorte. Toute la partie ombrée qui l'entoure est le diaphragme. — *e' d*) Cartilages qui unissent les côtes au sternum.

en avant, avec le sternum. Le niveau de l'articulation avec le sternum étant plus bas que celui de l'articulation avec la colonne vertébrale, les côtes, au lieu de former un plan horizontal, se trouvent sur un plan fortement incliné en avant.

A chaque inspiration, les côtes exécutent un double mouvement, l'un, d'élévation, qui relève leur extrémité antérieure et tend, par conséquent, à rendre leur plan horizontal; l'autre, de rotation, dans lequel elles semblent tourner autour d'un axe représenté par une ligne qui passerait par leurs deux extrémités sternale et vertébrale, ce qui les écarte l'une de l'autre et les relève latéralement.

Ce double mouvement des côtes a pour résultat, le premier, d'agrandir la poitrine d'avant en arrière*; le second, de la dilater en largeur. Nous verrons plus loin qu'elle est en outre augmentée en hauteur aux dépens de la cavité abdominale par l'abaissement du diaphragme, muscle qui forme la base de la poitrine.

Dans les mouvements respiratoires prolongés, l'accroissement du diamètre de la poitrine d'arrière en avant par suite de l'élévation des côtes peut projeter le sternum en avant de 3 centimètres environ. La rotation des côtes autour de l'axe dont nous avons parlé peut accroître le diamètre transversal de la poitrine de 4 centimètres.

Dans l'expiration, les côtes retournent à leur position primitive

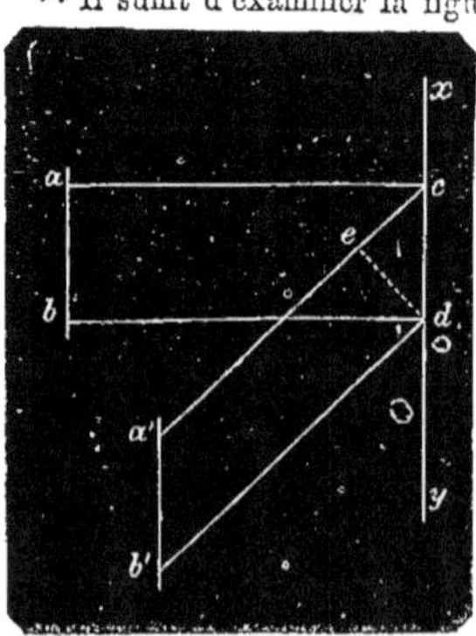

Fig. 117.

** Il suffit d'examiner la figure ci-contre, dans laquelle $x\,y$ représente la colonne vertébrale, $a\,b$ le sternum, $c\,a$, $d\,b$ les côtes, pour comprendre comment le mouvement d'élévation des côtes les écarte l'une de l'autre et en même temps agrandit la poitrine d'arrière en avant. La distance qui sépare la colonne vertébrale $x\,y$ du sternum $a\,b$ est évidemment plus grande quand les côtes $a\,c$, $b\,d$, sont horizontales que quand elles occupent les positions inclinées $a'\,c$, $b'\,d$. En même temps, la distance existant entre $a\,c$ et $b\,d$ est accrue, car la ligne perpendiculaire $d\,e$, représentant l'intervalle qui sépare les deux côtes inclinées $a'\,c$, $b'\,d$, est plus courte que la perpendiculaire $d\,c$ représentant l'intervalle qui sépare les deux côtes horizontales $a\,c$, $b\,d$ (dans un triangle rectangle $c\,e\,d$, l'hypoténuse $c\,d$ est toujours plus longue, en effet, qu'un côté $e\,d$).

et décrivent, par suite, en sens inverse les mouvements que nous venons de faire connaître.

Les mouvements des côtes pendant la respiration se font sous l'influence de muscles auxquels, en raison de leurs fonctions, on a donné le nom de *muscles inspirateurs* et *muscles expirateurs*.

Dans la respiration normale, les mouvements inspiratoires du thorax se font presque exclusivement sous l'influence du diaphragme, muscle qui forme une sorte de voûte à convexité su-

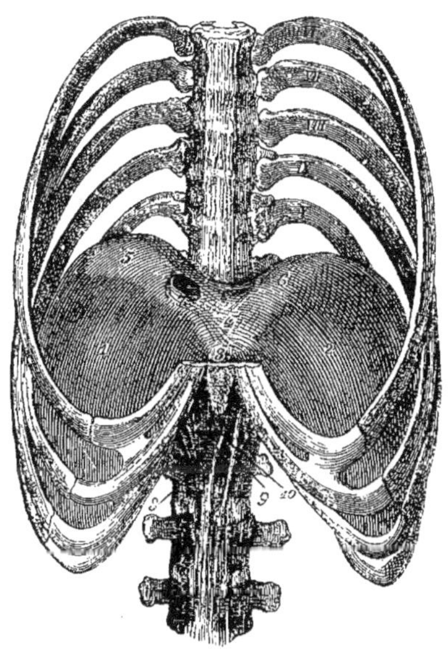

Fig. 118.
*Cage thoracique, dont une partie des côtes a été enlevée pour laisser voir le diaphragme.**

périeure fermant hermétiquement la base de la poitrine, au pourtour de laquelle il est fixé. En arrière, il prend un point d'appui solide sur la colonne vertébrale par des faisceaux nommés *piliers*.

Lorsque le diaphragme se contracte, sa convexité s'abaisse et tend à former un plan horizontal, et la dimension verticale de la

* VI à X) Sixième à dixième côte. — 1 à 7) Diaphragme. — 8, 9 et 10) Piliers du diaphragme.

poitrine est nécessairement accrue. Les côtes s'élevant en même temps, la poitrine se trouve aussi dilatée en largeur.

Par suite de l'aplatissement consécutif à sa contraction, le diaphragme refoule les viscères dans l'abdomen pendant l'inspiration et le ventre se trouve légèrement soulevé. Il est facile de constater son gonflement en plaçant la main sur sa surface pendant la respiration.

La connexion qui existe entre le péricarde et le diaphragme, et surtout le vide partiel qui se fait dans la poitrine, empêchent ce dernier muscle de s'aplatir complétement quand il s'abaisse, comme le croyaient les anciens.

Dans les inspirations profondes, l'action du diaphragme est favorisée par celle des intercostaux* et de divers muscles allant des côtes à la tête, à l'omoplate, aux bras et à la colonne vertébrale. En se raccourcissant, ils relèvent les côtes et ont pour résultat de dilater la poitrine, comme nous l'avons vu.

Dans l'expiration normale, l'élasticité des poumons ** et des côtes, favorisée par la pression qu'exercent les viscères abdominaux sur le diaphragme, suffit pour ramener la cage thoracique à son état primitif. Dans l'expiration violente interviennent d'autres muscles, dont les plus importants sont : le *grand oblique*, le *petit oblique*, le *transverse* et le *grand droit*, qui forment les parois de l'abdomen. En se contractant dans l'expiration forcée, ils tirent les côtes en bas, ce qui rétrécit la poitrine, et refoulent énergiquement

---

* Le rôle des intercostaux, muscles qui remplissent l'intervalle laissé entre les côtes, est depuis Haller l'objet de discussions qui durent encore. Les uns ont prétendu que, absolument sans action, ils servaient simplement à garnir l'espace qui sépare les côtes; d'autres leur ont attribué les effets les plus opposés. Il paraît démontré que dans la respiration normale ils ne se contractent pas, car la dureté qu'ils offrent pendant l'inspiration et qu'on peut observer sur les côtes d'un chien mises à nu, est simplement le résultat de la tension produite par l'écartement de ces côtes. L'opinion qui nous semble la plus probable, c'est que pendant les mouvements respiratoires étendus ils rapprochent les côtes et sont, par suite, expirateurs.

** L'élasticité du poumon est suffisante à elle seule pour produire une légère inspiration après qu'il a été assez comprimé pour chasser une partie de l'air qu'il contient. Il se dilate alors comme ces poires en caoutchouc employées actuellement dans divers appareils injecteurs et qui se gonflent spontanément en se remplissant d'air aussitôt qu'on cesse de les comprimer. En se basant sur cette propriété, on a construit en Angleterre, pour produire la respiration artificielle chez les noyés, un appareil composé de bandages au moyen desquels on peut alternativement comprimer la poitrine et l'abandonner à elle-même plusieurs fois par minute.

les viscères vers le diaphragme, ce qui a pour résultat de rendre ce dernier aussi convexe que possible et, par suite, de le forcer à comprimer les poumons, qui expulsent alors leur contenu.

La force musculaire développée dans les mouvements respiratoires est considérable. D'après Douders, la force employée pour

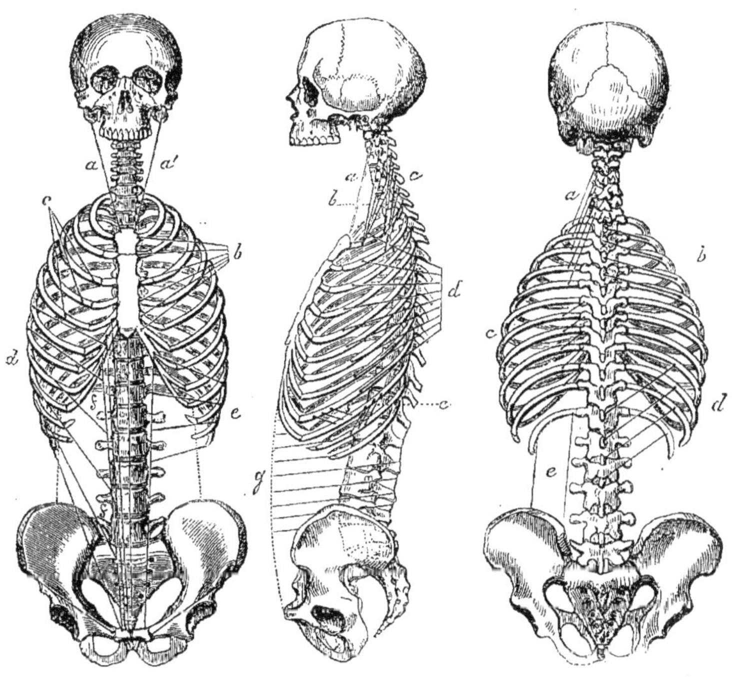

Fig. 119.*   Fig. 120.**   Fig. 121.***

Squelettes sur lesquels on a tracé des lignes représentant les muscles qui peuvent élever ou abaisser les côtes dans les mouvements respiratoires étendus.

vaincre la résistance du thorax et l'élasticité du poumon dans une inspiration profonde peut faire équilibre à une colonne de mer-

* a, a') Sterno-mastoïdien. — b) Grand pectoral. — c) Petit pectoral. — d) Grand oblique. — e) Petit oblique. — f) Grand droit de l'abdomen.

** a) Sterno-mastoïdien. — b) Scalène antérieur. — c) Scalène postérieur. — d) Grand dentelé. — e) Fibres d'un intercostal externe. — f) Fibres d'un intercostal interne. — g) Transverse de l'abdomen.

*** a) Cervical descendant. — b) Petit dentelé postérieur et inférieur. — c) Côtes entre lesquelles on a représenté quelques-uns des muscles surcostaux. — d) Petit dentelé postérieur et inférieur.

cure de 72 millimètres de hauteur. Dans l'expiration aussi étendue que possible, la force développée pour chasser l'air des poumons ferait équilibre à une colonne mercurielle de 87 millimètres. Une partie de cette force (équivalente à une colonne mercurielle de 20 millimètres environ) est produite, dans ce dernier cas, par l'élasticité du poumon, qui, au lieu de gêner les mouvements du thorax comme dans l'inspiration, les favorise au contraire*.

Les changements de forme que le thorax éprouve pendant la respiration présentent des variations assez sensibles, suivant l'âge et le sexe, et l'on peut ramener à trois types principaux les divers modes de respiration de l'homme et des animaux.

Dans le premier (*type abdominal*), les côtes sont peu mobiles et les mouvements respiratoires se traduisent par les oscillations du ventre, qui devient très-saillant pendant l'inspiration et se déprime pendant l'expiration. Les jeunes enfants respirent généralement de cette façon.

Dans le deuxième type (*type costo-inférieur*), l'agrandissement de la poitrine se manifeste surtout par le mouvement des côtes inférieures, les premières restant immobiles. L'homme adulte respire habituellement ainsi.

Dans le troisième type (*type costo-supérieur* ou *pectoral*), ce sont les côtes supérieures et même la clavicule qui se meuvent. Ce type est propre à la femme. A chaque mouvement inspiratoire, son sein et ses clavicules se soulèvent, tandis que les mêmes régions restent immobiles chez l'homme. Cette disposition, d'après laquelle l'inspiration se fait principalement par le mouvement des côtes supérieures au lieu d'avoir lieu par l'intermédiaire du diaphragme, est,

---

* Il peut sembler étonnant, au premier abord, que la force développée par le thorax en se dilatant ne puisse faire monter le mercure que de 72 millimètres seulement; mais, en réalité, cette force est considérable. La pression que le thorax doit vaincre étant, en effet, la même sur tous les points, est égale, d'après les lois de la mécanique, au poids d'une colonne mercurielle qui aurait pour hauteur 72 millimètres et pour base toute la surface thoracique. Le poids d'une telle colonne étant de 350 kilogrammes environ, on voit combien est considérable l'effort développé par le thorax pendant sa dilatation.

Une partie de la force perdue dans l'inspiration se retrouve dans l'expiration; le poumon, en vertu de son élasticité, revient, en effet, avec d'autant plus de force sur lui-même, qu'il a été plus dilaté.

comme l'avait déjà fait remarquer Haller, fort utile, car avec les autres modes respiratoires, le type abdominal notamment, la respiration eût été considérablement gênée pendant la grossesse, par suite de la difficulté qu'eût éprouvée le diaphragme à refouler les viscères dans l'abdomen déjà distendu par le produit de la conception.

On arrive assez facilement, par l'exercice, à transformer les divers types respiratoires. La respiration abdominale étant celle qui permet d'emmagasiner le plus d'air possible dans la poitrine, est la moins fatigante pour les chanteurs et celle qu'ils tâchent habituellement d'acquérir.

Le *nombre d'inspirations* que l'homme exécute en un temps donné varie dans des limites assez étendues, suivant l'âge, la température extérieure, l'état de repos ou d'exercice etc. D'après Quetelet, l'enfant nouveau-né respire 44 fois par minute ; à l'âge de 5 ans, 26 fois ; à 25 ans, 18 fois. Un adulte respire, par conséquent, 1100 fois par heure ; 26,000 fois par jour.

La fréquence des inspirations diminue pendant le sommeil ; dans la vieillesse, elle diminue également. L'exercice musculaire a sur elle une influence des plus considérables ; une course de quelques instants peut la quintupler facilement.

Chez les animaux, les mouvements respiratoires sont en général d'autant plus fréquents que les espèces sont plus petites. La souris respire 60 fois par minute ; le serin, 100 fois ; le rat, 200 fois ; le chien et le chat, de 20 à 25 fois ; le bœuf et le cheval, de 10 à 15 fois ; le plus grand des mammifères, la baleine, ne respire que 4 à 5 fois.

§ 3.

BRUITS DIVERS AYANT LEUR SIÉGE DANS L'APPAREIL RESPIRATOIRE. RONFLEMENT, SOUPIR, HOQUET, BAILLEMENT ETC.

A l'état normal, l'air qui pénètre dans la bouche et les narines, ne rencontrant point d'obstacle, ne produit aucun bruit. Quand on respire par le nez, ce qui arrive souvent la nuit, il se produit un bruit léger, dû au passage de l'air dans l'orifice étroit et élastique des fosses nasales. Le souffle devient très-bruyant lorsque l'orifice nasal est rétréci par une tumeur ou par le gonflement de la muqueuse ou encore par l'accumulation de mucosités obstruant la voie que l'air doit parcourir. Quand le voile du palais est assez tendu pour vibrer, l'air produit dans les fosses nasales et le pharynx une résonnance anormale qui constitue le *ronflement*. C'est surtout chez les personnes qui dorment la bouche ouverte et font de fortes inspirations que se manifeste ce bruit.

L'oreille appliquée contre la poitrine d'un homme sain entend un bruit doux, analogue à celui de la respiration d'un enfant endormi, et qu'on a nommé *murmure vésiculaire*. Ce bruit, qui est dû à la pénétration de l'air dans les vésicules pulmonaires et à sa sortie, éprouve dans les affections de l'appareil respiratoire des modifications profondes.

Le *soupir*, le *bâillement*, l'*éternuement*, la *toux*, les *sanglots*, l'*expectoration*, le *rire* et divers bruits qui se produisent pendant la respiration sont également placés sous la dépendance des organes respiratoires.

Le *soupir* est une inspiration profonde et prolongée suivie d'une expiration rapide. Son résultat est d'introduire dans la poitrine une quantité d'air plus considérable qu'à l'état normal. C'est un mouvement involontaire que les émotions tristes tiennent sous leur dépendance.

Le *bâillement* est une inspiration lente et profonde suivie d'une expiration étendue. Pendant qu'il se produit, le voile du palais ferme les fosses nasales et empêche l'air de passer par cette voie.

Le *hoquet* résulte d'une contraction spasmodique involontaire du diaphragme. L'air attiré rapidement dans la poitrine par cette contraction du diaphragme produit, en passant sur les bords tendus de la glotte, un bruit caractéristique qu'il n'est pas toujours facile d'assourdir.

L'*éternuement*, la *toux*, le *moucher*, l'*expectoration*, sont des phénomènes du même ordre. Ils sont le résultat d'une inspiration profonde suivie d'une expiration brusque qui balaie par un courant rapide les mucosités des voies aériennes. Une sensation anormale sur la muqueuse des fosses nasales, la présence de mucosités ou de corps étrangers dans les narines, diverses affections des poumons en sont les causes. Le bruit de la toux est produit par la vibration des bords de la glotte.

L'expectoration, le moucher et l'éternuement ont pour résultat de chasser les corps accumulés dans les cavités que le courant d'air traverse.

Le *rire* et le *sanglot* sont des contractions spasmodiques et involontaires du diaphragme. A une inspiration courte succède une série d'expirations plus ou moins prolongées, accompagnées d'un bruit particulier produit par la résonnance des cordes vocales. Ce sont deux phénomènes fort différents sans doute, mais dont le mode de production est cependant identique. La nature a voulu — froide ironie des choses — que ce soit par le même mécanisme que s'expriment ces sentiments, si éloignés en apparence et pourtant, en réalité, souvent si voisins, la gaîté heureuse et la tristesse amère.

CHAPITRE XIII.

L'AIR.

Nous avons dit, dans le précédent chapitre, que ce n'est qu'en se combinant avec l'oxygène de l'air que les matériaux nutritifs accumulés par la digestion dans la trame de tous les tissus peuvent mettre en liberté les forces qu'ils contiennent.

L'atmosphère qui enveloppe notre globe est donc indispensable à l'existence des êtres qui l'animent, et si, par une cause quelconque, elle venait à être détruite, tout ce qui vit sur la surface terrestre cesserait aussitôt de vivre.

L'air forme autour de notre planète une couche gazeuse transparente qui la suit dans sa course rapide. Son épaisseur n'était guère évaluée autrefois qu'à 12 lieues environ; mais, d'après les observations faites récemment sur les étoiles filantes, elle atteindrait 80 lieues. Cependant, si l'atmosphère avait partout la densité qu'elle possède au niveau de la mer, sa hauteur ne dépasserait pas 8 kilomètres*. Nous verrons plus loin qu'au-dessus de cette élévation l'air est trop raréfié pour que les animaux y puissent vivre.

L'atmosphère est un milieu dans lequel les êtres vivants puisent et rejettent sans cesse. Par sa composition et par les corps divers qu'il peut contenir, de même aussi que par sa température, sa pression etc., cet océan gazeux a, sur tout ce qui vit dans son sein, une influence considérable.

Nous étudierons successivement dans ce chapitre la composition de l'atmosphère et l'influence que les variations de température, de pression etc. qu'elle peut subir sont susceptibles d'exercer sur les êtres vivants qui y sont plongés.

§ 1er.

DÉCOUVERTES QUI ONT CONDUIT A LA CONNAISSANCE DE LA COMPOSITION DE L'AIR.

Les anciens considéraient l'air comme un des quatre éléments d'où dérivent tous les corps. Son influence sur l'homme était connue, car Hippocrate considérait ses altérations comme la cause principale des maladies.

La chimie naissante du moyen âge n'eut pendant longtemps que des notions confuses sur l'air. Au dix-septième siècle, Van Helmont reconnut l'existence de l'acide carbonique, auquel il attribua avec raison l'action nuisible de l'atmosphère des celliers. Rey constata que les métaux chauffés au contact de l'atmosphère augmentaient de poids, par suite de leur combinaison avec un de ses principes. Il découvrit également que l'air est un corps pesant, ce qui avait été nié avant lui et fut contesté encore jusqu'au jour où Torricelli fit connaître ses mémorables expériences. Enfin, au dix-huitième siècle, Priestley et Scheele isolèrent l'oxygène par décomposition des oxydes, et à l'époque où Lavoisier publia ses travaux, on savait

---

* Si la terre était représentée par une sphère de 10 mètres de diamètre, l'atmosphère serait représentée par une couche d'un peu moins de 4 centimètres d'épaisseur.

que l'atmosphère contient un gaz impropre à la respiration (l'azote), un gaz indispensable à la respiration et qu'on croyait former le quart de son poids (l'oxygène), et un acide particulier (l'acide carbonique), en très-petite proportion.

En prenant pour base les découvertes précédentes, le dernier des illustres chimistes que nous venons de nommer fit, en 1777, sur l'atmosphère et le rôle qu'elle joue dans la respiration et la combustion une série de travaux qui fixèrent la science sur cette question.

Nous voyons par cet exposé rapide que Lavoisier n'a nullement découvert la composition de l'air, comme on le dit généralement, et surtout qu'il n'a pas créé la chimie de toutes pièces, comme les livres classiques le répètent à l'envi. Des indications de cette sorte ne peuvent que fausser le jugement de ceux qui les acceptent, en leur donnant les notions les plus erronées sur la marche habituelle du progrès. Il n'est pas de science — et la chimie surtout — qui puisse sortir du cerveau d'un seul homme, pas même d'invention, ni l'imprimerie, ni la machine à vapeur, ni la télégraphie électrique, qu'un seul individu ait pu créer de toutes pièces, comme le croit le vulgaire. Des découvertes pareilles ne sont que le résultat d'une longue série de découvertes accessoires, et les fondements scientifiques sur lesquels elles s'élèvent ont exigé le concours de travailleurs nombreux.

Mais si les découvertes proprement dites de Lavoisier en chimie sont minimes, les conséquences qu'il sut tirer de faits lentement amassés pendant les siècles qui le précédèrent sont, au contraire, immenses, et tant que la chimie vivra, le nom de ce profond penseur traversera les âges.

La première expérience que fit Lavoisier pour fixer la composition de l'atmosphère mérite d'être rapportée. En faisant chauffer plusieurs jours du mercure dans un ballon qui communiquait avec une cloche reposant sur le même métal et contenant un volume d'air connu, il vit le mercure du ballon se couvrir de parcelles rouges, dont le nombre cessa bientôt de s'accroître. Ces parcelles étaient constituées par de l'oxyde de mercure formé aux dépens de l'oxygène de l'air de la cloche, lequel, naturellement, diminua de volume et finit par ne plus occuper que les quatre cinquièmes de l'espace qu'il remplissait d'abord. Réduit de volume et devenu impropre à entretenir la combustion et la respiration, l'air de la cloche avait évidemment perdu quelque principe constituant, qui s'était sans doute fixé sur le mercure. Pour s'en convaincre, Lavoisier fit chauffer les parcelles rouges qu'il avait recueillies à la surface de ce liquide et en retira un gaz qui avait les mêmes propriétés que l'air, mais à un degré plus énergique. C'était l'oxygène. Quant au gaz resté dans la cloche après la transformation du mercure du ballon en oxyde rouge, c'était l'azote.

En répétant et variant cette expérience, Lavoisier arriva à doser exactement les principes constituants de l'atmosphère.

§ 2.

COMPOSITION DE L'AIR.

Des analyses de l'air plusieurs fois répetées ont démontré qu'il est formé par le mélange d'environ un cinquième d'oxygène, quatre cinquièmes d'azote, quelques dix-millièmes d'acide carbonique et une proportion très-variable de vapeur d'eau. Il contient, en outre, habituellement un grand nombre de corps divers : ozone, ammoniaque, iode, débris de matières organisées, miasmes etc.

Nous allons examiner successivement le rôle que jouent sur les propriétés de l'atmosphère ces divers principes.

Oxygène de l'air. L'oxygène est le corps auquel l'air doit ses propriétés vivifiantes. C'est, de tous les gaz connus, le seul qui puisse entretenir la combustion et la respiration. Sa proportion dans l'atmosphère varie fort peu et oscille entre 20,38 et 21,20 pour cent.

On croyait autrefois que l'inhalation prolongée de l'oxygène pur produirait une accélération trop vive des fonctions, dont la conséquence rapide serait la mort; mais il est démontré aujourd'hui que des animaux peuvent vivre dans ce gaz pendant plusieurs heures, et qu'on le fait respirer utilement dans diverses maladies, notamment dans l'asthme, l'anémie, l'asphyxie, et pour relever les forces.

Les expériences faites dans ces dernières années sur des malades auxquels on faisait respirer de 15 à 40 litres d'oxygène par jour pendant plusieurs mois, sembleraient même prouver, contrairement à l'opinion professée autrefois, son efficacité contre la phthisie, et il est probable que le jour où le problème de sa préparation industrielle sera résolu, son emploi en thérapeutique se généralisera de plus en plus.*

Ozone. L'oxygène de l'air peut revêtir un état particulier, auquel on a donné le nom d'*ozone* ou d'*oxygène électrisé*. C'est un corps odorant, doué de propriétés oxydantes beaucoup plus énergiques que celles de l'oxygène ordinaire. Sa densité serait cinquante fois supérieure à celle de ce gaz, c'est-à-dire de beaucoup plus élevée que celle de tous les corps gazeux connus. Divers auteurs le considèrent simplement comme de l'oxygène condensé au lieu de l'envisager comme de l'oxygène électrisé, ainsi qu'on l'avait fait d'abord. Il paraît démontré que c'est sous cette forme que l'oxygène existe dans le sang.

La proportion d'ozone que l'atmosphère contient est très-variable. Elle se constate assez facilement par la coloration plus ou moins vive que prend à l'air un papier amidonné imbibé d'iodure de potassium ou, mieux, un papier rouge de tournesol également ioduré,

---

* Les effets nuisibles que la respiration de l'oxygène a quelquefois produits tenaient à son mode de fabrication. C'est généralement, du reste, à la différence de préparation des substances qui servent aux expériences qu'est due la diversité des résultats qu'elles produisent. L'oxygène préparé avec de l'oxyde de mercure, comme on le faisait autrefois, entraîne toujours avec lui du mercure, métal dont les curieuses expériences de M. Merget ont récemment prouvé la grande volatilité. L'extrême divergence des résultats obtenus par divers expérimentateurs avec le protoxyde d'azote nous fournit un exemple analogue de l'influence du mode de préparation d'un corps sur ses propriétés. Désirant, il y a quelques années, utiliser l'action anesthésique de ce gaz, alors fort en usage en Amérique, un chirurgien-dentiste de Paris, M. Préterre, me pria de l'aider à installer les appareils nécessaires pour l'obtenir. Après quelques essais, nous reconnûmes bien vite que le protoxyde d'azote, préparé en suivant les règles indiquées dans la plupart des ouvrages de chimie français, contient très-souvent du chlore et du bioxyde d'azote et détermine alors les effets toxiques observés en France au commencement de ce siècle, et récemment, en Allemagne, par M. Hermann. Purifié par des lavages convenables et surtout par un séjour d'au moins vingt-quatre heures dans le gazomètre qui a servi à le recueillir, il est, au contraire, inoffensif, et produit, outre ses effets anesthésiques, l'action hilarante autrefois décrite par Davy.

L'air des campagnes, qui, d'après M. Houzeau, lui doit sa salubrité, en contient 1/140,000. L'air des grandes villes n'en renferme pas. Il est plus abondant le printemps que l'hiver, et s'accroît considérablement à la suite des ouragans et des mouvements impétueux de l'atmosphère. C'est lui qui donne à l'air cette odeur sulfureuse spéciale qu'on perçoit souvent pendant les orages.

On a pensé qu'en raison de l'énergie de ses propriétés oxydantes l'ozone détruirait les miasmes, et son absence reconnue dans diverses épidémies est une présomption en faveur de cette hypothèse; son augmentation coïnciderait, au contraire, avec diverses inflammations des organes respiratoires.

D'après les expériences de Mantegazza, les fleurs odorantes et les essences produiraient, au contact de l'air, une certaine quantité d'ozone. Les plantes inodores seraient, au contraire, complétement dépourvues de cette propriété.

Azote de l'atmosphère. L'azote forme les quatre cinquièmes de l'atmosphère. C'est un gaz inerte, qui semble ne jouer aucun rôle dans la respiration et servir seulement à tempérer les propriétés trop actives de l'oxygène, absolument comme l'eau atténue les effets du vin.

Les animaux qu'on plonge dans une atmosphère exclusivement composée d'azote meurent rapidement, non parce que ce gaz est toxique, mais parce qu'il est dépourvu des propriétés nécessaires pour entretenir la vie. Ils y meurent comme les mammifères plongés dans l'eau, uniquement par privation d'oxygène.

Acide carbonique de l'atmosphère. L'acide carbonique existe dans l'air dans la proportion de 2 à 5 dix-millièmes. Comme les animaux en sécrètent une quantité notable par la respiration, toutes les fois qu'il y a accumulation d'individus dans un espace étroit, il s'y produit bientôt un excès de ce gaz. Lorsque l'air en renferme 1 p. 100, on commence à éprouver un certain malaise; à 10 p. 100, l'asphyxie se manifeste.

Il semble bien démontré aujourd'hui que l'acide carbonique n'est pas toxique. Les animaux qu'on soumet à son action jusqu'à manifestation de la mort apparente dans la célèbre grotte du Chien, aux environs de Naples, vivent aussi longtemps que les autres individus de leur espèce et ne se montrent nullement incommodés de ces expériences, que la curiosité des voyageurs fait souvent répéter plusieurs fois par jour.

Les phénomènes observés dans l'asphyxie par la vapeur de charbon sont dus beaucoup moins à l'acide carbonique qu'à l'oxyde de carbone, gaz extrêmement toxique, qui se dégage également pendant la combustion. L'acide carbonique qui s'échappe des cuves en fermentation produit aussi, en raison de son mélange avec la vapeur d'alcool provenant du raisin, des effets différents de ceux qui résultent de l'absorption de l'acide carbonique pur.

Les animaux plongés dans de l'acide carbonique pur ou même mélangé d'une certaine quantité d'air y meurent, il est vrai, beaucoup plus vite que dans d'autres gaz, tels que l'azote et l'hydrogène, mais cela tient uniquement à ce que l'acide carbonique du sang, ne pouvant plus, en raison de la tension considérable de cette atmosphère artificielle que les poumons contiennent, s'échapper au dehors, s'accumule dans ce liquide, ce qui n'a pas lieu quand on respire de l'hydrogène ou de l'azote, corps dont la tension est très-inférieure à celle des gaz que le sang renferme.

L'acide carbonique ne pouvant entretenir la respiration ni la combustion, les corps en ignition s'éteignent quand ils sont placés dans un milieu contenant une forte proportion de ce gaz. Lorsqu'on pénètre dans une mine ou dans une cave où se trouvent des cuves de raisin en fermentation, il est bon de se munir d'une lumière et de se retirer rapidement si on la voit pâlir.

La respiration jetant dans l'atmosphère des quantités d'acide carbonique considérables, on pourrait croire que la composition de l'air doit s'altérer promptement. Comme les plantes respirent d'une façon opposée à celle des animaux, c'est-à-dire qu'au lieu d'absorber de l'oxygène et de le transformer en acide carbonique, elles absorbent de l'acide carbonique et le transforment en oxygène, on en a conclu que c'était grâce à cette espèce de rôle providentiel joué par les plantes que l'atmosphère conservait sa composition constante.

Mais, outre que cette opposition entre la respiration des végétaux et celle des animaux est loin d'être aussi profonde qu'elle le paraît d'abord, car dans l'obscurité la plante respire comme l'animal, l'influence des végétaux sur la composition de l'atmosphère est en réalité fort minime. Dumas a établi par ses calculs que la respiration de tous les animaux qui peuplent le globe ne pourrait, en un siècle, enlever à l'atmosphère que la huit-millième partie de son oxygène. En mille siècles, espace de temps dont on comprend l'immense étendue en songeant que les annales de l'histoire remontent à soixante siècles à peine, l'air perdrait seulement le huitième de l'oxygène qu'il contient. Or l'expérience nous prouve que les animaux vivent sans la moindre gêne dans une atmosphère ainsi modifiée. Le rôle régénérateur des plantes sur l'atmosphère est donc en réalité fort minime.

Gaz toxiques accidentellement mélangés à l'atmosphère : hydrogène sulfuré, oxyde de carbone etc. L'air peut contenir accidentellement divers gaz toxiques, tels que l'hydrogène sulfuré, l'oxyde de carbone, l'ammoniaque etc. L'hydrogène sulfuré, composé qui se dégage en grande quantité des fosses d'aisance, et que le gaz d'éclairage mal préparé contient quelquefois aussi, est un des plus dangereux. Les oiseaux plongés dans une atmosphère qui en contient 1/1500, un chien dans de l'air en renfermant 1/800, succombent rapidement. Il est peu d'habitants de Paris qui n'aient éprouvé les effets pernicieux de ce composé pendant le curage nocturne des fosses d'aisance.

Quant à l'oxyde de carbone, c'est un produit de la combustion du charbon. Quoique moins délétère que l'hydrogène sulfuré, il est encore très-dangereux. 1/100 dans l'atmosphère suffit pour la rendre mortelle.

Introduit par la respiration dans le sang, l'oxyde de carbone se combine avec les globules, pour lesquels il a une grande affinité et chasse l'oxygène qu'ils contiennent. Il les rend ainsi incapables d'absorber de nouvelles quantités de ce gaz et, par suite, d'entretenir la vie des tissus. Si l'animal respire une forte quantité d'oxyde de carbone, les globules se trouvent dépouillés de tout leur oxygène et une mort rapide en est la conséquence. S'il n'y a qu'une petite quantité d'oxyde de carbone d'absorbée, les globules ne perdent qu'une portion de leur oxygène; leurs propriétés vitales sont alors réduites, mais non anéanties, et le résultat final est le même que si l'on diminuait la masse du sang par une saignée, c'est-à-dire si on rendait l'animal anémique. Cette intoxication du sang par l'oxyde de carbone et l'anémie chronique, qui en est la suite, s'observe fréquemment chez les repasseuses, les cuisinières et les personnes qui font usage de chaufferettes ou de poêles en fonte dont les tuyaux sont mal joints. L'usage de chaufferettes est aussi anti-hygiénique que possible et doit être certainement rangé parmi les causes les plus actives de cet état d'anémie profonde qu'on rencontre si communément chez les ouvrières des grandes villes.

Vapeur d'eau de l'atmosphère. L'air contient toujours une certaine quantité de vapeur d'eau. Comme il en faut d'autant plus pour le saturer que sa température est plus élevée, l'atmosphère peut, par un temps froid, être très-près de son point de saturation, c'est-à-dire très-humide *, bien que contenant peu de vapeur, de même qu'elle peut être, par un temps chaud, loin de son point de saturation, c'est-à-dire fort sèche, quoique renfermant beaucoup de vapeur. L'été, l'atmosphère contient généralement plus d'eau que l'hiver. Quand on chauffe un appartement, on ne diminue pas la quantité de vapeur d'eau qui se trouve dans l'air, mais on recule son point de saturation.

Les forêts ont une influence considérable sur l'humidité de l'atmosphère. Les pays déboisés se dessèchent rapidement. Quand le reboisement s'opère, les sources et les cours d'eau reprennent bientôt leur niveau primitif.

C'est principalement par l'obstacle qu'elles apportent à l'évaporation de l'eau du sol et par la grande quantité de vapeur d'eau atmosphérique, qui se condense sur les feuilles des arbres refroidies par le rayonnement nocturne, que les forêts s'opposent au dessèchement des terrains qu'elles avoisinent et recouvrent.

---

* On désigne par *humidité* ou *fraction de saturation* le rapport existant entre la quantité de vapeur d'eau que l'air contient et celle qu'il contiendrait s'il était saturé à la même température.

Si l'atmosphère ne contenait pas une certaine quantité de vapeur d'eau, les êtres vivants se dessècheraient rapidement et ne tarderaient pas à mourir, à l'exception de quelques espèces inférieures, qui jouissent, comme les rotifères et les tardigrades, de la propriété de pouvoir se dessécher sans périr. Baker a vu des vibrions du blé revenir à la vie après vingt-sept ans de dessiccation.

Poussières atmosphériques. Quand on fait passer un rayon de soleil à travers la fenêtre d'une chambre obscure, on aperçoit sur son trajet un nombre considérable de corpuscules en mouvement. Avec un faisceau de lumière électrique convenablement dirigé, on donne à l'air un aspect qui rappelle beaucoup plus celui d'un corps demi-solide que celui d'un gaz transparent, et l'imagination reste étonnée de la quantité vraiment incroyable de choses diverses que chaque mouvement inspiratoire introduit dans les poumons.

Les corpuscules qui flottent dans l'atmosphère sont constitués par des parcelles de tous les corps que l'industrie manie : débris de laine et de coton, fragments de silex, grains de pollen et de fécule, corpuscules de charbon etc. Dans l'atmosphère des cafés, ces poussières sont mélangées de vapeurs d'alcool, de nicotine * et des diverses essences que contiennent les liqueurs qui s'y consomment ; dans les ateliers de tourneurs de métaux, l'air tient en suspension des particules des métaux qu'on y travaille etc. L'influence de ces différents corps est d'autant plus dangereuse que le poumon, ainsi que nous le verrons dans le prochain chapitre, a un pouvoir absorbant bien plus considérable que celui des autres organes.

Il est très-difficile de débarrasser l'atmosphère des corpuscules qu'elle contient. Tyndall a vu qu'après avoir traversé des tubes contenant de la potasse et de l'acide sulfurique, l'air en renfermait encore. Ils ne disparaissent complétement qu'après avoir passé à travers des tubes chauffés au rouge ou renfermant une couche de coton. En respirant à travers une feuille de cette dernière substance ou simplement à travers un mouchoir plié en plusieurs doubles et appliqué devant les narines et la bouche, on peut rester im-

---

* Dans mon mémoire sur *la fumée du tabac*, j'ai fait connaître le moyen de doser exactement la quantité de nicotine que l'atmosphère des cafés contient.

punément dans une atmosphère rendue irrespirable par les corps étrangers qu'elle contient, tels que la fumée, ou dangereuse par les miasmes qui peuvent y être répandus, comme dans une salle d'hôpital, par exemple *. Des masques en coton seraient fort utiles dans ces industries nombreuses, telles que la taille des pierres, le tournage du cuivre, le dévidage des cocons de soie, la dorure au mercure, la fabrication du phosphore et de la céruse etc., qui abrégent

* En se basant sur les expériences de Tyndall, le docteur Lister, professeur à Édimbourg, dit avoir obtenu les meilleurs résultats de l'emploi du coton pour le pansement des plaies, mais en prenant la double précaution de le débarrasser des corpuscules organisés qu'il peut contenir et ensuite d'en mettre à la surface des plaies une couche assez épaisse pour que les liquides qu'elles sécrètent ne puissent passer à travers. Voir, du reste, la description du pansement employé par ce médecin :

« Après avoir imprégné le coton avec environ la deux-centième partie de son poids « d'acide phénique à l'état de vapeur, on lavait la surface et le pourtour de la plaie « en employant à cet effet une solution contenant 1 partie d'acide pour 40 parties « d'eau; on appliquait alors un morceau de soie huilée de la grandeur de la plaie, en « vue d'empêcher celle-ci d'adhérer au pansement. Une compresse de toile pliée en « plusieurs doubles et chargée de vapeurs phéniquées, de la même manière que le « coton, était superposée ensuite à la soie huilée, qu'elle couvrait entièrement et dont « elle dépassait même les bords. Cette compresse était destinée à absorber la sécré-« tion à mesure qu'elle se produisait, beaucoup mieux que n'aurait pu le faire le coton, « qui ne s'imbibe que difficilement, et à empêcher ainsi les matières de suinter entre « les pièces du pansement et la plaie. Grâce à cette précaution, on prévenait l'appa-« rition trop rapide des matières à l'extérieur et la *putréfaction, qui en est la consé-*« *quence immédiate.* Finalement, un large gâteau de coton phéniqué recouvrait le tout « et était maintenu en situation par un bandage.

« Bien que, par suite de l'évaporation de l'acide phénique, les pièces de pansement « fussent, dans l'espace de un à deux jours, entièrement dépouillées de tout principe « chimique antiseptique, le coton prévenait indéfiniment la putréfaction, à condition « toutefois que la sécrétion ne se frayât pas un passage jusqu'à la surface externe « de l'enveloppe. » (Extrait d'un discours sur le traitement antiseptique, prononcé au mois d'août 1871 par le docteur Lister, à la réunion annuelle de l'Association britannique.)

J'ai vu très fréquemment employer pendant la dernière guerre — et, je dois le dire, bien souvent sans succès — les pansements au coton et à l'acide phénique. Les insuccès tenaient peut-être à ce qu'on omettait de dépouiller préalablement le coton des corpuscules qu'il contient, comme le recommande Lister. Cependant je crois qu'ils tiennent aussi en grande partie à la façon dont on lave habituellement les plaies. Les lavages, tels qu'on les pratique généralement avec des compresses ou des éponges, sont tout à fait superficiels et n'atteignent pas le pus des anfractuosités des plaies, qui, dès lors, peut se décomposer et produire les accidents si souvent observés. Ce n'est qu'en dirigeant dans la plaie un jet d'eau puissant, au moyen d'une forte seringue, ou mieux, d'un irrigateur, qu'on peut réussir à les nettoyer parfaitement.

considérablement la vie des ouvriers qu'une dure nécessité condamne à les exercer.

En respirant à travers une feuille de ouate ou un mouchoir épais appliqué devant la bouche, on ne pourrait rester que quelques instants dans une atmosphère contenant une fumée un peu épaisse; mais en employant un tube renfermant une couche de ouate et une couche de charbon de bois humecté de glycérine, on pourrait séjourner presque indéfiniment dans une fumée aussi épaisse que possible, ainsi que l'a récemment constaté le physicien Tyndall dans des expériences faites avec le chef des pompiers de la ville de Londres.

Miasmes de l'atmosphère. Outre les corpuscules qu'il contient presque toujours, l'air peut tenir en suspension ou en dissolution dans sa vapeur d'eau diverses matières organiques nommées *miasmes* et dont on démontre facilement l'existence en condensant dans des vases refroidis la vapeur d'eau de l'air des marais, des salles d'hôpitaux et, en général, de tous les endroits où se trouvent des substances organiques en décomposition.

L'examen du liquide condensé y fait reconnaître, au bout de quelques heures, la présence d'un nombre considérable d'animaux et de végétaux microscopiques, et on en a conclu que les miasmes étaient constitués par les germes d'êtres organisés.

Les miasmes qui produisent la fièvre intermittente sont ceux dont l'étude est la plus avancée. D'après les expériences de Salisbury en Amérique, ces fièvres seraient produites par l'absorption des spores d'une sorte d'algues (*palmellæ*) qui existent en grande proportion dans l'atmosphère des marais et qu'on retrouve dans l'urine des individus atteints de fièvre intermittente, ce qui prouve leur absorption. En transportant des plantes à fièvre dans des districts montagneux où jamais la fièvre intermittente ne s'était manifestée, on la voit immédiatement apparaître. Introduites dans l'organisme des malades atteints de fièvre, ces plantes s'y développent et tendent à être expulsées par les reins et par la peau. L'exercice et la transpiration favorisent leur élimination. C'est sans doute pour cette raison que les individus qui font beaucoup d'exercice sont beaucoup moins sujets à cette affection* que ceux dont l'existence est sédentaire.

Les plantes à fièvre se développent surtout dans les terrains bas et humides; ce n'est qu'en les saupoudrant de chaux vive qu'on arrive à empêcher leur développement.

Que les miasmes soient réellement formés de germes d'êtres organisés, comme cela paraît infiniment probable, ou qu'ils soient simplement constitués, ainsi que le veulent quelques observateurs, par des particules douées de la propriété de transformer en substances identiques à elles-mêmes les corps avec lesquels elles se trouvent en contact, leur action redoutable n'en est pas moins certaine. Ils sont la cause des affections les plus meurtrières qui puissent sévir sur l'homme. C'est à eux que sont dues ces grandes épidémies comme le choléra, la peste, la fièvre jaune, qui moissonnent plus d'êtres vivants que les plus sanglants combats. Ce sont eux qui rendent un séjour prolongé dans certaines contrées, telles que la Cochinchine, le Bengale, l'Hindoustan, les Antilles, le Sénégal, impossible pour les individus qui n'y sont pas nés.

Une des causes qui rendent les miasmes si dangereux, c'est qu'en raison de leur propriété de se reproduire, les maladies qu'ils déterminent peuvent se propager sans une intervention nouvelle des causes qui leur ont donné naissance. Un seul individu porteur du germe d'une affection miasmatique peut devenir le foyer d'une épidémie meurtrière, comme cela s'est vu tant de fois pour le choléra.

Les corpuscules solides qui constituent les miasmes s'attachent aux objets avec lesquels ils sont en contact, comme les vêtements par exemple, et peuvent être transportés à de grandes distances. La fièvre puerpérale, la variole et le choléra notamment se propa-

---

* Nous avons indiqué (p. 104) par quels moyens les Chinois se préservent de la fièvre intermittente et comment on peut remplacer le thé dont ils font usage par des infusions de plantes aromatiques (menthe, sauge etc.). J'ai plusieurs fois conseillé aux habitants de la Brenne l'usage exclusif, comme boisson, de pareilles infusions — pures ou additionnées de vin, — et les résultats obtenus ont prouvé l'efficacité de ce moyen préservatif.

gent facilement par l'intermédiaire des personnes qui ont donné des soins à des malades atteints de ces affections [*].

Le milieu où les miasmes se développent a une influence considérable sur leur développement; on peut les comparer à des germes dont la croissance dépend de la nature du terrain qui les reçoit. Le choléra, par exemple, sévit particulièrement sur les individus dont la constitution est affaiblie par une cause quelconque; la fièvre intermittente, chez les individus non acclimatés et débilités par les voyages, une nourriture mal appropriée etc.; ce sont là des indications dont l'hygiène peut tirer un utile profit.

Matières étrangères donnant à l'air sa coloration. D'après les recherches de Tyndall, la belle teinte bleue que possède l'atmosphère vue sous une certaine épaisseur, serait due à des corps d'une excessive ténuité qu'elle tiendrait en suspension et qui la coloreraient en la troublant légèrement, absolument comme des traces de corps savonneux ou résineux dans l'eau troublent ce liquide et lui communiquent une teinte bleuâtre. La magnifique coloration bleue du ciel ne serait donc due qu'aux impuretés de l'atmosphère.

Selon l'illustre physicien que nous venons de citer, ces corpuscules seraient d'une ténuité telle, qu'en condensant toute la matière qui donne au ciel l'aspect d'une voûte bleue suspendue sur nos têtes, on pourrait la faire tenir dans une tabatière. Les comètes seules nous présentent un exemple de corps amenés à un état de division aussi extrême. Suivant le même expérimentateur, une sphère de substance cométaire de la dimension du globe terrestre serait facilement supportée par un cheval.

Devant l'extrême ténuité de pareils atomes, des molécules n'ayant que la quatre-millième partie d'un millimètre de diamètre que nos puissants microscopes nous permettent d'apercevoir sont, malgré leur infinie petitesse, d'une étonnante grandeur; des instruments

---

[*] Le miasme de la petite vérole est un de ceux dont il est le plus difficile de se débarrasser. J'ai vu dans les salles d'un hôpital militaire dont j'étais le médecin traitant — et d'où les varioleux étaient immédiatement évacués — trois individus atteints d'affections légères contracter successivement la petite vérole pour avoir couché dans un lit où un varioleux avait séjourné quelques heures, et cela bien que les draps et la paillasse eussent été chaque fois changés.

nouveaux nous y révèleront peut-être un jour des mystères d'organisation aussi étranges que ceux dont le microscope nous a depuis un siècle dévoilé les merveilles.

§ 3.

PROPRIÉTÉS PHYSIQUES DE L'ATMOSPHÈRE. PRESSION, TEMPÉRATURE, ETC.

Pression atmosphérique. — Influence de son augmentation et de sa diminution sur les êtres vivants. Depuis les expériences faites au dix-septième siècle par Galilée et Torricelli, nous savons avec certitude, contrairement à l'opinion des anciens, que l'air possède un certain poids. En pesant successivement un ballon plein d'air et le même ballon dans lequel on a fait le vide, on reconnaît qu'à la température de 0° et sous la pression habituelle de l'atmosphère un litre d'air pèserait 1^{gr},3. Si l'air contenu dans une pièce de 100 mètres cubes de capacité était renfermé dans un ballon, son poids, abstraction faite de celui de l'enveloppe, serait de 130 kilogrammes.

La pression de l'air ou, ce qui revient au même, le poids de la colonne de mercure qui lui fait équilibre dans le baromètre est d'environ 1 kilogramme par centimètre carré. On voit par là combien est considérable le poids de l'air que les êtres vivants supportent ; pour un homme adulte de taille ordinaire, il s'élève à 18,000 kilogrammes environ et peut varier de 1000 kilogrammes en plus ou en moins avec les oscillations que subit normalement la pression atmosphérique. Ces différences de pression ont sur l'état général de la santé et même sur le caractère une influence à laquelle les individus nerveux sont plus sensibles que tous les autres sujets.

Le poids énorme de l'atmosphère est contrebalancé par l'incompressibilité des liquides dont les tissus sont imbibés et l'élasticité des gaz qu'ils contiennent. Sa pression est même indispensable au jeu régulier des organes, car, lorsqu'on vient à la diminuer artificiellement en faisant le vide sur un point des téguments avec une ventouse, la partie soustraite à l'action de l'atmosphère se gonfle immédiatement et rougit, en raison de l'affluence des liquides qui s'y précipitent aussitôt sous l'influence de la pression des parties environnantes.

C'est également à la diminution de la pression atmosphérique résultant de la raréfaction de plus en plus considérable de l'air à mesure qu'on s'élève dans l'atmosphère que sont dus les accidents qu'on éprouve sur les hautes montagnes. Quand on atteint une hauteur de 5000 mètres, il se manifeste une série de symptômes : gêne et accélération de la respiration, injection des conjonctives, saignement de nez et des gencives, nausées, vertiges, accélération du pouls, tendance au sommeil, refroidissement etc., qu'on a groupés sous le nom de *mal des montagnes*, et dont l'explication, longtemps méconnue, est en réalité facile.

La gêne de la respiration qui s'observe à une certaine hauteur provient de plusieurs causes : d'abord, de la diminution de la pression, qui rend la dissolution de l'oxygène dans le sang moins facile, et ensuite de la diminution de l'oxygène que l'air contient sous un volume donné, par suite de sa raréfaction, alors précisément qu'une proportion plus grande qu'à l'état normal serait nécessaire. Ce n'est, en effet, qu'en se combinant avec l'oxygène, que les matériaux nutritifs accumulés dans les tissus dégagent la chaleur d'où résulte la force musculaire nécessitée par l'ascension. L'accélération des mouvements respiratoires est une des premières conséquences de cette insuffisance.

La gêne de la respiration sur les montagnes provient encore de l'accumulation dans le sang de l'acide carbonique produit par l'oxydation rapide des muscles, oxydation d'autant plus énergique que ces derniers fonctionnent plus activement. Quand la dépense des forces en un espace de temps très-court est considérable, ce qui arrive, par exemple, lorsque l'ascension se fait très-vite, on est obligé de s'arrêter pour laisser au sang le temps de se débarrasser de cet excès de gaz ; l'essoufflement déterminé par une course rapide est principalement dû, croyons-nous, à cette cause.

Le refroidissement du corps qu'on observe pendant l'ascension et qui peut atteindre le chiffre de 5°, ainsi que l'a constaté Lortet en 1869 dans une ascension du Mont-Blanc, est également facile à comprendre. La force dépensée par les organes n'étant produite qu'aux dépens de la chaleur qu'ils produisent, l'effort nécessité par l'ascension consomme plus de calorique que les éléments des tissus n'en peuvent fournir dans un temps donné, et, par suite, refroidit le corps.

Quant à la lassitude qui accompagne une ascension, elle est la conséquence de l'oxygénation insuffisante du sang et de l'usure rapide des matériaux nutritifs que ce liquide contient. Les muscles, ne pouvant y trouver les éléments réparateurs dont ils ont besoin, s'épuisent bientôt, et cela d'autant plus rapidement que les mouvements pénibles auxquels ils sont astreints pour élever le corps sont très-fatigants.

Ce n'est que graduellement que l'homme peut s'habituer à vivre sur les hauteurs. Les mouvements respiratoires arrivent alors à s'équilibrer avec le milieu dans lequel ils s'accomplissent, de façon que les poumons peuvent absorber dans un temps donné une quantité suffisante d'oxygène. M. P. Bert a reconnu que si on abaisse brusquement la pression de l'atmosphère où se trouve un animal vertébré, de façon qu'elle ne fasse plus équilibre qu'à 15 ou 18 centimètres de mercure, l'animal succombe rapidement, tandis qu'il peut vivre parfaitement dans cette atmosphère très-raréfiée si la pression est abaissée graduellement. Des villes importantes, comme Potosie, dans la Bolivie, qui est située à plus de 4000 mètres au-dessus du niveau de la mer, sont habitées par une population que n'incommode nullement la raréfaction de l'air dans laquelle elle est plongée.

La plus grande hauteur que l'homme ait atteinte est celle de 10,000 mètres, à laquelle, en 1862, M. Glaisher s'est élevé en ballon. Le baromètre marquait 0ᵐ,40, et le thermomètre 38° au-dessous de 0. L'aéronaute faillit périr.

Les effets observés dans les ascensions en ballon sont très-différents de ceux que produisent les ascensions sur les hauteurs et que nous venons de décrire; cela tient simplement à ce fait que, dans l'ascension, l'aéronaute restant assis, la fatigue musculaire est nulle.

Les effets de l'*augmentation de la pression atmosphérique* sur l'homme sont, comme il était facile de le prévoir, très-différents de ceux produits par sa diminution. Dans l'air condensé les combustions sont plus vives, une bougie brûle avec plus d'éclat, et l'ouïe est augmentée à ce point, que des individus habituellement sourds entendent distinctement. La voix, du reste, en raison de la grande densité de l'air, est plus retentissante et prend un timbre métallique particulier.

L'essoufflement à la suite du travail est moins rapide dans l'air comprimé qu'à l'air libre. Le pouls y est plus lent, les mouvements respiratoires sont également ralentis, mais leur lenteur est compensée par leur ampleur. L'oxygénation du sang est tellement favorisée par la pression qu'il reste rouge dans les veines.

D'après Pravaz, la quantité d'acide carbonique exhalé par le poumon dans l'air comprimé augmente quand l'excès de pression ne dépasse pas 10 ou 12 centimètres de mercure; mais au-dessus, elle diminue.

En raison de l'énergie qu'acquièrent les diverses fonctions dans l'air comprimé, on a proposé le séjour dans une atmosphère condensée au moyen d'appareils spéciaux contre la phthisie, l'asthme, la bronchite chronique, la chlorose et toutes les maladies dans lesquelles l'activité des phénomènes nutritifs a besoin d'être excitée. Mais l'expérience ne s'est pas encore définitivement prononcée sur la valeur de ce moyen thérapeutique.

Les observations faites sur les ouvriers qui construisaient le pont de Kehl ont prouvé que le séjour prolongé de l'homme dans une atmosphère comprimée n'est pas exempt de dangers; en outre, des inconvénients plus ou moins passagers : douleurs vives dans les oreilles, démangeaisons etc., qu'on y éprouve d'abord, les effets excitants qui se produisent primitivement finissent par disparaître; l'appétit, qui s'était d'abord accru, se ralentit, l'individu maigrit, devient triste et s'affaiblit.

Une pression de cinq atmosphères, c'est-à-dire cinq fois supérieure à la pression normale, représente le maximum que l'homme peut supporter.

Influence de la lumière sur les propriétés de l'atmosphère. L'influence vivifiante de l'atmosphère sur les êtres vivants est considérablement favorisée par la bienfaisante action de la lumière. Dans l'obscurité, les animaux et les végétaux s'étiolent rapidement. Les têtards des grenouilles qui ne voient pas la lumière ne subissent pas leurs transformations. Les sujets qui vivent dans des pièces obscures, des prisons, des caves, sont maigres, pâles, bouffis et considérablement affaiblis.

La lumière colorée semble avoir sur les êtres vivants une action très-différente de celle de la lumière blanche. Béclard a vu que des œufs de mouches placés sous des cloches de verre violet se développaient beaucoup plus rapidement qu'à la lumière ordinaire. Sous des cloches vertes, il se développent, au contraire, plus lentement. Des expériences faites récemment sur des plants de vignes et sur des animaux adultes prouvent que la lumière violette favorise également leur développement.

Température de l'atmosphère. Malgré ses vivifiantes propriétés, l'atmosphère ne recouvrirait qu'un globe éternellement désert si sa température n'atteignait pas certaines limites ou les dépassait de beaucoup. A 100 degrés au-dessous ou au-dessus de 0, la vie est complétement impossible.

L'influence de quelques degrés de plus ou de moins sur le développement des êtres vivants est considérable. Dans un lieu où la température moyenne est de 15°, un grain d'orge met quatre mois pour fournir une tige chargée d'épis. Quand la température est de 21°, il ne lui en faut plus que trois. Chez certains animaux inférieurs, toutes les fonctions sont suspendues pendant l'hiver et ils tombent dans un profond sommeil.

La température des divers points du globe varie dans des limites assez étendues. Dans la Haute Égypte elle atteint quelquefois à l'ombre 47° au-dessus de 0; auprès du pôle, elle descend à 56° au-dessous. La différence de 104 degrés qui existe entre ces températures extrêmes montre combien sont considérables les variations de chaleur que l'homme peut passagèrement supporter.

Les points du globe où la longueur des jours est toujours égale à celle des nuits, c'est-à-dire les régions voisines de l'équateur, ont une température très-constante. Quelquefois même, comme en Guinée par exemple, leur moyenne varie à peine de 1 degré dans les différentes saisons ; mais, par suite de l'absence de crépuscule, la nuit arrive brusquement et le refroidissement nocturne est très-rapide.

Le voisinage de la mer exerce aussi une grande influence sur la température de l'atmosphère. Il la rend moins variable, en raison de la lenteur avec laquelle l'eau s'échauffe et se refroidit. La mer rafraîchit l'air en été et le réchauffe en hiver. Les îles — celle de Madère notamment — sont renommées avec raison pour la constance de leur climat *.

A mesure qu'on descend dans l'intérieur de la terre, la température s'élève de 1 degré par 32 mètres environ. A 28 mètres de profondeur, elle reste invariable. Le thermomètre installé par Lavoisier dans les souterrains de l'Observatoire il y aura bientôt un siècle, marque toujours 11°,8. La température des caves est uniforme. Si elle paraît élevée l'hiver et basse l'été, c'est uniquement en raison de la différence qu'elle présente avec celle du niveau du sol. On a calculé qu'à la profondeur de deux lieues la chaleur est tellement considérable que tous les métaux sont en fusion.

A mesure qu'on s'élève dans l'atmosphère, la température, au

* Voici la température des différentes localités où on a l'habitude d'envoyer les malades passer l'hiver. La plupart d'entre elles sont, comme on le voit, situées sur le bord de la mer :

	Hiver.	Printemps.	Été.	Automne.	Moyenne.
Venise	3.3	12.6	22.8	13.3	12.5
Pau	5.8	11.5	18.6	13.1	12.3
Pise	6.0	14.2	24.0	15.6	14.9
Rome	7.5	13.8	24.9	18.3	15.8
Amélie-les-Bains . . .	7.9	14.9	23.2	15.9	15.2
Nice	8.3	13.7	22.9	16.1	15.2
Montpellier	8.3	13.7	21.8	17.4	15.3
Hyères	8.5	15.0	23.4	15.5	15.6
Cannes	9.0	15.8	24.2	18.0	16.7
Menton	9.2	16.2	24.6	17.5	17.6
Naples	9.8	15.2	23.8	16.8	16.4
Palerme	11.4	15.0	23.5	19.0	17.2
Alger	12.4	17.2	23.6	21.4	17.8
Malaga	13.1	20.3	26.8	16.2	19.1
Le Caire	14.6	21.9	29.0	23.2	22.0
Madère	16.3	17.5	21.1	19.8	18.7

lieu de s'accroître, s'abaisse, au contraire. Au-dessus de la couche atmosphérique elle serait, d'après les recherches les plus récentes, de 273° au-dessous de 0. Les hautes montagnes, même dans les régions tropicales, sont couvertes de neiges éternelles. Le voyageur qui gravit leurs flancs voit se succéder les diverses espèces végétales qu'il pourrait rencontrer en allant de l'équateur aux pôles : les palmiers à leur base, les mousses à leur sommet.

Les observations astronomiques modernes comparées à celles faites il y a deux mille ans prouvent que depuis ces âges reculés la terre n'a pas changé de volume et ne s'est pas refroidie. La vigne et le palmier mûrissent encore sous les latitudes où les anciens les ont vus mûrir.

La quantité de chaleur reçue par un point du globe est proportionnelle à la durée du jour et en raison inverse de la longueur des nuits. L'inclinaison de 23° de l'axe de la terre sur le plan de l'ellipse qu'elle parcourt dans sa course annuelle autour du soleil est la cause déterminante des saisons et de la différence de durée des jours et des nuits. Si cette inclinaison disparaissait, c'est-à-dire si l'axe de la terre devenait perpendiculaire au plan de son orbite, la température de chaque point du globe serait invariable pendant toute l'année. Elle serait à Paris de 10°,8 seulement, et, par suite, les fruits et céréales n'y pourraient jamais mûrir.

C'est le soleil qui nous envoie toute la chaleur qui échauffe la surface du globe. La quantité de calorique que cet astre perd sans cesse est considérable et on peut se demander s'il conservera toujours sa température. Nous avons vu que depuis les périodes historiques la surface terrestre ne s'est pas sensiblement refroidie. Mais que sont dans l'immensité des âges les quelques milliers d'années qui nous séparent des temps dont l'homme a gardé la mémoire? La terre aussi fut autrefois un globe incandescent, et graduellement elle s'est assez refroidie pour que la vie devînt possible à sa surface. Comme les êtres qui les habitent, les mondes brillants qui éclairent la nuit ne sont pas éternels. La destinée qui les condamne à naître les condamne aussi à mourir. Que la terre finisse, comme la lune, par absorber son atmosphère ou que le soleil refroidi cesse de la réchauffer, la vie disparaîtra aussi un jour de la surface du globe.

Ces nébuleuses confuses dont l'œil armé des plus puissantes lunettes découvre à peine les contours et ces astres dont l'éclat va pâlissant sans cesse, mondes à leur aurore et mondes qui vont finir, nous disent ce que la terre fut autrefois et ce qu'elle sera un jour.

L'influence de la chaleur de l'atmosphère sur l'homme est considérable. Une température élevée accroît les fonctions de la peau par suite de l'affluence plus considérable du sang à la périphérie du corps. Elle diminue pour la même raison l'activité des organes intérieurs, le foie peut-être excepté. L'homme des pays chauds est généralement indolent et moins actif que celui des pays froids. Chez lui, les phénomènes nutritifs sont ralentis et le sang est pauvre en globules. Cet état, normal pour l'indigène, lui permet d'échapper aux maladies de l'estomac, de l'intestin, du foie et de la peau, qui menacent l'individu venant séjourner sous de chaudes latitudes, tant que sa constitution n'a pas éprouvé des modifications en rapport avec le nouveau milieu où il vit.

Le froid ralentit, au contraire, l'activité de la peau et stimule celle des organes intérieurs en raison de la tendance qu'a le sang, chassé de la périphérie du corps par les contractions des capillaires, à se porter vers la profondeur des tissus. Le système musculaire se développe davantage, le système nerveux devient plus actif, l'intelligence plus vive, et, au lieu de la tendance à l'anémie, il y a, au contraire, tendance à la pléthore et par suite aux congestions des viscères qui peuvent en être la conséquence quand elle est poussée trop loin.

L'activité des organes étant plus considérable sous l'influence du froid, et les tissus se trouvant obligés de produire plus de chaleur pour maintenir l'élévation de leur température, le besoin d'une alimentation plus abondante se fait sentir.

Quand, faute d'une nourriture suffisante ou de vêtements capables de le protéger, l'homme exposé au froid ne peut produire assez de chaleur pour maintenir son corps à une température assez élevée, ses organes s'engourdissent et une invincible tendance au sommeil se manifeste. Cet assoupissement et les conséquences qu'il peut produire sont bien connus des voyageurs dans les pays froids.

Qui s'assied s'endort, et qui s'endort meurt. Les animaux à sang froid, c'est-à-dire dont la température n'est pas indépendante du milieu ambiant, s'engourdissent pendant l'hiver et ne sortent qu'au printemps de leur long sommeil.

On répète généralement dans les ouvrages classiques que l'homme, supérieur en cela aux animaux, peut vivre indifféremment sous tous les climats; mais c'es tune erreur profonde : l'histoire nous prouve, au contraire, qu'il ne peut supporter facilemeꝰt des changements de milieu considérables. Les migrations rapides n'ont jamais formé de colonies durables. Ce n'est que par des migrations à marche séculaire, comme celles des anciens, et surtout par des croisements avec la race indigène, que les différents peuples, notamment ceux qui émigrent dans les pays plus chauds que ceux d'où ils viennent, réussissent à se propager, et encore l'acclimatement n'est-il possible qu'entre peuples voisins, ou entre peuples éloignés mais vivant sous des climats peu différents.

Le ciel du Midi a toujours été impitoyable pour les hommes du Nord. Les Barbares qui, à la chute de l'empire romain, quittèrent leurs contrées glacées pour aller s'établir dans les parties les plus fertiles et les plus chaudes du monde ancien, furent vite détruits. Moins d'un siècle après l'invasion on ne trouvait plus un seul Goth en Italie. L'Égypte, asservie par vingt peuples divers, fut toujours leur tombeau. Sa population actuelle, pure de tout mélange, est restée la vivante image des types gravés sur ses sépulcres il y a cinquante siècles. D'après le docteur Schnepp on ne pourrait pas citer une seule famille étrangère qui se soit propagée dans ce pays pendant plusieurs générations. Ni l'Européen, ni le Turc, ni le nègre, ni le Juif lui-même, malgré son étonnante facilité d'acclimatement, ne peuvent y élever leurs enfants. Ce n'est qu'en se renouvelant constamment que la population étrangère s'y maintient.

De même en Afrique. Alors que les Romains réussissaient à romaniser la Gaule et l'Espagne au point de les rendre complétement latines, ils furent impuissants, malgré sept siècles d'occupation, à coloniser les chaudes contrées où domina Carthage. Nous rencontrons aujourd'hui en Algérie les mêmes obstacles que ceux dont la persévérance romaine ne put triompher jadis. Les enfants des Européens, à l'exception de ceux des nations voisines de l'Afrique, comme les Espagnols et les Maltais, y meurent dès leurs premières années et, à moins d'imiter les Anglais dans l'Inde, qui envoient élever leurs fils en Europe, la race conquérante sera fatalement détruite par le sol envahi par elle.

Ce n'est, en réalité, que dans les contrées plus froides que celle d'où elle émigre, qu'une nation peut s'acclimater facilement. Les peuples qui s'avancent vers le Nord, et l'histoire du mouvement colonisateur des Romains en est la preuve frappante, réussissent à s'y perpétuer, alors que ceux qui marchent vers le Midi disparaissent rapidement.

Nous voyons par ces divers exemples combien sont inflexibles les lois de la nature et ce que peut coûter leur ignorance. Les hommes sont esclaves des milieux où ils vivent, et de ces divers milieux, le climat est un de ceux dont l'action est la plus puissante. C'est lui qui crée leur genre de vie, leurs idées, leur littérature et leurs mœurs. La chaude atmosphère de ces belles plages de la Méditerranée, aux horizons limpides et bleus, et les brumeuses contrées du Nord, au ciel toujours voilé, d'où la pluie ruisselle sans cesse, ne font pas les mêmes hommes

CHAPITRE XIV

LA RESPIRATION.

§ 1er. *Découvertes qui ont conduit à la connaissance des phénomènes de la respiration.* — Expériences de Bayle, Black, Priestley, Lavoisier, etc. — § 2. *Théorie de la respiration.* Différence existant entre l'air qui entre dans les poumons et celui qui en sort. — Siége réel de la respiration. — Respiration des muscles et des divers tissus. — L'acide carbonique expiré est le produit ultime de l'oxydation des tissus. — Origine de l'eau que l'air expiré contient. — Absorption de l'air et des gaz dans les poumons. — Lois de l'échange des gaz dans ces organes. — Rapidité considérable de l'absorption dans les poumons et utilisation de cette propriété pour l'introduction de médicaments dans l'organisme. — Volume d'air nécessaire aux besoins de la respiration. — Spiromètre. — Mesure de la quantité d'air que les poumons contiennent. — Différence existant entre la quantité d'air qui entre dans les poumons et celle qui en sort. — Quantité d'oxygène absorbé et d'acide carbonique exhalé pendant la respiration. — Absorption de l'oxygène pendant le sommeil. — État sous lequel l'oxygène et l'acide carbonique se trouvent dans le sang. — Azote, vapeur d'eau et produits divers exhalés pendant la respiration. — Analyse des produits mélangés à la vapeur d'eau pulmonaire. Danger de les respirer. — Température de l'air expiré. — Respiration par la peau. — Causes modifiant l'intensité des phénomènes respiratoires. — Action du système nerveux sur la respiration. — § 3. *Variations que présentent les phénomènes respiratoires chez les êtres vivants.* Respiration chez les animaux et chez les plantes. — Analogie des phénomènes respiratoires chez le végétal et l'animal.

Les notions exposées dans les deux derniers chapitres nous ont fait connaître les organes au moyen desquels se fait l'introduction de l'air dans les poumons et la nature du fluide qui y est introduit. Nous allons aborder actuellement l'examen des modifications éprouvées par l'air dans l'appareil respiratoire et des échanges qui s'opèrent entre les gaz du sang et ceux de l'atmosphère, c'est-à-dire l'étude des phénomènes intimes de la respiration.

§ 1er.

DÉCOUVERTES QUI ONT CONDUIT A LA CONNAISSANCE DES PHÉNOMÈNES DE LA RESPIRATION.

Les anciens croyaient que la respiration n'avait d'autre but que de rafraîchir le sang. A la suite de la découverte de la circulation par Harvey, on supposa qu'elle avait simplement pour objet de déplisser les vaisseaux des poumons, afin que le sang pût passer des cavités droites du cœur dans les cavités gauches de cet organe. Plus tard on soupçonna que l'air, mis en rapport avec le sang par les poumons, lui cédait quelque principe particulier ; mais de la nature de ce principe on ne pouvait rien dire. Bayle reconnut que l'air expiré est devenu impropre à la respiration, et qu'un animal plongé dans le vide ou dans un espace dont l'atmosphère, n'étant pas renouvelée, l'oblige à respirer le produit de sa propre respiration, ne tarde pas à périr ; mais il ignorait aussi pourquoi.

Ce n'est qu'en 1757 que J. Black constata l'existence de l'acide carbonique dans les produits de la respiration. En soufflant avec un tube dans un flacon contenant de l'eau de chaux bien limpide, — expérience facile à répéter — il vit le liquide se troubler par la combinaison de l'acide carbonique avec la chaux. Il reconnut aussi que le gaz ainsi exhalé était impropre à la respiration et ne différait pas de celui produit par la fermentation du vin et la combustion du charbon.

En 1777, Priestley démontra que l'oxygène, qu'il avait découvert et qu'il appelait *air déphlogistique*, le considérant comme de l'air privé d'un principe supposé nommé *phlogistique*, possédait la propriété de donner au sang veineux une coloration rouge, c'est-à-dire de le transformer en sang artériel. L'air qui avait opéré cette transformation était devenu impropre à la combustion et à la respiration. Il vit aussi que l'acide carbonique donnait au sang des artères une coloration brune, c'est-à-dire le transformait en sang veineux. Avec un esprit un peu plus philosophique, Priestley eût tiré de ses recherches les conclusions auxquelles arriva Lavoisier ;

mais, simple expérimentateur, il crut devoir se borner à constater les faits sans chercher à les interpréter.

Ce fut Lavoisier qui réussit le premier, vers la fin du dernier siècle, à donner une théorie exacte de la respiration. En analysant l'air d'une cloche où avait été placé un animal, il reconnut que cet air avait perdu une certaine quantité d'oxygène, remplacée par une quantité équivalente d'acide carbonique. Le fait essentiel de la respiration, l'absorption de l'oxygène et l'exhalation de l'acide carbonique, se trouvait ainsi démontré.

Doué d'un esprit éminemment généralisateur, Lavoisier compara aussitôt la respiration à la combustion. « La respiration, écrivait-il en 1789, n'est qu'une combustion lente de carbone et d'oxygène, qui est semblable en tout à celle qui s'opère dans une lampe ou dans une bougie allumée; et, sous ce point de vue, les animaux qui respirent sont de véritables corps combustibles qui brûlent et se consument.

« Dans la respiration comme dans la combustion, c'est l'air de l'atmosphère qui fournit l'oxygène; mais, comme, dans la respiration, c'est la substance même de l'animal qui fournit le combustible, si les animaux ne réparaient pas habituellement par les aliments ce qu'ils perdent par la respiration, l'huile manquerait bientôt à la lampe et l'animal périrait, comme une lampe s'éteint lorsqu'elle manque de nourriture. »

« En rapprochant ces réflexions des résultats qui les ont précédées, ajoute Lavoisier, on voit que la machine animale est gouvernée par trois régulateurs principaux : la *respiration*, qui consomme de l'hydrogène et du carbone et qui fournit du calorique; la *transpiration*, qui augmente ou diminue, suivant qu'il est nécessaire d'emporter plus ou moins de calorique; enfin, la *digestion*, qui rend au sang ce qu'il perd par la respiration et la transpiration. »

Les recherches modernes n'ont pas porté d'atteinte profonde à la théorie de Lavoisier; elles l'ont seulement complétée et modifiée en quelques points, notamment en ce qui concerne le siége exact de la respiration.

§ 2.

THÉORIE DE LA RESPIRATION.

Différence existant entre l'air qui entre dans les poumons et celui qui en sort. La respiration se traduisant par un échange entre les gaz du sang et ceux de l'atmosphère, il est évident que l'air, lorsqu'il sort des poumons, doit avoir une composition très-différente de celle qu'il avait avant d'y entrer. On constate, en effet, qu'après sa sortie de cet organe il contient plus d'acide carbonique, moins d'oxygène, est presque saturé de vapeur d'eau et s'est considérablement échauffé. Avant de pénétrer dans l'appareil respiratoire, il contenait 20 p. 100 d'oxygène et quelques dix-millièmes seulement d'acide carbonique. Lorsqu'il en sort, il ne renferme plus que 16 p. 100 d'oxygène, mais a gagné en échange 4 p. 100 d'acide carbonique. Quant à l'azote, sa proportion a peu varié.

L'acide carbonique que l'air expiré renferme est apporté par le sang aux poumons; il est le résultat de la combinaison de l'oxygène de l'atmosphère avec divers principes que les tissus contiennent. Quant à l'eau exhalée, elle est aussi en partie un produit d'oxydation, mais, comme nous le verrons plus loin, possède également une autre origine.

Siége réel de la respiration. La respiration est donc une oxydation de certains éléments des tissus. Du temps de Lavoisier, on croyait que cette oxydation se faisait dans les poumons seulement; mais il est bien démontré aujourd'hui qu'elle a son siége dans tous les éléments anatomiques du corps. Le poumon n'est pas plus le siége de la respiration que ne l'est l'estomac ou tout autre organe. Le sang se borne à lui apporter l'acide carbonique tout formé, et l'appareil pulmonaire ne fait, de son côté, que l'éliminer au dehors, et faciliter l'introduction de l'oxygène dans le torrent circulatoire. Si la combinaison entre les matériaux oxydables et l'oxygène se faisait dans les poumons, le sang s'y réchaufferait, tandis qu'il s'y refroidit, comme l'a démontré Claude Bernard. Ces organes sont si peu le siége des phénomènes respiratoires, que le sang continue à laisser dégager de l'acide carbonique après leur ablation, ainsi qu'on peut s'en convaincre en expérimentant sur des animaux, tels que les grenouilles, qui supportent cette opération sans mourir immédiatement.

La formation de l'acide carbonique n'a pas, du reste, de siége précis. Ce gaz prend naissance dans tous les points de l'organisme, surtout dans ceux qui fonctionnent le plus activement, comme les muscles, par exemple*. Qu'on place du muscle de grenouille dans une éprouvette pleine d'air, l'oxygène est bientôt absorbé et remplacé par de l'acide carbonique. Le muscle a, par conséquent, respiré, car il a été le siége de l'échange gazeux qui constitue la respiration. Le sang y entre chargé d'oxygène, c'est-à-dire à l'état de sang artériel, et en sort beaucoup moins riche en oxygène, mais beaucoup plus riche en acide carbonique, c'est-à-dire à l'état veineux.

Ce sont les globules du sang qui sont chargés de porter aux organes l'oxygène destiné à entretenir leurs fonctions. En se combinant avec ce gaz, c'est-à-dire en respirant, les éléments des organes s'usent; mais cette usure constante, que les matériaux du sang viennent incessamment réparer, est la condition essentielle de leur fonctionnement. Ce n'est qu'en s'oxydant et, par suite, en se détruisant, qu'ils peuvent mettre en liberté la chaleur, le mouvement et les forces diverses qu'ils recèlent. C'est pour ne pas s'être suffisamment imbus de ce fait, que tant d'auteurs parlent encore d'aliments anti-déperditeurs, tels que le café et l'alcool, qui jouiraient de la propriété de ralentir la désassimilation des organes sans restreindre leur activité: chose aussi impossible, en réalité, que de diminuer le combustible d'une ma-

---

* **Respiration des divers tissus.** — Les divers tissus respirent d'une façon très-inégale. En répétant les anciennes recherches de Spallanzani, consistant à analyser l'air dans lequel a séjourné pendant vingt-quatre heures le tissu en expérience, P. Bert a constaté, sur un chien tué par hémorrhagie, que

		centim. cub.		centim. cub.	
100 gr.	de muscles absorbent en 24 h.	50.8	d'oxygène et exhalent	56.8	d'acide carbon.
»	de cerveau	» 45.8	»	42.8	»
»	de reins	» 37.0	»	15.6	»
»	de rate	» 27.3	»	15.4	»
»	d'os brisés avec moelle	» 17.2	»	8.1	»

chine à vapeur sans proportionnellement réduire le travail qu'elle produit.

Nous sommes peu fixés sur les modifications chimiques qui s'opèrent dans les tissus pendant leur oxydation *. Ce que nous savons d'une façon certaine, c'est que l'acide carbonique exhalé à chaque mouvement respiratoire n'est pas le résultat de la combinaison de l'oxygène avec le carbone que le sang pourrait contenir, comme cela aurait lieu s'il s'agissait d'une combustion comparable à celle de nos foyers.

Ce corps est le terme ultime d'une série de transformations régressives qui ramènent les éléments des tissus à des composés de moins en moins complexes, mais dont quelques termes intermédiaires seulement, tels que la créatine, la xanthine, l'urée, l'acide lactique, etc., nous sont connus.

L'eau exhalée avec l'acide carbonique pendant la respiration représente également en partie le produit ultime d'une série de dédoublements successifs, et non le résultat de la combinaison directe de l'oxygène avec l'hydrogène que le sang ou les tissus pourraient contenir.

Absorption de l'air et des gaz dans les poumons. Pour que l'air introduit dans les poumons par les mouvements respiratoires pénètre dans le sang, il faut que ces organes puissent l'absorber. Les dernières ramifications des bronches, ainsi que celles des vaisseaux pulmonaires, se terminant en cul-de-sac, l'air doit, pour arriver au sang, traverser l'épaisseur de leurs parois. Ces parois étant très-minces et très-perméables pour les gaz, comme toutes les membranes animales, l'échange entre les gaz du sang et l'atmosphère s'y fait facilement et avec d'autant plus d'intensité

---

* Modifications chimiques éprouvées par les muscles pendant la respiration. — Ce que nous savons des changements de composition chimique subis par le muscle pendant son activité se réduit à fort peu de chose. La réaction du muscle au repos est alcaline; après sa contraction elle devient acide, par suite de la production d'acide lactique. Heidenhain a même soutenu que la quantité d'acide lactique formé était proportionnelle au travail accompli. En même temps que la réaction du muscle change, la quantité de créatinine qu'il contient diminue au profit de la créatine, et, d'après Helmholtz, les matières solubles dans l'alcool augmentent, tandis que celles solubles dans l'eau diminuent.

que la différence de tension qui existe entre eux est elle-même plus considérable*.

Le poumon est un des organes où l'absorption se fait le plus rapidement. Elle est bien plus active à sa surface que sur celle de l'appareil digestif. Sa puissance d'absorption est même si considérable qu'on peut introduire une grande quantité d'eau dans le poumon d'un animal sans l'asphyxier. 20 litres de ce liquide introduits dans les poumons d'un cheval ne produisent aucun effet sensible. Il faut y jeter brusquement 40 litres pour amener la mort.

Les corps gazeux qui se trouvent dans l'atmosphère et que la respiration entraîne dans l'appareil pulmonaire y sont rapidement absorbés, et c'est là précisément ce qui constitue leur danger. Quand on fait respirer à un animal un corps à l'état de gaz ou de vapeur, de l'éther par exemple, ce corps passe immédiatement dans le sang *artériel* et arrive rapidement aux éléments des tissus sur lesquels il produit son action. Introduit, au contraire, dans l'estomac, il est absorbé par les veines et conduit aux poumons, qui le rejettent en presque totalité au dehors avant qu'il puisse parvenir au système artériel. Il faudrait faire boire des quantités considéra-

* **Échange des gaz dans les poumons.** — La quantité de gaz dont un dissolvant se charge ou se dépouille est proportionnelle à la tension de l'atmosphère qui est en contact avec ce dissolvant. De l'eau recouverte d'une atmosphère d'acide carbonique en absorbe jusqu'à ce que le gaz dissous fasse équilibre à la pression de cette atmosphère. Quand cette pression augmente, la quantité de gaz dissous s'accroît; quand elle diminue, au contraire, une partie du gaz que l'eau contient s'échappe aussitôt. Lorsque l'atmosphère gazeuse est composée de plusieurs gaz, chacun se comporte comme s'il était seul et possédait le degré de tension qu'il a dans le mélange. Entre le sang et l'air, les choses se passent d'une façon analogue, mais non cependant complétement identique, car les gaz du sang sont séparés de ceux de l'atmosphère par une membrane. L'échange qui s'opère entre eux dépend des rapports existant entre la quantité d'acide carbonique et d'oxygène dont le sang est chargé et celle que l'air contient. Dans ce dernier, la tension de l'oxygène est considérable et celle de l'acide carbonique presque nulle. Dans le sang, le contraire a lieu. L'oxygène combiné en grande partie aux globules de ce liquide possède une tension très-faible, tandis que l'acide carbonique a une tension considérable. Le sang absorbera, par conséquent, de l'oxygène et dégagera de l'acide carbonique.

C'est là ce qui se produit dans une atmosphère d'une composition normale. Mais quand l'acide carbonique y existe en quantité un peu notable, les choses se passent autrement. Il arrive un moment où, la tension de ce gaz se trouvant supérieure à celle qu'il possède dans le sang, non-seulement l'élimination des composés que ce liquide contient devient impossible, mais, de plus, au lieu de dégager de l'acide carbonique, il en absorbe, ce qui produit une asphyxie rapide.

bles d'éther pour produire l'anesthésie, tandis qu'il suffit de faire respirer quelques grammes de ce liquide pour obtenir le sommeil insensibilisateur. C'est pour la même raison que les vapeurs alcooliques des celliers produisent plus rapidement l'ivresse que l'ingestion d'une quantité correspondante d'alcool ; que les boissons contenant une forte proportion d'hydrogène sulfuré peuvent être bues sans danger, bien que ce gaz s'y trouve en quantité suffisante pour occasionner la mort, s'il était mélangé à l'atmosphère que les poumons respirent*.

Volume d'air nécessaire à la respiration. Chez l'homme adulte, chaque inspiration fait pénétrer environ un demi-litre d'air dans l'appareil pulmonaire, et, comme le nombre des inspirations est de 18 par minute, la quantité d'air introduite pendant ce temps est de 9 litres environ, c'est-à-dire de 540 litres par heure, ou de 13,000 litres en 24 heures. Un litre d'air pesant $1^{gr},3$, on voit que le volume de ce gaz qui passe dans le poumon en 24 heures atteint presque le poids de 17 kilogrammes.

Le volume d'air contenu dans les poumons de l'homme est, après l'inspiration, de 3 litres environ. Après l'expiration, il diminue d'un demi-litre. Quelque prolongée que l'expiration puisse être, il reste toujours dans le poumon, lorsqu'elle est terminée, un certain volume d'air constituant une sorte de réserve pulmonaire, qui est de un litre et demi à deux litres environ**. C'est précisément cette ré-

* **Utilisation de la puissance absorbante du poumon pour introduire des médicaments dans l'organisme.** — La puissance d'absorption du poumon et la rapidité avec laquelle pénètrent dans le système artériel les composés qui se trouvent en contact avec cet organe ont été utilisées pour déterminer l'absorption rapide de diverses substances salines tenues en dissolution, telles que celles renfermées dans les eaux minérales, par exemple. Au moyen d'appareils pulvérisateurs spéciaux on réduit le liquide en particules extrêmement fines, lui donnant l'aspect d'une sorte de poussière humide qui peut être respirée facilement. On peut créer ainsi une atmosphère maritime artificielle imitant celle de la mer, dont les bons effets sont dus à l'absorption par les poumons des divers principes qu'elle tient en suspension.

** **Mesure du volume d'air restant dans les poumons après l'expiration.** — Pour mesurer la quantité d'air restant dans les poumons après l'expiration, Gréhant fait inspirer à un individu un volume déterminé d'hydrogène pur, le lui fait expirer dans un vase clos, où il continue à respirer plusieurs fois, de façon à bien mélanger l'hydrogène à l'air contenu dans les poumons. En recueillant ensuite une certaine quantité du mélange et dosant l'hydrogène qu'il renferme, on en déduit facilement par le calcul le volume total d'air que les poumons contenaient.

serve accumulée dans les lobules pulmonaires et constamment alimentée par la respiration qui fournit aux vaisseaux pulmonaires l'oxygène dont ils ont besoin. Il est à remarquer que l'air contenu dans ces lobules et qui est, en réalité, le seul que les animaux respirent, a une composition très-différente de celle de l'air atmosphérique. Au lieu de quelques dix-millièmes seulement d'acide carbonique et de 20 p. 100 d'oxygène que ce dernier renferme, l'air des poumons contient 5 à 8 p. 100 d'acide carbonique et seulement 11 à 14 p. 100 d'oxygène.

Pour mesurer le volume de gaz mis en mouvement par l'inspiration et l'expiration, on se sert, soit d'un compteur à gaz ordinaire, soit de l'appareil nommé *spiromètre*, qui est simplement un gazomètre gradué plongeant dans un réservoir plein d'eau. Après avoir fait faire à l'individu sur lequel on veut expérimenter une longue inspiration, on le fait expirer jusqu'aux limites du possible dans un tube communiquant avec l'appareil.

D'après Hutchinson, la moyenne du volume d'air obtenu de la sorte est de trois litres et demi ; ce chiffre représente la quantité d'air qu'un individu respirant de toutes ses forces peut faire entrer dans ses poumons. Chaque mouvement d'inspiration normale n'y introduit qu'une petite portion de cette quantité.

Parmi les conditions qui font varier la capacité pulmonaire, la plus marquée, d'après l'auteur que nous venons de citer, serait la taille. Le volume d'air absorbé serait d'autant plus considérable que la taille est elle-même plus élevée. Il croîtrait de 5 centilitres par chaque centimètre d'augmentation dans la stature.

C'est de 25 à 40 ans que le volume d'air expiré est le plus considérable. Il diminue dans la vieillesse et devient moindre que dans l'adolescence. Chez la femme, il est moins élevé que chez l'homme*.

---

*Le spiromètre peut être très-utilement employé en médecine pour rechercher la diminution du volume d'air normalement expiré par un individu atteint d'une lésion des organes pulmonaires. D'après Hutchinson, un abaissement de 16 p. 100 dans le volume d'air expiré doit faire songer à la phthisie pulmonaire. Dans la première période de cette affection, la diminution atteint 33 p. 100, et dans la période extrême jusqu'à 90 p. 100. L'emphysème pulmonaire abaisse, autant que la phthisie ,la capacité du poumon.

La quantité d'air qui entre dans le poumon pendant l'inspiration n'est pas tout à fait égale à celle qui en sort pendant l'expiration, et l'expérience démontre que l'acide carbonique exhalé ne correspond pas exactement à la quantité d'oxygène introduit. Cela tient, ainsi que nous le verrons plus loin, à ce qu'une partie de l'oxygène absorbé se combine avec divers éléments des tissus pour former de l'eau.

Quantité d'oxygène absorbé et d'acide carbonique exhalé pendant la respiration. En faisant séjourner un animal dans un volume d'air déterminé et en absorbant, au moyen d'une solution de potasse, l'acide carbonique qu'il exhale, on arrive à reconnaître facilement la quantité d'oxygène absorbé et d'acide carbonique exhalé à chaque mouvement respiratoire. Cette quantité varie suivant les circonstances dans lesquelles l'animal est placé. Lavoisier, dans ses expériences, est arrivé aux conclusions suivantes :

Un homme au repos et à jeun, par une température extérieure de 32° centig., consomme, par heure, 24 litres d'oxygène.

Le même individu, dans les mêmes conditions, mais par une température de 15°, en consomme 26 litres dans le même temps.

Un homme à jeun, accomplissant le travail nécessaire pour élever 15 livres en 15 minutes à 200 mètres de hauteur, consomme par heure 63 litres d'oxygène.

Le même individu, accomplissant le même travail pendant la digestion, absorbe 71 litres d'oxygène pendant le même temps.

Dans des recherches faites à une époque beaucoup plus récente, Regnault et Reiset ont vu qu'en général les animaux maigres absorbent plus d'oxygène que les animaux gras de la même espèce ; les reptiles beaucoup moins, à poids égal, que les animaux à sang chaud ; les petits oiseaux, 10 fois plus que les gros. Les poissons peuvent être rangés parmi les espèces chez lesquelles la consommation de l'oxygène est moindre.

Les expériences de Lavoisier, confirmées par celles de Regnault et Reiset, ont également prouvé que la quantité d'oxygène absorbé restait la même dans une atmosphère contenant 2 ou 3 fois plus d'oxygène qu'à l'état normal. Elles ont également prouvé que, lorsqu'on remplaçait l'azote de l'air par de l'hydrogène, les animaux n'en étaient pas incommodés. La même chose n'a pas lieu quand on lui substitue un gaz ayant une tension très-considérable, comme l'acide carbonique par exemple, et cela pour les raisons que nous avons fait connaître en parlant des propriétés de ce dernier corps, dans le chapitre consacré à l'étude de l'air.

L'absorption de l'oxygène diminue dans les pays chauds et augmente dans les pays froids. On le comprend facilement en réfléchissant que, la température du corps restant constante et la chaleur étant le résultat de l'oxydation des tissus, l'animal devra d'autant plus absorber d'oxygène pour maintenir son corps à sa chaleur normale que le milieu où il est plongé sera plus froid.

Nous voyons, par ce qui précède, combien est variable l'absorption de l'oxygène, et à quel point l'exercice a d'influence sur elle. Toutes les forces se produisant par l'oxydation des matériaux renfermés dans les tissus, il est facile de comprendre que, plus la dépense de ces forces est considérable, plus élevée doit être la consommation de l'agent qui les met en liberté.

La proportion d'acide carbonique exhalé est, comme la quantité d'oxygène absorbé, très-variable. D'après Andral et Gavarret, la quantité moyenne exhalée en une heure est de 20 litres environ, ce qui représente 41 grammes d'acide carbonique ou 11 grammes environ de carbone. La quantité de carbone ainsi éliminée en 24 heures peut être représentée par un morceau de charbon du poids de 250 grammes.

L'exhalation de l'acide carbonique varie avec l'âge, le sexe, l'alimentation, le genre de vie, etc. Elle est d'autant plus considérable que la nourriture est plus riche en carbone et le système musculaire plus développé et plus actif. Elle atteint son maximum d'intensité vers 30 ans et diminue ensuite jusqu'à la mort.

La fréquence des mouvements respiratoires a une influence marquée sur l'élimination de l'acide carbonique. En expérimentant sur lui-même, Vierordt a vu qu'en respirant 6 fois par minute, il éliminait, dans cet espace de temps, 171 centimètres cubes de ce gaz;

en respirant 12 fois, 216 ; 24 fois, 396 ; 48 fois, 696 ; 96 fois, 1296.

La profondeur des mouvements respiratoires augmente également l'élimination de l'acide carbonique. La rapidité de la circulation et l'accroissement de la pression sanguine ont sur elle le même effet.

Le travail musculaire doit être rangé parmi les causes qui augmentent le plus la production de l'acide carbonique. A la suite d'un travail pénible, elle peut devenir trois fois plus considérable qu'à l'état normal, ce qui se comprend facilement quand on se rappelle l'influence de l'exercice sur l'absorption de l'oxygène. Plus la proportion d'oxygène absorbé est élevée, plus l'oxydation des tissus et, par suite, la quantité d'acide carbonique exhalé doivent s'accroître.

L'acide carbonique exhalé dans un temps donné renferme moins d'oxygène que l'animal n'en absorbe dans le même temps. Il est fort probable que la portion d'oxygène qui ne se combine pas avec le carbone se combine avec les corps hydrogénés des matières organiques des tissus pour former une partie de la vapeur d'eau exhalée pendant la respiration.

D'après des recherches récentes, qui auraient besoin d'être confirmées, les animaux exhaleraient plus d'oxygène à l'état d'acide carbonique, pendant le jour, que les poumons n'en absorbent, tandis que la nuit, au contraire, ils absorberaient beaucoup plus d'oxygène qu'ils n'en excrètent sous forme d'acide carbonique. On en a conclu que, pendant le sommeil, le sang — probablement les globules — emmagasine de l'oxygène, qui se trouve ensuite utilisé, pendant le jour, pour le dégagement des forces, et que c'est précisément quand la provision d'oxygène est épuisée, que le sommeil arrive.

État sous lequel l'oxygène et l'acide carbonique existent dans le sang. Ce sont les globules qui fixent, comme nous l'avons dit, soit par dissolution, soit plutôt par combinaison très-instable, l'oxygène contenu dans les poumons. Ce gaz paraît y exister à l'état d'ozone. Une goutte de sang posée sur du papier imbibé de teinture alcoolique de gaïac s'entoure d'un cercle bleuâtre qui prouve l'action oxydante des globules. Le même réactif est sans effet sur le sérum privé de ses corpuscules. Quant à l'acide carbonique, il existe dans le sérum, en partie à l'état libre, en partie à l'état de bicarbonate.

Certains éléments, que le sang peut accidentellement contenir, modifient son pouvoir absorbant à l'égard de l'acide carbonique et de l'oxygène. La présence des phosphates et des carbonates alcalins diminue son pouvoir dissolvant quant à l'acide carbonique. Les chlorures jouissent de la même propriété; mais, de plus, ils diminuent son coefficient de solubilité à l'égard de l'oxygène. Dans les maladies où le sang contient un excès de chlorures, telles que le choléra et le scorbut notamment, l'absorption de l'oxygène et l'élimination de l'acide carbonique sont, comme nous l'avons vu plus haut, notablement ralenties.

Azote, vapeur d'eau et substances diverses exhalées pendant la respiration. Lavoisier croyait qu'il n'y a ni absorption ni dégagement d'azote pendant la respiration; mais des expériences plus récentes ont prouvé que la quantité excrétée à chaque mouvement expiratoire dépasse légèrement la quantité introduite dans le poumon par la respiration. Cet excédant provient sans doute des transformations subies par la partie azotée des tissus.

L'air qui entre dans les poumons à chaque mouvement respiratoire peut être plus ou moins sec, mais il en sort toujours presque saturé de vapeur d'eau; c'est elle qui ternit la surface des miroirs sur lesquels on respire et forme ce brouillard blanchâtre exhalé à chaque expiration quand la température de l'air ambiant est très-basse.

L'eau que les produits de la respiration contiennent provient en grande partie des liquides mélangés au sang par la digestion et, en moindre proportion, de la combinaison de l'oxygène introduit dans les poumons par la respiration avec les composés hydrogénés provenant de la désassimilation des tissus.

La quantité de vapeur d'eau exhalée par la respiration est très-variable. Chez l'homme, elle s'élève en moyenne à 400 ou 500 grammes par 24 heures. Elle diminue quand l'atmosphère est très-humide. Si cette dernière était complétement saturée et que sa température fût aussi élevée que celle du corps, l'air inspiré ne se mélangerait pas dans le poumon avec une nouvelle quantité de vapeur d'eau *.

Outre les principes précédemment énumérés et qui existent toujours dans les produits de la respiration, l'air expiré contient souvent des quantités minimes de chlorure de sodium, d'azotate et de chlorhydrate d'ammoniaque, d'acide urique, d'urates, de cellules épithéliales des bronches et même des germes de divers parasites. On dit, dans la plupart des ouvrages, que l'ammoniaque qu'il renferme provient de la décomposition des parcelles alimentaires restées entre les dents ou des enduits morbides dont la langue peut être couverte. Mais nous avons plusieurs fois constaté que l'odeur am-

* **Produits mélangés à la vapeur d'eau pulmonaire.** — La vapeur d'eau que les produits de la respiration pulmonaire et cutanée contiennent est mélangée de composés divers qui n'avaient été jusqu'ici l'objet d'aucune recherche. Mes expériences m'ont prouvé que le produit de la condensation de la vapeur d'eau pulmonaire dans un ballon refroidi est un liquide limpide, d'une odeur spéciale variant suivant l'âge, le sexe et l'état de santé des sujets qui l'ont fourni. Évaporé au bain-marie, il laisse un très-minime résidu, dans lequel les réactifs et le microscope m'ont fait reconnaître l'existence de chlorures et de phosphates ammoniaco-magnésiens. Considérant ce liquide comme un produit de dépuration du sang très-analogue à l'urine, j'y ai recherché la présence de l'urée, mais sans succès, ce qui tient uniquement peut-être à ce que je n'opérais pas sur des doses suffisantes de liquide. Si, en effet, ce principe ne se rencontre dans la vapeur d'eau qu'en très-minime quantité, comme dans la sueur par exemple, il faudrait, pour constater sa présence, opérer sur plusieurs litres de liquide, ce qui n'est pas facile, en raison de la petite quantité qu'un individu peut produire en respirant. Il m'a été également impossible d'isoler les corps qui lui communiquent son odeur spéciale; leur étude présenterait cependant un intérêt considérable, car il est fort probable que ce sont eux ou les matières qui en dérivent par fermentation qui donnent aux produits de la respiration les propriétés toxiques incontestables qu'ils possèdent. Le malaise qu'on éprouve dans une atmosphère confinée se produit, en effet, bien avant que la quantité d'acide carbonique que la respiration y a introduite soit en proportion suffisante pour entraver cette fonction. Une atmosphère contenant 1/100 d'acide carbonique que l'on y a artificiellement mélangé peut, en effet, être respirée sans incommodité, ce qui n'a pas lieu quand ce gaz provient de la respiration. Richardson a prouvé que de l'oxygène pur plusieurs fois respiré par un même animal devenait bientôt impropre à la respiration, bien qu'on eût soin de le dépouiller constamment de l'acide carbonique qui s'y trouve mélangé. Ce sont ces mêmes matières volatiles qui donnent à l'air où des êtres vivants ont séjourné quelque temps cette odeur spéciale qu'on observe quand on pénètre le matin dans une chambre où quelqu'un a couché.

moniacale de l'haleine persistait habituellement après les lavages de la bouche les plus minutieux et qu'on rencontrait très-fréquemment l'ammoniaque en notable proportion dans l'air expiré par beaucoup de sujets, principalement chez les femmes aux époques de la menstruation.

Température de l'air expiré. L'air introduit dans le poumon par la respiration s'y réchauffe rapidement, et quand il sort de cet organe, sa température est presque aussi élevée que celle du corps. En respirant par le nez et faisant ensuite passer l'air expiré par la bouche à travers un tube à l'intérieur duquel se trouve un thermomètre, l'instrument oscille entre 35 et 37° si la température ambiante dépasse 10°; quand elle s'abaisse à 0°, la température de l'air expiré est encore de 30°.

Respiration par la peau. Nous avons vu, en parlant de la sueur, qu'il se fait par la peau, à travers les parois des glandes sudoripares, un échange gazeux tout à fait analogue à celui dont les poumons sont le siége, c'est-à-dire une exhalation d'acide carbonique et une absorption d'oxygène.

L'excrétion de l'acide carbonique qui se fait par la peau est 38 fois moindre que celle qui s'opère par les poumons, mais l'exhalation cutanée de la vapeur d'eau est plus considérable que l'exhalation pulmonaire. La quantité d'eau exhalée par le poumon est d'environ 500 grammes en 24 heures, tandis que celle éliminée par la peau atteint environ 1 kilogramme dans le même temps.

L'exhalation d'acide carbonique par la peau est facile à mettre en évidence. En introduisant la main dans une cloche contenant de l'air et placée sur une cuvette pleine d'eau, on constate bientôt, par le précipité de carbonate de chaux qui se produit lorsqu'on verse de l'eau de chaux dans la cloche, que l'atmosphère qui a entouré le membre renferme de l'acide carbonique. En plaçant le corps dans une enceinte fermée, on arrive facilement à doser tout l'acide carbonique exhalé par la peau.

L'absorption de l'oxygène par la peau se démontre en plaçant des grenouilles privées de leurs poumons sous une cloche pleine d'air. On reconnaît bientôt que cet air est dépouillé d'une partie de son oxygène, qui se trouve remplacé par une quantité équivalente d'acide carbonique.

Quant à l'absorption d'azote qui pourrait se faire par la peau, elle n'a pas encore été démontrée.

Nous avons vu, en traitant de la dépuration du sang, que la suppression de la respiration cutanée amène la mort, comme le fait, mais dans un temps moins long, la suppression de la respiration pulmonaire. Un mammifère dont on recouvre la peau d'un vernis imperméable succombe rapidement.

Causes qui modifient l'intensité des phénomènes respiratoires. L'intensité des phénomènes respiratoires varie suivant l'âge, le sexe, l'espèce animale et un nombre de causes fort diverses. Ils sont beaucoup plus lents chez les animaux à sang froid que chez ceux à sang chaud. Alors qu'une grenouille absorbe par heure un décigramme seulement d'oxygène par kilogramme de matière animale, un oiseau en absorbe 10 grammes pour le même poids pendant le même temps.

L'exercice et le travail musculaire ont une grande influence sur la respiration. Nous avons vu combien ils augmentent l'absorption de l'oxygène et l'élimination de l'acide carbonique*. Chez les animaux dont l'activité musculaire est considérable, comme les oiseaux par exemple, l'intensité des phénomènes respiratoires est très-marquée. Nous avons vu plus haut qu'un individu au repos, consommant 24 litres d'oxygène par heure, en consomme 63 litres, c'est-à-dire une quantité près de trois fois plus forte, quand il fait un travail actif. Les variations alors observées sont assez constantes, dit Lavoisier, pour qu'en appliquant un homme à un exercice pénible et observant l'accélération qui en résulte dans le cours

---

* D'après Smith, la quantité d'air introduite dans les poumons étant représentée par 1 chez l'homme quand il est couché, cette proportion éprouve, sous l'influence de l'exercice, les variations suivantes :

Debout.	1.33
Marche de 1 mille à l'heure	1.90
Marche de 2 milles à l'heure.	2.76
Course à cheval au trot.	4.05
Natation	4.32
Course à pied de 7 milles à l'heure	7.00

de la respiration, on puisse en conclure à quel poids élevé à une hauteur déterminée correspond la somme des efforts qu'il a faits pendant le temps de l'expérience. « Ce genre d'observation, ajoute cet illustre observateur, conduit à comparer des emplois de force entre lesquels il semblerait n'exister aucun rapport. *On peut connaître, par exemple, à combien de livres en poids répondent les efforts d'un homme qui récite un discours, d'un musicien qui joue d'un instrument. On pourrait même évaluer ce qu'il y a de mécanique dans le travail du philosophe qui réfléchit, de l'homme de lettres qui écrit, du musicien qui compose.* Ces effets, considérés comme purement moraux, ont quelque chose de physique et de matériel qui permet, sous ce rapport, de les comparer aux efforts que fait l'homme de peine. Ce n'est donc pas sans quelque justesse que la langue française a confondu sous la dénomination commune de *travail* les efforts de l'esprit comme ceux du corps, le travail du cabinet et le travail du mercenaire. »

Entre cet énoncé et celui de la théorie de l'équivalence des forces, telle que les travaux modernes l'ont mise en évidence, il n'y avait qu'un pas; mais ce pas, il a fallu soixante ans pour le franchir.

Quand le travail physique est poussé jusqu'à la fatigue, les phénomènes de la respiration, au lieu de s'accroître, se ralentissent. Le sujet fatigué use plus de matière musculaire qu'il n'en peut fabriquer dans un temps donné. Il s'accumule alors dans le sang une quantité d'acide carbonique suffisante pour produire une sorte d'intoxication passagère, ainsi que nous l'avons vu en parlant des phénomènes que détermine l'ascension sur les montagnes.

Le climat a également une grande influence sur l'intensité des phénomènes respiratoires. Nous avons vu que la consommation de l'oxygène est d'autant plus considérable que la température est plus basse, à condition, naturellement, que le froid ne soit pas excessif ou trop prolongé, parce qu'alors il paralyserait toutes les fonctions, ce qui arrive chez les animaux à sang froid et chez les hibernants, qui passent, comme on le sait, l'hiver dans un profond sommeil.

L'état hygrométrique de l'air a aussi une influence marquée sur l'activité des phénomènes respiratoires. Quand l'atmosphère est très-humide, l'exhalation de vapeur d'eau qui se fait par les poumons est ralentie, comme l'est également celle qui s'opère par la peau.

L'influence des maladies sur l'activité respiratoire n'est pas moins sensible. Dans le choléra, on a constaté que l'air expiré contenait plus d'oxygène qu'à l'état normal, d'où l'on doit conclure que l'absorption de ce gaz était considérablement ralentie. L'absorption de l'oxygène diminuant, l'élimination de l'acide carbonique se réduit également. La même diminution de l'acide carbonique a été notée aussi dans diverses maladies, la pneumonie, la fièvre typhoïde et la phthisie notamment.

Action de la respiration sur le sang. Nous avons décrit dans le chapitre consacré à l'étude du sang les changements qu'éprouve ce liquide sous l'influence de l'oxygène fourni par la respiration. De noir qu'il était et impropre à l'entretien de la vie, il devient d'un rouge vif et apte à entretenir toutes les fonctions.

C'est au moyen de l'appareil respiratoire que le sang veineux chargé d'acide carbonique et l'oxygène de l'air amené par les divisions des bronches sont mis en présence. L'échange gazeux se fait, comme nous l'avons vu, à travers la mince membrane qui les sépare.

Pour constater l'influence de la respiration sur le sang, il suffit d'ouvrir l'artère d'un membre sur un animal vivant. Si l'animal respire, le liquide a une belle couleur rouge. Si on suspend la respiration, il acquiert en moins de trente secondes la couleur du sang veineux.

Action du système nerveux sur la respiration. Les muscles inspirateurs reçoivent leurs nerfs de la moelle épinière à diverses hauteurs, mais notamment des paires cervicales et dorsales.

Quand, sur un animal vertébré, on introduit un instrument tranchant entre la première vertèbre cervicale et l'os occipital, de façon à couper la moelle épinière au-dessous du cervelet, au point où elle pénètre dans le crâne, c'est-à-dire dans la portion du bulbe rachidien qui se trouve à quelques millimètres au-dessous de l'origine des nerfs pneumo-gastriques, tous les muscles respirateurs cessent immédiatement de fonctionner, et comme la vie ne peut se maintenir quand la respiration est suspendue, la mort se produit presque instantanément.

Flourens a donné à cette région circonscrite, dont la blessure détermine une mort rapide, le nom de *nœud vital;* mais cette désignation nous semble tout à fait impropre, car elle semblerait indiquer que la vie a son siége dans un point spécial du corps, ce qui est entièrement inexact; la mort n'est en aucune façon la conséquence nécessaire de la blessure du bulbe, car on peut, par la respiration artificielle, prolonger presque indéfiniment la vie de l'animal ainsi blessé. Cette région ne peut pas plus, en réalité, être appelée nœud vital parce que la disparition de la vie est la suite de sa destruction, qu'une artère importante ne peut mériter la même épithète parce que sa blessure entraîne habituellement la mort.

La suspension des mouvements respiratoires à la suite d'une blessure du bulbe prouve amplement que c'est en ce point qu'ils ont leur siége. Ils l'ont dans cette région et non ailleurs, car on peut, en ménageant les cinq ou six millimètres de moelle épinière dont l'expérience a indiqué la situation, vider presque entièrement la cavité crânienne sans que la respiration se ralentisse.

Chez les animaux qui peuvent vivre un certain temps en respirant uniquement par la peau, la destruction du bulbe rachidien n'amène pas immédiatement la mort. Les batraciens vivent plusieurs mois, les reptiles plusieurs semaines après son ablation.

Les plus importants des nerfs qui transmettent le principe des mouvements aux muscles inspirateurs sont les nerfs phréniques. En coupant la moelle épinière entre la troisième et la quatrième vertèbre cervicale, c'est-à-dire au-dessus de l'origine de ces nerfs, les mouvements du diaphragme sont abolis. C'est pour cette raison que les lésions siégeant au niveau de la troisième vertèbre cervicale rendent la respiration extrêmement laborieuse; les mouvements respiratoires ne pouvant plus se faire que sous l'influence des muscles du cou et des épaules, le malade, lentement asphyxié, succombe bientôt.

Quand on excite d'une façon continue, par l'électricité, les deux nerfs phréniques, de façon à mettre le diaphragme en contraction tétanique, l'animal se trouve en état d'inspiration continue, et, ne pouvant plus renouveler l'air dans ses poumons, toujours distendus, s'asphyxie rapidement.

D'autres nerfs que le nerf phrénique exercent, mais à un degré moindre, une influence notable sur la respiration. Ainsi, la section du nerf facial a pour résultat l'aplatissement des parois latérales des narines pendant l'inspiration et la paralysie des lèvres, qui flottent alors comme deux voiles mobiles, suivant la direction du courant d'air qui entre dans la bouche et qui en sort; la section ou la paralysie des nerfs laryngés inférieurs produit le resserrement de la glotte, par suite de la paralysie des muscles crico-aryténoïdiens postérieurs, dont les contractions maintiennent les lèvres de cet orifice écartées*.

La section des nerfs qui animent les muscles destinés à faciliter les mouvements inspirateurs dans les respirations laborieuses, tels que le *spinal* par exemple, qui anime le sterno-mastoïdien et le trapèze, a pour résultat d'empêcher les inspirations prolongées et, par conséquent, de rendre l'animal incapable d'exercer aucun effort. Tout effort, en effet, doit être précédé d'une inspiration profonde, ainsi qu'on peut s'en convaincre facilement en essayant de faire un travail violent après une inspiration ordinaire. L'animal qu'on force à courir, après la section de ce nerf, est immédiatement essoufflé, par suite des vaines tentatives qu'il fait pour dilater suffisamment sa poitrine.

Une excitation faible par l'électricité des nerfs pneumo-gastrique et laryngé supérieur accélère la respiration; si l'excitation est assez forte, elle la ralentit ou la suspend; mais si elle n'est pas trop énergique, les mouvements respiratoires reviennent pendant sa durée.

Plusieurs auteurs admettent que l'excitation du centre des mouvements respiratoires, dont nous avons vu plus haut l'origine, se produit sous l'influence de l'acide carbonique que le sang contient.

---

* L'asphyxie consécutive à la section des nerfs laryngés ne se produit guère que chez les jeunes animaux, parce que, les côtés de la glotte étant chez eux presque entièrement membraneux au lieu d'être cartilagineux comme chez l'adulte, le contact des bords glottiques est facile dans toute leur longueur.

Plus ce liquide renfermerait de ce gaz, plus les mouvements inspirateurs seraient profonds. Diverses expériences semblent, en effet, démontrer que quand on débarrasse artificiellement le sang de son acide carbonique pour le remplacer par de l'oxygène, les mouvements respiratoires s'arrêtent.

§ 3.

VARIATIONS QUE PRÉSENTENT LES PHÉNOMÈNES RESPIRATOIRES DANS LA SÉRIE DES ÊTRES.

Respiration dans la série animale. L'appareil respiratoire présente chez les animaux des modifications diverses, mais en dernière analyse il se réduit toujours à une membrane à travers laquelle se fait l'échange entre les gaz du sang et ceux de l'atmosphère.

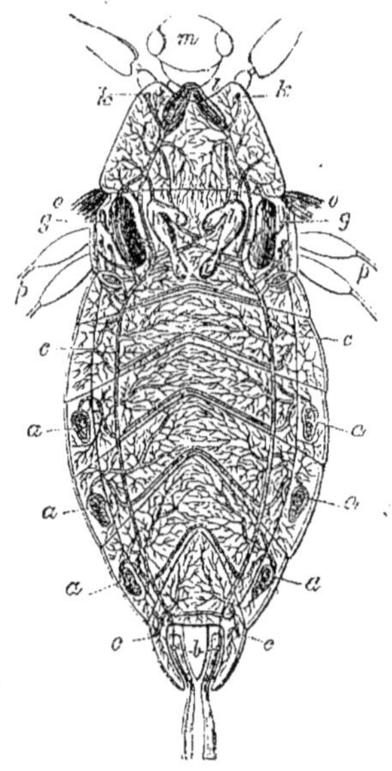

Fig. 122. — Respiration chez les insectes.*

* a, a, a) Ouverture des stigmates. — b) Appareil reproducteur. — c, c, c, c) Trachées. — g, h, i) Poches aériennes. — k, k) Première paire de pattes. — l, m) Tête. — o, o) Ailes supérieures. — p, p) Deuxième et troisième paire de pattes.

Chez les animaux supérieurs, c'est le sang qui va trouver l'air dans le poumon. Chez certains animaux inférieurs, tels que les insectes, dont la circulation est incomplète, c'est l'air qui va à la rencontre du sang dans les diverses parties du corps. Leurs organes sont, en effet, parcourus par des canaux nommés *trachées*, dont les ouvertures, appelées *stigmates*, s'ouvrent sur les côtés du corps. Chez certains animaux très-inférieurs, les mollusques par exemple, il n'y a ni trachées ni poumons, et la respiration se fait simplement par la peau.

Les animaux plongés dans l'eau respirent, en réalité, exactement comme les animaux aériens; ils absorbent, par des appareils spéciaux nommés *branchies*, l'air dissous dans l'eau et où l'oxygène, au lieu de se trouver dans la proportion de un cinquième comme dans l'atmosphère, se rencontre seulement dans la proportion de 1/250. Dans un liquide privé d'air, ils meurent rapidement.

Le liquide dans lequel les poissons ont respiré contient de l'acide carbonique, dont la présence s'accuse par le précipité abondant que détermine l'eau de chaux qu'on y verse.

Les *branchies* des poissons consistent en une série de lamelles saillantes, très-riches en vaisseaux veineux et artériels, fixées de chaque côté du cou.

Pour respirer, le poisson avale de l'eau par la bouche; ce liquide baigne les branchies, leur cède l'air qu'il contient et se charge de l'acide carbonique qui s'en dégage, puis s'échappe par les *ouïes*, larges ouvertures latérales correspondant aux trompes d'Eustache.

Outre l'air dissous dans l'eau, presque tous les poissons respirent encore de l'air atmosphérique, qu'ils viennent prendre à la surface du liquide où ils sont plongés. Cet air ainsi ingéré se trouve en contact avec leurs branchies et absorbé comme l'est celui contenu dans l'eau.

Les poissons qu'on retire de l'eau meurent bientôt, parce que leurs branchies, n'étant plus soutenues par l'eau, s'affaissent, ce qui diminue l'étendue de la surface respiratoire et gêne la circulation du sang.

Plusieurs animaux, tels que les grenouilles par exemple, respirent, comme les poissons, au moyen de branchies dans la première période de leur existence, alors qu'ils sont à l'état de têtards ; et plus tard, comme les mammifères, au moyen de poumons. Quelques-uns, comme les axolotes, conservent toute leur vie des poumons et des branchies, ce qui leur permet de respirer tout à la fois dans l'air et dans l'eau.

Respiration des plantes. En 1772, Priestley, ayant introduit une plante dans une cloche où, faute d'une quantité suffisante d'oxygène, une souris venait de mourir, reconnut qu'après quelque temps d'exposition de la cloche au soleil l'air était régénéré et devenu de nouveau capable d'entretenir la vie des animaux qu'il y plongeait.

Les progrès de la chimie permirent bientôt d'interpréter convenablement cette curieuse expérience en prouvant que le végétal avait décomposé l'acide carbonique formé par l'animal, fixé le carbone de ce gaz dans ses tissus et, mettant ainsi l'oxygène en liberté, revivifié l'atmosphère.

Ainsi, l'air altéré par les animaux est régénéré par les plantes ; mais, comme nous l'avons vu en parlant de la composition de l'atmosphère, si cette régénération n'avait pas lieu, l'océan gazeux qui nous entoure n'en conserverait pas moins pendant une longue série de siècles une composition à peu près constante.

L'opposition qui semble régner entre la respiration des végétaux et celle des animaux est loin, du reste, d'être aussi absolue que l'expérience indiquée plus haut pourrait le laisser croire. Les parties vertes des plantes sont les seules qui absorbent de l'acide carbonique et produisent de l'oxygène. Les parties d'une couleur différente ou le bois, les fruits et les fleurs par exemple, respirent comme les animaux, ainsi qu'on peut s'en convaincre en les plaçant sous une cloche dont on analyse l'air au bout de quelque temps. Les parties vertes elles-mêmes ne décomposent l'acide carbonique que sous l'influence de la lumière solaire. Dans l'obscurité, elles respirent comme les animaux*.

* D'après les recherches de Boussingault, 1 mètre carré de surface verte décompose en 12 heures de jour 6336 centimètres cubes de gaz acide carbonique, et produit en 12 heures de nuit 396 centimètres cubes du même gaz.

Les animaux et les végétaux respirent en réalité de la même manière; la couche verte qui les recouvre a seule la propriété curieuse de fixer le carbone et de mettre en liberté l'oxygène. Les observations faites sur plusieurs insectes aquatiques colorés en vert montrent qu'ils respirent comme les plantes. Preuve nouvelle qu'à tous les degrés de l'échelle des êtres la matière vivante possède des propriétés analogues et est soumise aux mêmes lois.

CHAPITRE XV.

HYGIÈNE DE LA RESPIRATION ET PHYSIOLOGIE DES TROUBLES DE CETTE FONCTION.

L'air est, comme nous l'avons vu, nécessaire à tous les êtres vivants. Suivant que leur organisation est plus ou moins parfaite, ils en ont un besoin plus ou moins considérable, mais nul ne pourrait s'en passer. On peut être privé d'aliments pendant un temps quelquefois fort long; mais supporter la privation de l'air est impossible.

Personne n'ignore qu'une alimentation insuffisante finit par altérer profondément la santé; mais les effets désastreux de l'insuffisance de l'air sont généralement méconnus. Les règles adoptées pour la construction de nos appartements, de nos théâtres, des dortoirs de nos établissements d'instruction, de nos hôpitaux, etc., démontrent combien sur ce point le défaut de connaissances est général et profond. Les faits que nous citerons plus loin mettront en évidence les conséquences fatales de cette funeste ignorance.

Les effets engendrés par la privation complète d'aliments diffèrent, ainsi que nous l'avons dit, de ceux déterminés par une privation partielle. Il en est de même des effets produits par la privation complète d'air et de ceux que son insuffisance amène. Nous allons étudier successivement dans ce chapitre les phénomènes physiologiques qu'on observe dans les deux cas.

§ 1er.

EFFETS PRODUITS PAR L'AÉRATION INSUFFISANTE.

Dangers du séjour dans une atmosphère viciée par la respiration. Lorsqu'on place un animal sous une cloche dont l'air n'est pas renouvelé, on le voit, au bout d'un certain temps, variable suivant la capacité de la cloche, précipiter sa respiration, vaciller sur ses jambes, puis tomber sur le flanc. Sa sensibilité s'émousse graduellement, ses mouvements se ralentissent, et, si on ne s'empresse pas de renouveler l'air qui lui fait défaut, il finit bientôt par périr*.

---

* Ayant introduit un lapin adulte vigoureux sous une cloche de 14 décimètres cubes de capacité, hermétiquement fermée, j'ai observé les phénomènes suivants : Pendant la première demi-heure l'animal reste assis sur ses pattes de derrière et ne paraît nullement gêné. Au bout de trois quarts d'heure, il donne quelques signes de malaise, accélère sa respiration, entr'ouvre la bouche, lève la tête autant que cela lui est possible et vacille un peu. Au bout de deux heures, il est obligé de s'appuyer sur les parois de la cloche pour rester assis et maintenir sa tête levée. Après trois heures dix minutes de séjour, il pousse quelques cris, tombe en avant, la tête entre les pattes de devant; ses yeux, à demi fermés, s'ouvrent largement; ses mouvements respiratoires se ralentissent rapidement et il succombe brusquement, après quelques convulsions. Sa température rectale, qui était de 39° au début de l'expérience, n'était plus que de 36° à la fin.

Il suffit, pour comprendre les effets du séjour prolongé d'un animal dans une atmosphère confinée, de se souvenir de ce que nous avons dit dans le chapitre précédent de la consommation de l'oxygène dans l'acte de la respiration. Nous avons vu que l'homme introduit dans ses poumons 500 litres d'air par heure environ; cet air, lorsqu'il en sort, a perdu 4 p. 100 de son oxygène et gagné 4 p. 100 d'acide carbonique. Un homme renfermé dans une pièce dont la capacité ne serait que de 500 litres vicierait donc assez l'air en une heure pour lui faire contenir 4 p. 100 d'acide carbonique. La respiration étant difficile dans une atmosphère contenant 1 p. 100 d'acide carbonique, le sera à plus forte raison dans une atmosphère où ce gaz atteindra le chiffre de 4 p. 100, et comme cette proportion augmenterait à chaque respiration, la mort ne tarderait pas à être la conséquence d'un séjour prolongé dans une semblable atmosphère.

Mais ce n'est pas à l'acide carbonique seulement, comme on le dit généralement, qu'est dû le principal danger du séjour dans une atmosphère confinée. Nous avons vu, en parlant de la vapeur d'eau pulmonaire, que la respiration entraîne avec elle des composés volatils divers, produits de la dépuration du sang, qui rendent rapidement irrespirable l'atmosphère à laquelle ils sont mélangés. Nous avons vu aussi que le malaise qu'on éprouve dans une atmosphère confinée se produit bien avant que la quantité d'acide carbonique qui s'y trouve contenue soit suffisante pour entraver la respiration, et que, du reste, de l'oxygène plusieurs fois respiré par le même animal devient bientôt impropre à entretenir la vie, même quand on prend soin de le dépouiller constamment de l'acide carbonique qui lui est mélangé.

Les produits de la respiration contiennent donc des composés qui ne sauraient être respirés longtemps sans danger. Le *miasme humain*, s'il nous est permis de donner ce nom à ces substances diverses dont l'odorat seul nous révèle la présence et que la chimie est encore impuissante à isoler, est un poison dont d'innombrables exemples démontrent la redoutable action.

Ce n'est jamais sans danger que plusieurs individus se trouvent réunis dans un espace restreint dont l'air n'est pas suffisamment renouvelé. De même que pour l'énigme du sphynx de la tradition antique, qu'il fallait deviner sous peine de mourir, l'ignorance de cette loi est toujours fatale. Ils l'ont méconnue pourtant, ceux qui ont construit ces vastes hôpitaux où l'indigent ne trouve si souvent que la mort, ces casernes de nos grandes villes, où sévit une mortalité si cruelle, ces dortoirs de nos pensions, où s'étiole la jeunesse. Pénétrez le matin dans ces salles, où, par une ignorance absolue des lois de la physiologie et des enseignements de l'expérience, l'art semble avoir eu pour but d'accumuler le plus d'êtres vivants dans le moindre espace possible, et, à défaut de connaissances précises, le malaise que vous éprouverez et l'odeur qui vous frappera vous feront pressentir que ce n'est pas sans danger que l'homme peut respirer longtemps un air semblable.

Une atmosphère non renouvelée dans laquelle plusieurs individus ont respiré quelque temps peut être comparée à de l'eau dans laquelle plusieurs personnes se seraient successivement lavé la bouche et le corps. Avaler de l'eau ainsi souillée serait certainement beaucoup moins contraire aux principes de l'hygiène que de respirer l'air altéré par les produits de la respiration. L'estomac, en effet, absorbant bien moins rapidement que les poumons, les matières étrangères mélangées à l'eau passeraient bien moins complétement dans le sang qu'elles ne le feraient mélangées a l'air qui pénètre dans l'appareil respiratoire.

Les faits qui démontrent l'influence désastreuse produite par la respiration d'un air confiné sont assez nombreux pour dissiper tous les doutes. Tous les traités d'hygiène contiennent l'histoire de ces trois cents prisonniers autrichiens qui, enfermés dans un caveau étroit après la bataille d'Austerlitz, périrent en quelques heures à l'exception de quarante; celle des insurgés de juin 1848, enfermés en trop grand nombre dans les caves des Tuileries et qui eurent le même sort. Ce sont là toutefois des faits exceptionnels qui montrent bien, ce que personne n'ignore, que la privation absolue d'air respirable amène la mort, mais qui ne nous disent pas le résultat de sa privation incomplète.

Une des observations qui prouvent le mieux l'influence du séjour dans un air vicié par la respiration, mais non cependant assez impur pour déterminer immédiatement la mort, est celle rapportée par le docteur Tardieu, relative à une épidémie de fièvre typhoïde qui a régné à Versailles pendant plusieurs années. Cette épidémie se manifestait régulièrement dans la garnison tous les ans au moment de l'arrivée du roi Louis-Philippe et disparaissait après son départ. La garnison habituelle de cinq cents hommes se trouvant portée à douze cents pendant le séjour du souverain, les soldats étaient, faute d'espace, entassés dans des salles étroites, où leur accumulation suffisait pour produire l'épidémie observée. La cause disparaissant, l'effet cessait naturellement de se produire.

L'influence du séjour dans une atmosphère confinée s'observe aussi chez les individus qui quittent la campagne pour venir habiter les chambres étroites de nos grandes villes; c'est surtout parmi eux que la fièvre typhoïde fait des ravages; sur eux sévit particulièrement aussi cet état de débilitation profond qu'on a justement nommé l'*anémie des grandes villes*, et dont la privation d'air pur et la dépuration incomplète du sang, qui en est la suite, sont assurément les principales causes. Rien ne finit par altérer plus profondément la constitution qu'un séjour prolongé dans des pièces étroites où l'air n'est pas suffisamment renouvelé.

La fièvre typhoïde, l'anémie, le typhus * et la dyssenterie sont les maladies auxquelles sont prédisposés les individus respirant une atmosphère insuffisamment renouvelée. Si ces individus sont des blessés, l'infection purulente les décime rapidement.

De tous les faits qu'on peut citer pour démontrer le danger qu'il y a pour l'homme à respirer un air vicié par les produits de sa

---

* **Production du typhus sous l'influence de l'encombrement.** — Il y aurait peut-être quelques réserves à faire au sujet du typhus, dont l'étiologie est encore fort obscure. Contre toute attente, aucun cas de cette maladie ne s'est montré à Paris ni à Metz pendant la dernière guerre, malgré la réunion des conditions considérées jusqu'ici comme les plus favorables à sa manifestation. Nous croyons qu'il faut ranger le typhus parmi les maladies ne naissant pas spontanément, telles que la variole et la peste bovine, et exigeant, pour se produire, un germe apporté du dehors et un milieu favorable à son développement. Pendant les siéges de ces deux villes, le milieu était sans doute aussi favorable que possible au développement du typhus, mais probablement, aucun individu atteint de cette affection ne s'étant trouvé dans les enceintes assiégées au moment de l'investissement, le germe de l'épidémie manquait.

respiration, surtout lorsqu'il est affaibli par les maladies, aucun n'est plus probant que la mortalité qui sévit dans nos hôpitaux et qu'on ne peut que qualifier d'effroyable quand on la compare à celle des hôpitaux étrangers, où le système, toujours en vigueur chez nous, des vastes salles contenant beaucoup de malades est complétement abandonné.

En comparant la mortalité des opérés pendant les guerres de Crimée et de la sécession, nous voyons, d'après la statistique de Chenu et de Woodward, qu'alors que l'armée française perdait 73 p. 100 de ses opérés, l'armée anglaise n'en perdait que 40 et l'armée fédérale 34 p. 100 seulement.

A cet exemple on pourrait objecter que les blessés anglais et américains étaient, comme nous l'avons dit dans un autre chapitre, parfaitement nourris, tandis que les blessés français l'étaient fort mal. L'alimentation insuffisante devait alors ajouter ses effets à ceux d'une aération imparfaite, et il est difficile peut-être de faire la part revenant à ces causes distinctes de destruction. Mais dans l'exemple qui va suivre, cette raison ne saurait être invoquée, car il s'agit de malades soignés en temps de paix dans les hôpitaux les plus renommés.

Dans une statistique où il a eu soin de ne comparer que des individus atteints de la même lésion — des amputés de la cuisse — M. Lefort, chirurgien des hôpitaux de Paris, est arrivé aux résultats suivants, qu'il a fait connaître en 1868 à la Société de chirurgie :

Dans les hôpitaux contenant 100 malades, il meurt 25 opérés sur 100
       »   200   »   31   »
       »   300   »   37   »
       »   400   »   40   »
Dans les hôpitaux de Paris, il meurt. . . . 74 opérés sur 100

Ce qui nous conduit à cette terrible conclusion que le plus dangereux des champs de bataille est bien moins meurtrier que ne l'est pour les blessés le séjour d'un hôpital de Paris, et qu'on peut se demander s'il y a pour eux un degré d'utilité quelconque à aller séjourner dans ces établissements dangereux.

Malheureusement les leçons du passé ne servent pas toujours pour l'avenir. En dépit de l'effroyable mortalité qui sévit dans les hôpitaux de Paris, et malgré les résultats obtenus dans les hôpitaux d'autres grandes villes aussi peuplées que la capitale de la France, telles que Londres par exemple; malgré aussi l'avis de tous les médecins, et notamment d'un des plus savants chirurgiens de l'époque contemporaine, l'illustre fils d'un illustre père, le baron H. Larrey, qui a si souvent insisté dans de nombreux mémoires sur l'importance de disséminer les malades, les nouveaux hôpitaux, l'Hôtel-Dieu de Paris notamment, continuent à être construits d'après les anciens principes. La France est peut-être, hélas! le seul pays du monde où la science soit assez peu écoutée pour que la voix publique ne se soit pas énergiquement opposée à ce qu'on aille engloutir des millions dans un établissement si justement qualifié de « monument colossal d'ignorance » et dont une Commission composée de tous les médecins et chirurgiens des hôpitaux de Paris a déclaré « qu'il offrait des « dispositions absolument contraires aux principes fondamentaux « de l'hygiène hospitalière *. »

Pendant la campagne de 1870 et 1871, les désastreux effets de l'encombrement ont été également mis en évidence par des faits nombreux. L'infection purulente, qui est la conséquence inévitable

---

* **L'ancien Hôtel-Dieu de Paris.** — Il faut, pour comprendre combien a toujours été profonde l'ignorance des lois de l'hygiène en France, lire le célèbre rapport de Bailly, Tenon et Lavoisier sur l'état de l'ancien Hôtel-Dieu. En voici quelques passages: «Les commissaires ont remarqué que la disposition générale de l'Hôtel-Dieu, disposi- «tion forcée par le défaut d'emplacement, est d'établir beaucoup de lits dans les salles «et d'y coucher quatre, cinq et neuf malades dans un même lit. Ils ont vu les morts «mêlés avec les vivants, des salles où les passages sont étroits, où l'air croupit faute «de pouvoir se renouveler, et où la lumière ne pénètre que faiblement et chargée de «vapeurs humides. Les commissaires ont encore vu les convalescents mêlés dans les «mêmes salles avec les malades, les mourants et les morts, et forcés de sortir, les «jambes nues, été comme hiver, pour respirer l'air extérieur, sur le pont Saint-Charles; «ils ont vu, pour les convalescents, une salle au troisième étage, à laquelle on ne peut «parvenir qu'en traversant la salle où sont les petites véroles; la salle des fous con- «tiguë à celle des malheureux qui ont souffert les plus cruelles opérations, et qui ne «peuvent espérer de repos dans le voisinage de ces insensés, dont les cris frénétiques «se font entendre jour et nuit...... Mille causes particulières et accidentelles se joignent «chaque jour aux causes générales et constantes de la corruption de l'air, et forcent «de conclure que l'Hôtel-Dieu est le plus insalubre et le plus incommode de tous les «hôpitaux, et que sur neuf malades il en meurt deux.»

de l'accumulation des blessés dans un espace restreint, a fait plus de victimes que les balles de l'ennemi. Lorsque cette affection terrible s'est déclarée chez un blessé, l'art est absolument impuissant à limiter ses ravages, et sa terminaison à peu près constante est la mort. Malgré les discussions qu'elle a soulevées au sein des Sociétés savantes, nous ne sommes guère fixés à son endroit; tout ce que nous pouvons dire avec certitude, et cette indication précieuse, fruit de dures expériences, nous fournit au moins les moyens de la prévenir, c'est que *l'infection purulente se manifeste invariablement toutes les fois qu'un grand nombre de blessés se trouvent réunis dans une même salle, quelque hygiéniques que soient les conditions dans lesquelles se trouve l'édifice dont cette salle fait partie, et quels que puissent être les soins que ces blessés reçoivent.* Au Val-de-Grâce, par exemple, hôpital militaire modèle, situé dans un magnifique jardin et où les malades se trouvaient entourés des soins les plus savants et de tous les instants, cette cruelle affection a fait pendant le siége de Paris les plus terribles ravages. Nous avons vu des rangées de malades, atteints souvent de blessures fort légères, succomber à son action *, et cela malgré l'emploi des pansements

---

* **Conditions qui favorisent la production de l'infection purulente dans les hôpitaux.** — Pendant la dernière guerre, l'infection purulente s'est manifestée sur une large échelle en province ainsi qu'à Paris, même quand les hôpitaux qui recevaient les blessés se trouvaient, comme le grand hôpital de Chartres par exemple, presque isolés en rase campagne, ce qui se comprend parfaitement, du reste, quand on sait que c'est à la réunion d'un certain nombre de blessés dans une même salle, nous le répétons encore, qu'est due la production de cette affection. Le fait est si vrai, qu'au Val-de-Grâce l'infection purulente ne s'est montrée que fort rarement dans les salles d'officiers, qui ne contenaient que des malades isolés ou en très-petit nombre, alors qu'elle sévissait cruellement dans les salles des soldats, situées cependant à une très-petite distance des premières. Ces diverses salles ayant un personnel médical distinct, la propagation par contagion était presque impossible.

Outre les conditions de milieu qui amènent fatalement la production de l'infection purulente, il existe cependant quelques conditions individuelles qui favorisent évidemment sa manifestation. Les maladies peuvent être considérées comme des germes qui se développent plus ou moins, suivant le terrain qui les reçoit. L'infection purulente est rare chez certains animaux, tels que les chiens, les bœufs, les cochons, les oiseaux surtout, dont la force plastique est considérable et dont les plaies guérissent habituellement sans suppuration; elle est commune, au contraire, chez les animaux tels que les moutons, les chevaux, dont les plaies présentent une grande tendance à la suppuration. Une atmosphère impure, les fatigues, une mauvaise nourriture, la faiblesse constitutionnelle ou acquise, sont les conditions qui contribuent le plus à

désinfectants les plus énergiques, tels que ceux à l'alcool et à l'acide phénique par exemple.

La mortalité considérable qui sévit dans les hôpitaux en temps de paix comme en temps de guerre est la condamnation absolue de ces établissements. Ils sont destinés à disparaître de chez tous les peuples civilisés et à être remplacés, comme l'ont fait les Américains pendant leur longue guerre, par des baraques complétement isolées *, ne contenant que quelques malades chacune et

diminuer la plasticité du sang chez l'homme et à favoriser la production de cette affection. La diète à laquelle on soumettait si uniformément les blessés autrefois les plaçait par conséquent dans les conditions les moins propices pour une rapide cicatrisation des plaies et, par suite, les plus favorables pour le développement de la maladie dont nous étudions l'histoire.

Le régime a, en réalité, une influence considérable sur la vie des opérés et des blessés. Un de nos chirurgiens des hôpitaux de Paris qui perdent le moins de malades, le docteur Péan, attribue en grande partie le succès de ses opérations au soin qu'il prend de nourrir et fortifier ses opérés. Outre une bonne nourriture, ces derniers reçoivent journellement 100 à 200 grammes d'eau-de-vie, quantité qu'il porte graduellement jusqu'à un litre quand le chiffre des pulsations s'élève au dessus de 100 par minute. Ils reçoivent également de 20 centigrammes à 2 grammes de sulfate de quinine par jour, suivant que le pouls est plus ou moins élevé. Le membre blessé est soigneusement immobilisé, notamment dans l'articulation, au moyen de feuilles de ouate recouvertes de bandes métalliques, appareil qu'on renouvelle le plus rarement possible. La plus minutieuse propreté est en outre exigée des personnes qui concourent au pansement.

*Description des tentes et baraques-hôpitaux américaines. — L'essai de ces établissements hospitaliers a été tenté pendant le siége de Paris. Des baraques avaient été établies dans le jardin du Luxembourg par M. Michel Lévy, et des tentes dans l'avenue de l'Impératrice par une Société de médecins américains. Nous renverrons, pour la description des baraques, à celle publiée par leur auteur, et ne parlerons ici que des tentes. Elles ont donné des résultats excellents et prouvé d'une façon évidente l'économie de ces petits hôpitaux et la facilité de les employer partout, même par les hivers les plus rigoureux. Chaque tente, contenant dix-huit malades, ne coûtait que 500 francs. Les parois étaient formées de deux lames d'un tissu de coton imperméable à l'eau, séparées l'une de l'autre par un intervalle de 10 centimètres. Tout autour de la tente était creusée, pour l'écoulement des eaux, une rigole, dont la terre était rejetée sur ses bas-côtés. Afin d'établir une température égale, on chauffait le sol, formé simplement d'un plancher à claire-voie. A cet effet, avant de placer le plancher, on avait creusé dans toute la longueur de la tente une tranchée de 40 centimètres de largeur, qui se terminait en dehors de la porte d'entrée par un trou de $1^{m},50$, dans lequel était placé un poêle dont le tuyau de fumée allait aboutir à une cheminée d'appel établie à l'autre extrémité, au bout opposé de la tente. Par ce moyen, la température était très-uniforme et la ventilation complète, tandis qu'avec les poêles ordinaires le sol reste froid et humide et il existe entre la température du haut et celle du bas de la salle des différences qui dépassent quelquefois 10 degrés. Dans l'hiver de 1870, où la température fut pendant quelque temps établies assez économiquement pour qu'on n'hésite pas à les détruire immédiatement lorsque quelque épidémie s'y est manifestée. Les médecins américains admettent même que l'hôpital le mieux construit est tellement imprégné de miasmes délétères au bout de cinq à six ans qu'il faut toujours le démolir.

C'est grâce à l'adoption de ce système que les Américains sont arrivés à ne perdre que 8 p. 100 de leurs malades pendant la terrible guerre de la sécession. Bien ignorant ou bien coupable qui ne voudrait profiter d'un pareil enseignement !

Moyen d'obtenir la quantité d'air nécessaire à la respiration. L'air d'une salle où se trouvent des êtres vivants étant rapidement vicié par la respiration, il faut qu'une certaine quantité d'air empruntée au dehors vienne constamment le ramener à sa composition normale.

On est loin d'être parfaitement fixé sur le volume d'air nécessaire à un individu. D'après le général Morin, dont les travaux sur la matière font autorité ; il faut, dans les hôpitaux, 80 mètres cubes d'air par individu et par heure ; dans les casernes, 60 mètres cubes ; dans les écoles, 30 mètres cubes, et pour un individu isolé, 20 mètres cubes. Nous avons trouvé une règle beaucoup plus simple que tous les calculs pour savoir d'une façon certaine si une pièce contient ou reçoit le volume d'air suffisant aux besoins de la respiration. Elle peut se formuler de la façon suivante :

Toute pièce qui, après avoir été habitée quelques heures, présente de l'odeur pour une personne venant du dehors, est insuffisamment

de 10° au-dessous de 0, la température intérieure des tentes se maintint toujours de 12° à 15°. Nous les avons visitées plusieurs fois et, chose exceptionnelle dans une salle de blessés, nous n'y avons jamais senti la moindre odeur. Pendant la guerre américaine, on fit usage de baraques construites sur le même principe : peu de malades dans chacune et ventilation abondante. Le grand hôpital Lincoln à Washington était composé de vingt baraques en bois, isolées l'une de l'autre, disposées parallèlement sur les deux côtés d'une sorte de V. Les poêles, au lieu d'être à l'extérieur, comme dans les tentes que nous avons décrites, étaient à l'intérieur. Chaque poêle était entouré d'une double enveloppe, et l'air frais était puisé à l'extérieur par un canal passant sous le plancher. L'hôpital d'Hammond, situé à la jonction du Potomac et de la baie de Chesapeake, était formé de seize pavillons placés en rayons autour d'un cercle.

ventilée, et son séjour — nuisible seulement à la longue pour les individus en bonne santé — est rapidement dangereux pour des malades et surtout pour des blessés.

Sans doute, dans une salle de bal, de festin etc., diverses odeurs pourront masquer celle qui se dégage du corps, mais des cas pareils sont des exceptions et, du reste, l'élévation de la température produite par les lampes et les bougies force bien vite les assistants à ouvrir les portes ou les fenêtres et, par suite, à renouveler l'air par un moyen quelconque.

Il est évident que, plus une pièce sera grande, plus lentement sera vicié l'air qu'elle contient; cependant, si cet air n'est pas renouvelé, il sera altéré très-vite, car les produits de la respiration se diffusent rapidement dans toutes les parties de l'atmosphère. En admettant, avec M. Béclard, qu'il ne faut que 10 mètres cubes d'air par individu et par heure, évaluation bien inférieure à celle du général Morin et que nous considérons, du reste, comme tout à fait insuffisante *, on ne saurait conclure, avec ce savant physiologiste, que l'air contenu dans un espace de 240 mètres cubes complétement clos puisse suffire à un individu isolé pendant vingt-quatre heures, attendu que dès les premières heures de séjour cet espace serait vicié par les produits de la respiration.

La plupart des appartements des grandes villes sont fort loin d'avoir une dimension suffisante pour les besoins de la respiration, et cependant les appareils nécessaires pour les ventiler y font complétement défaut. En attendant que l'étude des lois de l'hygiène fasse partie de l'éducation des propriétaires et des architectes, on doit considérer comme une règle d'une utilité capitale d'ouvrir fréquemment et le plus largement possible les fenêtres des pièces où l'on a séjourné quelque temps, les chambres des malades notamment. Avec un poêle chauffant bien, une fenêtre peut être très-longtemps ouverte sans que la température d'une pièce se refroidisse

---

* Dans des expériences faites à l'hôpital Beaujon on a constaté que quand les malades recevaient 50 mètres cubes d'air par individu et par heure, on percevait dans les salles une odeur très-sensible; ce n'est que lorsqu'ils en recevaient 70 que cette odeur disparaissait.

sensiblement, et si on peut reprocher à ce moyen de n'être pas économique, il a au moins le mérite d'être efficace.

Tous les appareils de ventilation actuellement en usage peuvent se diviser en deux classes : les uns, dans lesquels l'air intérieur est aspiré au moyen d'un foyer; les autres, dans lesquels l'air vicié est chassé sous la pression d'une masse d'air pur lancée par un moteur mécanique dans la pièce qu'on veut assainir. Les premiers sont généralement employés dans les théâtres, les salles de réunion, les hôpitaux; les seconds dans les mines, les usines etc.

La ventilation au moyen d'un foyer, c'est-à-dire la ventilation *par appel*, est habituellement réalisée en faisant communiquer toutes les pièces de la maison à ventiler avec le tuyau d'une cheminée traversant toute la hauteur de l'édifice et dont le foyer est placé dans les combles ou dans les caves. Par suite de la différence de densité entre l'air chaud de la cheminée et l'air froid du dehors il se fait, par le tuyau, un appel continuel de l'air de l'édifice, dont le renouvellement est d'autant plus rapide que la différence de température entre l'air extérieur et l'air intérieur est plus élevée.

Dans les pièces chauffées par des cheminées il se fait une ventilation analogue par les ouvertures des portes et fenêtres; mais si ces foyers constituent un système de ventilation excellent, ils ont l'inconvénient de constituer un mode de chauffage aussi imparfait que possible et en même temps fort coûteux. L'été, les cheminées sont inutiles, bien qu'on puisse cependant obtenir une légère ventilation en plaçant dans leur intérieur, à une certaine hauteur, un bec de gaz ou une lampe allumés. Si les maisons étaient construites de façon que la prise d'air pût se faire à volonté dans les caves, dont la température ne dépasse guère, comme on sait, 10°, on aurait ainsi un excellent moyen de rafraîchir pendant les chaleurs l'air des appartements.

La ventilation au moyen de moteurs mécaniques, c'est-à-dire la ventilation *par refoulement*, est le système le plus économique quand l'édifice à ventiler possède un moteur; mais dans les maisons ordinaires son application entraînerait à des frais trop élevés.

Que la ventilation se fasse par appel ou par refoulement, l'air pur peut être amené dans la pièce dont on veut renouveler l'atmosphère, par le haut, ce qui constitue la *ventilation renversée*, ou, au contraire, par le bas, ce qu'on nomme la *ventilation naturelle*. Dans le premier cas, l'air vicié sort par des ouvertures établies au niveau du plancher; dans le second, il s'échappe par des orifices pratiqués au plafond. La ventilation dite *naturelle* possède, outre l'inconvénient de produire des courants d'air froid au niveau du sol, celui de renouveler l'air incomplétement et de soulever constamment les poussières et les miasmes que leur densité tend à maintenir au niveau du plancher. Après l'avoir expérimentée à la Chambre des communes à Londres, à l'ancienne salle des sénateurs à Paris, on a été obligé d'y renoncer. Personne n'ignore, du reste, qu'il est beaucoup plus salubre d'avoir la tête froide et les pieds chauds, que la tête chaude et les pieds froids.

Pour les hôpitaux, un appareil ventilateur parfait est encore à trouver. A Lariboisière, cet hôpital splendide, si justement nommé le *Versailles de la misère*, les appareils les plus compliqués ont été mis en usage, et cela sans grand succès, si on en juge par la mortalité élevée qui y sévit toujours.

En Angleterre, où on a renoncé aux grands hôpitaux, ou du moins aux grandes salles d'hôpital, les appareils ventilateurs sont devenus beaucoup moins nécessaires. Chaque salle contient peu de malades et les fenêtres y sont jour et nuit presque constamment ouvertes [*], ce qui n'empêche nullement, du reste, d'éviter soigneuse-

---

[*] L'expérience des Anglais s'est définitivement prononcée en faveur de ce système de ventilation, qui est évidemment excellent, mais je doute qu'on réussisse jamais à le faire adopter en France, où les préjugés sur ce point sont fort tenaces. Je l'ai appliqué, autant qu'il m'était possible, à la ventilation des salles de malades qui m'ont été confiées pendant le siége de Paris, et c'est à son adoption, autant qu'à la possibilité que j'ai eue de nourrir les soldats à ma guise, que j'attribue de n'avoir perdu qu'un peu plus de 6 p. 100 de mes malades. Les deux salles dont je dirigeais le service ont reçu pendant les cinq mois qu'ont duré mes fonctions (du 24 octobre 1870 au 18 mars 1871) 161 malades. 11 seulement, d'après les registres tenus par l'officier comptable, ont succombé; les autres sont sortis guéris. Cette mortalité, très-inférieure à celle des hôpitaux de Paris, même en temps de paix, est d'autant plus minime que ces soldats, très-affaiblis par la vie des tranchées, d'où ils arrivaient directement, et la mauvaise nourriture, étaient presque tous atteints d'affections fort graves: fièvre typhoïde, dyssenterie et maladies aiguës de poitrine notamment.

ment les courants d'air et le refroidissement des malades. Bon feu et fenêtres ouvertes, tel est encore le meilleur système de ventilation.

En joignant à un air pur de la lumière et une bonne nourriture ou plutôt une nourriture bien choisie, on aura placé les malades dans les meilleures conditions pour les conduire rapidement à la guérison. Sans doute, les remèdes sont très-souvent utiles ; mais, sans hygiène, cette utilité est absolument nulle.

§ 2.

**EFFETS PRODUITS PAR LA PRIVATION COMPLÈTE DE L'AIR.
ÉTUDE DE L'ASPHYXIE.**

Résistance des divers animaux à l'asphyxie. Tous les êtres vivants dont on suspend la respiration, soit en les plongeant dans le vide, soit en les plaçant dans une atmosphère irrespirable ou confinée, soit encore en empêchant l'arrivée de l'air à leurs poumons, meurent plus ou moins vite, mais finissent toujours par mourir. Dans une atmosphère confinée, les êtres supérieurs succombent dès que l'air ne contient plus que 10 à 15 p. 100 d'oxygène.

Chez divers animaux à sang froid, tels que les grenouilles par exemple, la mort n'arrive que quand la proportion d'oxygène s'est abaissée à 3 p. 100. Les mollusques, d'après Vauquelin, et les poissons, d'après Gréhant, jouiraient seuls de la propriété d'absorber tout l'oxygène contenu dans le milieu qu'ils respirent.

Le temps pendant lequel les animaux peuvent supporter la privation absolue d'air est proportionnel à l'activité de leur respiration. Les êtres supérieurs placés sous une cloche dans laquelle on a fait le vide meurent en moins de deux minutes; les salamandres et les grenouilles y vivent deux ou trois heures ; les abeilles plus de vingt-quatre heures; certains insectes peuvent y rester huit jours.

Le besoin d'oxygène et, par suite, l'inaptitude à supporter la privation complète de ce gaz sont en rapport avec l'activité des fonctions de l'animal. Les animaux hibernants se contentent, quand ils sont engourdis, d'une proportion d'oxygène fort minime et peuvent vivre dans une atmosphère assez privée de ce gaz pour qu'ils y meurent immédiatement si on vient à les y réveiller*.

Les animaux plongés dans une atmosphère qui s'altère graduellement semblent jouir de la propriété d'accommoder lentement leurs dépenses aux ressources dont ils disposent et vivent plus longtemps qu'un animal de même espèce qu'on y plonge brusquement après qu'elle a perdu une notable partie de son oxygène. Si l'on place un oiseau sous une cloche dont l'air n'est pas renouvelé, et qu'après l'y avoir laissé séjourner assez de temps pour altérer l'air de cette cloche, on y introduise un autre oiseau, ce dernier sera asphyxié immédiatement, tandis que le premier donnera simplement quelques signes de malaise et continuera à vivre encore quelque temps.

Symptômes qui précèdent ou accompagnent l'asphyxie. Qu'on prive d'air un animal en le plongeant dans le vide ou dans

---

* **Résistance des animaux adultes et nouveau-nés à l'asphyxie par submersion.** — Voici, daprès M. P. Bert, le temps pendant lequel peuvent vivre divers animaux lorsqu'on les empêche de respirer en les plongeant sous l'eau :

Chien	4 min.	25 secondes.
Chat	2	55
Lapin	3	»
Rat	3	»
Canard	12	»
Poule	3	31
Pigeon	1	16
Moineau	»	37
Alouette	»	35

Chez l'homme, la mort se produit probablement au bout de 4 minutes environ. Le temps maximum pendant lequel les plongeurs les plus exercés restent sous l'eau ne dépasse pas 3 minutes.

Les mammifères nouveau-nés supportent bien plus longtemps que les adultes la privation de l'air. Immédiatement après leur naissance ils résistent plus d'une demi-heure à l'immersion. Cette résistance diminue graduellement, et le cinquième jour elle s'est déjà réduite de moitié. C'est par cette faculté qu'on peut expliquer comment des enfants retrouvés dans des pièces d'eau ou des fosses d'aisance un temps assez long après leur naissance ont pu être ramenés à la vie.

On n'est pas d'accord sur les causes de la résistance des nouveau-nés à l'asphyxie. Plusieurs auteurs l'attribuent, avec Bérard, à l'existence du trou de Botal et du canal artériel, dont la persistance dans les premiers temps qui suivent la naissance faciliterait la circulation en dispensant le sang de traverser les poumons. Bert l'attribue à ce que, les tissus des animaux nouveau-nés consommant à poids égal une quantité d'oxygène très-inférieure à celle consommée par les animaux adultes, la privation d'oxygène leur serait moins nuisible qu'à ces derniers.

une atmosphère confinée, ou bien en empêchant le jeu de ses poumons par la compression de la trachée par exemple, ou encore en le plaçant sous l'eau, le résultat final sera toujours une mort plus ou moins rapide; mais les symptômes qui la précèderont dans ces divers cas seront très-différents.

Si l'animal est dans une atmosphère confinée ou dans une atmosphère composée d'un gaz impropre à entretenir la respiration, comme le protoxyde d'azote ou l'hydrogène par exemple, ses poumons se remplissent d'air impur, mais rien ne les empêche de fonctionner, et la mort sera précédée — point essentiel, reconnu par un très-petit nombre d'observateurs — d'une longue anesthésie; la perte de la connaissance et de la sensibilité sera alors même assez complète pour qu'on puisse pratiquer sur l'animal toute espèce d'opération sans qu'il manifeste de douleur*. Ce mode d'asphyxie se produit donc sans souffrance.

Il en est tout autrement chez l'animal qu'on asphyxie en le plongeant sous l'eau. Sans doute, l'insensibilité dont nous avons parlé finit toujours par se produire; mais elle est alors précédée d'un sentiment d'angoisse des plus pénibles, dû à l'impuissance des efforts que fait la poitrine pour se dilater, sentiment dont il est facile de se rendre compte en essayant de rester quelque temps sans respirer.

Le même sentiment d'angoisse se produit dans l'asphyxie par étranglement; mais alors la mort est due, non-seulement au défaut d'air, mais encore à la compression exercée par les doigts sur les nerfs laryngés, branches du pneumogastrique, dont l'ex-

---

* **Possibilité de substituer l'anesthésie par l'asphyxie graduelle à l'anesthésie par le chloroforme.** — En voyant la possibilité d'abolir la sensibilité des animaux en leur enveloppant complétement la tête d'un sac imperméable, de façon à leur faire respirer le produit de leur respiration, c'est-à-dire un air qui, n'étant pas renouvelé, s'altère progressivement, je me suis souvent demandé si ce moyen d'anesthésie ne serait pas supérieur à l'éther et au chloroforme, qui ont si souvent déterminé la mort. Il est au moins certain que dans les cas où on se trouverait dans l'impossibilité de se procurer un des anesthésiques habituels, on pourrait avoir utilement recours à cette méthode. Ce n'est, du reste, qu'à l'asphyxie qu'ils produisent que certains gaz, tels que le protoxyde d'azote, doivent leurs propriétés anesthésiques. La teinte bleuâtre que prennent rapidement les muqueuses des malades soumis à leur inhalation en est certainement la preuve.

citation a pour résultat de suspendre les mouvements respiratoires.

Quel que soit le mode d'asphyxie qui a déterminé la mort, les phénomènes ultimes qu'elle produit sont habituellement les mêmes : la face se congestionne et bleuit, les muqueuses prennent cette teinte livide que présentent les lèvres des noyés, et à l'autopsie on trouve tout le système veineux et les capillaires gorgés de sang.

A quelle cause faut-il attribuer la mort par privation d'air respirable? C'est ce que nous allons essayer maintenant de faire comprendre en étudiant le mécanisme de l'asphyxie.

Mécanisme de l'asphyxie. L'oxygène étant, comme nous le savons, indispensable au fonctionnement des organes, et le sang ne pouvant emmagasiner qu'une quantité très-minime de ce gaz, il faut que les poumons en absorbent constamment des quantités nouvelles. Si la respiration et, par suite, l'introduction de l'oxygène sont suspendues, les tissus perdent graduellement leur vitalité, et leurs fonctions cessent bientôt.

Mais la respiration n'a pas pour but unique d'introduire de l'oxygène dans le sang, elle a encore pour fonction essentielle de dépouiller ce liquide des résidus gazeux, tels que l'acide carbonique et la vapeur d'eau, produits par l'usure des tissus. Ces produits de la sécrétion pulmonaire, n'ayant pas, comme ceux de la sécrétion rénale, un réservoir où ils puissent, de même que l'urine dans la vessie, séjourner pendant quelque temps en attendant leur expulsion définitive, doivent être immédiatement rejetés au dehors. Si les fonctions des poumons sont suspendues, ils s'accumulent dans le sang et contribuent à amener la mort, comme le fait, à la suite de la suppression de la fonction rénale, l'accumulation des principes de l'urine dans ce liquide.

Ainsi, quand la respiration est suspendue, deux causes interviennent pour amener la mort : la suppression de l'oxygène, d'une part, et, de l'autre, l'accumulation dans le sang des produits gazeux destinés à être rejetés au dehors.

Le sang ainsi privé d'oxygène et chargé d'acide carbonique se transforme rapidement en sang veineux, et peu d'instants après la suppression de la respiration, tous les vaisseaux, veines et artères, ne charrient plus que ce dernier liquide. Il suffit de comprimer la trachée d'un animal et d'ouvrir une artère pour voir le sang perdre graduellement sa coloration rouge et revêtir une teinte noirâtre de plus en plus foncée.

Mais le sang veineux est privé de propriétés vivifiantes et nous savons qu'aucun organe ne peut fonctionner qu'autant que du sang artériel baigne constamment ses éléments. Nous avons vu qu'il suffit de comprimer quelques minutes l'artère principale d'un membre pour que la sensibilité et le mouvement de ce membre soient suspendus pendant la durée de la compression. Le cœur n'envoyant aux différents organes et ne recevant plus lui-même qu'un liquide de moins en moins apte à entretenir sa vitalité, toutes les fonctions des tissus se ralentissent graduellement pour bientôt s'éteindre. Le cerveau cesse de fonctionner, la sensibilité est abolie, la circulation se ralentit, et ce ralentissement — dans l'asphyxie par obstruction des voies respiratoires — est favorisé par l'affaissement partiel des poumons, qui entrave la circulation dans les capillaires. Le cœur, *l'ultimum moriens*, en raison de sa vitalité énergique, lutte quelque temps encore ; mais, comme il est privé, de même que les autres tissus, de son stimulant naturel, le sang artériel, ses battements se ralentissent, la circulation devient de moins en moins active, les capillaires se congestionnent, les globules se soudent entre eux et se déforment. Finalement, la circulation s'arrête. Le cœur, ou plutôt une partie de cet organe, bat encore pendant quelque temps *, mais bientôt cesse complétement de fonctionner, et l'animal est mort.

Ce n'est pas uniquement, sans doute, à l'action du sang noir sur le cœur que sont dus le ralentissement de ses battements et l'arrêt de la circulation qui en est la conséquence, car, indépendamment de tout excitant, cet organe peut battre un temps relativement fort long. Je crois qu'une des principales causes de son arrêt doit être la difficulté qu'il éprouve, surtout étant déjà affaibli, à forcer les globules sanguins déformés et soudés entre eux par suite du ra-

---

* En ouvrant chez un animal asphyxié une grosse artère, on constate facilement que l'écoulement du sang s'arrête bien avant que les battements du cœur aient cessé.

lentissement de la circulation à franchir les capillaires, ceux du poumon notamment. La congestion considérable des vaisseaux veineux et des cavités droites du cœur, rapprochée de l'état de vacuité relative des artères, prouve bien que c'est dans le poumon que se trouve la cause réelle de l'arrêt de la circulation, l'obstacle que, malgré ses efforts, le cœur est impuissant à vaincre.

Troubles de la respiration et phénomènes asphyxiques dans les maladies. L'asphyxie est de tous les états pathologiques celui qu'en réalité on observe le plus fréquemment ; elle est le genre de mort le plus commun, celui qui termine le plus grand nombre de maladies. Rarement on meurt de l'affection dont on est atteint ; à une certaine période de la maladie, l'asphyxie, dont le râle des mourants est l'attristant symptôme, vient en précipiter le terme.

L'étude des troubles respiratoires dans toutes les maladies étant trop longue, nous ne nous occuperons que des affections où on les rencontre le plus fréquemment, c'est-à-dire celles du poumon. Dans les maladies du cœur, l'asphyxie est également fort commune, mais nous nous sommes suffisamment occupé de son mécanisme dans le chapitre consacré à la physiologie des troubles de la circulation.

La plus commune des maladies du poumon, la simple *bronchite*, c'est-à-dire l'affection vulgairement désignée sous le nom de *rhume de poitrine*, peut, lorsqu'elle est intense, occasionner un embarras dans la respiration, résultant de l'obstruction des bronches produite par le gonflement de la muqueuse et par le liquide visqueux qu'elle sécrète ; mais ce n'est que lorsque l'inflammation et la congestion atteignent les dernières ramifications des bronches (*bronchite capillaire*) que la gêne de la respiration et l'asphyxie consécutive se manifestent avec intensité. L'air n'arrive qu'avec difficulté dans les alvéoles pulmonaires, l'échange des gaz ne se fait plus et, malgré les efforts du malade, qui précipite instinctivement ses mouvements respiratoires pour augmenter le volume d'air que ses poumons reçoivent, il finit souvent par succomber à une asphyxie plus ou moins rapide.

La *bronchite chronique* des vieillards n'atteint pas, généralement, les petites bronches et cependant parfois elle peut déterminer l'asphyxie; c'est ce qui arrive, par exemple, chez les individus débilités, dont les muscles bronchiques, devenus inertes, ne peuvent plus expulser les mucosités que les bronches contiennent. Les malades sont alors, en réalité, noyés dans leurs crachats.

Dans la *pneumonie* ou *fluxion de poitrine*, la gêne de la respiration est produite par la congestion des vaisseaux pulmonaires, dont la turgescence empêche les alvéoles de recevoir de l'air en quantité suffisante. L'exsudation qu'elles contiennent à la suite de cette congestion contribue encore à diminuer la surface respirante. La douleur que ressent le malade en respirant profondément l'oblige à diminuer l'amplitude des mouvements respiratoires et à y suppléer par leur nombre, qui dépasse souvent alors quarante par minute. Malheureusement ces obstacles coïncident précisément avec le besoin d'une absorption plus abondante d'air, car la fièvre qui accompagne cette affection augmente l'oxydation des tissus, par suite, la formation d'acide carbonique et, par conséquent, le besoin d'oxygène. Quand la fièvre disparaît, la gêne de la respiration diminue considérablement, non parce que la congestion pulmonaire a cessé, mais uniquement parce que, le besoin de respiration étant moindre, la quantité d'air introduite dans les poumons devient à peu près suffisante; c'est pour cette raison sans doute que le froid, qui calme la fièvre, diminue aussi la gêne de la respiration. L'application sur la poitrine de serviettes trempées dans l'eau froide et tordues, qu'on remplace toutes les cinq minutes, moyen indiqué par Niemeyer, est fort rationnelle. La saignée agit comme le froid en abaissant la température et en diminuant la fièvre; mais, comme elle affaiblit beaucoup le malade, déjà affaibli par la maladie, elle augmente ses chances de mort. Il faut proscrire également ment tout ce qui nécessiterait une respiration plus active, comme les mouvements, l'usage de la parole, les efforts, etc.

Dans la *pleurésie*, inflammation de la plèvre accompagnée d'un épanchement de liquide dans le sac qui la constitue, la gêne de la respiration est proportionnelle au volume de l'épanchement. Quand il est considérable, la pression qu'il exerce sur le poumon est assez forte pour empêcher cet organe de fonctionner, et l'asphyxie arrive rapidement, à moins qu'on ne s'empresse de frayer un chemin au liquide. Cette opération, déjà connue du temps d'Hippocrate, tend de plus en plus à entrer dans la pratique journalière.

La douleur que produit aux individus atteints de pleurésie le glissement l'un sur l'autre des feuillets de la plèvre enflammée les force à diminuer beaucoup la profondeur des mouvements respiratoires, et, par suite, augmente encore la gêne de la respiration.

La mort rapide qui accompagne les *congestions pulmonaires* est également produite par l'asphyxie. Les congestions considérables ont pour résultat une transsudation séreuse abondante dans les alvéoles, qui se remplissent de liquide et ne peuvent plus recevoir d'air, d'où résulte l'arrêt rapide de la respiration.

La gêne de la respiration qu'on observe à une certaine période de la *phthisie pulmonaire* tient à plusieurs causes, notamment au remplissage et à la destruction des alvéoles et des petites bronches par les granulations tuberculeuses, au catarrhe qui accompagne la maladie et a pour résultat de rétrécir les bronches, et enfin à l'obstruction des rameaux de l'artère pulmonaire à mesure que les tubercules se développent. Elle a, comme dans les affections précédentes, pour conséquence l'accélération des mouvements respiratoires; la fréquence habituelle de ces derniers est même un des meilleurs signes de cette maladie. Il n'est pas habituel cependant dans la phthisie de voir le malade succomber à l'asphyxie produite par la gêne de la respiration. L'affaiblissement dû à la fièvre continuelle, à la diarrhée, aux sueurs nocturnes, est la cause principale de la terminaison fatale de la maladie. Dans sa dernière période, les dépenses de l'organisme deviennent de plus en plus inférieures à ses recettes, et ce défaut d'équilibre finit forcément par amener la mort. On comprend dès lors la nécessité de donner aux phthisiques une nourriture aussi substantielle que possible (lait et corps gras notamment), en ayant soin de ne négliger aucun moyen de stimuler leur appétit et de les faire digérer.

L'huile de foie de morue, si employée en pareil cas, n'agit probablement que comme matière alimentaire d'une richesse considérable sous un petit volume.

Le *pneumothorax* ou accumulation d'air dans la plèvre, affection fort rare, a pour résultat les épanchements liquides entre les parois de cette membrane, la compression du poumon et l'asphyxie. Si la plaie qui a permis l'introduction de l'air a les bords irréguliers et susceptibles de former soupape, de façon à permettre à l'air d'entrer dans la plèvre, mais non d'en sortir, le thorax se gonfle de plus en plus à chaque inspiration et finit par acquérir, du côté atteint, un volume énorme. La plèvre, gonflée comme une vessie, comprime le poumon et l'empêche de fonctionner. Le poumon du côté sain peut seul alors respirer, et encore respire-t-il mal, en raison de la congestion et de l'œdème consécutifs à la compression que subissent les vaisseaux pulmonaires du côté atteint. Cette compression fermant, en effet, au cœur la moitié de ses canaux d'écoulement, l'autre moitié reçoit une surcharge qui détermine une congestion considérable.

Les blessures de la plèvre qui permettent l'introduction de l'air dans cette membrane peuvent se faire de dehors en dedans, ce qui arrive, par exemple; à la suite d'un coup d'épée, d'une fracture de côte, etc., ou de dedans en dehors, comme lorsqu'un abcès du poumon tend à s'ouvrir à l'extérieur; ce n'est que dans ce dernier cas que l'air introduit dans le poumon par la respiration pourrait pénétrer dans la cavité de la plèvre; mais, en réalité, il y pénètre fort rarement.

L'*emphysème pulmonaire*, c'est-à-dire la dilatation du poumon par l'air, dilatation qui porte quelquefois sur le tissu séparant les lobules, mais a le plus souvent son siége dans les alvéoles elles-mêmes, se manifeste à la suite d'efforts, de fatigues de l'appareil vocal, d'expirations violentes, comme, par exemple, celles que peut nécessiter le jeu d'un instrument à vent, etc., ou lorsque, un certain nombre d'alvéoles étant oblitérées, celles qui restent doivent remplir les fonctions des premières.

La dilatation des lobules du poumon a pour résultat la compression des vaisseaux pulmonaires, l'atrophie de plusieurs d'entre eux et, par suite, la diminution des points de contact entre le sang et l'air, ce qui, naturellement, restreint la surface respirante et produit la gêne de la respiration. La compression du tissu pulmonaire lui ayant fait perdre de son élasticité, l'expiration, malgré les efforts fatigants de tous les muscles expirateurs, n'est pas complète, et l'air des alvéoles ne se renouvelle pas suffisamment, ce qui fait que le malade est dans le cas d'une personne respirant un air incomplétement renouvelé, c'est-à-dire s'asphyxie lentement.

L'*asthme* peut être mis au premier rang des affections déterminant les troubles de la respiration en apparence les plus profonds. Les accès d'asthme peuvent être considérés, en réalité, comme des accès d'asphyxie. Ils sont déterminés chacun par la convulsion des muscles bronchiques et inspirateurs, probablement consécutive à l'excitabilité anormale des centres nerveux respiratoires. De cette convulsion résultent, d'une part, le rétrécissement spasmodique des bronches et, par suite, la diminution du volume d'air qui y pénètre; et de l'autre, l'abaissement du diaphragme, ce qui maintient le thorax dilaté et fixé dans la position de l'inspiration. Les poumons sont pleins d'air, mais d'un air qui ne peut se renouveler qu'au prix des efforts violents que fait le malade pour augmenter la dilatation de la poitrine. La contraction des bronches nécessite également des efforts pour vider les poumons et rend l'expiration prolongée. Ce n'est probablement que quand l'intoxication du malade par l'acide carbonique accumulé dans le sang commence à se produire que les muscles contractés se relâchent et que les accidents disparaissent.

Il est facile de prévoir que l'augmentation de la pression de l'atmosphère doit rendre les accès de l'asthme moins pénibles en rendant plus considérable, pour le même volume d'air introduit dans les poumons, la quantité d'oxygène qu'il contient. On observe, en effet, que les asthmatiques sont très-soulagés par le séjour dans une atmosphère comprimée.

L'asphyxie par convulsion des muscles respiratoires qu'on observe dans le tétanos est une sorte d'accès d'asthme prolongé. Il n'est généralement funeste qu'en raison même de sa durée.

Nous mentionnerons enfin parmi les troubles de la respiration les plus communs, *l'asphyxie par écume bronchique*, c'est-à-dire par accumulation de liquide dans les bronches. Ce mode d'asphyxie constitue, comme nous l'avons dit plus haut, la période ultime de la plupart des maladies et est le genre de mort le plus fréquent. Malheureusement, si nous en connaissons très-bien les effets, nous n'en connaissons que fort imparfaitement les causes et nous ignorons absolument les moyens de le combattre.

APPRÉCIATION PHYSIOLOGIQUE DES DIVERSES MÉTHODES DE TRAITEMENT EN USAGE CONTRE L'ASPHYXIE.

Toutes les méthodes de traitement auxquelles on a recours contre l'asphyxie doivent avoir pour but final de ranimer la circulation et la respiration. Quand la circulation n'est pas complétement suspendue, on agit utilement sur elle en oxygénant le sang par l'introduction de l'air dans les poumons; mais, quand elle s'est arrêtée, cette introduction est absolument sans effet; car, le sang ne circulant plus, les globules immobiles ne peuvent aller chercher dans les poumons pour le porter aux organes l'oxygène dont ces derniers ont besoin. C'est donc uniquement sur le cœur qu'il faut alors agir. Nous allons comprendre l'utilité de ces principes en faisant l'examen physiologique des diverses méthodes en usage contre l'asphyxie; examen fort utile en présence de l'obscurité qui règne encore à ce sujet dans les ouvrages classiques.

Insufflation pulmonaire. — L'idée d'insuffler de l'air dans les poumons des noyés et des asphyxiés était déjà connue du temps de Vésale. Les appareils proposés pour la réaliser sont fort nombreux. Le plus simple de tous est le soufflet ordinaire; on introduit le tube qui le termine dans une des narines, en appliquant la main sur l'autre et sur la bouche, de manière à les fermer complétement pendant qu'on remplit d'air le poumon. Quand cet organe est plein, il suffit d'ouvrir la bouche pour qu'il se vide immédiatement. On répète cette opération quinze ou seize fois environ par minute.

Cet appareil a été remplacé par un soufflet double, dont on introduit l'extrémité dans une des narines, comme précédemment, et dont l'intérieur est disposé de façon que, toutes les fois que l'instrument se dilate, un de ses compartiments se remplit d'air atmosphérique et l'autre d'air venant des poumons. C'est d'un instrument de cette sorte, mis en mouvement par un moteur, que se sert Claude Bernard dans ses expériences.

Le plus simple et le plus portatif des appareils imaginés pour pratiquer l'insufflation pulmonaire est celui dû au physiologiste anglais W. Richardson*. Il consiste en deux poires de caoutchouc terminées par un tube commun qu'on introduit dans une

---

* J'ai trouvé la description et la figure de cet appareil, encore inconnu en France, dans un mémoire de Richardson, publié en 1870 dans le *Medical Times and Gazette*, sous ce titre : *On artificial respiration*.

narine, l'autre, ainsi que la bouche, étant fermée. Les poires sont munies de soupapes disposées de façon que lorsque, après avoir été comprimées, on les laisse se gonfler, l'une se remplit d'air du dehors et l'autre d'air du poumon. En les faisant fonctionner alternativement, on vide et on remplit à volonté la poitrine.

Les anciennes expériences d'Albert, répétées par M. Perrin et divers expérimentateurs, ont prouvé que l'air insufflé par le nez ou la bouche, au lieu de se rendre dans les poumons, va en presque totalité dans l'estomac, dont le gonflement et l'évacuation alternatifs simulent la respiration, et que, même en comprimant le cartilage thyroïde de façon à aplatir l'œsophage, on n'évite pas complétement cet inconvénient.

Le seul moyen de faire pénétrer sûrement l'air dans les poumons quand on veut pratiquer l'insufflation pulmonaire est de placer dans le larynx le tube qui termine l'appareil insufflateur. On y arrive en le faisant glisser le long d'un doigt introduit assez profondément dans la bouche pour que son extrémité recourbée en crochet puisse soulever l'épiglotte. Mais c'est là une opération qui, chez l'homme, est loin d'être facile, malgré les divers spéculums imaginés à cet effet.

En vue d'arriver rapidement et sûrement dans le larynx de jeunes animaux sur lesquels je faisais des expériences, j'ai autrefois fait construire une sonde d'acier creuse, terminée à l'une de ses extrémités par une sorte de biseau très-aigu que j'enfonçais à travers les parois du cou dans la trachée. L'autre extrémité communiquait par un tube en caoutchouc avec l'appareil insufflateur. Ce genre de trachéotome considérablement simplifié était parfaitement supporté par les animaux, qui guérissaient rapidement de la légère blessure qui en était la conséquence. Mais, comme on le verra plus loin, il existe des méthodes beaucoup plus simples pour introduire artificiellement chez l'homme de l'air dans la poitrine.

La difficulté de faire pénétrer de l'air dans le larynx n'est pas le seul inconvénient de l'insufflation pulmonaire. Si on n'a pas soin de la pratiquer très-doucement et en se servant d'une canule d'un diamètre très-inférieur à celui de la trachée, elle produit des ruptures pulmonaires qui précipitent la mort de l'animal, ainsi que l'ont prouvé les expériences de Leroy d'Étiolles et de Magendie. Injecter beaucoup d'air à la fois est du reste inutile, car dans l'asphyxie avancée — la seule qu'on ait habituellement à combattre — le courant sanguin qui traverse la surface pulmonaire, étant fort minime, n'a besoin que d'une très-petite quantité d'air pour être suffisamment oxygéné.

Quelles que soient les précautions avec lesquelles on la pratique, l'insufflation pulmonaire est loin d'avoir contre l'asphyxie l'efficacité qu'on lui attribue généralement. Je me suis convaincu bien des fois par expérience qu'elle ne ramenait guère à la vie que les animaux dont l'asphyxie n'avait eu qu'une durée très-courte et qui souvent se seraient ranimés sans aucun soin. On le comprend facilement, du reste, en réfléchissant qu'elle est sans aucune action sur la circulation et, par conséquent, tout à fait sans objet quand le cœur a cessé de battre. On ne peut guère l'employer utilement que dans les recherches physiologiques, pour remplacer la respiration naturelle quand la circulation subsiste, comme dans les expériences sur le curare par exemple.

Respiration artificielle. — La respiration artificielle est très-supérieure à l'insufflation pulmonaire, car elle n'exige aucun appareil spécial et ne présente jamais de danger. On pouvait se demander jusqu'à ces dernières années si les méthodes en usage pour la pratiquer produisaient l'introduction d'un volume d'air suffisant dans les poumons; mais les expériences faites récemment sur un grand nombre de cadavres par une Société médicale de Londres ont complétement résolu la question.

Un des plus anciens procédés de respiration artificielle est celui qui consiste à exercer des pressions intermittentes sur la poitrine avec la main ou en ceignant le thorax avec un bandage qu'on resserre et relâche alternativement. D'après les expériences de la Commission anglaise dont il est parlé plus haut, on introduit ainsi dans la poitrine à chaque mouvement inspiratoire de 8 à 10 pouces cubes d'air *.

Le procédé de respiration artificielle imaginé par Marshal Hall est un des plus connus et cependant un des moins parfaits. Il consiste simplement à tourner alternativement le patient sur le dos et sur le ventre quinze à seize fois par minute. La quantité d'air ainsi introduite est fort minime. Dans un grand nombre d'expériences elle a oscillé entre 1 et 8 pouces cubes.

On a modifié cette méthode en attachant l'asphyxié sur une planche avec un poids sur la poitrine et un sur le ventre, et imprimant à la planche un mouvement de rotation, de façon que la tête du sujet regarde tantôt le ciel, tantôt la terre. Dans la première position, le poids produit l'expiration; dans la seconde, il cesse de comprimer le corps, et l'élasticité pulmonaire produit l'inspiration. La quantité d'air introduite est un peu plus considérable que par le procédé précédent; mais la pression d'un poids sur la poitrine, lorsque les battements du cœur sont déjà ralentis, peut avoir pour conséquence leur arrêt définitif. Ce perfectionnement doit donc être considéré comme plus beaucoup dangereux qu'utile.

L'élévation des côtes avec l'extrémité des doigts enfoncés sous les fausses côtes n'a déterminé que l'introduction de 5 pouces cubes d'air. Leur écartement et leur rapprochement successifs de l'axe du corps avec l'extrémité des doigts constituerait certainement, d'après nous, un procédé supérieur à leur élévation, car on imiterait beaucoup mieux alors les mouvements naturels. Mais, ce moyen n'ayant pas encore été proposé, ses effets n'ont pu être encore étudiés.

La méthode qui, d'après les expériences de la Commission anglaise, a produit la plus grande introduction d'air dans les poumons est celle de Sylvester, méthode fort simple, qui consiste simplement à se placer derrière l'asphyxié et à élever ses bras de façon à les amener au-dessus de sa tête, ce qui élargit le thorax par élévation des côtes, puis à les abaisser de façon à les ramener le long du corps, en exerçant en même temps une pression légère sur les bas côtés de la poitrine. On a obtenu ainsi dans diverses expériences sur plusieurs sujets l'introduction de 15 à 40 pouces cubes d'air, en y ajoutant une pression sur le sternum, on pourrait arriver à introduire 50 pouces cubes dans la poitrine; mais il ne faut pas avoir recours à cette dernière manœuvre à cause de la pression qu'on exercerait ainsi sur le cœur.

Le docteur Pacini croit qu'en soulevant seulement les épaules et les clavicules de l'asphyxié au moyen des mains avec lesquelles on embrasse la partie supérieure des deux bras, on introduit plus d'air dans les poumons qu'en élevant les membres supérieurs au-dessus de la tête, comme nous l'avons indiqué plus haut.

On a également proposé de pratiquer la respiration artificielle par faradisation des nerfs phréniques, nerfs sous l'influence desquels est placée l'action du diaphragme. Mais cette méthode, qui n'est pas supérieure, comme résultat, à celles que nous venons de décrire, exige des appareils spéciaux, d'un maniement délicat et qu'on ne peut avoir toujours sous la main.

On voit, par ce qui précède, que nous possédons dans la respiration artificielle, pratiquée comme nous l'avons dit, un moyen fort simple d'introduire de l'air dans les poumons; mais cette introduction ne peut être efficace, nous le répétons, qu'à la condition que le sang circule encore; quand il y aura stase complète de ce liquide dans les poumons, l'introduction de l'air dans ces organes sera complétement inutile.

* Un pouce cube anglais équivaut à un peu plus de 15 centimètres cubes.

Ce n'est plus alors sur la respiration, mais bien sur la circulation et, par conséquent, sur le cœur, qu'il faudra agir.

Cautérisation de la poitrine. — La cautérisation profonde de la poitrine au fer rouge a été préconisée par plusieurs médecins contre l'asphyxie, et notamment par le docteur Faure, contre l'asphyxie au charbon. C'est un moyen assez logique, mais il n'a pas donné de bons résultats à la Commission anglaise dont nous avons précédemment parlé, et moi-même j'ai eu occasion de l'employer plusieurs fois sans succès. Peut-être les cautérisations n'avaient-elles pas été assez profondes et ce moyen mériterait-t-il d'être étudié de nouveau. Le lieu à choisir pour pratiquer la cautérisation doit être, dit Claude Bernard, «celui où les nerfs, restant plus longtemps impressionnables, peuvent réagir plus directement sur les mouvements respiratoires. A ce titre, les rameaux sensitifs du plexus cervico-brachial, un peu au-dessous des clavicules, doivent être choisis de préférence.» Du reste, sans avoir recours à la cautérisation, on obtient, ainsi que je l'ai constaté, de bons effets de l'application d'un corps très-chaud (un fer à repasser par exemple) sur la région du cœur.

Excitants divers : glace, tabac, etc. — Je ne citerai que pour mémoire l'emploi d'excitants divers, tels que la glace dans le rectum, les lavements d'infusion de tabac, les frictions sur le corps, l'ammoniaque sous les narines, l'insufflation de fumée de tabac dans le rectum, les douches d'eau froide sur la moelle épinière, etc. Très-usités autrefois pour la plupart, ils sont à peu près abandonnés aujourd'hui. Cependant ce sont des adjuvants utiles, qu'on peut en tout cas employer sans danger. Je n'en parlerai pas davantage, n'ayant pas fait d'expériences comparatives sur leur action.

Acupuncture et électropuncture du cœur. — On a proposé comme stimulant énergique du cœur l'acupuncture, qui se pratique en enfonçant de minces aiguilles dans cet organe, au niveau de sa pointe. Pour piquer le cœur chez l'homme, il faut enfoncer l'aiguille au milieu du cinquième espace intercostal gauche, à 3 centimètres en dehors du bord du sternum, à une profondeur de 3 à 4 centimètres.

Si on veut augmenter l'excitation du cœur et pratiquer ce que l'on nomme *l'électropuncture*, on fait, en se servant de l'aiguille enfoncée dans le cœur comme conducteur, passer un courant électrique à travers l'organe, le pôle positif communiquant avec l'aiguille, le pôle négatif placé sur la poitrine.

L'électropuncture du cœur est évidemment en théorie le moyen le plus énergique que la science possède pour ranimer les battements de cet organe lorsqu'ils sont éteints. Pour en apprécier pratiquement la valeur, j'ai fait les expériences suivantes :

Plusieurs lapins adultes sont asphyxiés, soit par submersion, soit par séjour dans une atmosphère confinée. Quelques minutes après que les mouvements respiratoires ont cessé, j'enlève, avec les précautions nécessaires pour ne pas produire d'hémorrhagie importante, une portion du sternum assez étendue pour mettre le cœur à nu, et je trouve cet organe immobile ou exécutant quelques rares mouvements, suivant le temps pendant lequel a duré l'asphyxie. Après avoir attendu qu'il devienne immobile, je fais passer un courant continu dans l'organe, un pôle placé dans le rectum, l'autre pôle communiquant avec une aiguille enfoncée dans la pointe du cœur. La pile employée était celle dont il sera parlé plus loin.

Quelle que fût l'intensité ou la faiblesse du courant continu employé, je n'ai jamais vu sous son influence se réveiller les battements éteints; mais en le faisant passer d'une façon intermittente, c'est-à-dire en interrompant, toutes les secondes par exemple, le contact du réophore avec l'aiguille placée dans l'organe, à chaque nouveau passage du courant j'obtenais, habituellement du côté droit du cœur et bien

plus rarement du côté gauche, des contractions qui m'ont paru d'autant plus énergiques que le courant était lui-même plus intense.

Nous devons conclure de ce qui précède que pour pratiquer l'électropuncture du
cœur avec succès il faut espacer les secousses que le cœur reçoit, au lieu de faire
traverser cet organe par un courant continu, comme on l'avait proposé jusqu'ici.

Je dois signaler comme inconvénient de cette méthode que l'aiguille enfoncée dans
le cœur s'entoure très-rapidement de bulles gazeuses produites par la décomposition
des tissus sous l'influence du courant. Avec un courant intense, cette production est
assez abondante; elle est naturellement moindre lorsqu'il est intermittent que quand
il est continu.

Nous verrons plus loin qu'avec un appareil d'induction dont on espace suffisamment les secousses on obtient exactement les mêmes effets qu'avec les courants continus, contrairement aux assertions de divers observateurs.

L'électrisation du cœur constitue, comme nous le disions plus haut, le moyen le plus
énergique que nous possédions de réveiller les battements de cet organe. Une heure
après la mort par séjour dans une atmosphère confinée, j'ai pu réveiller ses mouvements complétements éteints. Dans la mort par submersion, sa contractilité persiste beaucoup moins longtemps*. Du reste, pour des raisons que je dirai dans un
autre paragraphe, l'électropuncture, comme toutes les autres méthodes, est généralement à peu près inutile contre ce dernier genre d'asphyxie.

**Emploi de l'électricité contre l'asphyxie. Idendité des effets produits par les
courants de la pile et par ceux des appareils d'induction.** — De tous les moyens
proposés contre l'asphyxie, l'électricité est celui qui a donné les plus grandes espérances. Mais, soit par inexpérience dans son emploi, soit pour toute autre cause, ces
espérances n'ont été suivies que de résultats fort minimes.

L'électricité est usitée, comme on sait, en médecine sous deux formes : les
courants continus fournis par les piles; les courants intermittents produits par les
bobines d'induction. Ces derniers sont presque exclusivement employés aujour-
d'hui — quoique dans bien des cas ils soient très-inférieurs aux premiers — en raison de leur simplicité et du peu de volume des appareils qui les fournissent.

MM. Legros et Onimus ont soutenu, d'après des expériences faites sur des animaux asphyxiés ou, pour nous exprimer plus correctement, empoisonnés par le chloroforme, que les courants d'induction à intermittence rapide, tels que ceux obtenus
avec les appareils fabriqués actuellement, produisaient l'arrêt du cœur et, par suite,
ne faisaient que hâter la mort; ce qui les a conduits à les proscrire dans l'asphyxie.
N'ayant pas expérimenté sur des animaux soumis à l'action du chloroforme, je ne
m'occuperai pas de ces derniers; mais, comme conclusion de nombreuses expériences que j'ai faites sur des animaux asphyxiés, je crois pouvoir dire :

1º Qu'en opérant sur le cœur mis à nu, comme je l'ai expliqué plus haut, on voit
les battements de cet organe et les mouvements respiratoires se réveiller *tout aussi
bien sous l'action des courants d'induction que sous celle des courants continus, à condition d'espacer les secousses fournies par les seconds ou par les premiers.* On y arrive
facilement en ne touchant qu'à certains intervalles, toutes les secondes par exemple,
quand il s'agit du cœur, toutes les deux ou trois secondes quand il s'agit du diaphragme, l'organe à électriser.

---

* J'ai eu plusieurs fois occasion de constater dans mes recherches ce fait curieux, que le cœur, qu'on qualifie
habituellement d'*ultimum moriens*, est cependant un des organes dont la contractilité persiste le moins longtemps
après la mort. Alors qu'il est devenu complétement insensible à l'excitant électrique, un fragment d'un muscle
quelconque séparé du corps, le muscle intercostal par exemple, se contracte énergiquement sous son influence.

2° Qu'en faisant passer *d'une façon continue* dans le cœur ou dans le diaphragme les courants à intermittences rapides fournis par les bobines d'induction ou ceux produits par les piles, on n'obtient d'autres résultats que de contracter ces organes au moment du passage du courant, sans que cette contraction soit, surtout pour le diaphragme, suivie du rétablissement de leurs mouvements. Si les battements du cœur persistent encore, les courants de la pile et surtout les courants d'induction, employés comme nous venons de le dire, les ralentissent ou les suppriment généralement.

Mes expériences ont été faites, non sur des grenouilles, animaux n'ayant aucune analogie avec l'homme, mais sur des lapins, qui appartiennent, comme lui, à la classe des mammifères. Elles prouvent, comme on le voit, qu'avec les courants des piles on peut, tout aussi bien qu'avec ceux des bobines, obtenir les effets les plus contraires, suivant la manière dont on en fait usage.

Les courants d'induction que j'ai employés étaient fournis par l'appareil de Gaiffe; les courants constants étaient obtenus par la pile de Daniell, modifiée par MM. Callaud et Trouvé. Cet appareil produit des courants très-constants et n'a que peu d'effets chimiques. Grâce à la suppression des vases poreux, il est fort propre et chacun peut le construire facilement. La pile dont j'ai fait usage se composait de 40 éléments, disposés de façon qu'on pût se servir seulement de ceux jugés nécessaires.

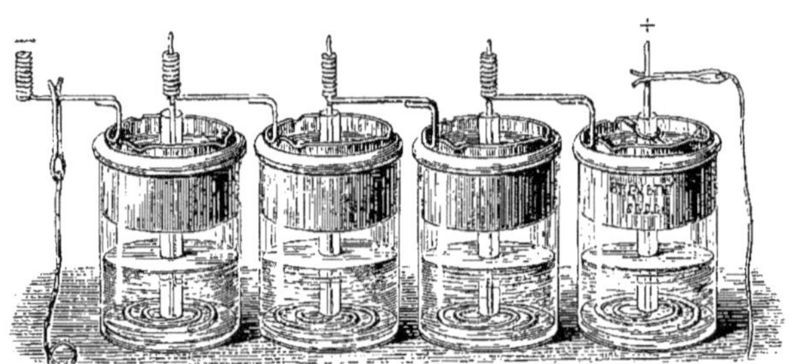

Fig, 123. — *Éléments de la pile employée dans nos expériences* *.

Je crois, d'après ce qui précède, que pour obtenir des courants continus ou des appareils d'induction leur maximum d'effets dans l'asphyxie, il faudrait, ce qui, du reste, est parfaitement simple, leur adapter un mécanisme interrompant le courant de façon à ne pas le faire passer à travers les organes plus de 60 fois par minute. Les intermittences des appareils d'induction qu'on trouve actuellement dans le commerce sont infiniment trop rapides et il faut que ce soit la main de l'opérateur qui fasse l'office d'interrupteur.

M. Duchène, de Boulogne, a proposé de pratiquer la respiration artificielle avec les courants d'induction en électrisant le nerf phrénique sous la dépendance duquel le diaphragme est placé. Il suffit, pour cela, de placer les deux pôles de l'instrument sur les côtés du cou, sur le bord interne du sterno-mastoïdien, et de faire passer

---

* L'élément cuivre de cette pile est constitué par un fil de cuivre dont la partie inférieure, enroulée en spirale, repose sur le fond du vase qui le contient. Sa partie verticale est enveloppée d'un tube de verre. L'élément zinc est formé par un simple cylindre de zinc, occupant le tiers supérieur du vase, sur le rebord supérieur duquel il s'appuie. Pour mettre la pile en activité, on la remplit d'eau et on y jette quelques cristaux de sulfate de cuivre. Elle peut fonctionner plus d'un mois sans qu'on ait besoin d'y toucher.

le courant quinze ou dix-huit fois par minute. On obtient ainsi, *comme, du reste, avec les courants continus*, la contraction du diaphragme et, par suite, la dilatation de la poitrine; mais, ainsi que je l'ai déjà dit, cette méthode ne présente pas d'avantage sur les procédés de respiration artificielle précédemment décrits.

Le même auteur est parvenu chez l'homme, dans un cas très-intéressant, à stimuler les mouvements du cœur par électrisation de la région précordiale au moyen des courants d'induction — ce qui est conforme à nos expériences précédemment citées. — Il a vu dans le même cas — point sur lequel je n'ai pas expérimenté — qu'en électrisant le thorax dans la portion correspondant à la face postérieure du poumon, on excitait la force de l'expiration et facilitait l'expulsion des mucosités bronchiques.

Quel est le degré d'utilité de l'électricité dans l'asphyxie? Les courants d'induction et continus ont été employés avec succès par divers expérimentateurs contre les accidents produits par le chloroforme. Mais, quant à leur effet contre l'asphxyie, notamment contre l'asphxie par submersion, je dois dire, tout en souhaitant vivement de voir d'autres expérimentateurs plus heureux que moi, que je n'en ai obtenu que des résultats fort minimes et inférieurs souvent à ceux produits par d'autres moyens, comme je le démontrerai plus loin en faisant voir que des asphyxiés soumis inutilement pendant une demi-heure à des courants d'induction ont pu ensuite être ramenés à la vie.

Les courants continus sont ceux sur lesquels j'avais fondé d'abord les plus grandes espérances. Depuis les recherches d'Aldini en 1804, leur action contre l'asphyxie n'avait pas été étudiée, et dans les ouvrages les plus récents, Hiffelsheim, Tripier, Remak, Legros et Onimus, etc., on ne trouve aucune expérience à ce sujet. Les seules publiées, à ma connaissance, sont celles d'Aldini, qui se borne à dire, du reste, en quelques lignes, dans son *Essai sur le galvanisme*, «qu'il a toujours réussi à ra-«mener à la vie avec la pile les asphyxiés par submersion, *sauf dans les cas où, par «une submersion trop prolongée, l'animal avait entièrement cessé de vivre.* »

C'est là, comme on le voit, une indication fort vague; elle se résume à dire qu'on ramène à la vie par la pile les noyés qui ne sont pas restés trop longtemps sous l'eau, ce qui peut s'appliquer à tous les autres moyens connus, y compris l'abstention.

Pour vérifier l'utilité des courants continus dans l'asphyxie, notamment dans celle par submersion, j'ai fait, avec la grande pile dont j'ai parlé plus haut — et que j'avais fait construire pour cet objet — des expériences variées, qui m'ont démontré le peu d'efficacité de ce moyen. *Jamais je n'ai réussi à ramener à la vie un lapin adulte resté 4 minutes sous l'eau.* J'ai pu, comme je l'ai dit plus haut, faire battre le cœur d'animaux morts depuis une heure et les faire respirer; mais je n'ai pas réussi à les ramener définitivement à la vie quand la durée de l'asphyxie avait dépassé les limites que je viens d'indiquer. Ce que j'ai obtenu de plus net de mes expériences, c'est, d'une part, d'avoir mis en évidence la cause, dont je parlerai plus loin, pour laquelle les individus restés sous l'eau un certain temps ne peuvent revenir à la vie; et, d'autre part, d'avoir découvert, ainsi qu'il en sera également question plus loin, un moyen plus puissant que l'électricité dans certains cas d'asphyxie. Elles ont démontré, en outre, la similitude des effets des courants induits et continus sur la respiration et la circulation, et la possibilité de les employer pour réveiller les mouvements du cœur complétement éteints; indication qui pourrait certainement être utile dans diverses maladies.

Je suis loin de croire, du reste, le sujet épuisé par mes expériences. L'électricité est un agent puissant, que nous ne savons pas encore manier. Il serait facile de tracer un programme de recherches sur son application au traitement des diverses formes d'asphyxie, et si ces recherches ne conduisaient pas au résultat voulu, elles conduiraient sûrement à quelques résultats nouveaux, car il n'y a guère d'expérience qui ne soit instructive pour celui qui sait observer. Si je ne me suis pas avancé plus loin dans cette voie, c'est que des investigations de cette nature sont malheureusement fort onéreuses pour un savant ne possédant que ses seules ressources.

Emploi de la chaleur contre l'asphyxie. — Les anciens auteurs recommandent généralement de réchauffer les asphyxiés en les frictionnant avec des linges chauds; mais ce moyen n'a sans doute pas fourni de grands résultats, puisque les auteurs les plus modernes n'en parlent pas ou n'en parlent que pour le proscrire complétement. Le docteur Perrin, dans son grand article *Asphyxie* du *Dictionnaire encyclopédique* (1867), n'en fait même pas mention. Robin, dans la dernière édition de son *Dictionnaire de médecine* (1866), dit que «toute chaleur d'origine étrangère est plus nuisible qu'utile tant que la respiration n'est pas rétablie,» ce qui semble être, du reste, l'opinion du Conseil de salubrité, qui recommande formellement, dans son instruction de 1835, de ne pas chauffer au delà de 17 degrés le local où on donne des soins aux asphyxiés. M. Paul Bert, dans ses *Leçons sur la respiration* (1871), n'est pas moins explicite et recommande d'éviter de réchauffer les asphyxiés, en se basant sur ce fait, que des chats noyés dans des vases pleins d'eau à différentes températures meurent d'autant plus vite que l'eau est plus chaude.

Malgré la valeur de ces témoignages, qui ne reposent, du reste, sur aucune expérience, j'étais peu convaincu, car un grand nombre d'observations m'avaient prouvé que la température des asphyxiés baissait rapidement de 4 à 5 degrés, et, sachant combien un abaissement pareil est considérable chez les mammifères, dont la température ne varie, comme on le sait, que dans des limites fort étroites, je pensais que ce refroidissement de l'animal devait être une des causes gênant le plus le retour des fonctions vitales. Il me semblait, par suite, que la première chose à faire pour ramener les asphyxiés à la vie était — seul moyen de réchauffer un être vivant chez lequel la circulation est suspendue — de les placer dans un milieu d'une températurature égale à celle que leurs tissus possèdent à l'état normal, c'est-à-dire de 37 à 40 degrés, sans négliger, bien entendu, d'employer en même temps les autres moyens connus pour rappeler la circulation et la respiration.

Les recherches que j'ai faites pour vérifier l'exactitude de cette hypothèse m'ont amené à des résultats aussi curieux qu'imprévus. Ne pouvant pas reproduire ici toutes mes expériences, je citerai seulement les plus frappantes. Elles eurent lieu sur trois chats de la même mère, âgés de neuf jours.

Le premier fut plongé dans de l'eau à la température du laboratoire (16° environ) et maintenu 10 minutes dans ce liquide. Au sortir du bain, la température de l'animal, qui était de 38° dans l'aisselle avant l'immersion, n'était plus que de 29°,7. Après avoir pratiqué sur lui la respiration artificielle pendant 10 minutes sans succès, je le soumis pendant 25 minutes à l'action intermittente d'un courant d'induction, amené graduellement à être assez énergique pour que la main ne pût le supporter. L'animal ne se ranima pas. L'avis des assistants fut qu'il était absolument mort, puisque les moyens les plus énergiques avaient été impuissants à le rappeler à la vie. Je le plongeai alors jusqu'au cou dans un bain d'eau dont la température fut portée de 38 degrés centigrades à 48° environ (température dont plusieurs expériences précédentes m'avaient montré l'action stimulante). L'effet fut réellement extraordinaire. Après une minute de séjour, l'animal faisait quelques mouvements respiratoires; après 2 minutes, les mouvements s'élevaient à 15 par minute; après 12 minutes, à 27, et l'ayant abandonné — comme but d'expérimentation, car la prolongation du bain était alors plus nuisible qu'utile — à cette température considérable pendant 20 minutes, les mouvements s'élevèrent à 75 dans le même temps.

Je répétai la même expérience avec le même succès sur un deuxième chat, frère du précédent, et sur d'autres animaux du même âge; seulement, quand l'animal était resté plus de 10 à 12 minutes sous l'eau, il m'était impossible de le ranimer, même en joignant à l'emploi de la chaleur celui des autres moyens, tels que la respiration artificielle, l'électricité, etc.

Des expériences précédentes il semblait découler cette conséquence bien nette, que, de tous les moyens connus, la chaleur est le plus énergique contre l'asphyxie. Mais en physiologie les généralisations sont trompeuses. Sachant que la résistance des animaux adultes à l'asphyxie est bien moindre que celle des animaux fort jeunes, j'ai répété mes expériences avec des animaux de la même espèce, mais plus âgés, et j'ai vu alors que la chaleur, de même que tous les moyens précédemment décrits : respiration artificielle, électricité, etc., n'était utile que lorsque l'asphyxie, notamment celle par submersion, n'avait duré qu'un temps fort court et qu'on pouvait en réalité se demander, avec ce moyen comme avec les autres, si l'animal abandonné à lui-même ne serait pas revenu aussi bien à la vie. Quand l'asphyxie avait été assez prolongée pour que l'animal ne pût revivre, c'est-à-dire quand elle avait duré 3 ou 4 minutes seulement, une température de 45° ne faisait que provoquer très-rapidement la rigidité cadavérique. Cependant il m'a toujours semblé qu'en plaçant l'animal dans un bain à la température normale du corps, la respiration artificielle, l'électricité et les autres méthodes en usage agissaient plus efficacement que lorsqu'on n'essayait pas de le réchauffer.

Quoi qu'il en soit, j'ai prouvé, je crois, par ces expériences, que la chaleur est, chez les animaux jeunes, le moyen le plus énergique que nous puissions employer contre l'asphyxie, puisqu'il réussit après que les autres ont échoué. Par analogie, nous pouvons croire que cette méthode sera la plus puissante que nous possédions pour ramener à la vie les nouveau-nés en état de mort apparente. Avant de les plonger dans un bain à une température de 40 à 45 degrés, il serait prudent de les mettre d'abord dans un bain ne dépassant pas 35° et de n'élever graduellement la température que s'ils ne se ranimaient pas.

Causes de la difficulté de ramener certains asphyxiés à la vie.

Quand on ouvre, *peu de temps après la mort*, le cadavre d'un animal asphyxié, on trouve que les organes de la respiration et de la circulation présentent des différences assez notables, suivant le mode d'asphyxie auquel l'animal a succombé. Dans l'asphyxie par l'oxyde de carbone — asphyxie qui n'est, du reste, comme nous l'avons vu, qu'un empoisonnement des globules — on trouve le sang que le cœur contient, rouge et parfaitement fluide. Dans l'asphyxie par l'acide carbonique, on le trouve noir et également liquide. J'ai constaté qu'on le trouve liquide encore, bien qu'un peu épaissi, dans l'asphyxie par l'air confiné.

Dans l'asphyxie par submersion j'ai reconnu, par de nombreuses expériences, que le sang présentait un aspect tout différent. *Lorsqu'un mammifère adulte, un lapin par exemple, est resté seule-*

*ment 4 ou 5 minutes sous l'eau, sans avoir pu respirer, les cavités du cœur contiennent toujours des caillots noirs volumineux**. Et c'est, selon moi, cette cause qui rend inutiles les moyens que l'on peut employer pour ramener la vie. Ranimer les mouvements du cœur qui ne bat plus est, comme nous l'avons prouvé, chose facile; mais forcer les caillots énormes que cet organe contient, et qui font l'office de véritables bouchons, à franchir le cercle de la circulation, est évidemment, dans l'état actuel de nos connaissances, tout à fait impossible.* Tant qu'on ne trouvera pas un moyen de liquéfier ces caillots, tous les procédés employés contre l'asphyxie par submersion seront tout à fait illusoires, pour peu que l'asphyxié ait séjourné plus de 4 à 5 minutes sous l'eau **, s'il est adulte, ou, s'il est fort jeune, un temps un peu plus long, mais qui, dans tous les cas, est très-restreint.

Pourquoi le cœur des asphyxiés par submersion contient-il des caillots? J'ai fait sans succès diverses expériences pour trancher cette question. Est-ce simplement parce que la circulation s'est arrêtée? Mais alors on devrait trouver aussi des caillots dans le cœur des animaux dont on arrête immédiatement la respiration et la circulation en les faisant rapidement périr. Or, en tuant brusquement des lapins par luxation des vertèbres cervicales, j'ai constaté, dix minutes, une demi-heure, une heure et deux heures après la mort, que le cœur ne renfermait pas de caillots et que le sang y était fluide. J'ai constaté aussi que le sang était encore fluide, bien qu'à un degré moindre, chez des lapins tués en les faisant

---

* Ayant toujours trouvé immédiatement après la mort par submersion des caillots noirs, très-résistants, dans le cœur des mammifères lorsqu'ils avaient séjourné sous l'eau quelques minutes, et cela même quand le cœur battait encore, je ne puis m'expliquer l'affirmation des auteurs qui disent pour la plupart que le sang contenu dans le cœur des noyés est toujours liquide, qu'en admettant que ce liquide a eu le temps de se décomposer ou de subir quelque altération susceptible de le liquéfier dans l'intervalle, généralement assez long, qui sépare les autopsies de la mort.

** On cite cependant quelques exemples d'individus rappelés à la vie après un séjour d'une heure sous l'eau. Ces faits fort rares et qui n'ont rien de bien authentique peuvent s'expliquer peut-être en admettant que l'individu plongé dans l'eau a éprouvé immédiatement, par frayeur ou autrement, une brusque syncope, c'est-à-dire que les mouvements du cœur et la respiration se sont suspendus, ce qui l'a empêché de faire des efforts pour respirer et l'a soustrait, par suite, aux effets de la submersion.

séjourner dans une atmosphère confinée et qui avaient cessé de respirer depuis un quart d'heure.

Les caillots contenus dans le cœur des noyés par submersion n'étant pas produits par l'arrêt de la circulation, nous devons chercher ailleurs la cause de leur formation. Je pensais d'abord pouvoir l'attribuer à un empoisonnement du sang par rétention des gaz que ce liquide doit éliminer par les voies respiratoires, rétention qui n'a pas lieu quand le mouvement et toutes les forces dont le développement produit l'usure des tissus et, par suite, la formamation de composés gazeux, s'arrêtent immédiatement, comme dans la mort par lésion de la moelle par exemple, au lieu de ne s'arrêter qu'au bout de quelques instants, comme dans la mort par submersion.

Mais, pour que cette explication fût vraie, il aurait fallu trouver des caillots dans le cœur des animaux asphyxiés dans l'air altéré par leur propre respiration, car alors il eût été probable que c'était bien l'accumulation dans le sang des produits de l'usure des tissus qui déterminait sa coagulation. Or j'ai reconnu, au contraire, comme je l'ai dit, que le sang contenu dans le cœur des animaux ainsi asphyxiés était seulement un peu épaissi, mais non réduit en caillots. Il m'a donc fallu renoncer à mon hypothèse.

Quoi qu'il en soit de la cause de la formation des caillots dans le cœur des asphyxiés par submersion, c'est principalement à leur présence, j'insiste sur ce point, ignoré, je crois, jusqu'à mes recherches, qu'est due la difficulté de les ramener à la vie, quelque énergiques que soient les moyens employés. Alors qu'on ramènera facilement à la vie un lapin adulte qui serait resté 10 minutes dans de l'acide carbonique, on échouera complétement s'il est resté 4 minutes seulement sous l'eau.

Ainsi, quelques minutes de privation de la respiration suffisent pour détruire la vie sans retour. Cependant, dans ces organes qui vivaient il y a un instant, nous ne pouvons découvrir aucune modification essentielle qui puisse les empêcher absolument de revenir à la vie. Une science plus avancée réussira-t-elle un jour à les faire revivre? Ce résultat ne serait pas plus surprenant, sans doute, que de rendre la vie à un membre séparé du tronc et dans lequel la rigidité s'est déjà manifestée, ce qui nous est facile. Au point de vue physiologique, la différence entre la vie et la mort est minime, et on comprend parfaitement la possibilité — largement démontrée, du reste, par l'expérience pour certains animaux inférieurs — de faire repasser l'individu mort à l'état vivant, c'est-à-dire de dépasser ces limites que la tradition semble avoir toujours considérées comme infranchissables pour la puissance humaine.

Aucun sujet, nous l'avons dit déjà, n'a été moins étudié que la mort; bien peu seraient cependant plus dignes de nos méditations et de nos recherches. Parmi ce petit nombre de certitudes que l'homme possède, la plus inexorable de toutes est celle qu'il doit mourir. Mais si ce terme fatal qui attend tous les êtres doit toujours venir, au moins serait-il bien souvent possible d'en retarder le jour. Ce n'est que d'hier que la science a soulevé le voile qui recouvre ce redoutable problème, et si le phénomène par lequel les êtres cessent de vivre nous est trop peu connu encore pour qu'il nous soit souvent possible d'arrêter l'œuvre de destruction, les résultats déjà obtenus nous permettent au moins d'entrevoir l'importance de ceux à obtenir. La science, sans doute, a ses limites; mais qui serait assez hardi pour fixer les bornes qu'elle ne pourra franchir ?

CHAPITRE XVI.

RENOUVELLEMENT DES ÉLÉMENTS DES ORGANES.
SÉCRÉTIONS, ABSORPTION ET NUTRITION.

§ 1ᵉʳ.

BUDGET DES RECETTES ET DES DÉPENSES DES ORGANES.

Nous avons vu que les éléments des organes se renouvellent toujours et que le sang est le milieu dans lequel vivent tous les tissus. C'est dans ce liquide qu'ils puisent tous leurs matériaux réparateurs et rejettent les éléments usés.

Les êtres vivants ne vivent, en réalité, qu'à la condition d'être toujours plongés dans ce liquide. La peau qui forme l'enveloppe extérieure du corps est comparable au verre du bocal dans lequel des poissons sont plongés. Ces animaux représentent les éléments des organes, et le liquide dans lequel ils nagent, le sang.

Nous avons vu aussi, dans le chapitre consacré à l'étude de l'alimentation, que chez l'adulte la proportion de matériaux introduite dans l'organisme est rigoureusement égale à celle qui en sort, et que, pour 100 parties d'aliments et d'oxygène absorbées (75 *d'aliments et 25 d'oxygène*), il y avait exactement 100 parties éliminées au dehors par les reins, les poumons et la peau (35 *d'urine et d'excréments*, 30 *d'acide carbonique*, 35 *d'eau*).

Les causes diverses des recettes et des pertes du sang peuvent se résumer de la façon suivante :

1° **Recettes du sang** :

a) Produits alimentaires fournis par le tube digestif ;

b) Oxygène emprunté à l'atmosphère par les poumons et la peau ;

c) Matériaux divers provenant de l'usure des tissus (urée, acide carbonique, etc.) et qui s'accumulent dans le sang jusqu'à leur élimination au dehors ;

d) Liquides fournis par le système lymphatique et par diverses glandes, telles que la rate, le foie, etc.

2° **Dépenses du sang** :

a) Liquides et gaz éliminés par les poumons, les reins et la peau (urine, eau, acide carbonique, sueur) ;

b) Liquides éliminés par diverses glandes sécrétantes, tels que le lait, les larmes, le mucus, etc. ;

c) Matériaux fournis aux organes pour leur nutrition.

(La chaleur, le mouvement et les forces diverses que produisent les organes sont également des causes de pertes importantes, mais elles se traduisent par la transformation des tissus et la formation des produits d'élimination mentionnés plus haut).

Lorsqu'il y a équilibre entre les recettes et les dépenses du sang, le poids du corps reste invariable ; si la recette l'emporte sur la dépense, ce qui a lieu, par exemple, pendant la croissance, les organes augmentent de volume ; si ce sont, au contraire, les dépenses qui l'emportent, la nutrition et la production des forces se font aux dépens des éléments des tissus eux-mêmes, qui diminuent alors de volume, c'est-à-dire maigrissent. C'est là ce qui arrive dans l'abstinence, ce qui se produit aussi chez le vieillard : chez ce dernier, la peau, devenue trop large pour les tissus qu'elle recouvre, se ride ; les muscles, amincis, sont impuissants à redresser la tête et le corps, qui se penchent en avant ; les os diminuent de volume et se brisent sous le plus léger effort.

C'est sous forme de chyle et de lymphe, liquides dont nous avons précédemment étudié la composition, que sont introduits dans le sang les matériaux empruntés aux aliments par l'appareil digestif, et sous forme d'oxygène qu'y pénètre l'élément fourni par l'atmosphère. ·

Les matériaux digestifs sont dissous dans le sérum, qui renferme ainsi les principes nutritifs du sang. Quant à l'oxygène, il est fixé dans les globules, et sert à mettre en liberté les forces latentes que contiennent les principes accumulés dans les tissus par la digestion.

Quant aux éléments des tissus qui ont été usés, c'est-à-dire ramenés à l'état de composés de plus en plus simples, ne contenant plus une somme suffisante de forces disponibles, ils sont repris par le sang et rejetés au dehors sous des formes diverses, telles que l'urée, l'acide carbonique, la vapeur d'eau, etc., par les poumons, les reins et la peau. Ces résidus sont comparables aux cendres qui se forment dans un foyer et à la fumée qui se dégage pendant la combustion. L'énergie disponible — la chaleur que le combustible contenait à l'état latent — a été usée par une série de transformations successives qui l'ont mise en liberté, sans, cependant, que le combustible ait, en réalité, rien perdu de son poids.

Les principales causes des recettes et des dépenses du sang, telles que la digestion, la respiration, l'urination, les diverses sécrétions, ayant déjà été étudiées dans cet ouvrage ou devant l'être plus tard, nous ne parlerons, dans ce chapitre, que des sécrétions dont l'étude ne doit pas trouver place ailleurs et du mécanisme en vertu duquel la nutrition des tissus s'opère. Ce mécanisme implique l'étude du phénomène important désigné sous le nom d'*absorption*. C'est au moyen de ces deux fonctions opposées et corrélatives, *l'absorption et la sécrétion*, que la vie s'entretient chez tous les êtres.

§ 2.

SÉCRÉTIONS.

Mécanisme des sécrétions. Certaines membranes mises au contact du sang jouissent de la propriété d'en extraire divers principes, variables suivant la surface en contact avec ce liquide. Les glandes salivaires extraient du sang la salive; les glandes mammaires, les principes servant à la formation du lait; les glandes de l'estomac, ceux destinés à produire du suc gastrique, etc.

Toutes les glandes ne sont pas, comme les reins par exemple, de simples filtres, se bornant à extraire du sang certains principes. Les liquides qu'elles sécrètent, tels que le lait, le suc gastrique, n'existent pas en nature dans le sang. Ils se forment dans les glandes, mais, en définitive, toujours aux dépens des principes du sang.

En vertu de quelles particularités de structure, des glandes, fort analogues en apparence, extraient-elles du sang des matériaux qui diffèrent pour chaque glande, et quelles métamorphoses se passent au sein de ces organes? Dans l'état actuel de la science il nous est impossible de l'expliquer. Jamais savant aidé des appareils les plus compliqués ne forma dans son laboratoire des combinaisons plus parfaites que celles qui s'opèrent au sein de ces organes, par des moyens fort simples, sans doute, mais qui nous sont encore complétement inconnus. Le venin des serpents, les larmes, la salive, le lait, tous ces produits si divers sont cependant sécrétés par des organes en apparence identiques.

Au point de vue de leur structure, les glandes peuvent être considérées, en dernière analyse, comme des membranes pourvues sur une de leurs faces d'un réseau de vaisseaux capillaires abondants qui leur apportent le sang, et sur l'autre, d'une couche de cellules chargées d'en extraire les principes que contient le liquide exsudé par les capillaires. Ces cellules, qui sont susceptibles de se détruire et de se multiplier très-vite, sont les véritables organes de la sécrétion: C'est dans leur intérieur que s'opèrent les métamorphoses qui transforment en lait, salive, etc., les matériaux que le sang contient.

Ce n'est qu'exceptionnellement que les glandes, comme les séreuses, par exemple, sont disposées sous forme étalée; mais, quelle que soit leur forme, elles peuvent toujours être considérées comme des membranes d'une structure analogue à celle que nous venons de décrire et plus ou moins repliées sur elles-mêmes. Ces replis ont uniquement pour but d'augmenter leur surface. C'est grâce à eux que, sous un petit volume, la surface sécrétante du rein est de 9 mètres carrés; celle du pancréas, de 4 mètres carrés; celle de chaque parotide, de 2 mètres, etc. Les membranes séreuses représentent le plus simple des tissus sécrétants; ce sont celles qui offrent le moins de surface.

La plupart des glandes sont munies d'un canal excréteur conduisant au dehors le liquide formé dans leur intérieur. Quelques-unes seulement, telles que la rate, les capsules surrénales, etc., n'en sont pas pourvues.

La composition du sang qui sort des glandes varie, comme nous l'avons vu en étudiant ce liquide, suivant que la glande sécrète ou ne sécréte pas.

La sécrétion des glandes est placée sous l'influence du système nerveux, des nerfs vaso-moteurs notamment. Claude Bernard considère ces nerfs comme une sorte de frein. Nous avons vu, en effet, en traitant de la circulation, que leur excitation produit la contraction des capillaires et diminue, par suite, la quantité de sang qui les traverse, tandis que leur paralysie dilate le diamètre de ces vaisseaux et augmente, en conséquence, la quantité de sang qu'ils peuvent recevoir dans un temps donné.

Le physiologiste que nous venons de citer considère la sécrétion des glandes comme le résultat de la paralysie des nerfs vaso-moteurs, et, en effet, les substances qui paralysent ces nerfs, telles que le curare, par exemple, amènent la sécrétion permanente des glandes. Cette théorie ingénieuse est cependant susceptible de plus d'une objection, et plusieurs auteurs admettent l'existence de nerfs spéciaux dits *nerfs sécréteurs*, destinés à produire la mise en activité des éléments glandulaires.

Ayant étudié déjà ou devant étudier plus loin les plus importantes sécrétions, nous ne traiterons ici que de celles dont l'examen ne doit pas trouver place ailleurs. Nous laisserons complétement de côté, dans leur étude, les classifications diverses auxquelles on les a soumises, considérant comme une tentative vaine de vouloir classer des phénomènes dont les éléments et les causes ne sont pas encore connus.

Sécrétion des séreuses. Les séreuses sont, comme nous le savons, des sortes de sacs à double paroi qui enveloppent la plupart des organes importants, tels que le cœur, les poumons, l'intestin, etc. Elles sont les plus simples des glandes sécrétantes, et le liquide peu abondant qu'elles sécrètent n'a d'autre fonction que de faciliter le glissement l'un sur l'autre des deux feuillets qui les constituent.

Le liquide que contiennent les membranes synoviales, séreuses qui se trouvent entre les articulations des os, est tout à fait comparable pour ses fonctions aux corps gras dont on enduit les diverses pièces d'une machine pour faciliter leur frottement.

La composition du liquide des diverses séreuses est peu variable ; la synoviale du cheval contient 93 p. 100 d'eau, 6 p. 100 d'albumine et 1 p. 100 de sels et de matières grasses.

Sécrétion des muqueuses. Les muqueuses peuvent être considérées comme la peau des organes intérieurs du corps. Elles sont recouvertes d'un épithélium analogue à l'épiderme, composé de cellules qui se renouvellent constamment et dont la surface est toujours imbibée d'un liquide qui les maintient dans un état de souplesse continuelle et les protége contre l'action des corps irritants. Ce liquide, de consistance variable, est neutre ou alcalin, soluble dans l'eau et l'alcool, et composé de 93 p. 100 d'eau, de 5 à 6 p. 100 d'une matière organique très-visqueuse particulière, la *mucosine*, d'un peu d'albumine et de sels. Il tient en suspension des cellules d'épithélium et des leucocytes, corps que l'on considérait autrefois comme des globules particuliers au mucus.

Sécrétion de la rate. — Rôle dérivateur attribué à cet organe. Les fonctions de la rate, comme celles, du reste, des autres glandes sans canal excréteur, désignées sous le nom de *glandes vasculaires sanguines* (*corps thyroïde*, *thymus* et *capsules surrénales*), et dont le produit, faute de canaux excréteurs, rentre dans la circulation, sont encore à peu près complétement inconnues. Nous ne pourrons donc que nous borner à exposer les diverses hypothèses faites à leur endroit.

La rate, organe situé sous le diaphragme, à gauche de l'estomac, est constituée par une trame fibreuse élastique qui la partage en un grand nombre de loges incomplètes communiquant entre elles et supportant un réseau vasculaire très-spongieux. Les capillaires artériels venus de l'artère splénique s'ouvrent dans les lacunes d'où naissent les veinules.

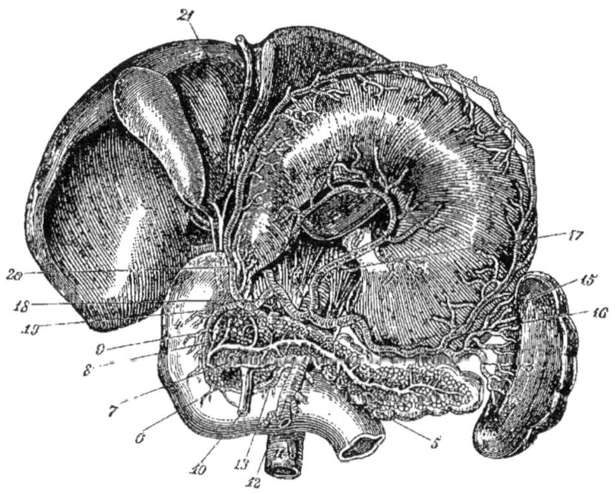

Fig. 124. — *Rapports de la rate avec les divers organes contenus dans l'abdomen.* *

Sur le trajet des divisions artérielles existent un grand nombre de petites vésicules d'un demi-millimètre de diamètre, nommées

* 1) Foie. On voit sur sa surface la vésicule biliaire en forme de poire. — 2) Estomac. — 3) Rate. — 4) Duodénum. — 5) Pancréas. — 6) Veine mésentérique supérieure. — 7) Canal pancréatique. — 8) Petit canal pancréatique. — 9) Canal cholédoque. — 10) Veine mésentérique supérieure. — 11) Aorte. — 12) Artère mésentérique supérieure. — 13) Rameau pancréatico-duodénal de la mésentérique. — 14) Tronc cœliaque. — 15) Artère splénique. — 16) Artère gastro-épiploïque gauche. — 17) Artère coronaire stomachique. — 18) Artère hépatique. — 19) Rameau pancréatico-duodénal de la gastro-épiploïque. — 20) Artère gastro-épiploïque droite· — 21) Continuation de l'artère coronaire stomachique.

cellules de la rate, qui contiennent des globules analogues aux globules incolores du sang et sont traversées par un réseau de capillaires très-fins provenant de l'artériole sur laquelle le capillaire repose.

L'élasticité du tissu de la rate lui permet de se distendre et de revenir facilement sur elle-même. Aussi varie-t-elle fréquemment de volume. Dans divers états pathologiques, notamment dans la fièvre intermittente, elle augmente considérablement de dimensions par suite d'une accumulation du sang dans son intérieur. Cette accumulation, ayant lieu aux dépens du sang qui baigne les autres organes, équivaut à une perte de ce liquide pour ces derniers et finit, quand elle persiste, par produire une anémie profonde.

D'après M. Béclard, le sang qui sort de la rate a perdu une partie de ses globules rouges. L'espèce de boue brunâtre qu'elle contient, et à laquelle on a donné le nom de *boue splénique*, serait constituée par un amas de globules sanguins à divers degrés de destruction. Ce savant physiologiste a vu également qu'en sortant de la rate le sang contenait un excès de fibrine, ce qui prouverait, suivant lui, que cette substance est un des produits de la métamorphose des globules. Moleschott affirme qu'après son excision on observe l'accumulation des globules dans le sang. Suivant plusieurs observateurs, ce serait bien dans la rate que les globules viendraient mourir, mais ce serait aussi dans le même organe qu'ils prendraient naissance. Le sang qui en sort semble être plus riche, en effet, en globules blancs que celui qui y pénètre.

Plusieurs physiologistes, anciens et modernes, notamment le docteur Fossion, considèrent la rate, ainsi, du reste, que les diverses glandes vasculaires sanguines, comme servant à dériver le sang des autres organes et prévenir par là les congestions dont ils pourraient être menacés. Les organes qui fonctionnent d'une façon intermittente, comme l'estomac, le cerveau, etc., demandent, en effet, pour l'accomplissement de leurs fonctions, une quantité de sang plus considérable qu'à l'état de repos; quand ils ne fonctionnent plus, le sang qui s'y portait serait détourné par des organes dérivateurs annexés à chacun d'eux et qui agiraient à leur égard comme le vésicatoire qu'on applique dans une région déterminée du corps pour détourner le sang qui congestionne un organe. La rate dériverait le sang de l'estomac par l'artère splénique*; le corps thyroïde serait un dérivateur du cerveau en détournant, par l'intermédiaire des artères thyroïdiennes, le sang que les artères carotides internes et vertébrales lui amènent. Le thymus détournerait, pendant la vie fœtale, le sang des artères nutritives des poumons et ne disparaîtrait après la naissance que parce que ce dernier organe entre alors en fonctions continues. Les mamelles détourneraient par l'artère épigastrique le sang de l'utérus après l'accouchement. Cette théorie mérite, croyons-nous, d'être étudiée sérieusement; nous avons eu trop souvent occasion de constater l'influence d'un dérivatif énergique sur une congestion cérébrale ou pulmonaire imminente pour ne pas croire que la circulation du sang dans un organe puisse être modifiée profondément sous l'action de causes plus ou moins connues. Peut-être est-il plus vrai de dire qu'un organe quelconque peut, à un moment donné, jouer le rôle de dérivateur vis-à-vis d'un autre organe. Nous avons déjà dit que nous considérions la lourdeur de tête et le sommeil qui se produisent si souvent après le repas comme une anémie cérébrale résultant de ce que le sang, affluant alors en grande quantité dans l'appareil digestif, ne se porte plus en quantité suffisante aux autres organes et notamment au cerveau.

Quoi qu'il en soit du rôle de la rate, il est évident que ses fonctions peuvent être remplies par d'autres organes, car on l'extirpe sans inconvénient chez beaucoup d'animaux; on a même pu l'enlever également chez l'homme. Notre savant ami M. le docteur Péan a pratiqué l'ablation complète de cet organe chez une jeune fille qui vit encore, bien que sept années se soient écoulées depuis l'opération. Suivant Schiff, on observerait chez les animaux, après l'ablation de la rate, le gonflement des ganglions lymphatiques; mais rien de pareil ne paraît avoir été constaté chez l'homme.

---

* Tout en admettant la théorie de la dérivation, le docteur Ricou croit, en se basant sur des raisons anatomiques dont l'exposé nous entraînerait trop loin, que la rate recevrait l'excédant de sang de la veine cave supérieure et préviendrait, par son implétion, la compression de la moelle épinière.

Le sang qui a été amené à la rate par l'artère splénique en sort par la veine splénique, qui l'amène dans le foie par l'intermédiaire de la veine porte. La matière colorante des globules détruits y forme peut-être la matière colorante de la bile.

Sécrétion du corps thyroïde. Le corps thyroïde est une glande en forme de croissant située au devant de la partie supérieure de la trachée. Elle est constituée par une enveloppe fibreuse recouvrant un agrégat de follicules tapissés d'un épithélium et remplis d'un liquide mucilagineux. Elle reçoit des artères volumineuses venues de la carotide externe et de la sous-clavière*,

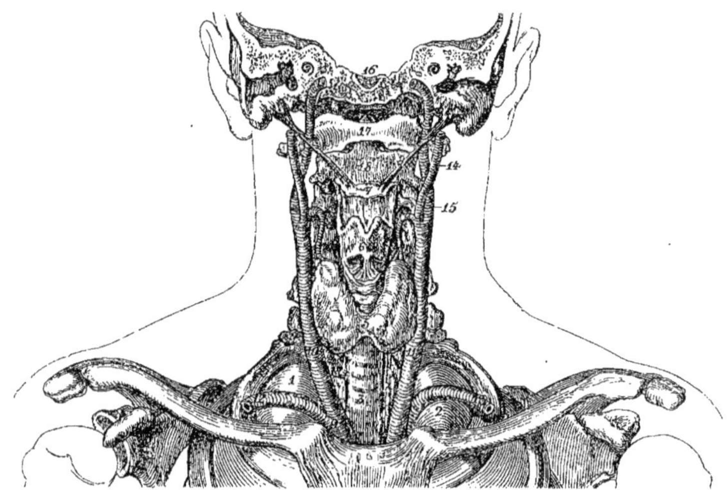

Fig. 125. — *Rapports du corps thyroïde avec la trachée et les vaisseaux du cou.* **

et il en sort un réseau veineux important. Les capillaires des vaisseaux entourent les vésicules d'un réseau très-fin. C'est l'hypertrophie des éléments de cette glande qui constitue l'affection nommée *goître*.

* Voy. les fig. 82 et 84.

** 1, 2) Poumons. — 3) Trachée. — 4) OEsophage. — 5) Corps thyroïde. — 6) Larynx. — 7) Os hyoïde. — 8) Ligament stylo-hyoïdien. — 9) Tronc brachio-céphalique. — 10 et 11) Artères carotides primitives. — 12 et 13) Artères sous-clavières. — 14) Carotide externe. — 15) Carotide interne. — 16) Os occipital. — 17) Atlas. — 18) Axis.

Il est bien probable qu'une glande où arrivent des vaisseaux aussi nombreux que ceux reçus par le corps thyroïde doit avoir des fonctions importantes; mais ces fonctions nous sont complétement inconnues et nous ne pouvons risquer sur elles que de très-vagues hypothèses.

Parmi ces hypothèses, une des plus ingénieuses est celle que nous citions plus haut en parlant de la rate et qui consiste à considérer le corps thyroïde comme un organe servant à dériver, par l'intermédiaire des artères thyroïdiennes, le sang que les artères carotide et vertébrale conduisent au cerveau. Cette glande serait une sorte de réservoir de sûreté où viendrait s'amasser le sang lorsque, le cerveau ne fonctionnant pas, une quantité moindre de ce liquide lui est nécessaire, ou quand il est menacé de congestion par une cause quelconque. Le docteur Ricou dit avoir observé en Afrique, où les apoplexies sont fréquentes, qu'une congestion du corps thyroïde, accusée par un sentiment de gêne au cou, se produit brusquement dans les cas de congestion cérébrale. J'ai fait pour mon compte plusieurs fois la même remarque.

Sécrétion du thymus. Le thymus est une glande située à la partie inférieure du cou, en avant de la trachée, d'une structure analogue à celle du corps thyroïde et recevant comme lui des vaisseaux nombreux. Très-développée chez le fœtus, elle s'atrophie après la naissance en subissant une régression graisseuse plus ou moins rapide, et vers l'âge de 15 ans elle a complétement disparu. Ses fonctions nous sont également inconnues. Les physiologistes qui considèrent, suivant l'opinion indiquée plus haut, les glandes vasculaires sanguines comme des organes de dérivation du sang admettent que pendant la vie fœtale le thymus détourne le sang des artères nutritives du poumon.

Sécrétion des capsules surrénales. Les capsules surrénales sont deux petites glandes situées au-dessus des reins*; leur structure est analogue à celle des glandes précédentes, et leurs fonctions, comme celles de ces dernières, inconnues. Servent-elles à dériver le

---

* Voy. fig. 91, chiffre 11.

sang artériel des reins? C'est là une hypothèse dont rien ne démontre l'exactitude. On a aussi soutenu que l'aspect particulier de la peau auquel on a donné le nom de *maladie bronzée* (maladie d'Addison) coïncidait quelquefois avec une certaine altération des capsules surrénales, ce qui tendrait à prouver que ces glandes jouissent de la propriété de modifier une substance que le sang contient et qui se transformerait facilement en pigment; mais on a rencontré cette affection chez des individus dont les capsules surrénales étaient tout à fait intactes.

Sécrétions du foie. Le foie est la plus volumineuse des glandes de l'organisme ; elle forme environ la trente-sixième partie du poids du corps. Nous avons déjà dit quelques mots de la situation qu'elle occupe dans l'abdomen, en étudiant l'influence de la bile dans la digestion.

Le foie est formé d'un nombre considérable de petits lobules juxtaposés, de la grosseur d'un grain de millet, de forme irrégulièrement polyédrique, contenant chacun un grand nombre de cellules, dites *cellules hépatiques*, qui constituent l'élément sécréteur de cet organe. Ces cellules, sorte de vésicules arrondies ou polygonales, contiennent un liquide granuleux de la couleur de la bile.

Le foie reçoit du sang artériel par une artère peu volumineuse, l'*artère hépatique*, et du sang veineux par un vaisseau, au contraire, très-volumineux, la *veine porte*, qui peut être comparée, comme nous l'avons déjà dit, à un arbre dont les racines nées des diverses parties du tube digestif se réuniraient pour former un tronc qui pénétrerait dans le foie, où il se ramifierait à l'infini. Les capillaires de ces vaisseaux se continuent avec ceux des veines sus-hépatiques qui conduisent au cœur, par la veine cave, le sang sortant du foie.

Le nombre et la disposition des vaisseaux du foie rendent cet organe très-sujet aux fluxions, c'est-à-dire exposé à recevoir, dans un temps donné, plus de sang qu'il n'en peut sortir dans le même temps. Cette fluxion se produit normalement pendant le travail digestif, mais devient permanente chez les forts mangeurs. Diverses substances, comme les épices, le plomb, le phosphore, l'alcool, la produisent également.

Les lobules sont disposés autour des nombreuses branches des veines sus-hépatiques, sur lesquelles ils s'implantent par un petit pédicule, rameau de ces vaisseaux, de la même façon que les globules des autres glandes sont appendus à leurs canaux excréteurs. On peut comparer ces veines aux branches d'un arbre dont les feuilles seraient formées par les lobules.

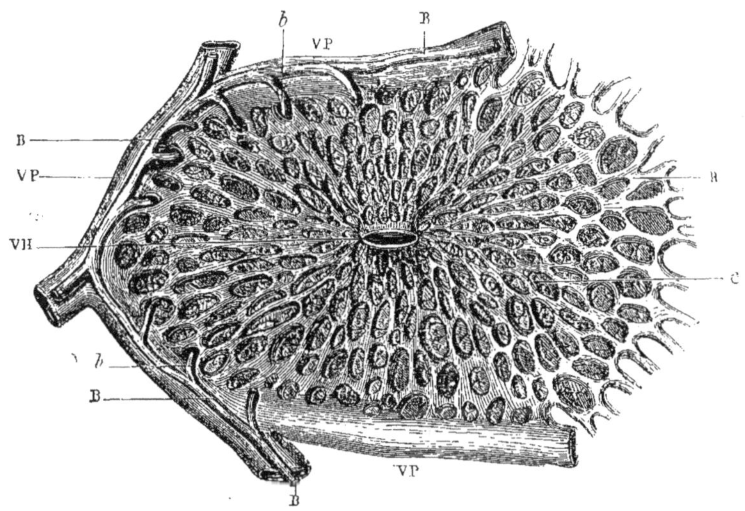

Fig. 126. — *Coupe d'un lobule du foie.*

Les cellules que contiennent les lobules forment un réseau dont les mailles sont limitées par des capillaires communiquant, à la périphérie des lobules, avec les ramifications de la veine porte et, à leur centre, avec les radicules des veines sus-hépatiques.

Par suite de l'étendue des vaisseaux qu'il parcourt, le sang devrait circuler dans le foie très-lentement; mais, d'après Claude Bernard, il peut traverser rapidement cet organe sans passer par les

---

* VH) Branche de la veine hépatique. — VP) Branche de la veine porte. — R) Mailles du réseau capillaire du lobule. — c) Cellules hépatiques. — B, b) Canalicules biliaires. (Cette figure et celle de la page 168 sont empruntées aux *Leçons* de M. Cl. Bernard.)

capillaires, au moyen de canaux assez volumineux qui font communiquer directement la veine porte avec les veines sus-hépatiques.

Outre ces vaisseaux, le foie contient un grand nombre de canalicules doublés d'un épithélium, considérés par divers auteurs comme constitués à leur origine par un cul-de-sac qui s'arrêterait presque à la surface du lobule, et sur la paroi duquel se ramifieraient les capillaires de l'artère hépatique. D'autres observateurs admettent, au contraire, que ces canalicules, au lieu de s'arrêter à la surface du lobule, envoient à son intérieur des ramifications très-fines qui embrasseraient chacune des cellules hépatiques. Ceux qui admettent l'existence des culs-de-sac les comparent à des glandes en grappe et les envisagent comme les organes sécréteurs de la bile, alors que les cellules des lobules seraient les organes sécréteurs du sucre, comme nous le verrons plus loin. Le foie serait ainsi composé, en réalité, de deux glandes différentes. Les auteurs qui admettent, au contraire, la ramification des canalicules dans les lobules considèrent les cellules hépatiques comme les organes formateurs de la bile.

Quel que soit le lieu de formation de la bile, elle est versée par les canalicules dans un canal unique appelé *canal hépatique*, dont la continuation, nommée canal *cholédoque*, la conduit à l'intestin. Il se détache de ce canal une branche nommée *canal cystique*, terminée par un renflement qui constitue la *vésicule biliaire*.

C'est dans ce renflement que s'amasse la bile. Par suite de l'étroitesse de l'ouverture du canal cholédoque dans l'intestin, elle s'écoule fort lentement et est obligée de refluer vers la vésicule. Pendant le travail digestif elle est expulsée de cette dernière par la contraction de ses parois et probablement aussi par la compression qu'exercent sur elle les organes contenus dans l'abdomen.

En liant la veine porte, opération qu'il est du reste fort difficile de pratiquer sans causer la mort, on n'arrête pas la sécrétion de la bile; mais, en liant l'artère hépatique, on l'arrête généralement. Cependant les résultats obtenus par divers expérimentateurs n'ont pas été toujours concordants, et dans l'état actuel de la science on ne saurait affirmer que le sang de la veine porte ne joue aucun rôle dans la formation de la bile.

La sécrétion de la bile, liquide dont nous avons étudié la composition en traitant de la digestion, s'élève à 1 kilogramme par 24 heures, c'est-à-dire à 15 grammes environ par kilogramme du poids du corps.

Toute la bile sécrétée dans l'intestin n'est pas utilisée pour le travail de la digestion. Un homme qui sécrète 1 kilogramme de bile en 24 heures n'expulse que 200 grammes de matières fécales dans le même temps. On dit généralement que la plus grande partie de la bile rentre dans le torrent de la circulation. Mais il nous semble difficile d'admettre qu'une masse pareille de liquide soit inutilement sécrétée, et nous considérons comme beaucoup plus probable que la majeure portion des matériaux solides de la bile est expulsée avec les excréments, tandis que l'eau qui sert à la dissoudre rentre seule par absorption intestinale dans le torrent circulatoire.

En dehors de son rôle dans la digestion — rôle mal déterminé encore, comme nous l'avons vu — le foie peut vraisemblablement être considéré comme un organe dépurateur destiné, de même que les reins, à éliminer certains principes du sang. Cette opinion, qui fut celle des physiologistes de l'antiquité, est celle à laquelle la science moderne tend à nous ramener. Nous avons dit déjà que la cholestérine est considérée par divers expérimentateurs comme un produit de désassimilation du système nerveux et que, d'après des recherches récentes, l'urée, produit de la désassimilation des tissus azotés, se formerait dans le foie. Ce qui prouve bien, du reste, que la bile ne sert pas uniquement à la digestion, c'est que chez le fœtus, dont le foie est très-volumineux, la sécrétion biliaire s'opère, alors cependant qu'aucun aliment n'est introduit dans le tube digestif. Elle y constitue ce qu'on appelle le *méconium*, dont l'expulsion a lieu après la naissance. A moins d'envisager la bile comme une sécrétion à peu près sans but, on ne peut guère la considérer autrement que comme un produit de dépuration du sang analogue à l'urine.

Il serait possible que le foie fût, dans une certaine mesure, un organe complémentaire du poumon. D'après divers observateurs, dans les pays chauds, où l'air dilaté par la chaleur contient moins d'oxygène sous un volume déterminé que dans les pays froids, la respiration n'introduirait pas une quantité suffisante d'oxygène dans les poumons, et, en effet, ces organes dégageraient moins d'acide carbonique que dans les pays tempérés. Le foie et la peau agiraient alors comme organes complémentaires en éliminant, sous forme de bile, de sueur, etc., les produits accumulés dans le sang et qui, incomplétement oxydés, ne se sont pas transformés en acide carbonique. Lorsqu'elle est poussée à l'excès, cette exagération des fonctions de la peau et du foie aurait pour conséquences les maladies de ces organes qu'on observe si souvent sous de chaudes latitudes.

Ce serait aussi peut-être par suite de la formation dans le sang d'un excès de matériaux à éliminer et de l'exagération consécutive de l'activité du foie que les excès, les chagrins, les fatigues, etc., amènent des lésions de cet organe. Sans doute aussi sous l'influence des mêmes causes se produit cette coloration jaunâtre de la peau qu'on observe à la suite de veilles et de fatigues prolongées.

La force qui fait avancer la bile dans les voies biliaires est simplement la poussée exercée par le liquide sécrété. Cette force étant minime, le moindre obstacle, tel que l'inflammation catarrhale du canal cholédoque, par exemple, suffit pour entraver l'issue de la bile dans l'intestin. Ce liquide s'amasse alors dans le foie et pénètre bientôt par infiltration dans les vaisseaux sanguins. Il en résulte l'affection nommée *ictère*, caractérisée principalement par la coloration jaunâtre de la peau et la décoloration des selles. C'est une maladie qui accompagne fréquemment les catarrhes de l'estomac et de l'intestin, par suite de l'extension de leur inflammation au canal cholédoque.

L'ictère n'a pas toujours pour cause la rétention de la bile dans le foie. D'après les recherches de Virchow, Hoppe-Seyler, etc., la matière colorante de la bile pourrait se former directement dans les vaisseaux sans l'intervention du foie et aux dépens de la matière colorante du sang. En injectant, en effet, dans le sang des animaux des substances susceptibles de dissoudre les globules sanguins, on produit artificiellement cette affection. L'ictère observé à la suite d'empoisonnements par l'éther et le chloroforme serait dû à la dissolution des globules sanguins et à la transformation de leur matière colorante en matière colorante de la bile dans les vaisseaux eux-mêmes. Il en serait de même de l'ictère produit par la morsure des serpents, la fièvre jaune, l'infection purulente, etc. Dans tous les cas d'ictère, il doit toujours y avoir finalement, du reste, dissolution partielle des globules, car les acides biliaires jouissent de la propriété de les dissoudre.

Il est probable que c'est à cette dissolution des globules sanguins qu'est dû le ralentissement des fonctions et l'affaissement des forces qu'on observe chez les malades atteints de cette affection. Nous avons vu, en effet, que l'action vivifiante du sang sur les tissus n'est due qu'à la présence des globules.

Outre la bile, le foie produit encore une substance particulière, *matière glycogène* ou *amidon hépatique*, susceptible de se transformer en cette variété de sucre nommée *glucose*. Elle prend naissance dans les cellules hépatiques, où elle s'accumule sous forme de granulations très-fines, dont, par diverses manipulations, on l'extrait facilement à l'état de poudre blanchâtre. Elle dérive soit des matières grasses, soit du dédoublement des matières azotées.

Le sucre formé dans le foie ou résultant de la digestion des substances féculentes ou amylacées, et amené dans cet organe par la veine porte, ne passe pas dans les canaux biliaires. Dissous dans le sang, il est conduit par les veines sus-hépatiques dans la veine cave inférieure, qui le jette dans le cœur. Ce n'est qu'après avoir traversé cet organe qu'il disparaît graduellement, en subissant des transformations dont les termes ultimes sont de l'eau et de l'acide carbonique, destinés à être rejetés au dehors.

L'analyse chimique du foie démontre qu'il contient normalement du sucre; le foie de veau en renferme de 2 à 4 p. 100; celui de l'homme de 1 à 1 1/2 pour 100. Chez les animaux dont l'alimentation est riche en substance féculente, les poules par exemple, la proportion de sucre contenue dans le foie peut atteindre 10 p. 100.

Pendant la vie, la circulation enlève au foie le sucre qui s'y forme à mesure de sa production, et il n'en contient alors que des traces, ainsi qu'on le constate facilement en analysant immédiatement une portion de ce tissu enlevée chez un animal vivant et bien égouttée pour en chasser le sang. Après la mort, la circulation étant arrêtée, le foie s'imbibe de cette substance. Si alors on le fait traverser par un courant d'eau introduit par la veine porte, le liquide sort bientôt limpide et au bout d'une heure ne contient plus de sucre. Qu'on recommence l'opération après quelques heures et l'on constatera qu'il en contient de nouvelles quantités formées aux dépens de la matière glycogène que l'organe renferme.

Plusieurs physiologistes soutiennent que le sucre contenu dans le foie provient uniquement des aliments féculents ingérés ; mais, lorsqu'on nourrit un animal exclusivement avec de la chair, le sang qui sort du foie contient toujours du sucre, tandis que celui qui y pénètre, c'est-à-dire celui de la veine porte, n'en contient habituellement pas. En outre, comme certaines lésions du système nerveux produisent une exagération considérable de la quantité de sucre qui sort du foie, et que, du reste, cet organe peut, ainsi que nous l'avons dit, en fournir après sa séparation du corps, il est certain que la production de cette substance dépend de l'activité du foie et n'est pas uniquement subordonnée à la proportion des aliments féculents ou sucrés absorbés.

Le foie n'est pas le seul organe qui contienne du sucre ; on en rencontre encore dans divers organes du fœtus et dans l'œuf des oiseaux.

Claude Bernard, admettant qu'une hypersécrétion du foie produisait un excès de sucre dans le sang, pensa qu'en irritant la moelle au niveau de la racine des nerfs pneumogastriques, nerfs dont les filets se distribuent au foie, on exagérerait les fonctions de cet organe. L'expérience confirma sa supposition ; mais l'auteur ayant coupé ensuite les mêmes nerfs, il obtint exactement le même résultat qu'en les excitant, ce qui prouve la réserve qu'il faut apporter dans les conclusions à tirer d'une expérience physiologique.

Le mécanisme de la production du sucre dans le foie est, en réalité, inconnu. Claude Bernard le considère, ainsi qu'il le fait pour les autres sécrétions, comme une paralysie des nerfs vaso-moteurs. Le curare, qui produit la paralysie de ces nerfs, exagère la formation du sucre comme il exagère toutes les sécrétions. Cette paralysie agirait en permettant la dilatation des vaisseaux et, par suite, l'affluence d'une plus grande quantité de sang dans le foie.

Lorsqu'il se forme dans le foie plus de sucre qu'il ne peut s'en détruire dans le sang, cette substance se rencontre dans toutes les sécrétions, l'urine notamment, et il en résulte alors un état pathologique auquel on a donné le nom de *diabète*.

Le diabète n'est pas cependant, en réalité, une maladie. C'est le symptôme d'affections fort diverses. Il peut être, en effet, le résultat, soit, comme dans certaines lésions du système nerveux, de la production d'un excès de sucre dans le foie, soit d'une incomplète oxydation du sucre formé dans cet organe, comme par exemple à la suite de lésions pulmonaires qui entravent la respiration, soit encore de l'introduction trop abondante d'aliments féculents ou sucrés dans l'intestin.

Le sucre, du reste, peut se montrer passagèrement dans l'urine sans qu'il y ait diabète, comme l'acide urique peut s'y montrer sans qu'il y ait gravelle. Ce n'est qu'après un examen répété de ce liquide à plusieurs jours d'intervalle que l'on peut tirer des conclusions certaines de sa présence.

Quoi qu'il en soit des théories sur le diabète, on peut dire que c'est un état pathologique commun chez les individus sédentaires, faisant très-peu d'exercice. M. le professeur Bouchardat affirme que sur 20 individus de 40 à 60 ans appartenant aux Assemblées législatives, aux grandes Sociétés savantes, aux positions élevées du commerce et de la finance, on trouve au moins un diabétique. C'est surtout chez les notaires qu'on l'observe le plus fréquemment[*]. C'est une affection avec laquelle on peut vivre quelque temps, mais qui finit presque invariablement par amener la mort.

Les effets du diabète sont faciles à comprendre. Le sang chargé de sucre absorbe avec avidité, par endosmose, la partie liquide de tous les tissus; il en résulte leur dessèchement et une soif ardente que le malade ne réussit pas toujours à étancher en avalant

---

[*] «Tout homme gras et robuste, dit notre savant confrère M. Marchal de Calvi, qui boit et mange bien, qui est sujet aux furoncles, qui, surtout, a eu des anthrax, dont le caractère change, qui a les gencives ramollies, qui a souffert de la gravelle, du lumbago, de la sciatique, est suspect d'avoir le diabète, et l'on ne peut trop se hâter de s'en assurer, à plus forte raison s'il maigrit et s'affaiblit. Dans aucune maladie l'apparence n'est plus trompeuse que dans le diabète; dans aucune la mort n'est plus habile à dissimuler ses coups.»

10 à 12 litres d'eau par jour. Cette soif inextinguible est généralement un des premiers symptômes qui attirent l'attention sur cette affection. En même temps, le malade éprouve une faim considérable due à ce que la plupart des aliments, étant convertis en sucre, sont, en réalité, perdus pour la nutrition.

Le sang épaissi par le sucre qu'il contient perd une partie de ses propriétés; la circulation dans les capillaires est entravée, les phénomènes d'endosmose imparfaits et la nutrition incomplète; aussi les sujets diabétiques sont-ils fréquemment atteints d'érésypèle, de phlegmons, de gangrène, etc., produits sans doute par la gêne de la circulation. Chez eux, les blessures n'ont aucune tendance à la cicatrisation et sont le plus souvent suivies d'accidents mortels. Fréquemment aussi ils sont atteints de troubles de la vision, résultant, soit de l'opacité du cristallin, soit du défaut d'excitation de la rétine par suite de l'insuffisance de sa nutrition.

On comprend facilement que l'hydrothérapie, qui facilite la circulation dans les capillaires, et l'exercice, qui augmente la quantité d'oxygène absorbée, aient une influence heureuse sur le diabète en favorisant l'oxydation du sucre formé. La diminution des aliments sucrés et féculents réduit aussi la quantité de sucre qui se trouve dans le sang. Mais, dans les dernières périodes de l'affection, le sucre se forme aux dépens des aliments azotés eux-mêmes. D'après Griesinger, les trois cinquièmes des matières albumineuses contenues dans la viande peuvent alors être converties en sucre. Du reste, en supprimant les féculents de l'alimentation des diabétiques, on ne s'attaque qu'aux effets du mal et non à sa cause. Mais, en médecine, la connaissance des causes est si rare que nous en sommes le plus souvent réduits à combattre des symptômes, quelque incertaine qu'une pareille thérapeutique puisse être.

Nous voyons, par ce qui précède, que le foie possède cette double fonction : produire du sucre et sécréter de la bile. Ce sucre produit a-t-il pour but d'engendrer de la chaleur par son oxydation? La bile sert-elle uniquement à la digestion ou est-elle, comme nous nous le sommes demandé déjà, un produit de la dépuration du sang? Ici nous pénétrons dans le champ des hypothèses; nous y

pénétrerons encore en nous demandant si la richesse plus grande
en globules blancs et en fibrine du sang qui sort du foie, et si la
petitesse des globules rouges qu'on y rencontre prouvent suffisamment que cet organe détruit les globules et en forme de nouveaux.
Mais énoncer des hypothèses est souvent utile, car c'est généralement en cherchant à les vérifier par l'expérience qu'on arrive à la
découverte de faits importants. Le foie est un des organes les plus
volumineux de l'économie; sa structure et la masse de sang qui le
traverse nous prouvent qu'il joue un rôle important; mais bien des
investigations seront nécessaires encore pour élucider ce rôle.

§ 3.

ÉTUDE DE L'ABSORPTION.

C'est en vertu d'une force particulière nommée *absorption* que se
fait la nutrition des tissus. Bien que son étude fasse partie de la
physique, elle joue un rôle trop important en physiologie pour
que nous ne lui consacrions pas quelques pages.

Mécanisme de l'absorption. Tous les êtres vivants sont formés de cellules* ou de corps qui en dérivent. Au début de leur existence ils sont uniquement constitués par des cellules isolées ou
juxtaposées.

La cellule représente donc l'être organisé sous sa forme la plus
simple. Sa propriété fondamentale est d'échanger constamment les
matériaux qu'elle contient contre d'autres matériaux qu'elle emprunte au milieu où elle est plongée. Quand ce double mouvement
d'assimilation et de désassimilation vient à s'arrêter, elle cesse de
vivre.

L'introduction et le rejet alternatifs de certains éléments à travers les parois de cette cellule ne se font pas en vertu d'une propriété particulière résultant de sa vitalité. Un phénomène d'échange
analogue s'observe à travers les parois de tout sac membraneux,

---

* On désigne sous ce nom, en anatomie, des corps constitués par un sac formé
d'une *vésicule* contenant généralement un liquide dans lequel nagent un ou plusieurs corpuscules nommés *noyaux*.

une vessie par exemple, contenant un liquide et plongée dans un liquide différent. La plupart des liquides ou gaz dissemblables séparés par une membrane tendent à se mélanger à travers les parois de cette membrane. C'est un phénomène physique, dont la cause première, comme toutes les causes premières, nous est parfaitement inconnue, mais que l'observation a appris à constater.

On donne habituellement le nom d'*endosmose* ou, mieux, d'*osmose*, à la force particulière qui produit cet échange d'où résulte l'absorption. Toutes les membranes organiques, telles que la peau et les muqueuses, par exemple, peuvent, à des degrés divers, être ainsi traversées par les gaz et liquides avec lesquels elles sont en contact. Ce n'est même qu'en raison de cette propriété que les êtres organisés peuvent se nourrir et se débarrasser des produits usés de leurs tissus. La digestion et la respiration sont, en dernière analyse, des phénomènes d'endosmose.

On étudie facilement l'endosmose au moyen de l'appareil nommé *endosmomètre* ou *osmomètre*, qui consiste simplement en un tube fermé à sa partie inférieure par une membrane animale, un fragment de vessie, par exemple. Ce tube, maintenu dans une position verticale par un support, est rempli d'une solution saline ou sucrée et plongé dans de l'eau pure, de façon que le niveau du liquide du tube et celui de l'eau du vase se correspondent. En laissant l'appareil au repos, on constate, au bout d'un certain temps, que l'eau du tube s'est élevée et en même temps qu'une portion du liquide sucré ou salin qu'il contient est passée dans le vase. Il y a eu donc deux courants en sens inverse et d'intensité inégale des liquides l'un vers l'autre *.

A l'époque, récente encore, où commença l'étude de ce phénomène, le premier courant fut désigné sous le nom d'*endosmose;* le second, sous celui d'*exosmose*. On les considérait alors comme

---

* L'endosmomètre s'emploie fréquemment, sous le nom de *dialyseur*, pour séparer de certains liquides les corps qu'ils contiennent. On s'en sert notamment dans l'industrie sucrière pour débarraser les liquides sucrés des sels qu'ils renferment. Le dialyseur des laboratoires est simplement un large cylindre de verre, peu élevé, fermé à sa partie inférieure par un morceau de papier parchemin. Quand le liquide contenu dans l'appareil n'a que un ou deux centimètres de hauteur, la dialyse se produit très-vite.

produits par deux forces particulières. On admet généralement maintenant que le mélange des liquides est simplement un phénomène de *diffusion*. On désigne sous ce dernier nom la propriété que possèdent des liquides de densité différente, tels que l'eau et l'alcool, par exemple, de se mélanger après avoir été superposés. La rapidité avec laquelle se fait la diffusion dépend de la nature des liquides mis en présence. Les substances qui se diffusent facilement, comme les sels solubles, par exemple, ont été nommées *cristalloïdes*; celles qui se diffusent lentement, comme la gomme, *colloïdes*. La diffusion est impossible entre les liquides non susceptibles de se mélanger, tels que l'eau et l'huile par exemple.

La diffusion qui se fait entre les liquides en contact se fait aussi entre les liquides séparés par une membrane, et c'est alors qu'elle prend le nom d'*osmose*. La différence de vitesse des deux courants dépend probablement en partie de l'inégalité de l'action capillaire exercée par la cloison perméable sur les matières que les liquides contiennent.

Voies de l'absorption. Les voies de l'absorption chez les animaux sont les veines et les vaisseaux lymphatiques, les premières surtout. Ce sont des organes terminés en cul-de-sac, formant, par suite, un réseau clos de toute part. Les injections faites dans leur intérieur ne s'échappent jamais au dehors. C'est donc à *travers* leur tissu que se fait l'absorption, bien qu'il soit assez dense pour que les substances les plus finement pulvérisées ne puissent le traverser. Ces vaisseaux ne sont nullement munis de *bouches absorbantes*, comme on le croyait autrefois.

Ce n'est qu'à la condition que la circulation se maintienne intacte que l'absorption peut se produire. Qu'on empoisonne un animal en lui injectant du curare ou du venin de serpent dans les tissus d'un membre, la compression du membre entre la plaie et le cœur empêchera l'absorption; c'est pour cette raison qu'une ligature appliquée au-dessus de la blessure produite par la morsure d'un chien enragé, en attendant la cautérisation, est fort utile.

L'absorption est précédée par l'imbibition, qui fait pénétrer dans les tissus, à une certaine profondeur, comme l'eau dans une éponge.

les produits liquides que les courants sanguin et lymphatique entraînent ensuite.

La vitesse de l'absorption dépend de la nature et de l'épaisseur des membranes que les liquides ont à traverser. Fort rapide dans les poumons, elle est, au contraire, fort lente à la surface de la peau, dont l'épiderme est peu perméable. Nous allons l'étudier dans les divers tissus.

Absorption cutanée. L'absorption cutanée, c'est-à-dire l'absorption par la peau, n'est pas douteuse, bien que la diversité des résultats observés quand on plonge des animaux dans des bains l'ait fait contester pendant longtemps. Après une immersion dans un bain il arrive, en effet, tantôt que le corps augmente de poids; tantôt, au contraire, qu'il diminue; tantôt, enfin, qu'il n'éprouve aucune variation. Il est probable que ces différences tiennent uniquement à la température du bain : « Lorsque, dit Béclard, la température du bain est supérieure à celle du corps, celui-ci lutte contre l'élévation de température par la sécrétion de la sueur; la sortie du liquide du dedans au dehors devient prédominante, et le corps perd. Lorsque la température du bain est inférieure à celle du corps, l'absorption cutanée l'emporte sur l'évaporation pulmonaire et le corps gagne en poids; l'eau du bain s'introduit dans l'économie; c'est ce qui a lieu dans le bain ordinaire ou bain tiède. Enfin, lorsque le bain est à peu près à la température du corps, il y a balance, le corps n'augmente ni ne perd en poids. »

La température de 20 à 25 degrés est celle qui paraît la plus favorable à l'augmentation du poids du corps dans les bains.

Les faits précédents sont incontestables; mais peut-on les invoquer pour prouver la réalité de l'absorption du liquide dans lequel un corps est plongé? Pour répondre à cette question, il suffit d'examiner la méthode employée pour constater les variations de poids du corps à la sortie du bain.

En apparence, cette méthode paraît fort simple et ses résultats fort probants. Après avoir pesé l'individu avant son immersion, on le pèse immédiatement après, et comme on admet que le poids de la vapeur d'eau et de l'acide carbonique qui s'échappent constamment par les poumons et la peau est le même dans l'air que dans l'eau, on ajoute au poids reconnu du corps après sa sortie du liquide le poids d'acide carbonique et de vapeur d'eau que l'individu aurait exhalé dans l'air pendant le temps qu'il est resté dans l'eau. Supposons que ce poids soit de 60 grammes. S'il n'y a pas eu variation du poids du corps après une heure de séjour dans le bain, on en conclut que la peau a absorbé 60 grammes de liquide, puisque le corps aurait dû diminuer de cette quantité pendant l'intervalle mentionné. Il est facile de faire plus d'une objection aux résultats ainsi obtenus. D'abord, rien ne prouve que l'exhalation pulmonaire et cutanée soit la même dans l'air que dans l'eau, où le corps subit une pression considérable. Ensuite, il est fort possible que l'élévation de poids du corps, quand la température baisse, résulte, non d'une introduction de liquide à travers la peau, mais simplement de ce qu'il s'est formé dans les tissus une moins grande quantité de vapeur d'eau et d'acide carbonique, ou de ce que ces composés sont restés emprisonnés dans le sang, ou encore, hypothèse qui nous paraît la plus probable, de ce que, au lieu d'être expulsée par la peau, l'eau aura été éliminée par les reins et, par suite, accumulée dans la vessie.

Quoi qu'il en soit des causes des variations de poids du corps dans les bains, il est certain qu'elles se produisent sous l'influence des changements de température du liquide. Cette indication importante ne doit jamais être perdue de vue dans la pratique. Les effets du bain varient, du reste, suivant sa température; un bain froid et court est tonique; un bain chaud prolongé, calmant et débilitant.

On voit, par ce qui précède, que l'absorption de l'eau par la peau des animaux qui sont plongés dans ce liquide n'est pas rigoureusement démontrée*. Il faut donc choisir d'autres exemples pour prou-

---

* Les animaux inférieurs, n'étant pas recouverts d'un épiderme sec et épais comme celui des animaux supérieurs, absorbent rapidement les liquides dans lesquels ils sont plongés. Un colimaçon plongé dans l'eau, la tête hors du liquide, double de volume en quelques heures. Une grenouille émaciée par l'abstinence et ne pesant que 33 grammes en pèse 43 après une courte immersion dans l'eau. Des rotifères ou des tardigrades desséchés depuis plusieurs années reviennent à la vie quand on les humecte avec ce liquide.

ver la réalité de l'absorption cutanée. On la démontre facilement en faisant dissoudre dans un bain où le corps séjourne ensuite un certain temps, des substances médicamenteuses susceptibles de produire un effet déterminé. L'absorption est minime, mais elle a lieu. L'expérience a prouvé qu'elle atteignait son maximum quand on sort du bain et qu'on laisse sécher le liquide à la surface du corps. Les substances qu'il tient en dissolution sont alors réduites à l'état de poudre très-fine, qui pénètre à travers les pores de la peau. C'est là une indication essentielle dont les baigneurs d'eau de mer ou d'eau minérale peuvent très-utilement tirer parti.

Le fait qui démontre le mieux l'absorption des médicaments dans les bains est l'empoisonnement produit par le séjour dans de l'eau contenant en solution un principe toxique. D'après Chrzonzewski, un animal plongé dans de l'eau contenant 1 p. 100 de strychnine meurt au bout de trois heures; dans de l'eau contenant 1 p. 100 de nicotine, la mort arrive au bout d'une heure.

L'absorption cutanée se fait d'une façon beaucoup plus rapide quand les substances à absorber, au lieu d'être introduites dans l'eau, sont mélangées à des corps gras, avec lesquels on frictionne le corps. Une friction sur le ventre avec une pommade contenant de l'huile de croton tiglium purge rapidement. L'application de substances qui ramollissent l'épiderme favorise aussi l'absorption. Du laudanum versé sur un cataplasme que l'on applique sur le corps est absorbé d'une façon rapide. Ce calmant ainsi employé à haute dose par des personnes peu familières avec la physiologie de l'absorption a souvent produit des empoisonnements mortels.

Les frictions favorisent considérablement aussi l'absorption cutanée. De la pommade mercurielle appliquée sur la peau n'est absorbée que quand on frictionne l'épiderme, probablement par suite de l'augmentation de pression. L'accroissement de la rapidité de l'absorption sous l'influence de la pression est journellement usité en chirurgie pour la résolution d'engorgements et de certaines tumeurs par l'application de bandages compressifs. Le succès du massage méthodique dans le traitement de l'entorse n'a probablement pas d'autres causes.

La peau absorbe non-seulement les corps liquides et pulvérulents appliqués à sa surface, mais encore les gaz. En plongeant un animal dans un milieu délétère, on le voit rapidement périr, bien qu'on ait soin de lui maintenir la tête hors de l'appareil contenant le gaz, afin qu'il puisse respirer un air parfaitement pur.

La peau privée de son épiderme a un pouvoir absorbant bien supérieur à celui qu'elle possède quand elle en est recouverte. Les ulcères et les plaies absorbent rapidement les corps en contact avec leur surface, et c'est une des raisons du danger que présente une atmosphère impure pour les blessés.

La médecine utilise fréquemment la propriété absorbante considérable de la peau dépouillée de son épiderme par un moyen quelconque, un vésicatoire par exemple, pour obtenir l'absorption de certaines substances, telles que la morphine. Cette méthode d'administration des remèdes sur le derme mis à nu a reçu le nom de *méthode endermique.*

Le *tissu cellulaire sous-cutané* est aussi doué de propriétés absorbantes énergiques. On se sert également de cette voie d'absorption pour introduire des médicaments dans l'économie. Le médicament qu'on veut administrer, dissous dans un liquide approprié, est introduit dans une petite seringue graduée, terminée par une aiguille perforée dans toute sa longueur. L'aiguille étant enfoncée sous la peau, il ne reste plus qu'à pousser lentement le piston de l'instrument pour faire pénétrer le liquide.

Absorption à la surface des muqueuses. Les muqueuses qui recouvrent les organes internes du corps ont également un pouvoir absorbant supérieur à celui de l'épiderme, mais moindre que celui des tissus eux-mêmes dépouillés de cette enveloppe protectrice. C'est à la lenteur de l'absorption des produits déposés sur elles qu'est dû, suivant Claude Bernard, ce fait en apparence singulier, que les venins et virus peuvent être impunément introduits dans l'estomac à doses qui seraient rapidement mortelles si on les faisait pénétrer par morsure ou autrement dans la profondeur des tissus. Dans le premier cas, l'absorption est assez lente pour que le poison soit éliminé

de l'organisme à mesure qu'il est introduit dans le sang, ce qui
fait que ce dernier n'en contient qu'une petite quantité à la fois.
Dans le second cas, au contraire, le poison se trouvant au contact des vaisseaux divisés, l'absorption est trop rapide pour qu'elle
puisse être assez vite neutralisée par l'élimination.

Les muqueuses dépouillées de leur épithélium absorbent, comme
la peau privée de son épiderme, d'une façon très-rapide. La lenteur de l'absorption à la surface de l'épithélium qui les recouvre
est donc la seule cause de l'innocuité de l'ingestion de certains poisons.

Absorption intestinale. L'absorption à la *surface du tube
digestif* ne se fait pas avec la même intensité sur toutes ses parties,
ainsi que nous l'avons vu en étudiant la digestion. Elle s'opère
par l'intermédiaire des veines et des vaisseaux chylifères contenus
dans les villosités du tube intestinal.

Les chylifères reçoivent principalement les matières grasses.
Elles y pénètrent, non par endosmose, puisque ce phénomène est
impossible entre liquides qui ne peuvent pas se mélanger, mais
probablement par imbibition, sous l'influence de la pression que
les contractions des intestins font éprouver aux liquides qui s'y
trouvent contenus. Quant à la cause qui fait que les matières
grasses s'introduisent plutôt dans les chylifères que dans les veines,
il est difficile de l'expliquer. Peut-être est-ce simplement parce que
les globules graisseux glissent contre la paroi des vaisseaux veineux, tendus par le liquide qu'ils renferment.

C'est par endosmose que les veines absorbent les substances
avec lesquelles elles sont en contact. L'analyse du sang de la veine
porte comparé à celui des autres parties du corps a prouvé qu'elles
n'absorbent que des quantités de graisse fort minimes. L'analyse
a démontré également que le sérum du sang de la veine porte est
plus riche en principes féculents sucrés et albuminoïdes que le sang
des autres veines et que le contenu des vaisseaux chylifères. Elle
a prouvé aussi que c'est par les veines intestinales que se fait l'absorption de l'eau, des sels et des substances médicamenteuses.

Les deux classes de vaisseaux absorbants, chylifères et veines des villosités intestinales, que contient l'intestin représentent deux sortes d'endosmomètres superposés. Pour pénétrer dans les veines, le liquide extérieur a moins de chemin à parcourir que pour pénétrer dans les chylifères*.

Les liquides contenus dans ces deux osmomètres — veines et chylifères — sont le sang et la lymphe, liquides riches en albumine, dont le pouvoir endosmotique est très-considérable. Les matières

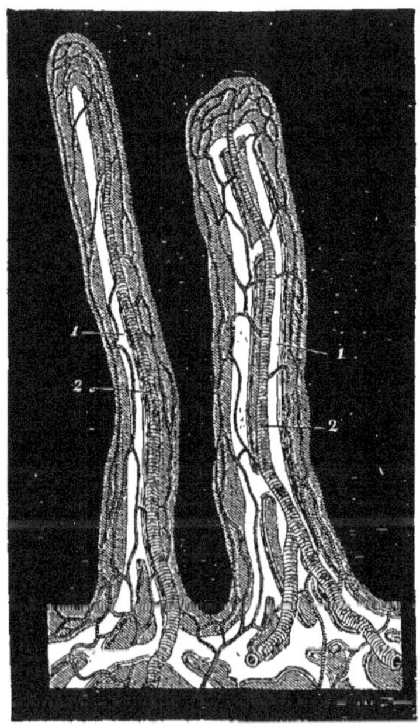

Fig. 127. — *Villosités de l'intestin de l'homme.* **
(Grossies 100 fois.)

qui les baignent extérieurement sont les produits de la digestion. Pendant qu'ils se diffusent vers le sang et la lymphe, il s'établit un courant en sens inverse, qui fait passer dans l'intestin les liquides des vaisseaux des villosités. Quand, par une cause quelconque, ce

* L'examen de la figure 127 le fait immédiatement comprendre.

** 1, 1) Vaisseaux chylifères. — 2, 2) Vaisseaux sanguins.

dernier courant prédomine, il se manifeste une diarrhée plus ou moins abondante. Ainsi peut s'expliquer probablement l'action de divers purgatifs salins, tels que le sulfate de magnésie par exemple. Une partie de ce composé se diffuse dans les vaisseaux, qui abandonnent en échange dans l'intestin une certaine quantité de sérum.

La théorie nous indique que ce ne sont pas les seuls vaisseaux intestinaux qui sont le siége de deux courants en sens contraires. Ces courants doivent se produire sans doute dans tous les vaisseaux des divers points du corps; mais comme, probablement, ils se balancent à l'état normal, ils restent inaperçus.

Les substances actives prises à jeun ou à la suite d'une saignée ont une action bien plus énergique que celles absorbées après le repas ou avant la saignée. Cela tient, non pas à ce que l'absorption est alors plus rapide, comme on le dit généralement, mais à ce que, la quantité de sang étant moindre, la masse du liquide dans laquelle la substance active se répartit est réduite et, par suite, exerce sur les éléments des tissus une action plus intense.

Lorsque la circulation est ralentie, l'absorption à la surface du tube digestif est ralentie également, de même qu'elle l'est aussi dans les autres tissus, comme nous l'avons vu plus haut. C'est pour avoir oublié ce fait que Magendie et d'autres médecins ont empoisonné des cholériques en leur administrant à doses graduellement élevées des remèdes qui paraissaient inactifs, uniquement en raison du défaut d'absorption résultant du ralentissement de la circulation, mais qui, se trouvant absorbés quand le malade se ranimait, produisaient la mort[*].

Absorption pulmonaire. L'absorption dans le poumon a déjà été étudiée en parlant de la respiration. Nous avons dit que les propriétés absorbantes de cet organe sont très-supérieures à celles de l'estomac, et expliqué pourquoi les médicaments et les substances toxiques, introduits dans l'appareil respiratoire, agissent beaucoup plus énergiquement que lorsqu'ils pénètrent dans l'estomac. L'action de certaines substances, telles que les parfums des fleurs, les vapeurs alcooliques des celliers, les gaz des fosses

---

[*] Voyez les faits cités dans notre Mémoire sur le *choléra*, p. 27.

d'aisance, ou de certaines atmosphères, telles que les atmosphères maritimes, ne s'explique que par la rapidité d'absorption de la muqueuse pulmonaire. Les mêmes corps introduits aux mêmes doses dans l'estomac resteraient sans effet. Ségalas a vu 10 centigrammes d'extrait de noix vomique introduits dans l'estomac d'un chien vigoureux rester sans action, tandis que la même dose introduite dans les bronches l'a fait rapidement périr. Un praticien très-distingué, M. le docteur Sales-Girons, a fait installer, pour l'absorption des liquides médicamenteux, des eaux minérales, etc., réduits en une sorte de poussière impalpable au moyen d'appareils spéciaux, des salles d'inhalation qui ont fourni les meilleurs résultats. Ce mode d'administration des remèdes, trop négligé encore des médecins, serait surtout précieux quand il faut agir rapidement. Je suis convaincu, d'après quelques expériences, qu'une hémorrhagie pulmonaire sera beaucoup plus promptement combattue par l'inhalation d'une solution pulvérisée de tannin ou de perchlorure de fer que par l'introduction des mêmes remèdes dans l'appareil digestif. Dans les cas où, par une cause quelconque, une syncope par exemple, le malade ne peut avaler, et surtout lorsque l'appareil digestif n'absorbe plus, comme dans le choléra, ce mode d'administration des médicaments est *le seul* qu'on puisse employer. La théorie indique qu'il serait certainement plus efficace et beaucoup moins dangereux que les injections dans les veines, préconisées dans ces derniers temps.

§ 4.

NUTRITION ET REPRODUCTION DES TISSUS.

Nutrition des tissus. La nutrition est la fonction par laquelle les éléments des tissus réparent leurs pertes. Elle se fait aux dépens des matériaux fournis par les appareils digestif et respiratoire.

Nous avons vu, au chapitre consacré à l'étude de l'alimentation et du régime, comment doivent être combinés les aliments pour réparer les pertes du corps, et pourquoi l'usage d'aliments contenant en excès certains principes et en proportion insuffisante certains autres nécessite une ingestion considérable de matériaux nutritifs et par suite une dépense inutile de forces pour l'appareil digestif. Il pourrait même arriver que la dépense de forces nécessaire pour l'assimilation fût inférieure au gain produit et par suite l'entretien de la vie impossible. C'est là probablement ce qui arriverait à l'homme qui voudrait se nourrir exclusivement, par exemple, de certains végétaux herbacés. Il se trouverait dans le cas d'un négociant assez riche pour payer ses créanciers s'il pouvait réaliser ses créances en temps utile, mais qui, faute de pouvoir recouvrer son argent assez rapidement, est obligé de faire faillite.

Ce sujet a été suffisamment traité pour qu'il soit inutile d'y insister davantage. Ayant montré comment se répare l'ensemble des pertes du corps et comment s'opère l'absorption, il ne nous reste plus qu'à étudier la nutrition dans les divers tissus.

C'est aux dépens du liquide exhalé par transsudation hors des vaisseaux capillaires et qui baigne les éléments des organes que se fait la nutrition des tissus. Plus ces derniers sont riches en vaisseaux, plus le mouvement nutritif est rapide. Les tissus privés de vaisseaux, comme l'épiderme, les ongles, etc., ont toujours cependant une de leurs extrémités en contact avec le suc nourricier. Nous allons décrire rapidement les phénomènes de la nutrition dans les plus importants d'entre eux.

L'*épiderme* qui recouvre la peau et l'*épithélium* qui protége les muqueuses sont en contact par leur face inférieure avec un réseau sanguin abondant qui leur fournit les éléments d'une rénovation rapide ; leur nutrition est donc facile.

Les *ongles* se développent de même aux dépens des vaisseaux que contient le derme qu'ils recouvrent. Leur accroissement en longueur se fait dans la matrice de l'ongle; celui en épaisseur, dans la partie adhérente à la peau.

Les *cheveux* et les *poils* se nourrissent d'une façon analogue. L'accroissement a lieu du côté de la racine, seule partie par laquelle ils soient en contact avec des régions riches en vaisseaux.

Les *os* sont, jusqu'à leur entier développement, c'est-à-dire jusqu'à l'âge de 25 ou 30 ans chez l'homme, le sujet d'un travail nutritif très-rapide. Plus tard, leur rénovation est fort lente. Si on administre à de jeunes animaux de la garance, leurs os se colorent en rouge; si on suspend l'usage de cette substance pour la reprendre au bout de quelques jours, on voit sur une coupe de l'os des couches blanches et rouges alterner. Chez l'adulte, la coloration par la garance se manifeste très-lentement, mais aussi elle persiste fort longtemps, malgré la suspension du régime garancé, ce qui prouve la lenteur du travail nutritif. Ce travail peut cependant s'accélérer dans certaines circonstances, comme, par exemple, lorsque le membre est fracturé ou encore lorsque l'animal est privé d'aliments calcaires. Dans ce dernier cas, l'organisme emprunte les éléments calcaires dont il a besoin aux os; mais ceux-ci finissent par se ramollir.

C'est aux dépens des éléments sanguins que contiennent les vaisseaux du périoste, membrane qui recouvre les os, que ces organes se nourrissent. Privé de périoste, l'os cesse de vivre et n'est plus qu'un corps étranger que tous les efforts de l'organisme tendront à expulser du corps.

Dans les tissus autres que ceux que nous venons de mentionner, le mouvement d'assimilation et de désassimilation est très-rapide, surtout dans les *tissus musculaire et graisseux*. Il est facile, comme on le sait, par le régime, d'augmenter ou de diminuer leur développement. Dans l'inanition, c'est sur ces deux derniers tissus que portent principalement les pertes.

Reproduction des tissus. Chez les animaux supérieurs, les tissus les moins compliqués, comme les poils, les ongles et les cheveux, jouissent de la propriété de se régénérer. Chacun sait que les cheveux ou les ongles coupés repoussent fort vite. Chez les animaux inférieurs, tous les tissus se renouvellent, des organes entiers se régénèrent après leur ablation. Une salamandre à qui on coupe la patte ou la queue en possède bientôt une nouvelle. En quelques semaines, les muscles, les vaisseaux, les nerfs, les os, toutes ces parties si délicates se sont régénérées. Quelques animaux très-inférieurs, tels que les polypes par exemple, peuvent même être coupés en plusieurs morceaux, dont chacun continue à vivre et devient bientôt un animal complet.

Chez les animaux supérieurs, les phénomènes de régénération de la plupart des tissus sont fort restreints. Quelques-uns de ces derniers, cependant, placés dans des conditions convenables, peuvent se régénérer. Un os enlevé d'un membre se régénère quand le périoste qui le recouvrait a été conservé. Les nerfs se régénèrent aussi dans une petite étendue.

Les adhérences que peuvent contracter des organes d'animaux de diverses espèces ou des organes du même animal d'abord séparés sont des phénomènes du même ordre. La patte d'un rat introduite sous la peau d'un autre rat s'y soude par suite de la formation de vaisseaux nouveaux et s'y développe. M. Bert est même parvenu à souder dos à dos et à faire vivre ainsi en bon accord forcé un rat et un chat. Des dents arrachées peuvent être replantées dans leurs alvéoles; des nez, des doigts, des langues et même, d'après quelques observateurs, des poignets coupés et remis en place se réunissent souvent aux parties dont ils ont été séparés et peuvent continuer à vivre. C'est en se basant sur cette vitalité de divers tissus qu'on est parvenu à refaire des portions d'organes, comme le nez par exemple, en empruntant pour leur restauration un lambeau de chair à une autre partie du corps. Les parties ainsi séparées d'un organe, puis réunies à un autre organe, se nourrissent, comme nous l'avons dit plus haut, par le développement de nouveaux nerfs et de nouveaux vaisseaux.

§ 5.

CIRCULATION DE LA MATIÈRE DANS LES ORGANES.

Les êtres vivants ne continuent à vivre qu'à la condition de se renouveler sans cesse. Pour tout ce qui vit et même pour tout ce qui a cessé de vivre, l'heure du repos ne doit jamais sonner. Pendant la vie, les éléments des corps changent constamment; après la mort, ils changent encore, et leurs principes transformés servent bientôt à la constitution de nouveaux êtres.

L'échange de la matière au sein des organes s'opère avec une rapidité considérable. On peut se rendre compte facilement des pertes que subissent normalement les tissus en voyant ce qu'ils deviennent quand ces pertes ne sont pas réparées. Un vertébré soumis à une abstinence complète vit quinze jours environ et meurt après avoir perdu les quatre dixièmes de son poids*. En admettant que cette perte pût se prolonger sans que la mort arrivât, on voit, par un calcul fort simple, qu'un animal vertébré, tel que l'homme par exemple, aurait, en trente-sept jours, consommé la totalité de son corps.

Chez l'individu qui répare ses pertes complétement, l'échange de la matière s'opère plus vite que chez l'individu épuisé par l'abstinence ; aussi évalue-t-on à moins d'un mois le temps nécessaire à la rénovation complète de la plus grande partie du corps. Pendant les sept années qui, d'après la vieille croyance populaire, sont nécessaires pour le renouvellement complet du corps, les organes changent en réalité près de cent fois.

En tant que matière, l'homme se renouvelle donc constamment. Un événement que nous avons vu il y a quelques années a été vu en réalité par un être n'ayant rien de nous-même, mort depuis longtemps, et dont aujourd'hui aucune puissance humaine ne pourrait découvrir la trace. La forme seule qui change aussi, mais pas assez pour suivre la matière dans son évolution rapide, conserve à l'être vivant l'individualité sans laquelle il ne serait qu'un agrégat confus d'atomes. Si un homme arrivé à la fin de sa carrière pouvait fixer dans l'espace tous les éléments qui ont fait partie de ses organes et leur restituer leurs formes, il aurait devant les yeux les

---

* Les expériences de Chossat sur l'inanition ont prouvé que tous les tissus ne disparaissaient pas avec une rapidité égale. Les tissus graisseux et musculaire sont ceux qui s'usent le plus vite. Au moment de la mort le premier a perdu les neuf dixièmes, le second la moitié de son poids; les os, les deux dixièmes seulement. On peut se rendre compte de l'importance de ces pertes en examinant la composition approximative d'un homme pesant 70 kilogrammes. Elle peut se répartir approximativement de la façon suivante :

Muscles	28 kilogrammes.	
Squelette	12	"
Graisse	10	"
Peau	5	"
Viscères	6	"
Sang	9	"
	70	

spectres d'une longue série d'êtres successivement animés par lui. L'amitié pieuse qui fait embaumer les restes d'êtres chéris pour soustraire à l'insatiable main du temps l'image de ceux qui ne sont plus, ne lui ravit qu'une bien minime fraction des formes revêtues par eux dans le cours de leur existence. Arrivé à 70 ans, l'homme, d'après les calculs indiqués plus haut, s'est renouvelé plus de huit cents fois [*].

La vitesse de l'échange au sein des organes est, du reste, très-variable. Le travailleur et le penseur se renouvellent plus vite que l'homme oisif. L'activité fiévreuse de la pensée use promptement les tissus. L'adulte se renouvelle aussi plus rapidement que le vieillard. L'exercice méthodique, la gymnastique par exemple, accélèrent considérablement la rénovation des éléments. Ils les rajeunissent en réalité, en ne leur laissant pas le temps de vieillir.

On comprend facilement la nécessité d'une rénovation rapide des éléments quand on sait combien sont abondantes certaines sécrétions. Un homme perd en vingt-quatre heures 1 kilogramme d'eau par la peau et plus de 1 kilogramme d'urine par les reins. Il sécrète dans le même temps 1 kilogramme 1/2 de salive, 1 kilogramme de bile, 12 à 13 kilogrammes de suc gastrique. Un fumeur qui n'avale pas sa salive peut, comme le fait remarquer Moleschott, cracher en une journée la 85e partie de son corps.

L'animal ne peut emprunter directement au sol et à l'atmosphère les éléments jadis vivants dont il se nourrit. Il est obligé de les demander à d'autres animaux ou aux plantes chargées d'amener par une série de transformations *progressives* à l'état de matériaux complexes les matières très-simples, telles que l'eau, l'ammo-

---

[*] Ce principe de la science moderne, d'après lequel les êtres vivants se forment aux dépens des matériaux qui les entourent et y retournent après leur mort pour servir à la formation de nouveaux êtres, semble avoir été pressenti par les philosophes des époques les plus reculées. Nous en retrouvons la trace dans la doctrine de la métempsychose, la plus savante des religions antiques. Nous le trouvons nettement formulé aussi dans les doctrines des philosophes indoux. Considérant l'univers comme composé de cinq éléments, lorsqu'ils voulaient indiquer qu'un homme était mort, ils disaient: «l'homme est retourné dans les cinq éléments et rentré dans le sein de Brahma.» Dans une des fables de l'*Hitopadésa*, le sage Capila, parlant à un père de la mort de son fils, lui dit: «Ne sais-tu pas que le corps, composé de cinq éléments, retourne dans le Pantchatouam (quinquité) et se résout dans chacun de ses principes?»

niaque, l'azote, l'acide carbonique, etc., dans lesquelles, après leur mort, se résolvent en dernière analyse tous les êtres. Ces matériaux complexes, lentement élaborés par les plantes et devenus assimilables pour l'animal, sont bientôt ramenés par lui, après une nouvelle série de métamorphoses (*descendantes* cette fois), à leur état primitif. Changements perpétuels, dont l'origine remonte aux âges lointains où, sur la surface inanimée de notre planète, la vie commença à se manifester.

La série des métamorphoses que subit la matière dans les organes est mal connue. Les matériaux nutritifs sont composés de principes peu nombreux présentant la plus grande analogie chez le végétal et l'animal. Des transformations qu'ils subissent entre leur entrée dans les tissus et leur sortie, nous ne connaissons que quelques termes. Sans doute, il est démontré que les corps gras et sucrés se transforment finalement en eau et en acide carbonique, et les corps azotés en urée. Mais entre les corps gras ou sucrés et l'acide carbonique et l'eau, il y a toute une série de termes intermédiaires dont quelques-uns seulement, tels que les acides lactique, butyrique, acétique, etc., ont été isolés. De même, entre les corps azotés, tels que l'albumine ou la fibrine, et l'urée — terme ultime de l'oxydation des tissus — les transformations sont nombreuses et quelques-unes seulement (la créatinine, la xanthine, l'acide urique, etc.) ont été reconnues. Les progrès de la chimie pourront seuls compléter cette étude.

Laissant de côté les dépenses et les recettes des forces, que nous aborderons dans d'autres chapitres, nous venons d'étudier, dans la première partie de cet ouvrage, la balance des recettes et des pertes matérielles des organes. En recherchant l'origine et la fin des éléments qui constituent les êtres vivants, nous avons vu que, nés du sol et de l'atmosphère, ils leur empruntent pour leur rendre, après un temps très-court, les matériaux de leurs transformations incessantes. Sorti de la poussière, tout ce qui vit retourne à la poussière.

Mourir c'est changer, et comme les êtres vivants changent toujours, ils meurent en réalité sans cesse. Quand leurs organes ne se renouvellent plus, leurs éléments retournent à leur source première et leur personnalité disparaît. Mais cette mort, en apparence définitive, la seule que connaisse le vulgaire, n'est que le prélude d'une vie nouvelle. Ramenés par des décompositions successives à leur état primitif, les éléments des corps vont bientôt servir à la formation de nouveaux êtres.

Les éléments qui constituaient les êtres d'hier forment donc ceux d'aujourd'hui. Ces populations étranges, dont nous séparent des périodes de siècles infinies et dont la science moderne est parvenue à reconstituer l'image, furent formées des mêmes matériaux que ceux qui constituent les êtres d'aujourd'hui. Combien serait curieuse l'histoire des molécules intégrantes de notre corps, si cette histoire pouvait être écrite! Que d'êtres innombrables et divers elles ont dû traverser, que de pays elles ont dû voir depuis le jour où la vie les anima une première fois! La poussière d'un César, comme le dit Hamlet à Horatio dans la scène du cimetière, la poussière d'un César sert peut-être aujourd'hui à boucher les fentes d'un vieux mur pour empêcher les vents d'hiver.

Dans ce perpétuel changement des choses, la matière seule, comme les forces qui en émanent, semble soustraite à la main du temps. Immuable dans son essence, invariable dans son poids, mais toujours changeante dans sa forme, son éternelle jeunesse semble défier les âges.

TABLE DES MATIÈRES

DE LA PREMIÈRE PARTIE.

28*

FIN DE LA TABLE DES MATIÈRES DE LA PREMIÈRE PARTIE.

Strasbourg, typographie Silbermann, G. Fischbach, succr.

www.ingramcontent.com/pod-product-compliance
Lightning Source LLC
Chambersburg PA
CBHW051519060726
47597CB00001B/121